国家自然科学基金青年项目(71203192)资助
浙江省自然科学基金项目(Y15G030053)资助
浙江财经大学杰出中青年教师资助计划(B 类)资助

消费碳减排政策影响实验研究

王建明/著

科学出版社
北京

图书在版编目（CIP）数据

消费碳减排政策影响实验研究 / 王建明著 . —北京：科学出版社，2016.4
ISBN 978-7-03-047648-7

I. ①消… II. ①王… III. ①能源消费－影响－二氧化碳－排气－政策－研究－中国 IV. ① X511

中国版本图书馆 CIP 数据核字（2016）第 049096 号

责任编辑：石 卉 张翠霞 / 责任校对：胡小洁
责任印制：张 倩 / 封面设计：无极书装

联系电话：010-64033408
电子邮箱：houjunlin@mail.sciencep.com

科学出版社出版
北京东黄城根北街16号
邮政编码：100717
http://www.sciencep.com
三河市骏杰印刷有限公司印刷
科学出版社发行 各地新华书店经销
*
2016 年 4 月第 一 版 开本：720 × 1000 1/16
2016 年 4 月第一次印刷 印张：21
字数：423 000
定价：108.00 元
（如有印装质量问题，我社负责调换）

前言

本书主要采用现场实验研究，侧重考察外部干预政策对消费碳减排的影响效应和作用机理。这是本书的一个主要特色，也将试图丰富消费碳减排政策影响研究的范式。

本书的研究目标包括：①发展消费碳减排的干预政策理论（实质理论和形式理论），探究干预政策约束下微观主体消费碳减排的行为决策过程及其实际绩效；②建构中国（东方）文化情境影响消费碳减排的探索性理论模型，量化测度社会文化情境对政策干预效应的促进或抑制作用（包括作用的对象、方向和大小）；③为政府制定干预政策推进消费碳减排提供科学的决策分析依据和绩效评估借鉴，以降低相关干预政策失灵的风险，提高政策的科学性、有效性。

本书共七章。第一章分析当前气候变化的严峻形势和消费碳减排的重要性、紧迫性，并在此基础上提出本书的研究对象和核心概念。第二章对消费碳排放进行总体测算，并考察消费碳排放的结构特征和区域差异，为进一步分析消费碳减排的外部干预政策奠定基础。第三章首先对行为干预的相关理论进行回顾，其次对外部干预政策的内涵和分类维度进行分析，接着分别探讨信息干预政策和结构干预政策对消费碳减排的影响作用，最后探索社会文化情境对消费碳减排的影响作用。第四章针对购买购置环节的消费碳减排这一主题，重点分析理性和感性信息传播诉求、利他和利己信息传播诉求的影响效应（包括交互效应、调节效应和中介效应等）。第五章以使用消费环节的消费碳减排为例，重点分析信息传播诉求类型和诉求尺度对消费碳减排的影响效应（同样包括交互效应、调节效应和中介效应等）。第六章以回收处理环节的消费碳减排为例，重点分析高强度经济激励和低强度经济激励的政策效应差异，以及个体情境特征变量的调节效应和态度变量的中介效应。第七章提出推进消费碳减排的外部干预政策的基本框架和主要思路，最后总结本书研究的不足之处，并对未来进一步研究领域进行展望。其中，第一章是全书的导论和前提；第二章、第三章分别从计量分析和理论探索视角分析本书的两个基本概念——消费碳排放和外部干预政策，这是后文进行实验研究的基础；第四章、第五章、第六章从三个维度（购买环节、消费环节、回收环节）对外部干预政策（包括信息传播政策和经济激励政策）的影响效应进行实验研究，这是本书的重点和核心；第七章是全书的结论和建议。

本书主要采用现场实验和统计分析技术（特别是方差分析、ANOVA），侧重考察外部干预政策对消费碳减排的影响效应和作用机理。

（1）现场实验法。本书共进行了三次现场实验。第一次实验招募400个被试作为对象（分为理性信息诉求和感性信息诉求、利他信息诉求和利己信息诉求四个实验组），主要检验绿色信息传播政策对产品购买过程中消费碳减排行为的影响。第二次实验招募1316个被试作为对象（分为利他信息诉求和利己信息诉求、小尺度信息诉求和大尺度信息度诉求四个实验组），主要检验绿色信息传播政策对产品使用过程中消费碳减排行为的影响。第三次实验招募1231个被试作为对象（分为低强度经济激励政策和高强度经济激励政策两个实验组），主要检验经济激励政策对产品回收过程中消费碳减排行为的影响。

（2）方差分析法。对现场政策实验获得的大样本实验数据，主要采用单因素方差分析和多因素方差分析进行统计检验，以客观测度干预政策、文化情境对消费碳减排的主效应、交互效应和调节效应。具体来说，运用组间设计的实验设计检验特定干预政策的影响效应，运用2×2组间因子设计（between-subjects factorial design）检验不同干预政策间的交互效应，以及社会文化情境对政策干预效应的调节效应。其中，各实验组之间的均值比较应用SPSS20.0软件包的一般线性模型（GLM）模块处理，且不同组别样本均值之间两两比较采用SNK（Student-Newman-Keuls）检验差异是否显著。

本书的研究特色体现在两个方面：①从研究视角看，融合跨学科的行为干预理论，从微观视角发展干预政策理论，拓展了消费碳减排政策研究的视野。本书没有从宏观层面建构消费碳减排政策的宏大理论，而是从微观视角对个体消费碳减排的心理过程、行为特征及其决定因素（包括前置、中介和调节变量等）进行自下而上的深描和诠释，发展消费碳减排政策的干预政策理论。②从研究方法看，主要采用现场实验和方差分析技术探查干预政策对微观主体的真实影响，丰富了消费碳减排政策研究的范式。目前国内对消费碳减排政策多倾向于进行理论分析，缺乏细致、量化的基础实验研究，且大多忽视了社会文化情境的作用。本书采用现场实验，运用量化研究技术对特定干预政策的主效应和交互效应进行检验，并客观测度面子意识对政策干预效应的调节影响。

本书的创新主要体现在以下三个方面。

（1）从理论上探索了外部干预政策对消费碳减排的影响机理，为干预政策的理论研究提供新的视角、模型、路径和方法。本书在总结相关行为干预理论（如前置 - 进行理论、目标设置理论、规范焦点理论、精细加工可能性理论、说服理论等）的基础上，对消费碳减排的干预政策进行了分类维度化，重点分析了信息传播政策和经济激励政策对消费碳减排态度和行为的作用机理，建构和发展出一个全新的外部干预政策与消费碳减排行为之间作用机制的理论架构。通过梳理这些范畴间的相互关系和层次结构，诠释特定范畴的中介或调节作用，模拟出干预政策引致消费碳减排的作用路径和传导机制，推进了消费碳减排政策机理的理论研究。

（2）大样本政策实验为测度干预政策的影响效应和文化情境的调节效应提供了第一手实验数据。目前中国（东方）文化情境下消费碳减排干预政策的现场实验研究相对罕见。本书运用科学规范的实验方法检验了现实情境下干预政策的真实效应，特别是首次测度了中国社会文化情境（如道家价值观、面子意识等）的调节影响效应，发现了若干新结论。例如，不同干预政策的影响效应不尽一致；特定干预政策的直接和间接效应存在差异；前置和后继干预政策配套使用时的组合效果往往更好；面子意识导致特定干预政策（如经济激励政策）的实际效应发生特定方向的变化。这些新发现为揭示中国文化情境下干预政策的真实效应提供了可靠的基础实验数据。

（3）提出了消费碳减排的两维度三阶段干预政策构架，为政府制定有效干预政策提供了可操作性的指导。本书根据外部干预政策的两维度和消费过程的三阶段，将外部干预政策构架总结为“两维度三阶段干预政策矩阵构架”，每一类干预政策下又设计出若干具体的政策工具。其中，信息传播政策包括目标设置、诱导承诺、提供信息、结果反馈四类，经济激励政策包括正激励（奖励）和负激励（惩罚）两类。本书还进一步指出，任何一种外部干预政策的有效性都是相对的，都需要其他相关政策的支持、配合，也都必须和现有的文化背景、法律制度、经济水平、社会习俗等相适配。这对于政府制定有效的外部干预政策推进消费碳减排具有重要启示意义。

本书的基本观点包括以下几点。

（1）消费碳排放的基础研究应成为中国理论界重视的一个重要议题，它对于中国进行国际商务和气候问题谈判具有积极的实践指导意义。对于中国来说，仅仅关注碳排放总量和生产碳排放容易掉进“责任陷阱”。中国制造的产品和服务大量地通过国际贸易由发达国家的各类消费者消费，中国的很大一部分碳排放（确切地说是生产碳排放）实际上是发达国家消费碳排放的体现。由此中国应该关注碳排放结构（如生产碳排放和消费碳排放的构成），特别是应该重视和研究消费碳排放。

（2）加强对消费者消费模式的干预和引导，促进消费者降低直接和间接能源消费，实现消费碳减排，是中国当前重要的现实课题。从消费碳排放视角看，消费者的直接和间接能源消费产生的碳排放在全社会碳排放总量中已经占重要地位，且从发展趋势看消费者消费碳排放的总量和比重均呈现持续增加的趋势。消费碳排放（直接和间接消费碳排放）已经成为影响全球气候变化的不可忽视的重要因素，严重影响了社会的可持续发展（并将持续扩大影响）。

（3）中国区域间消费碳排放的分布在一定程度上形成“经济发达地区消费，经济欠发达地区承担”的格局。东北、西北等欠发达地区为其他区域承担碳排放远多于其他区域为其承担的碳排放（它们在产品生产过程中的碳排放量巨大且产品大多被其他区域消费使用）；而东部沿海及南部沿海这样的经济发达地区则正好相反（它们有着众多较强消费能力的人口，消费品需要大量从其他区域引入）。间接消费碳排放存在着巨大的收支不平衡，这在一定程度上加大了区域间消费碳排放的不平等问题。

（4）消费碳减排行为的外部干预政策分为前置政策和后继政策两大类，或者分为信息政策（心理政策）和结构政策两类。一般来说，前置干预政策发生在目标行为之前，包括目标设置、诱导承诺、提供信息、设立榜样等。后继干预政策发生在目标行为之后，包括正负强化技术和结果反馈。其中，正强化是使从事合宜行为者（如减少能源消费）获得有价值的回报（如奖励）；负强化则是使从事不合宜行为者（如过度浪费能源）面临一定惩罚（如罚款）。

（5）在购买购置环节，理性诉求比感性诉求的传播效果更好，利己诉求比利他诉求的传播效果更好。首先，理性诉求比感性诉求对个体主观态度、绿色价值感知和绿色购买意向这三个维度的传播效果更好。其次，利己诉求比利他诉求对个体主观态度、绿色价值感知和绿色购买意向的传播效果更好，这说明消费者更注重“看得见和摸得着”的利益。最后，信息传播诉求对高绿色涉入度和高道家价值观消费者的传播效果更好（在个体主观态度、绿色价值感知和绿色购买意向维度上都是如此）。

（6）在购买购置环节，宜优先采用理性信息诉求和利己信息诉求向消费者进行绿色信息传播。一方面，企业有必要使用理性信息诉求，向消费者详细地说明和展示出所宣传的产品特征和具体信息，让消费者切实体会到实实在在的产品效能和环保优势，使消费者对绿色产品产生好感；另一方面，企业应优先使用利己信息诉求，立足消费者决策时首先从自身利益出发这一基本前提，让消费者切身体会到自身的受益程度，这样才能促使消费者绿色购买意向的产生。

（7）在使用消费环节，大尺度信息诉求相对小尺度信息诉求更能促进消费者对信息传播形成积极的态度，也更能促进消费者的节能型使用行为。本书的研究显示，不同诉求类型（利他诉求或利己诉求）对个体能源节约态度和行为的效应差异不明显（放宽到 0.1 的显著性水平时，利己诉求相对于利他诉求更能促进消费者的节能型使用行为）；不同诉求尺度组（大尺度诉求或小尺度诉求）对个体能源节约态度和行为的影响效应差异却非常显著。

（8）在使用消费环节，宜优先采用大尺度信息诉求向消费者进行绿色信息传播，同时结合利己信息诉求，获得更好的传播效果。在小尺度诉求下，消费者心理上觉得收益影响很小，不同诉求对他们的影响效应差异不大；在大尺度诉求下，消费者心理上觉得收益影响很大，利己诉求对他们更有效。节能涉入度和道家价值观的不同都会对消费者购买行为和使用行为产生显著的差异，由此整体上可以优先对高节能涉入度和高道家价值观消费者进行绿色信息传播。

（9）在回收处理环节，垃圾按量收费政策的实际效应一般不会因为收费标准的高低而产生明显差异。高强度经济激励和低强度经济激励在个体主观态度、政策效果感知、终端减量行为、前端减量行为、非法倾倒行为变量上都没有显著差异。唯一的例外是，高强度经济激励和低强度经济激励对政策风险感知的影响存在显著差异。这表明，高强度经济激励会导致消费者对其他人的非法倾倒行为产生扩大的错误感知（但不同强度的经济激励政策对其自身的非法倾倒行为却没有显著差异）。

（10）在回收处理环节，垃圾按量收费可以在部分城市（或城区、社区）先试行，特别是针对以年轻人、低学历者、高垃圾问题感知者为主的社区。一方面，从总体上说，垃圾按量收费政策能产生较好的正面效果，负面效果也不显著；另一方面，垃圾按量收费政策对年轻人、低学历者、高垃圾问题感知者的效果更好。此外，实施垃圾按量收费政策时，经济激励强度不宜过大。因为低激励强度同样可以产生高激励强度的正面效应，而且不会产生多少负面效应。

（11）必须针对各微观主体设计针对性、独特性、具体化、精细化的外部干预政策。从长期看，有效的外部干预政策不仅必然影响家庭的购买购置、使用消费和处理废弃决策，而且还必然影响企业的原材料选用（如增加再生材料的使用）、产品设计（如提高循环利用能力）和包装生产（如降低过度包装）等决策。而且为了有效地实现消费碳减排，不同的外部干预政策往往必须整合配套。整合使用多种外部干预政策，形成一体化的外部干预政策体系必将成为消费碳减排干预政策的趋势。

（12）消费碳减排的制度设计包括正式制度和非正式制度两大类。正式制度是政府部门或其他相关机构明确制定的用于约束个体消费碳减排行为的一系列规则、制度、政策、规章、契约等，主要分为命令控制制度和经济激励制度两类。非正式制度则是规范、约束或限制个体消费行为的约定俗成的行为准则，是个体长期生活交往过程中逐渐形成并得到社会普遍认可的非正式约束或非正式规则，主要分为意识提升制度、信念培育制度、伦理约束制度、观念引导制度四类。

（13）绿色信息传播者要特别关注移动互联网时代的新特征，改变绿色信息传播的格局、逻辑和模式。在当前移动互联网时代，体验、社交、互动、娱乐、族群成为信息传播的新特征。绿色信息传播者要积极关注移动互联网和新媒体时代受众（粉丝）的新需求、新动向和新特征，有效地开发、利用海量的微博、微信、QQ 空间、网络社群等社会化媒体渠道，改变绿色信息传播的格局、逻辑和模式，这样才能达到更有效的传播效果。

目　录

图目录

表目录

第一章 导论

全球气候变化已经对人类的生存和发展带来了严峻挑战，削减碳排放、应对气候变化成为人类自身生存和发展的客观需要，也是当前国际社会的共识。①本章首先分析当前全球气候变化的严峻形势和消费碳减排的重要性、紧迫性，并在此基础上提出本书的研究对象和核心概念。

第一节　当前全球气候变化形势严峻

化石能源消耗导致的温室气体（主要是二氧化碳）排放和气候变化问题已经成为当前不可回避的全球性重大议题。工业革命前大气中二氧化碳的存储水平为280ppm，而目前大气中二氧化碳的存储水平相当于430ppm。二氧化碳存储水平的升高使全球温度上升了0.5℃以上。在未来几十年内，由于气候系统的惯性作用，温度很可能至少再上升0.5℃。即便二氧化碳排放量保持现有水平不变，到2050年，二氧化碳存储水平也将达到550ppm。而且由于经济发展和人

① 碳排放是温室气体排放的简称。鉴于温室气体中最主要的气体是二氧化碳，因此使用碳排放这一简称虽并不完全精确，但易被多数人所理解、接受。

口、消费增长，二氧化碳排放量会逐年增加，因此550ppm的存储水平可能会在2035年或更早达到。按照这种水平，有77%～99%的可能性导致全球平均温度升高超过2℃（任小波等，2007）。2007年，联合国政府间气候变化专门委员会（Intergovernmental Panel on Climate Change，IPCC）发布了全面、权威的第四次报告，运用最新的科学证据，从气候变化的科学基础、影响、适应、脆弱性等角度进行分析，得出全球气候变化已是不争的事实（IPCC，2007；曹荣湘，2010）。2013年9月，联合国政府间气候变暖专门委员会发布了第五次评估报告，给出了更多的观测数据和证据证实全球正在变暖：自1880年以来，地球平均的表面温度上升0.85℃；过去3个十年，每一个都比自1850年以来的任何一个十年更炎热；过去30年是公元600年以来最热的30年；来自化石燃料燃烧的碳排放和土地使用导致温室气体也已达到前所未有的最高水平，至少是80万年来的最高水平；到2100年，全球气温会上升2～4.8℃，海平面会上升26～81厘米；从1901年到2010年，海平面上涨了19厘米，比过去两千年的任何一个时期都快，21世纪的海平面上涨速度会更快；预计到2050年，北极区将成为几近无冰的区域。①

二氧化碳大量排放引发的全球气候变化导致生态系统退化、自然灾难频发、海平面上升等诸多全球性问题，对人类的生存和发展产生严重威胁。具体来说，全球气候变化给人类社会经济生活带来的严重影响（任小波等，2007）：①引发冰雪融化，导致洪水等自然灾害，随之便是水资源的短缺，这将威胁全球1/6的人口。②引起粮食作物产量下降。温度持续升高4℃或更高，将使全球的粮食产量受到严重的影响。③导致大范围的营养失调和过热造成的死亡，同时可能引发带菌疾病的迅速传播，严重影响人类健康。气候变化的最大、最直接的一个影响就是热浪。根据伦敦大学学院生物多样性和环境研究中心乔治娜·梅斯（Georgina Mace）的研究，到21世纪末死于极热天气的人数可能会增加12倍。② ④致使生态系统脆弱化。二氧化碳的存储水平升高致使海水更酸，会影响海洋生态系统，对鱼类生存产生严重负面影响。另外，气温每提高2℃，就有15%～40%的物种面临灭绝。⑤导致海平面上升、风暴、洪水和其他相关灾害风险。根据联合国政府间气候变化专门委员会发布的第五次报告，21世纪将

---

① 沈永平，王国亚.2013.IPCC第一工作组第五次评估报告对全球气候变化认知的最新科学要点.冰川冻土，（5）：1068-1076.

② 克莱夫·库克森.2015.报告：气候变化影响人类健康.何黎译.http：//www.ftchinese.com/story/001062642#adchannelID=1300[2015-12-12].

有 1/3 的额外二氧化碳被海洋吸收，造成海洋酸化，强热带气旋出现的频率将会更高。

全球气候变化对人类的生存和发展影响巨大，世界各个地区都将受到气候变化的影响，然而受冲击最大的还是发展中国家。以中国为例，近 100 年来，中国平均地表温度明显增加约 0.8℃，超过了全球同期气温增加的平均值（0.74℃）。而且，近 50 年来，中国气温上升尤为明显。1986 ～ 2006 年，中国连续出现了 21 个全国性暖冬，极端天气与灾害的频率和强度增大，水资源短缺和区域不平衡状况加剧，生态环境恶化，农业生产损失巨大，粮食安全压力增加，海平面持续上升，沿海地区经济社会发展受到威胁（谢来辉，2009）。另据预测，与 2000 年比较，2020 年中国年平均气温将上升 1.3 ～ 2.1℃，2050 年将上升 2.3 ～ 3.3℃；到 2020 年全国平均年降水量将增加 2% ～ 3%，到 2050 年可能增加 5% ～ 7%，同时极端气候事件发生频率也可能增加（邢冀，2009）。此外，全球气候变化对小岛屿发展中国家的影响日益受到人们的广泛关注。小岛屿发展中国家对全球气候变化的“贡献”很小，却极易受到海平面上升、风暴、洪水和其他气候变化相关灾害的影响，小岛屿发展中国家应对所面临的气化变化挑战已成为当务之急。①

第二节 碳减排成为国际关注的焦点

全球气候变化对人类的生存和发展造成严重威胁，这是不争的事实。更重要的是，2007 年联合国政府间气候变化专门委员会发布的第四次评估报告指出，全球气候变化 90% 以上是由于人类消费能源过程中所排放的二氧化碳等温室气体导致的。2013 年联合国政府间气候变化专门委员会发布的第五次评估报告进一步指出，极有可能（95% 的可能性）是人为活动导致全球气候变暖。②相应地，

① 王奎庭 .2015-01-20.2014 年国内国际十大环境新闻 . 中国环境报，（第 2 版）.

② 全球气候变化的主要驱动因素是自然因素还是人类活动因素，目前学术界还存在不同意见。以联合国政府间气候变化专门委员会为代表的主流认识是：工业化时代以来全球气候变化的主要驱动因素是人类活动引起全球温室气体排放量快速增加。联合国政府间气候变化专门委员会发布的第五次评估报告指出，人类对气候系统的影响是明确的，而且这种影响在不断增强，在世界各个大洲都已观测到各种影响。如果任其发展，气候变化将会增强对人类和生态系统造成严重、普遍和不可逆转影响的可能性。但也有一些学者则认为，自然因素是主要驱动因素。无论争议如何，近百年来全球大气中二氧化碳浓度增加这个事实是不可否认的。

降低生产环节和消费环节的碳排放成为人类自身生存和发展的客观需要。根据联合国政府间气候变化专门委员会发布的第四次报告，要使人类实现可持续发展，应确保未来全球气温相对于工业革命前上升不超过2℃，大气中二氧化碳浓度需稳定在450ppm的水平。为此，就2020年中期而言，发达国家需要在1990年的基础上减排25%～40%，发展中国家的二氧化碳排放应相对于正常的排放轨迹下降15%～30%。就2050年远期而言，全球二氧化碳排放则需要相对当前减排50%（曹荣湘，2010）。

推行节能减排（节约资源能源、减少二氧化碳排放）、应对气候变化已经成为国际社会关注的焦点问题。1997年12月，149个国家和地区的代表通过了旨在限制发达国家二氧化碳排放量以抑制全球变暖的《京都议定书》。联合国环境规划署（United Nations Environment Programme，UNEP）确立2007年世界环境日的主题是“冰川消融，后果堪忧”，2008年的主题是“转变传统观念，推行低碳经济”，2009年的主题是“地球需要你——团结起来应对气候变化”。连续三年的世界环境日主题都与气候变化问题密切相关。2009年12月全球气候大会达成《哥本哈根协议》。虽然该协议不具法律约束力，但它至少表明了世界各国降低二氧化碳排放、应对气候变化的决心。2014年联合国环境规划署确定世界环境日主题为“提高你的呼声，而不是海平面”，旨在呼吁国际社会采取紧急行动，帮助小岛屿发展中国家应对不断增长的风险，尤其是气候变化。这再次反映了当前削减碳排放、应对气候变化的关键性和紧迫性。2015年世界环境日的主题为“可持续消费和生产”，口号为“七十亿人的梦想：一个星球，关爱型消费”，鼓励人们重新思考自己的生活方式，以及通过有意识的消费行为，减少人类社会对自然资源的影响。2015年世界环境日的中国主题为“践行绿色生活”，旨在弘扬和传播“生活方式绿色化”理念，加强人们对“生活方式绿色化”的认知和理解，并自觉转化为实际行动，减少超前性、炫耀性、奢侈性和浪费性消费，实现向文明节约、绿色低碳的生活方式和消费模式转变。

推行节能减排（节约资源能源、减少二氧化碳排放）、应对气候变化也是各国政府关注的焦点，已经提上各国的发展议程。2003年，英国政府发布能源白皮书《我们的能源未来：创造一个低碳经济》，最早提出了低碳经济（low-carbon economy）的概念，并承诺2010年二氧化碳排放量在1990年基础上减少20%，2050年在1990年基础上减少60%，建立低碳经济社会。2009年7月英国公布《英国低碳转变计划》，进一步明确了英国到2020年的低碳行动路线图。欧盟、日本、美国、澳大利亚、韩国、新加坡等国家或地区也都采取了一系列战略政策和策略措施，以降低碳排放量。表 1-1 总结了部分国家或地区降低碳排放的政策及其目标。

表 1-1 主要国家或地区降低碳排放的政策及其目标

国家或地区	政策时间	政策名称	降低碳排放的政策目标
英国	2003 年	《我们的能源未来：创造一个低碳经济》	2010 年二氧化碳排放量在 1990 年基础上减少 20%，2050 年在 1990 年基础上减少 60%，建立低碳经济社会
	2008 年	《气候变化战略》	提出“后碳时代城市”目标，到 2026 年减少二氧化碳排放 60%、人均排放从 6.6 吨下降到 2.8 吨
	2008 年	《气候变化法》	成为世界上第一个为温室气体减排目标立法的国家；到 2020 年可再生能源供应占 15%，其中 30% 电力来自可再生能源，相应的温室气体排放降低 20%，石油需求降低 7%，到 2050 年温室气体排放量比 1990 年削减 80%
	2009 年	《英国低碳转变计划》	提出英国经济发展的核心目标是建设一个更干净、更绿色、更繁荣的国家，并明确了包括电力、重工业和交通在内的社会各部门的减排量。到 2020 年碳排放比 2008 年减少 18%，可再生能源在能源供应中占 15% 的份额，其中 40% 的电力必须来自低碳能源，30% 的电力来源于可再生能源
德国	2004 年	《可再生能源法》	新能源占全国能源消耗的比例最终要超过 50%。清洁电能的使用率由 2004 年的 12% 提高到 2020 年的 25% ～ 30%，热电年供的使用率提高 25%。到 2020 年，建筑取暖中使用太阳能、生物燃气、地热等清洁能源的比例由 2004 年的 6% 提高到 14%
丹麦	2006 年	《2050 年能源战略》	到 2020 年煤、石油等化石能源的消耗量在 2009 年的基础上减少 33%，到 2050 年完全摆脱对化石能源的依赖
瑞典	2007 年	《能源可持续发展战略》	在未来 10 年内新建 2000 座风力发电站，力求实现到 2020 年彻底摆脱对化石燃料的依赖
澳大利亚	2008 年	《减少碳排放计划》	2020 年将可再生能源的比重提高到 20%，2050 年达到 2000 年温室气体排放的 40%
欧盟	2008 年	《气候行动和可再生能源一揽子计划》	到 2020 年将可再生能源占能源消耗总量的比例提高到 20%，将煤炭、石油、天然气等一次性能源的消耗量减少 20%，将生物燃料在交通能耗中所占的比例提高到 10%。到 2020 年温室气体排放量在 1990 年的基础上减少 20%
	2014 年	《欧盟秋季峰会决议》	到 2030 年将温室气体排放量在 1990 年的基础上减少 40%（具有约束力），可再生能源在能源使用总量中的比例提高至 27%（具有约束力），能源使用效率至少提高 27%
日本	2008 年	《福田蓝图》	到 2050 年，温室气体排放量削减至目前的 60% ～ 80%
	2009 年	《绿色经济与社会变革》	通过实行减少温室气体排放等措施，强化日本的低碳经济。中期目标为到 2020 年温室气体排放量比 2005 年降低 15%

续表

国家或地区	政策时间	政策名称	降低碳排放的政策目标
韩国	2008年	《应对气候变化国家综合行动计划》（2008～2012年）	可再生能源从目前的2.27%提高到2011年的5%；到2030年把能源结构调整到理想水平，新能源和可再生能源由目前的2%增长到11%，核能由2008年的15%增长到28%；化石燃料由2008年的83%降到61%；能源效率到2030年提高46%
美国	2009年	《美国再生、再投资法》	到2050年使美国所需电力的25%来自可再生能源，温室气体排放比2005年减少83%
新加坡	2012年	《国家气候变化策略2012》	到2020年把碳排放量降低7%～11%

总的来说，随着联合国政府间气候变化专门委员会第四次评估报告的发布，理论界积极倡导采取大幅度、强有力减排措施的呼声日益高涨，并逐渐占据了主流（曹荣湘，2010）。在实践部门，降低碳排放、应对气候变化已经成为各国政府决策者的共识，是当前国际社会普遍关注和重视的一个焦点课题。

在中国，党和政府也非常重视削减碳排放、应对气候变化问题。2007年6月，国务院颁布《中国应对气候变化国家方案》（国发〔2007〕17号），明确了到2010年中国应对气候变化的具体目标、基本原则、重点领域。2011年12月，国务院印发《“十二五”控制温室气体排放工作方案》（国发〔2011〕41号），围绕到2015年全国单位国内生产总值二氧化碳排放比2010年下降17%的目标，大力开展节能降耗，优化能源结构，努力增加碳汇，加快形成以低碳为特征的产业体系和生活方式。2014年11月，国家发展和改革委员会印发《国家应对气候变化规划（2014～2020年）》，提出到2020年，控制温室气体排放行动目标全面完成，单位国内生产总值二氧化碳排放比2005年下降40%～45%，非化石能源占一次能源消费的比重达到15%左右，全国碳排放交易市场逐步形成。2014年11月，中美发布《中美气候变化联合声明》，达成了削减碳排放协议，宣布了各自2020年后应对气候变化的行动。根据协议，美国计划于2025年实现在2005年基础上减排26%～28%的全经济范围减排目标，并将努力减排28%。中国计划2030年左右二氧化碳排放达到峰值，且将努力早日达峰，并计划到2030年，非化石能源占一次能源消费的比重提高到20%左右。2015年4月，中共中央政治局会议审议通过《关于加快推进生态文明建设的意见》，强调指出“绿水青山就是金山银山”“必须弘扬生态文明主流价值观，把生态文明纳入社会主义核心价值体系，形成人人、事事、时时崇尚生态文明的社会新风尚，为生态文明建设奠定坚实的社会、群众基础”；并再次强调“加快推动生活方式绿色化，实现生活方式和消费模式向勤俭节约、绿色低碳、文明健康的方向转变，力戒奢侈浪费和不合理消费”的战略方向。2015 年 9 月，中国国家主席习近平和美国总统奥巴马共同发表《中美元首气候变化联合声明》，重申坚信气候变化是人类面临的最重大挑战之一，两国在应对这一挑战中具有重要作用。两国元首还重申坚定推进落实国内气候政策、加强双边协调与合作并推动可持续发展和向绿色、低碳、气候适应型经济转型的决心。2015 年 10 月，中国共产党第十八届中央委员会第五次全体会议审议通过《中共中央关于制定国民经济和社会发展第十三个五年规划的建议》，强调“必须牢固树立创新、协调、绿色、开放、共享的发展理念”，并提出“推动低碳循环发展”“主动控制碳排放”等一系列战略举措。2015 年 11 月，环境保护部发布《关于加快推动生活方式绿色化的实施意见》（环发〔2015〕135 号），明确了生活方式绿色化的指导思想、基本原则、主要目标、组织实施和保障措施，提出“建立绿色生活宣传和展示平台，利用环境教育基地，开展以生活方式绿色化为主题的浸入式、互动式教育。将每年 6 月设为‘全民生态文明月’，将 2016 年设为‘生活方式绿色化推进年’，同时利用世界环境日、世界地球日、森林日、水日、海洋日、生物多样性日、湿地日等节日集中组织开展环保主题宣传活动”。近年来中国削减碳排放、应对气候变化的部分政策及其主要内容如表 1-2 所示。

表 1-2 近年来中国削减碳排放、应对气候变化的部分政策

颁布时间	颁布部门	政策名称	政策主要内容
2007 年 6 月	国务院	《中国应对气候变化国家方案》（国发〔2007〕17 号）	明确了到 2010 年中国应对气候变化的具体目标、基本原则、重点领域
2011 年 3 月	全国人民代表大会	《中华人民共和国国民经济和社会发展第十二个五年规划纲要》	非化石能源占一次能源消费的比重达到 11.4%。单位国内生产总值能源消耗降低 16%，单位国内生产总值二氧化碳排放降低 17%
2011 年 12 月	国务院	《“十二五”控制温室气体排放工作方案》（国发〔2011〕41 号）	围绕到 2015 年全国单位国内生产总值二氧化碳排放比 2010 年下降 17% 的目标，大力开展节能降耗，优化能源结构，努力增加碳汇，加快形成以低碳为特征的产业体系和生活方式

续表

颁布时间	颁布部门	政策名称	政策主要内容
2012年8月	国务院	《节能减排"十二五"规划》（国发〔2012〕40号）	到2015年，全国万元国内生产总值能耗下降到0.869吨标准煤（按2005年价格计算），比2010年的1.034吨标准煤下降16%（比2005年的1.276吨标准煤下降32%）。"十二五"期间，实现节约能源6.7亿吨标准煤。到2015年，单位工业增加值（规模以上）能耗比2010年下降21%左右，建筑、交通运输、公共机构等重点领域能耗增幅得到有效控制，主要产品（工作量）单位能耗指标达到先进节能标准的比例大幅提高，部分行业和大中型企业节能指标达到世界先进水平。到2015年，非化石能源消费总量占一次能源消费比重达到11.4%
2012年11月	中国共产党第十八次全国代表大会报告	《坚定不移沿着中国特色社会主义道路前进 为全面建成小康社会而奋斗》	明确了2020年实现全面建成小康社会的宏伟目标，包括资源节约型、环境友好型社会建设取得重大进展。主体功能区布局基本形成，资源循环利用体系初步建立。单位国内生产总值能源消耗和二氧化碳排放大幅下降，主要污染物排放总量显著减少。森林覆盖率提高，生态系统稳定性增强，人居环境明显改善
2012年12月	工业和信息化部、国家发展和改革委员会、科技部、财政部	工业领域应对气候变化行动方案（2012-2020年）（工信部联节〔2012〕621号）	到2015年，全面落实国家温室气体排放控制目标，单位工业增加值二氧化碳排放量比2010年下降21%以上，主要工业品单位二氧化碳排放量稳步下降，工业碳生产力大幅提高。工业过程二氧化碳和氧化亚氮、氢氟碳化物、全氟化碳、六氟化硫等温室气体排放得到有效控制。建设一批低碳产业示范园区和低碳工业示范企业，推广一批具有重大减排潜力的低碳技术和产品。重点用能企业温室气体排放计量监测体系基本建立，工业应对气候变化的体制机制与政策进一步完善 到2020年，单位工业增加值二氧化碳排放量比2005年下降50%左右，基本形成以低碳排放为特征的工业体系
2013年11月	国家发展和改革委员会、财政部、农业部等九部门	《国家适应气候变化战略》（发改气候〔2013〕2252号）	到2020年，中国适应气候变化的主要目标是：适应能力显著增强，重点任务全面落实，适应区域格局基本形成 将适应气候变化的要求纳入中国经济社会发展的全过程
2014年5月	国务院办公厅	《2014-2015年节能减排低碳发展行动方案》（国办发〔2014〕23号）	2014～2015年，单位GDP能耗、化学需氧量、二氧化硫、氨氮、氮氧化物排放量分别逐年下降3.9%、2%、2%、2%、5%以上，单位GDP二氧化碳排放量两年分别下降4%、3.5%以上
2014年9月	国家发展和改革委员会	《国家应对气候变化规划（2014-2020年）》	到2020年，控制温室气体排放行动目标全面完成，单位国内生产总值二氧化碳排放比2005年下降40%～45%，非化石能源占一次能源消费的比重达到15%左右，全国碳排放交易市场逐步形成

续表

颁布时间	颁布部门	政策名称	政策主要内容
2015 年 4 月	中共中央政治局会议	《中共中央 国务院关于加快推进生态文明建设的意见》	必须弘扬生态文明主流价值观，把生态文明纳入社会主义核心价值体系，形成人人、事事、时时崇尚生态文明的社会新风尚，为生态文明建设奠定坚实的社会、群众基础 加快推动生活方式绿色化，实现生活方式和消费模式向勤俭节约、绿色低碳、文明健康的方向转变，力戒奢侈浪费和不合理消费
2015 年 10 月	中国共产党第十八届中央委员会第五次全体会议决议	《中共中央关于制定国民经济和社会发展第十三个五年规划的建议》	必须牢固树立创新、协调、绿色、开放、共享的发展理念 推动低碳循环发展。推进能源革命，加快能源技术创新，建设清洁低碳、安全高效的现代能源体系 推进交通运输低碳发展，实行公共交通优先，加强轨道交通建设，鼓励自行车等绿色出行 主动控制碳排放，加强高能耗行业能耗管控，有效控制电力、钢铁、建材、化工等重点行业碳排放，支持优化开发区域率先实现碳排放峰值目标，实施近零碳排放区示范工程
2015 年 11 月	环境保护部	《关于加快推动生活方式绿色化的实施意见》（环发〔2015〕135 号）	倡导绿色生活方式，为生态文明建设奠定坚实的社会、群众基础 加强宣传教育，增强生态文明意识，广泛开展绿色生活行动，推动全民在衣、食、住、行、游等方面加快向勤俭节约、绿色低碳、文明健康的方式转变 广泛宣传典型经验、典型人物，提高公众节约意识、环境意识、生态意识，形成生态文明建设人人有责、生态文明规定人人遵守的新局面

第三节　消费碳减排成为重要的课题

从历史的视角看，20 世纪 70 年代可持续发展问题就开始得到国际社会的重视。但总体上说，早期的可持续发展主要着眼于生产领域，主要关注生产方式的变革，消费领域和消费者责任并没有得到应有的重视。这导致生产领域的努力成果往往被消费的急剧增长或不可持续的消费所抵消。20 世纪八九十年代，消费的下游效应和反弹效应逐渐受到重视，国际社会开始反思“重生产、重技术、轻消费”的局限（李慧明等，2008）。越来越多的国家和国际组织开始关注消费行为的引导和消费模式的变革，作为与可持续发展相适应的可持续消费

（sustainable consumption）模式在全球范围内开始被提上日程。1992 年，联合国环境与发展会议通过的具有里程碑意义的重要文件《21 世纪议程》，明确指出全球环境持续恶化的主要成因是不可持续的消费和生产形态。为此，需要改变消费形态，制定鼓励改变不可持续消费形态的国家政策和战略。1994 年，联合国环境规划署发表《可持续消费的政策因素》报告，首次明确了“可持续消费”概念，即“提供服务以及相关的产品以满足人类的基本需求，提高生活质量，同时使自然资源和有毒材料的使用量最少，使服务或产品在生命周期中所产生的废物和污染物最少，从而不危及后代的需求”。2002 年，联合国召开了“可持续发展世界首脑会议”，指出“根本改变社会的生产和消费方式是实现全球可持续发展所必不可少的。所有国家都应努力提倡可持续的消费形态和生产形态”。在这一历史背景下，加强对消费者消费模式的引导和干预，改变不可持续消费模式，成为可持续发展领域的一个重要课题。

从现实的视角看，对于中国这样的新兴国家来说，仅仅关注碳排放总量和生产碳排放容易掉进“责任陷阱”。根据国际能源署（International Energy Agency，IEA）的统计数据，2007 年中国的碳排放总量达到 60.3 亿吨，中国在总量上已成为碳排放第一大国。2013 年中国的碳排放量达到 95.2 亿吨，占全球总量的 27.1%，其次依次是美国（16.9%）、欧盟（9.6%）和印度（5.5%），中国碳排放量超过美国和欧盟的总和。同时，中国的人均碳排放量首次超过欧盟，达到 7.2 吨，超过欧盟的 6.8 吨。[①] 2013 年全球一次能源消费和二氧化碳排放如表 1-3 所示。

表 1-3　2013 年全球一次能源消费和二氧化碳排放

国家或地区	一次能源消费量		二氧化碳排放量	
	数量 / 亿吨油当量	百分比 /%	数量 / 亿吨	百分比 /%
中国	28.524	22.4	95.243	27.1
美国	22.658	17.8	59.314	16.9
俄罗斯	6.99	5.5	17.142	4.9
印度	5.95	4.7	19.311	5.5
日本	4.74	3.7	13.974	4.0
加拿大	3.329	2.6	6.167	1.8
德国	3.25	2.6	8.428	2.4
巴西	2.84	2.2	—	—
韩国	2.713	2.1	7.681	2.2
法国	2.484	2.0	—	—
其他	—	34.4	—	—

资料来源：冉泽 . 2014. http：//www.China5e.com/news/news-873500-1.html[2014-6-19]

① 杨宁昱 . 2014. 外媒：中国人均碳排放首超欧盟 减排任务艰巨 .http：//China.cankaoxiaoxi.com/2014/0923/505958.shtml[2014-9-23]。

一些发达国家据此提出“碳排放大国责任论”。然而实际上，中国制造的产品和服务大量地通过国际贸易由发达国家的各类消费者消费，中国的很大一部分碳排放（确切地说是生产碳排放）实际上是发达国家消费碳排放的体现。林伯强等测算指出，由于国际贸易，发达国家向中国年转移碳排放量高达10亿吨（林伯强和刘希颖，2010）。樊纲等（2010）计算了1950～2005年世界各国的累积消费碳排放量，发现中国有14%～33%（或超过20%）的碳排放是由其他国家的消费所致，而大部分发达国家则相反。赵忠秀等（2014）采用WIOD数据库的区域间投入产出表及部门碳排放数据，建立了多区域投入产出（MRIO）模型和消费碳排放核算目录，并据此分析了全球消费碳排放及国际贸易中的转移碳排放量。其研究结果表明，2009年全球消费碳排放为28.85亿吨，其中国际贸易所隐含碳排放占全球消费碳排放的20%，而这些贸易隐含碳排放主要是从中国和BRIIAT（澳大利亚、俄罗斯、印度等其他重要国家组）生产和出口，由北美和欧洲消费引发的。进一步的分析表明，中国碳排放的29%是由其他国家消费引起的。[①]可见，仅仅关注碳排放总量是不够的，也是不合理的，还应该关注碳排放结构（如生产碳排放和消费碳排放的构成），特别是应该重视和研究消费碳排放。[②]一方面，消费碳排放从终端驱动着生产碳排放，削减消费碳排放有助于倒逼企业削减生产碳排放。另一方面，消费碳排放也能合理地界定与之相应的生产碳排放的最终责任归属。樊杰等（2010）及樊纲等（2010）也强调了这一点。因此，消费碳排放的基础研究应成为中国理论界重视的一个重要议题[③]，它对于中国进行国际商务和气候问题谈判具有积极的实践指导意义。

从发展的趋势看，随着经济发展和人民生活水平的提高，消费者（公众）已经成为碳排放的一个主要群体。消费者（公众）的直接能源消费和间接能源消费产生的碳排放在全社会碳排放总量中已经占重要地位（Abrahamse et al.,

---

① 余佳莹.2014.研究发现：中国近三成碳排放由他国消费引起.http：//finance.kankanews.com/f/2014-05-15/0014768173.shtml[2014-5-15].

② 然而，传统上国际理论界倾向于关注碳排放总量（及生产层面的碳排放），对消费层面碳排放的研究相对较少（樊杰等，2010）。除了区分生产碳排放和消费碳排放之外，还需要区分累积碳排放总量和现实碳排放量。1870～2013年，中国的累积碳排放总量为1610亿吨，欧盟28个国家的累积碳排放总量为3280亿吨，美国的累积碳排放总量达3700亿吨。其中，中国143年的累积碳排放总量占世界累积碳排放总量14 300亿吨的11.25%，是美国累积碳排放总量的43.5%，欧盟累积碳排放总量的49.1%。预计到2019年，美国的累积碳排放总量将达4010亿吨，欧盟达3480亿吨，中国为2300亿吨（参见杨宁昱.2014.外媒：中国人均碳排放首超欧盟 减排任务艰巨.http：//China.cankaoxiaoxi.com/2014/0923/505958.shtml[2014-9-23]）。

③ 本书第二章将对中国消费碳排放（包括直接和间接消费碳排放）的总体测算、结构特征和区域差异进行详细的计量分析。

2005）。消费碳排放是指由消费行为引发的直接或间接碳排放。消费行为对碳排放的影响一般体现在两个方面：一是因消费者日常生活中直接使用能源（电力、天然气、汽油、煤炭等消费）而产生的碳排放，即直接消费碳排放，如住房供暖制冷、家电使用、燃气使用、交通通勤等直接能源消耗而产生的碳排放；二是消费者所消费的产品和服务（如食品、衣服、住房等消费）在其开发、生产、交换、使用和回收的整个生命周期过程中所产生的碳排放，或者说支持消费者产品和服务消费的相应产业由于能源消耗而产生的碳排放，即间接消费碳排放。张咪咪和陈天祥（2010）利用投入产出技术，通过编制不变价能源环境投入产出表测算了居民生活直接、间接、完全碳排放量。结果表明，1997 ～ 2007 年居民完全碳排放量占全国碳排放总量的 52% ～ 63%。其中，间接碳排放量占居民完全碳排放量的 80% 以上。欧盟一项统计研究结果显示，欧盟居民部门的生活能源需求量早在 20 世纪 90 年代就已超过了产业部门的能源需求量。英美等发达国家的更多研究结果也反映了同样的趋势：居民消费碳排放已经大大超过了产业部门，并逐渐成为碳排放的最重要增长点（Lenzen，1998）。宾和道拉塔巴蒂（Bin and Dowlatabadi，2005）研究指出，家庭的能源消费碳排放占全社会碳排放的 84%。而且更重要的是，从美国和欧洲的经验看，消费者消费碳排放的总量和比重均呈现持续增加的趋势（Abrahamse et al.，2005；Nishio，2010）。

总的来说，消费者消费碳排放已经成为影响全球气候变化不可忽视的重要因素，严重影响着社会的可持续发展（并将持续扩大影响）。在这一现实背景和发展趋势下，促进消费者降低直接和间接能源消费，实现消费碳减排（削减直接和间接消费碳排放）成为中国当前重要的现实课题。①

近年来随着低碳经济的兴起，中国理论界也开始重视消费碳排放及其削减问题。其中，一些学者对消费碳排放总量和结构进行了测度、分析和预测（冯蕊等，2011；张馨等，2011；姚亮等，2013；葛全胜和方修琦，2011；朱勤，

---

① 事实上，降低能源消费，削减消费碳排放也已经是每一个公民的义务和责任。2015 年 1 月 1 日施行的《中华人民共和国环境保护法》（2014 年 5 月修订版）明确规定，“一切单位和个人都有保护环境的义务”“公民应当增强环境保护意识，采取低碳、节俭的生活方式，自觉履行环境保护义务”“公民应当遵守环境保护法律法规，配合实施环境保护措施，按照规定对生活废弃物进行分类放置，减少日常生活对环境造成的损害”。2015 年 11 月 16 日，环境保护部发布了《关于加快推动生活方式绿色化的实施意见》（环发〔2015〕135 号），再次强调“绿色生活方式既是个人选择，也是法律义务，使公众严格执行法律规定的保护环境的权利和义务，形成守法光荣、违法可耻、节约光荣、浪费可耻的社会氛围”。

2011；周慧和邢剑炜，2012；朱勤等，2012；黄芳和江可申，2013；吴开亚等，2013；杨亮，2014；沈晓骅，2015），另一些学者则对消费碳减排行为（或低碳消费模式）的实现进行了描述性、理论性的探讨（郭琪，2008；李慧明等，2008；陈晓春等，2009；徐国伟，2010；俞海山，2015）。但是，对于消费碳减排的外部干预政策这一核心论题，目前理论界还缺乏系统深入的基础研究。[①]具体而言，消费碳减排的外部干预政策包含哪些基本特性和构成要素？外部干预政策对消费碳减排的实际影响如何？在不同的社会文化情境下，外部干预政策对消费碳减排的实际影响是否会存在差异？不同干预政策如何组合配套以更好地发挥整合效果？如何制定和实施干预政策（或政策组合）以最有效地促进消费碳减排？对这些基础性、现实性的重要课题，目前理论界还没有很好地解决（这至少部分地导致了相关实践部门对消费碳减排还缺乏切实有效的干预举措）。相应地，探索消费碳减排干预政策的客观规律成为低碳经济和可持续发展管理领域一个迫切的基础理论课题。

为深入探索消费碳减排干预政策的客观规律，有三个基础性、前瞻性的科学问题需要重点关注并研究：一是外部干预政策对消费碳减排实际（而不是宣称、想象或期望）的影响效应。这不能仅仅依赖现有理论对干预政策进行分析，更重要的是在自然环境下对大样本被试进行真实的政策实验（现场实验，field experiment），以对特定干预政策的实际效应进行量化测度，分析其即时和延迟效果、直接和间接效果、显在和隐含效果等。二是外部干预政策影响消费碳减排的作用机理（包括作用路径、传导机制、中介过程、交互影响等）。理解影响效应背后的作用机理黑箱有助于更好地评估、比较和改进干预政策。这需要采用深度个案研究、半结构化访谈、非参与观察等质化研究技术洞察微观主体的心理认知、情感反应和行为决策过程，获得丰富化、过程化、动态化的细节情节资料，在此基础上对干预政策的作用机理进行深描（thick discription）和诠释。三是社会文化情境对政策干预效应的促进或抑制作用。社会文化情境对政策干预效应的影响并非中立的。在中国（东方）文化情境下，特定干预政策的实际效应可能发生特定方向的变化（如追求面子、攀比的文化情境可能导致消费碳减排的价格约束工具失效）。因此，研究者应关注特定文化情境的调节影响，并进一步考察干预政策类型与文化情境之间的适配性。针对以上三个科学问题，本书从深描中国（东方）文化情境下个体心

---

① 关于消费碳减排的外部干预政策的具体理论分析详见本书第三章。

理过程和行为机制的视角切入，采用现场实验方法，探究外部干预政策影响消费碳减排的作用路径、传导机制和实际效应，最终发展消费碳减排的外部干预政策理论。

本书研究的科学意义和应用前景至少体现在如下三个方面：①本书将为研究外部干预政策对消费碳减排的影响效应提供第一手基础实验数据，并设计政策效应评估的基础性分析框架和指标体系；②本书将为政府相关部门（国家发展和改革委员会、环境保护部、宣传部门、教育部门、街道办等）评估消费碳减排干预政策的有效性提供理论支持和经验借鉴；③本书将为政府相关部门设计和有效实施干预政策以转变消费行为模式提出针对性的政策建议（包括基本构架、制度设计和主要思路等）。

第四节　本书的研究对象和核心概念

本书的研究对象和核心概念是消费碳减排行为。我们先对这一概念的内涵、外延和本质特征进行分析，以便为后面的分析奠定基础。在我们看来，消费碳减排行为也是一种特殊的消费者行为。由消费者行为的一般定义可以相应推知，消费碳减排行为就是个人、群体和组织为满足削减碳排放、应对气候变化的需要或目标而如何在消费过程中选择、获取、使用和处置产品或服务。这一界定似乎过于抽象、不好理解，为此本书将消费碳减排行为做如下定义：消费碳减排行为是指消费者在日常消费过程（包括购买购置、使用消费、处理废弃全过程）中自觉降低能源消耗（特别是煤炭、石油等化石能源消耗），减少温室气体排放（特别是二氧化碳排放）的消费行为模式。

从内涵来说，消费碳减排行为不但包括减少直接的能源消耗和二氧化碳排放（如减少油、气、电等能源的消耗，相应减少碳排放），还包括减少间接的能源消耗和二氧化碳排放（如在产品购买消费过程中实现减量化、再利用、再循环，相应减少碳排放）。从外延来说，按照消费行为所发生的过程阶段，消费碳减排行为可以分为购买购置行为、购买购置后行为两个维度。其中，购买购置后行为又可以细分为使用消费行为（使用削减、重复或循环使用、减量化使用等）、处理废弃行为（回收再利用、再循环等）两类。消费碳减排行为的内涵和外延如图 1-1 所示。

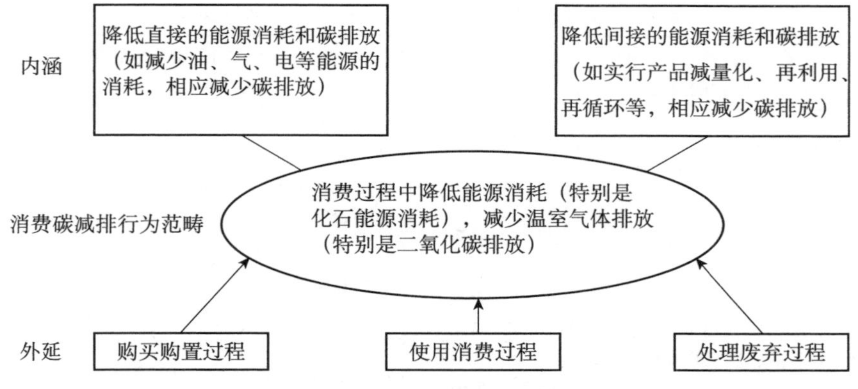

图 1-1 消费碳减排行为的内涵和外延

消费碳减排行为的本质特征如下：①消费碳减排行为本质上是低能耗的消费行为模式。煤炭、石油等化石能源的过度消耗加剧了地球上能源短缺和资源耗竭的形势，消费碳减排行为则要求简约、自然、简朴、节约、适度的低能耗消费，避免繁杂、豪华、奢靡、浪费、过度的高能耗消费，特别是要尽量减少煤炭、石油等化石能源的消耗。②消费碳减排行为本质上是低污染的消费行为模式。不同消费（产品）对生态环境的污染程度不一样，即生态足迹（ecological footprint，EF）不一样。[①] 消费碳减排行为要求尽量减少对生态环境系统的负面冲击，多消费生态足迹小的产品，少消费生态足迹大的产品。③消费碳减排行为本质上是低排放的消费行为模式。消费碳减排行为从本质上要求降低消费引致的二氧化碳的排放量，减少消费的碳足迹（carbon footprint，CF）[②]，从而实现对气候变化的负面影响最小化。

同消费碳减排行为密切相关的两个概念是高碳消费行为和低碳消费行为。简单地说，高碳消费行为是消费者在日常消费过程中高能耗、高污染、高排放的消费行为模式，低碳消费行为是消费者在日常消费过程中低能耗、低污染、低排放的消费行为模式。下面我们以两个案例来说明高碳消费行为和低碳消费行为的典型表现，如表 1-4 所示。

---

① “生态足迹”的概念由威廉•里斯（Willian E. Rees）于 1992 年提出，也称为“生态占用”。它表示在现有技术条件下，指定的人口单位内（一个人、一个城市、一个国家或全人类）需要多少具备生物生产力的土地（biological productive land）和水域，来生产所需资源和吸纳所产生的废弃物。换言之，生态足迹是以生产性土地（或水域）面积来表示特定消费活动对生态环境负面影响的一种可操作方法。

② 碳足迹是个人或者团体的“碳耗用量”。这里的“碳”就是石油、煤炭、木材等自然资源中所含有的碳元素，碳消耗越大，碳足迹就越大，对全球变暖的“贡献”也越大。碳足迹是衡量消费碳减排行为的一个重要特征，通过碳足迹的产生途径及估算公式，可以量化特定消费行为的低碳程度。

表 1-4 高碳消费行为和低碳消费行为的典型表现

高碳消费行为的典型表现 （一个白领的高碳生活案例）	低碳消费行为的典型表现 （王大娘的低碳生活案例）
李娜是潍坊市城区一家公司的文职工作人员，是名副其实的“高碳生活”。 **出门不关空调和电脑** 每天早上 7 点钟，李娜一起床，先打开笔记本电脑玩上一会儿游戏；大约半个小时后，她才从被窝里爬起来，把开着的电脑往床上一扔就去洗漱了，洗脸、洗头发要用十多分钟，在这期间，水龙头一直是开着的，然后再用吹风机将头发吹干。 李娜经常开着电脑和空调就去上班了。在她租住的房子里是有暖气的，而且暖气很热，经常热得要开着窗睡觉。 **单面打印文件** 来到办公室后，李娜先打开电脑和中央空调，在正式上班之前，她还能找时间玩一会儿电脑游戏。在李娜负责的工作中，有一项是打印文件，她从来都是单面打印，凡是打印错了或者不用了，纸张都是直接扔到废纸篓中。 中午 11 点半，李娜准时下班。直到下午 2 点上班，办公室里的电灯、电脑、中央空调都一直开着。中午在单位的餐厅吃饭，李娜经常是吃的没有剩的多，而且，无论在哪里吃饭，李娜从来没有将剩下的东西打包的习惯。 **无节制购物** 下午 5 点钟下班后，李娜并不急着离开，而是继续玩电脑游戏，直到玩够了才离开。 通常，李娜都会约上自己的三五好友一起吃饭、逛街。李娜从来不挤公交车，无论去哪儿，有多远的路程，她都是打车出行。每次逛街，她都要大包小包地买上一堆的衣服、鞋子。她的家里堆满了衣服，很多衣服都是穿一两次就不再穿了。 **电视开通宵** 回到家，李娜先打开电脑，登上 QQ、打开电脑游戏，然后打开电视机。电视、电脑同时开着，困了就去睡觉，电视机都是用遥控器关掉，电源和插排都不关。电视机经常一开一个晚上。 洗澡的时候，李娜也是将水龙头开到最大，她洗澡的时间很长，每次至少要用半个小时。洗衣服更是省事，无论洗什么衣服都是使用全自动洗衣机，插上电源、放上衣服，就走开了。	在奎文区广文街道松鹤园社区居住的王秀英大娘是“低碳生活”的先行者和践行者：“低碳生活就是节约减排吧，日常生活中多注意一下，不要浪费就对了。”王大娘向记者滔滔不绝地聊起了自己的“低碳生活”。 **节电在细节** “其实要节约，事先准备好很重要，比如用微波炉热饭的时候，你可以先把要加热的东西都准备好，不要打开微波炉的门儿了，还在一样一样地找东西。把加热时间差不多的东西放在一起加热，省时间还省电，还能减少辐射。”王大娘说起家庭生活中的节能小窍门那真是有一套。 “还有在使用电冰箱的时候，青菜、熟食、生肉都要分类放。开冰箱取东西不要反复开冰箱门或是长时间敞着冰箱门，”王大娘告诉记者，“我家用天然气不多，主要是用电，一个月也就用 80 多度（千瓦时）电。” 在王大娘家里，记者看到家用电器实在是不少，插排也很多，但是所有不用的插排都是关掉的。王大娘表示，这是他们家的一贯作风：人走灯灭，连插排也要关。 **水要循环用** 在王大娘一尘不染的家中，记者看到不仅各种各样的生活用具都摆放得整整齐齐，就连地板也都擦拭得一尘不染。 “我们家一个月就用 3 吨水吧。我都是用桶接水用，洗菜、洗碗都用盆；水也可以循环利用，洗菜水攒起来冲厕所，淘米水也可以用来浇花，很方便也很节省。”王大娘得意地告诉记者：“我们老两口年纪大了，洗衣服得用洗衣机，我们家的洗衣机是全自动的，但是为了省水，我都把它当作半自动的用。比如说，十件衣服要分三次洗，最后都洗完了再换水，这样就省下了洗两次衣服的水了。” **买菜用布袋** 出门买菜带上自己制作的布袋，这是王大娘多年来的习惯。“布袋都是我自己做的，我喜欢用布袋，有时候去市场买菜，人家要给我装塑料袋，我就告诉他不用了，我用布袋。”王大娘告诉记者，不是因为现在塑料袋收费才改用布袋的，她一直都用布袋买菜，用大娘的话说，用布袋“方便、安全又环保”。

续表

高碳消费行为的典型表现 （一个白领的高碳生活案例）	低碳消费行为的典型表现 （王大娘的低碳生活案例）
其实，李娜只是都市白领的一个典型，她的一些生活习惯是现在很多年轻人存在的问题，怀着毫不在乎的心情浪费我们非常有限的水电资源，产生大量的温室气体，对环境造成无法弥补的伤害。	王大娘是城区一家事业单位的退休工人，王大娘的老伴儿也是退休干部，两个人都有着不少退休金，三个孩子工作都很好，也很孝顺。老俩口这么节俭并不是因为缺钱，只是多年来养成的习惯。 事实上，提倡节约、实行低碳生活的主要是中老年人，因为这一代人亲身经历了物质贫乏年代的艰苦生活，虽然现在生活条件有了大幅提高和改善，但节约的良好习惯一直保持下来，在日常生活中自然而然地过着“低碳生活”。

资料来源：李东，周晓晴，庄梦梦，等 .2009-12-10. 潍坊：“低碳”还多远？一个白领的“高碳生活”. 潍坊晚报，(第 5 版)

可以看出，高碳消费行为和低碳消费行为（以及相关的消费碳减排行为）体现在购买购置、使用消费和处理废弃过程的方方面面。一些典型的消费碳减排行为例子如表 1-5 所示（当然不限于这些），这些行为分别属于购买购置、使用消费或处理废弃过程之一。其中，有些行为侧重于降低直接能源消费和消费碳排放，有些行为侧重于降低间接能源消费和消费碳排放，也有些行为兼而有之；有些行为侧重于降低即期（短期）的能源消费和消费碳排放，有些行为侧重于降低远期（长期）的能源消费和消费碳排放，也有些行为兼而有之（表 1-5）。

表 1-5 消费碳减排行为的维度和特征

阶段	行为类型	消费碳减排重点		消费碳减排绩效	
		①	②	Ⅰ	Ⅱ
购买购置过程	在条件允许的情况下，尽量购买新能源汽车或混合动力汽车。即便不得不购买传统汽车时，也尽量选择节油的汽车	√			√
	尽量购买高效节能的家电产品（空调、冰箱等）和其他家庭用具（如燃气灶等）	√			√
	尽量购买有低碳认证标志或其他环境标志（节油标志、节电标志、节气标志、节水标志等）的产品	√			√
	尽量不购买过度包装、豪华包装的产品		√	√	
	只购买需要的产品，尽量减少不必要产品（如不必要的衣服、饰品等）的购买		√	√	
	在条件可能的情况下，尽量购买节能低碳住宅	√			√
	尽量购买中小户型住宅，避免购买大户型住宅	√			√
	装修尽量不追求豪华奢侈，实现简约装修	√		√	

续表

阶段	行为类型	消费碳减排重点		消费碳减排绩效	
		①	②	Ⅰ	Ⅱ
使用消费过程	尽量乘坐大众交通工具（公交）或骑车、步行出行，减少开车出行	√		√	
	在公共和私人场所尽量节约用电。例如，离开房间时注意随手关灯，长时间不用电器时切掉电源等	√		√	
	尽量节约使用天然气、瓶装液化气等能源	√		√	
	超市购物时尽量自己带购物袋，减少一次性塑料袋使用		√	√	
	尽量避免使用一次性产品（如一次性水杯、一次性碗筷等）		√	√	
	尽量节约使用纸张（如实行电子化办公或将纸张双面打印等）		√	√	
	尽量重复利用水或一水多用		√	√	
	夏天尽量以电扇代替空调（即少开空调、多用电扇）	√		√	
	夏天开空调时尽量把温度设定在26℃以上	√		√	
	生活中尽量避免奢侈浪费，追求简朴节约		√	√	
	尽量减少食物浪费		√	√	
处理废弃过程	尽量把空饮料瓶、酒瓶等容器积累起来回收（卖掉或送给别人回收）		√	√	
	尽量把废旧报纸、纸张等积累起来回收（卖掉或送给别人回收）		√	√	
	尽量将旧物送给别人或捐给灾区贫困者，实现再利用		√	√	
	尽量把废旧玻璃等积累起来回收（卖掉或送给别人回收）		√	√	
	尽量把废旧塑料等积累起来回收（卖掉或送给别人回收）		√	√	
	尽量把废电池、废荧光灯管、水银温度计、废油漆、过期药品等有毒有害垃圾积累起来单独回收		√		√
	尽量把厨余垃圾收集起来单独循环回收或再利用		√	√	

注：表中①代表该项行为侧重于“降低直接能源消费和消费碳排放”，②代表该项行为侧重于“降低间接能源消费和消费碳排放”，Ⅰ代表该项行为可以“降低短期能源消费和消费碳排放”，Ⅱ代表该项行为可以“降低长期能源消费和消费碳排放”

为了实现消费碳减排，仅仅依赖消费者的自发自觉行为是远远不够的，必须引入外部干预政策（intervention policy）。[①]从个体行为的角度来说，通过外部干预政策引导消费者的行为模式从高碳消费行为转变为低碳消费行为；从宏观管理的角度来说，通过外部干预政策使高碳消费者转变为低碳消费者（即全社会的低碳消费者越来越多，高碳消费者越来越少）。这是实现消费碳减排的基本路径，也是本书的逻辑起点。

① 关于外部干预政策的内涵界定和理论分析，我们将在第三章详细阐述，这里不做展开。

第二章 消费碳排放的总体测算、结构特征和区域差异

消费必然对社会总体碳排放产生重要影响。对煤炭、石油、天然气、汽车等工业产品和旅游、运输、住宿、餐饮、娱乐等服务性产品，以及各类农副产品的消费增加，必然或多或少地对社会碳排放产生实质影响。本章先提出消费碳排放的测算方法，接着对消费碳排放（包括直接消费碳排放和间接消费碳排放）进行总体测算，并考察消费碳排放的结构特征和区域差异，以便为后面进一步分析消费碳减排的外部干预政策奠定基础。

第一节　消费碳排放的测算方法

一、直接消费碳排放的测算方法

直接碳排放的测算一般采用碳排放系数法（这里只考虑商品能源的消费碳

排放）[①]，其基本公式如下所示。

$$C_d = \Sigma\rho_i E_i + \Sigma\rho_j E_j \quad (2\text{-}1)$$

其中，C_d 表示商品能源消费碳排放量；ρ_i 表示第 i 种一次商品能源的二氧化碳排放系数，本书 i 取值为 [1，3]，包括原煤、原油及天然气；ρ_j 表示第 j 种二次能源的二氧化碳排放系数，本书 j 取值 [1，2]，包括电力及热力。同样的，E_i 表示第 i 种一次能源的消费量；E_j 表示第 j 种二次能源的消费量。一次能源的排放系数可以通过查阅相关文献获得，笔者借鉴了各类文献资料关于碳排放系数的参考数值，最后通过加权平均计算出各类能源的碳排放系数，详细数据见表 2-1。

表 2-1　一次能源的碳排放系数

数据来源	原煤碳排放系数	原油碳排放系数	天然气碳排放系数
DOE/EIA	0.70	0.48	0.39
ORNL	0.72	0.59	0.40
IPCC	0.76	0.59	0.45
原国家科委（今科技部）气候变化项目	0.73	0.58	0.41
国家发展和改革委员会能源研究所	0.75	0.58	0.44
平均值	0.75	0.59	0.42

二次能源的排放系数采用如下公式计算获得：

$$\rho_j = \frac{\Sigma \rho_i E_i}{Q} \quad (2\text{-}2)$$

即能源生产部门的一次能源消费排放量与二次能源产量的比值。

二、间接消费碳排放的测算方法

我们使用两种投入产出模型来进行间接消费碳排放的测算：第一种是基于基础投入产出表的测算模型。[②] 由于基础投入产出表编制历史较长、方法相对成熟、数据也相对可靠，并且对部门划分也更为细致[③]，因此在分析中国间接消费

① 中国农村居民对于非商品能源的使用亦非常普遍，但考虑到非商品能源使用的统计准确性及随之带来的数据处理复杂性，本书不对该类能源进行讨论。

② 也就是统计局逢 0、2、5、7 年编制的投入产出表。

③ 2007 年的基础投入产出表有 42 个部门。

碳排放在不同部门的表现时具有显著的优势。第二种是基于区域间投入产出表的测算模型。区域间投入产出表是统计局基于基础投入产出表计算编制的。相比于基础表，该表能够反映区域之间的物质资本流动，因此在研究中使用较多，但在消费碳排放领域的运用尚在少数。考虑到对物质资本流动进行消费碳排放系数处理后，便可用该表来刻画区域间贸易流动导致的消费碳排放流动，该方法能够更加准确地反映中国跨区域消费碳排放情况，因此我们也同时采用该模型来对跨区域间接消费碳排放进行测算。考虑到如今中国进出口贸易已经相当发达这样一个事实，我们选用非闭合模型（即假设表内环境与外部有物质资本交流）来对消费碳排放的流动情况进行测算。

1.基于基础投入产出表的全国间接消费碳排放总量测算

1）基础投入产出表介绍

首先假设研究对象为 n 个部门，那么基础投入产出表如表 2-2 所示（以四部门为例介绍）。

表 2-2　基础投入产出表

基础投入		中间使用				最终使用	总产出
		部门 1	部门 2	部门 3	部门 4		
中间投入	部门 1	Z_{11}	Z_{12}	Z_{13}	Z_{14}	Y_1	X_1
	部门 2	Z_{21}	Z_{22}	Z_{23}	Z_{24}	Y_2	X_2
	部门 3	Z_{31}	Z_{32}	Z_{33}	Z_{34}	Y_3	X_3
	部门 4	Z_{41}	Z_{42}	Z_{43}	Z_{44}	Y_4	X_4
增加值		V_1	V_2	V_3	V_4		
总投入		X_1	X_2	X_3	X_4		

从横行看，$\sum_j Z_{ij}$ 表示“中间使用”所在列下的各个部门作为生产资料耗用的第 i 部门的产品总量；Y_i 表示整个经济系统由最终的消费和投资，以及进出口产生的对第 i 部门产品的最终需求量，这里面既包括居民消费，也包括政府消费，而居民消费又包括了城市和农村两类居民的消费；X_i 则表示第 i 部门的总产出。

从纵列看，$\sum_j Z_{ij}$ 表示第 j 部门生产过程中消耗的“中间投入”所在行中的各部门产品总量；V_i 表示第 j 部门产品的增加值，这里面既包括固定资产折旧、生产税净额等抵减项，也包括劳务报酬、盈余等增量项；X_i 则表示第 j 部门的总投入。

投入产出表平衡关系的基本公式为总产出等于总投入，即 X_i=X_j。

2）直接消耗系数

直接消耗系数 a_{ij} 表示产业部门生产单位 j 产品而产生的对 i 产品的直接消耗量，其计算公式是

$$\alpha_{ij}=\frac{Z_{ij}}{X_j},\quad (i=1,\ \cdots,\ m;\ j=1,\ \cdots,\ n) \tag{2-3}$$

记直接消耗系数矩阵为 $A=(a_{ij})_{m\times n}$。

3）计算原理

运用投入产出法对居民间接消费碳排放进行测算的基本公式如下所示。

$$\text{CF}=\text{CI}(I-A)^{-1}Y \tag{2-4}$$

其中，CF 代表居民间接消费碳排放量；CI 代表各产业部门的能耗强度，为 $1\times n$ 阶矩阵（n 为部门数）；A 为经过整理后的 14 部门投入产出表中直接能耗系数矩阵；Y 是投入产出表中各类消费品的最终消费量转换成的对角矩阵；$(I-A)^{-1}$ 为里昂惕夫逆矩阵，在投入产出模型中，里昂惕夫逆矩阵的变化表征中间生产技术的变化，即国民经济中某一部门增加一个单位的最终需求时，同步增加的对各个部门（包括自身）的完全需求量。就消费碳排放来说，里昂惕夫逆矩阵的变化反映的是某一产品的中间生产过程中，各部门源于能源消耗的变化进而最终影响消费碳排放变化的传导过程，因此该逆矩阵可以用来测算中间需求。

由于各投入产出表对于行业分类口径并不一致，为了尽量保证结果的准确性，我们将投入产出表重分类如下，如表 2-3 所示。

表 2-3　基础投入产出表的行业重分类

行业标号	消费项	相关行业
1	食品	食品制造业；农副食品加工业；饮料制造业
2	衣着	纺织业：皮革、皮毛、羽毛（绒）及其制品业；纺织服装、鞋、帽制造业
3	居住	燃气生产和供应业；电力、热力的生产和供应业；水的生产和供应业；金属制品业；非金属矿物制品业；建筑业
4	家庭设备用品及服务	家具制造业；木材加工及木、竹、藤、棕、草制品业；电器机械及器材制造业
5	教育文化娱乐	造纸及纸制品业；文教体育用品制造业；印刷业和记录媒介的复制
6	医疗保健	医药制造业
7	交通和通信	通信设备；计算机及其他电子设备制造业；交通运输设备制造业
8	杂项商品和服务	住宿、餐饮业；批发、零售业；烟草制造业
9	其他行业	其他行业

2.基于区域间投入产出表的区域间接消费碳排放量测算

1）多区域投入产出表介绍

多区域投入产出表的运用在原理上与基础投入产出表类似，因此这里只对与基础投入产出表的不同之处进行介绍。假设研究对象为 m 个区域，并将各区域经济系统都划分为 n 个部门，那么区域间投入产出表如表 2-4 所示（以二区域二部门为例）。

表 2-4　二区域二部门区域间投入产出表

基础投入			中间使用				最终使用		总产出
			区域 1		区域 2		区域 1	区域 2	
			部门 1	部门 2	部门 3	部门 4			
中间投入	区域 1	部门 1	Z_{11}	Z_{12}	Z_{13}	Z_{14}	Y_{11}	Y_{12}	X_1
		部门 2	Z_{21}	Z_{22}	Z_{23}	Z_{24}	Y_{21}	Y_{22}	X_2
	区域 2	部门 3	Z_{31}	Z_{32}	Z_{33}	Z_{34}	Y_{31}	Y_{32}	X_3
		部门 4	Z_{41}	Z_{42}	Z_{43}	Z_{44}	Y_{41}	Y_{42}	X_4
增加值			V_1	V_2	V_3	V_4			
总投入			X_1	X_2	X_3	X_4			

从横行看，$\sum_j Z_{ij}$ 仍然表示“中间使用”所在列下的各个部门作为生产资料耗用的第 i 部门的产品总量，这里若是将其他区域的同名部门看作不同部门，那么处理上也与基础投入产出表无异；Y_{ij} 表示整个经济系统由最终的消费和投资，以及进出口产生的对第 i 部门产品的最终需求量，这里面既包括居民消费，也包括政府消费，而居民消费又包括了城市和农村两类居民的消费，与基础投入产出表不同的是，这里 Y_{ij} 的下标 j 用来表示不同的区域；X_i 也仍然表示第 i 部门的总产出。

从纵列看，区域间投入产出表各列的含义与基础投入产出表几乎完全一致，故不作进一步介绍。

2）计算原理

多区域投入产出表基本的平衡关系如下所示。

$$\begin{pmatrix} X^1 \\ \vdots \\ X^m \end{pmatrix} = \begin{pmatrix} A^{11} & \cdots & A^{1m} \\ \vdots & \ddots & \vdots \\ A^{m1} & \cdots & A^{mm} \end{pmatrix} \begin{pmatrix} X^1 \\ \vdots \\ X^m \end{pmatrix} \begin{pmatrix} \sum_s Y^{1s} + E^1 - I^1 \\ \vdots \\ \sum_s Y^{ms} + E^m - I^m \end{pmatrix} \tag{2-5}$$

如果不考虑进口产品的情况，也就是说把各区域在中间使用与最终使用里面的进口产品减去，可以获得去除进口产品的平衡关系：

$$\begin{pmatrix} X^1 \\ \vdots \\ X^m \end{pmatrix} = \begin{pmatrix} A^{*11} & \cdots & A^{1m} \\ \vdots & \ddots & \vdots \\ A^{m1} & \cdots & A^{*mm} \end{pmatrix} \begin{pmatrix} X^1 \\ \vdots \\ X^m \end{pmatrix} \begin{pmatrix} \sum_{s \neq 1} Y^{1s} + E^1 - Y^{*11} \\ \vdots \\ \sum_{s \neq m} Y^{ms} + E^m + Y^{*mm} \end{pmatrix} \tag{2-6}$$

式中，X^i、E^i、I^i 分别表示地区 i 的总产出向量、出口向量和进口向量；A^{ij} 是直接消耗系数矩阵，表征地区 i 到地区 j 的中间产品流动情况；Y^{ij} 表示地区 j 的最终需求从地区 i 调用的部分；可以发现，只有在 i=j 的情况下，A^{ij} 才包含地区 r 从外部进口的产品，去除进口产品后就能够得到 A^{*ii}；同样的处理，可以得到 Y^{*ii}。

有了各地区的公式，进一步用 X 表示总产出向量，用 Y、Y^* 分别表示包含和剔除进口产品的最终需求向量，用 A、A^* 分别表示包含和剔除进口产品的中间消耗系数矩阵，用 I 表示单位矩阵，那么上述平衡关系式（2-5）和式（2-6）可分别简写为

$$X=(I-A)^{-1}Y \tag{2-7}$$

$$X=(I-A^*)^{-1}Y^* \tag{2-8}$$

转到具体部门的最终需求向量 y，由这些最终需求驱动的经济产出向量 x 可以通过以下公式计算得到：

$$x=(I-A)^{-1}y \tag{2-9}$$

$$x^*=(I-A^*)^{-1}y \tag{2-10}$$

式（2-9）计算的是 y 引起的总经济产出 x，包括了进口因素；而式（2-10）剔除了进口因素，因而计算的只是分布在表内各区域的经济产出 x^*。

在本书中，由于需要对环境影响进行计算，因而有必要在计算中添加环境信息对区域间投入产出模型进行扩展。即引入消费碳排放强度向量 B 和对角矩阵 $\widehat{B}$，具体如下所示。

$$B = \begin{pmatrix} B^1 \\ \vdots \\ B^m \end{pmatrix}, \widehat{B} = \begin{pmatrix} B^1 & \cdots & 0 \\ \vdots & \ddots & \vdots \\ 0 & \cdots & B^m \end{pmatrix} \tag{2-11}$$

式（2-11）中，B^i 是由区域 i 各部门单位产出的碳排放量组成的列向量，那么最终需求 y 引起的消费碳排放就是其排放强度与对应经济产出的乘积，具体如下式所示。

$$C^i = B^T x = B^T (I - A)^{-1} y \tag{2-12}$$

$$C^{*i} = \widehat{B}^T x^* = \widehat{B}^T (I - A^*)^{-1} y \tag{2-13}$$

其中，C^i 表示居民间接消费碳排放量；B^T、$\hat{B}^T$ 分别是 B 和 $\hat{B}$ 的转置；由于 C^{*i} 计算的是剔除进口后的消费碳排放量，故表外区域的消费碳排放量可以通过下式求得。

$$C_{\mathrm{ROW}} = C^i - \sum_j C^j \tag{2-14}$$

其中，C^j 是消费碳排放总量 C^{*i} 在区域 j 内的消费碳排放分量。

综上，结合对应年份的区域间投入产出表，采用上述步骤就可以算出间接消费碳排放量。

三、消费碳排放数据来源和处理

（一）投入产出数据

区域间投入产出表由于本身已经对数据进行了区域的汇总归并，故对于消费碳排放的区域测算更为方便准确，理应在全部的样本年份使用区域间投入产出表进行计算。但由于笔者能够获得表格仅限于2002年和2007年，因此本书必须补充使用基础投入产出表分省计算消费碳排放情况，并进行归并来获得消费碳排放的区域排放量。需要说明的是，区域间投入产出表对中国区域的划分方式采用八大经济区类似的方式，但有所不同，具体为：东北区域，包括黑龙江、吉林和辽宁；京津区域，包括北京、天津；北部沿海区域，包括河北、山东；东部沿海区域，包括江苏、上海和浙江；南部沿海区域，包括福建、广东和海南；中部区域，包括山西、河南、安徽、湖北、湖南和江西；西北区域，包括内蒙古、陕西、宁夏、甘肃、青海和新疆；西南区域，包括四川、重庆、广西、云南、贵州。[①]

作为补充的基础投入产出表，我们选取了全国30个省（自治区、直辖市）2005年和2010年的基础投入产出表作为消费碳排放测算的基础[②]，并对各省区数据按照本书区域的划分方式进行汇总处理。处理方法上采用了价格指数平减使得价格可比，并按表2-3的分类方式对行业进行重新分类，以保证不同年份不同省份行业分类口径的可加性。

---

① 不含港澳台，以及西藏地区（因数据严重缺失）。

② 由于2005年和2010年都是投入产出表正表的延长表，故有些地区的投入产出表数据无法完整获得，对于少数这样的省份，根据前后数据进行趋势估计。

（二）碳排放强度数据

首先，从30个省（自治区、直辖市）相应年份的统计年鉴中收集并整理出各省分行业的终端能源消费量。在此基础上通过代入表2-1计算出的各种能源的碳排放系数，可以计算得到相应的碳排放量，将它们归类加总，即可得到30个省（自治区、直辖市）2005年和2010年分行业的碳排放量。其次，从2005年、2010年30个省（自治区、直辖市）的投入产出表中收集到各省分行业产出数据，也将它们分类加总得到30个省（自治区、直辖市）2005年和2010年分行业的产出值。最后，将各省区的数据按照本书对区域的划分汇总得到八大区域的碳排放量及各行业产出量数据，则区域j第i行业的碳排放强度$f_{i,j}$为

$$f_{i,j}=\frac{C_{i,j}}{X_{i,j}}(j=1, 2,\cdots,8) \qquad (2\text{-}15)$$

式中，$C_{i,j}$为j地区第i行业的消费碳排放量；$X_{i,j}$为j地区第i行业的产出量。

（三）宏观结构数据

从相应年份的《中国统计年鉴》获得30个省（自治区、直辖市）2002年、2005年、2007年和2010年的人口总量、人口城乡结构数据。通过汇总计算出八大区域的各区域人口总量，并计算出人口城乡结构数据。

（四）居民消费数据

从国家统计局网站上搜集并整理出30个省（自治区、直辖市）2002年、2005年、2007年和2010年四年的城镇居民和农村居民各消费项的消费量，进一步计算得到全国30个省（自治区、直辖市）2002年、2005年、2007年和2010年这四年城镇居民和农村居民的人均消费量。将30个省（自治区、直辖市）的消费量数据按八大区域进行加总得到八大区域的消费总量数据。计算中需要注意的是，在居民消费项中，有一部分是“电和燃料”消费支出，该部分消费支出为居民生活用能消费支出，由于笔者对电能进行了统一的计算和分配，故为了避免重复计算，这部分从消费支出中予以扣除。

第二节 消费碳排放的总体测算

一、直接消费碳排放的测算结果

根据式（2–1）计算中国2002年、2005年、2007年和2010年四年的直接消费碳排放量。结果如表2-5所示。

表2-5 各区域直接消费碳排放的测算结果

区域	2002年		2005年		2007年		2010年	
	总量/10^6吨	人均/（吨/人）	总量/10^6吨	人均/（吨/人）	总量/10^6吨	人均/（吨/人）	总量/10^6吨	人均/（吨/人）
东北	69.9	0.65	78.3	0.73	84.5	0.78	90.8	0.83
京津	23.1	0.95	26.8	1.04	30.2	1.10	37.8	1.16
北部沿海	67.5	0.43	77.9	0.48	85.2	0.52	94.2	0.56
东部沿海	42.5	0.31	52.1	0.37	58.9	0.40	70.0	0.45
南部沿海	36.5	0.30	46.8	0.35	51.9	0.37	60.5	0.40
中部	114.3	0.32	120.9	0.34	127.5	0.36	135.9	0.38
西北	72.5	0.62	85.1	0.72	94.1	0.78	103.5	0.85
西南	86.3	0.35	83.8	0.35	84.9	0.35	83.9	0.35
合计	512.7	0.40	571.8	0.45	617.2	0.48	676.5	0.51

二、间接消费碳排放的测算结果

如前文所述，笔者使用两种方法对间接消费碳排放进行计算，第一种是基于基础投入产出表的方法，该方法用于计算各区域的消费碳排放量；第二种是基于区域间投入产出表的方法，该方法我们不仅用来计算各区域的排放量，还用于进一步分析区域间的碳排放流动情况。基于两种投入产出表计算的四个样本年份各区域的间接消费碳排放测算结果如表2-6所示。

表 2-6　各区域间接消费碳排放的测算结果

区域	2002 年		2005 年		2007 年		2010 年	
	总量 /10^6 吨	人均 /（吨 / 人）	总量 /10^6 吨	人均 /（吨 / 人）	总量 /10^6 吨	人均 /（吨 / 人）	总量 /10^6 吨	人均 /（吨 / 人）
东北	147.8	1.90	173.6	2.27	197.6	2.65	203.9	2.75
京津	45.8	2.62	54.8	3.14	63.9	3.66	66.3	3.80
北部沿海	194.5	1.85	233.0	2.21	271.6	2.58	281.8	2.68
东部沿海	232.8	2.48	278.8	2.98	325.1	3.47	337.3	3.60
南部沿海	192.7	2.20	230.8	2.63	269.0	3.07	279.1	3.19
中部	370.7	1.51	447.3	1.81	526.4	2.41	547.2	2.89
西北	118.4	1.47	141.8	1.76	165.4	2.05	171.6	2.13
西南	174.1	1.10	208.5	1.32	243.1	1.54	252.2	1.60
合计	1476.7	1.76	1768.7	2.11	2062.1	2.46	2139.4	2.55

采用前文阐述的区域间投入产出法计算出 2007 年区域间间接消费碳排放量分布如表 2-7 所示。

表 2-7　2007 年区域间间接消费碳排放流动情况（单位：10^6 吨）

区域	东北	京津	北部沿海	东部沿海	南部沿海	中部	西北	西南	合计
东北	127.3	6.0	26.9	20.5	15.5	51.2	6.4	11.0	264.8
京津	2.5	17.0	16.6	3.7	3.2	7.5	2.0	2.8	55.4
北部沿海	6.1	8.3	108.3	12.6	15.5	37.7	7.8	11.0	207.2
东部沿海	1.7	0.9	5.8	134.6	15.7	17.7	3.3	5.4	185.1
南部沿海	3.0	1.0	3.2	5.7	84.6	15.3	4.3	14.3	131.4
中部	4.7	3.0	20.1	42.9	21.9	226.3	6.5	10.0	335.4
西北	8.3	4.5	24.9	28.9	25.2	52.6	86.2	21.4	252.0
西南	3.8	1.2	7.5	12.8	15.9	31.5	5.2	108.1	186.1
外部	39.5	17.1	56.4	87.5	87.1	84.8	27.7	44.6	444.8
合计	196.9	59.0	269.7	349.2	284.6	524.6	149.5	228.6	2062.1

这里首先对分布矩阵的行和列不同含义进行说明。矩阵的列表示了某区域的消费碳排放在表内八大区域和外部区域的分布情况。比如，第一列数据说明东北区域的 1.969 亿吨由居民消费产生的间接消费碳排放分别分布在自身 1.273 亿吨、京津 0.025 亿吨、北部沿海 0.061 亿吨、东部沿海 0.017 亿吨、南部沿海 0.030 亿吨、中部 0.047 亿吨、西北 0.083 亿吨、西南 0.038 亿吨，以及外部区域 0.395 亿吨。矩阵的行表示某区域为其他区域承担的间接消费碳排放量。以第一行为例，东北区域由居民消费产生的间接碳排放由其自身承担了 1.273 亿吨、京

津0.060亿吨、北部沿海0.269亿吨、东部沿海0.205亿吨、南部沿海0.155亿吨、中部0.512亿吨、西北0.064亿吨、西南0.110亿吨。总的来说，这样的分布矩阵可以清楚地描述间接消费碳排放在区域间的转嫁情况。正因为消费碳排放随产品流转而带来的消费碳排放负担的转嫁情况大量存在，以至于每个区域都为自身和其他区域承担一定量的间接碳排放，相应也都给自身和其他区域转嫁一定量的间接碳排放。但不同的区域，转嫁的比例差异很大，考虑到碳排放不平等原则之一的“追溯”原则，笔者认为这也在一定程度上导致了消费碳排放不平等问题的发生，即各区域都承担了本不必承担的消费碳排放。

三、消费碳排放的总体测算结果

各区域消费碳排放的总体测算结果如表2-8所示。

表2-8　各区域消费碳排放的总体测算结果

区域	2002年		2005年		2007年		2010年	
	总量/10^6吨	人均/（吨/人）	总量/10^6吨	人均/（吨/人）	总量/10^6吨	人均/（吨/人）	总量/10^6吨	人均/（吨/人）
东北	217.7	2.55	251.9	3	282.1	3.43	294.7	3.58
京津	68.9	3.57	81.6	4.18	94.1	4.76	104.1	4.96
北部沿海	262	2.28	310.9	2.69	356.8	3.1	376	3.24
东部沿海	275.3	2.79	330.9	3.35	384	3.87	407.3	4.05
南部沿海	229.2	2.5	277.6	2.98	320.9	3.44	339.6	3.59
中部	485	1.83	568.2	2.15	653.9	2.77	683.1	3.27
西北	190.9	2.09	226.9	2.48	259.5	2.83	275.1	2.98
西南	260.4	1.45	292.3	1.67	328	1.89	336.1	1.95
合计	1989.4	2.16	2340.5	2.56	2679.3	2.94	2815.9	3.06

关于中国消费者（家庭）的碳排放量，一些学者也进行了测算和研究。当然，由于消费碳排放的内涵界定、统计口径、测算时间、测算方法和数据来源等的不同，不同学者对于消费碳排放的测算结果并不一致，甚至差异很大。刘兰翠（2006）研究发现，1999～2002年中国每年全部能源消费量的26%、碳排放量的30%是由居民生活行为及满足这些行为需求的经济活动造成的。以2002年为例，城镇居民生活行为的直接碳排放为4945万吨，间接碳排放为14 869万吨（间接碳排放远远超过直接碳排放），总体消费碳排放量为19 814万吨。凤振华等（2010）研究发现，2007年城镇居民生活的直接碳排放为33 991万吨，间

接碳排放为 84 763 万吨。从地区看，2007 年东部地区城镇居民的生活碳排放量为 1.7 吨 /（人・年），中部、西部和东北地区每年 1.2 吨 /（人・年）。冯蕊等（2011）的研究则显示，2006 ～ 2008 年天津市居民生活消费（包括居住和交通两部分）碳排放略高于 1 吨 /（人・年），其中以交通碳排放为主。上面这些学者大都基于二手统计资料（如《中国统计年鉴》《中国能源统计年鉴》等数据）测算家庭消费碳排放。另外一些学者则基于一手数据（通过问卷调查和实地观察方式）测算家庭消费碳排放。宋敏（2010）基于 2006 年中国城镇住户调查数据，对 74 个主要城市的 25 300 个家庭的直接能源消耗（包括住宅耗电、交通出行、住宅取暖和家庭燃料等）和碳排放进行了估算和排名。结果表明，城市一个标准家庭的年均直接碳排放为 2.2 吨。[①] 环境保护部宣教中心和美国环保协会 2008 年开展了"南京 1000 家庭碳排放调查"，结果显示普通社区三口之家的年碳排放量平均为 3.7 吨，人均家庭年碳排放量为 1.2 吨，人均家庭碳排放量占总排放量的 29.27%（杨选梅等，2010）。叶红等（2010）通过对厦门岛区 340 个家庭的问卷调查发现，2007 年厦门岛区家庭能耗直接碳排放量平均为 1.2 吨 /（户・年），且电力消耗直接碳排放是家庭能耗直接碳排放的主要方式。具体来说，电力消耗直接碳排放量是瓶装液化石油气与代用天然气消耗直接碳排放总量的近 5 倍。还有的研究估计，中国家庭二氧化碳年排放量平均达到 2.7 吨 / 人，其中家用能源的碳排放量占全社会排放总量的 21%。[②] 中国消费者（家庭）消费碳排放测度的部分研究结果如表 2-9 所示。

表 2-9 中国消费碳排放测度的部分研究结果

研究者 / 来源	数据来源和测算方法	研究结论
刘兰翠（2006）	《中国统计年鉴》《中国能源统计年鉴》，CLA 方法	1999 ～ 2002 年中国每年全部能源消费量的 26%、碳排放量的 30% 是由居民生活行为及满足这些行为需求的经济活动造成的。以 2002 年为例，城镇居民生活行为的直接碳排放为 4945 万吨，间接碳排放为 14 869 万吨，间接碳排放大大超过直接碳排放
陈雪慧（2009）	不详	中国家庭二氧化碳年排放量平均达到 2.7 吨 / 人，其中家用能源的碳排放量占全社会排放总量的 21%
张咪咪和陈天祥（2010）	投入产出技术，编制能源环境投入产出表	1997 ～ 2007 年居民完全碳排放量占全国碳排放总量的 52% ～ 63%。其中，间接碳排放量占居民完全碳排放量的 80% 以上

① 这里的标准家庭是指一个有 4 万元年收入、3 名家庭成员和户主年龄 45 岁的城市家庭。

② 陈雪慧 .2009-12-19. 今天你排了多少碳 . 厦门商报，（第 6 版）。

续表

研究者 / 来源	数据来源和测算方法	研究结论
风振华等（2010）	《中国统计年鉴》《中国能源统计年鉴》，CLA 方法和灰色关联度分析	2007 年东部地区城镇居民的生活碳排放量为 1.7 吨 / 人，中部、西部和东北地区为 1.2 吨 / 人
宋敏（2010）、张超（2010）	中国城镇住户调查数据，74 个主要城市的 25 300 个家庭	城市一个标准家庭的年均直接碳排放为 2.2 吨
杨选梅等（2010）	南京 1000 家庭碳排放调查	2008 年南京普通社区三口之家的年碳排放量平均为 3.7 吨，人均家庭年碳排放量为 1.2 吨，人均家庭碳排放量占总排放量的 29.27%
叶红等（2010）	厦门岛区 340 个家庭的问卷调查	2007 年厦门岛区家庭能耗直接碳排放量平均为 1.2 吨 /（户・年），电力消耗直接碳排放是家庭能耗直接碳排放的主要方式
冯蕊等（2011）	《天津统计年鉴》《中国能源统计年鉴》等数据和调查数据	2006 ～ 2008 年天津市居民生活消费（包括居住和交通两大部分）碳排放略高于 1 吨 / 人，其中以交通碳排放为主
黄敏（2012）	非竞争型投入产出模型	2002 ～ 2009 年生产碳排放量与消费碳排放量分别从 405 509.15 吨、407 266.16 吨增加至 602 281.91 吨、573 106.09 吨

总的来说，尽管不同学者对于消费碳排放的测算结果并不一致，但一个不可否认的事实是，中国消费碳排放量近年来快速增加，并且已经成为碳排放的一个主要来源，这已经是不争的事实。

第三节　消费碳排放的结构特征

一、消费碳排放的内部构成

上面分析了消费碳排放的总体状况，下面进一步讨论消费碳排放的组成结构。对美国和大部分西欧国家的家庭能源使用情况调查显示，能源消耗最多的是家庭供暖，其次是水加热、冰箱制冷、照明、烹饪和空调制冷（Gardner and Stern，2002；Abrahamse et al.，2005）。中国的具体情况与欧美国家可能有所不同。根据环境保护部宣教中心和美国环保协会的调查，一个社区普通家庭能耗产生的碳排放量占家庭碳排放总量的64%，这主要包括水、电、煤气、天然气等使用导致的碳排放。此外生活垃圾导致的碳排放约占24%，交通能耗导致的碳排放约占12%。家庭能耗碳排放中最大的一块是用电，占74.8%，其次是天然气，约占20%。此外，交通工具的使用方式对家庭碳排放的影响最为显著。交通出行中，碳排放量最大的是小汽车，占家庭交通能耗碳排放的77.32%，增加一辆小汽车带来的年均碳排放量相当于增加一口人。碳排放量最低的是步行和骑自行车，其次是搭乘公共汽车。表2-10为环境保护部宣教中心和美国环保协会调查的中国家庭碳排放量及其结构情况。

表2-10　家庭碳排放量及其结构

家庭活动	年碳排放总量 / 千克	户均年碳排放量 / 千克	比例结构 /%
家庭能耗	2 805 869.000	2 381.89	64.28
家庭用电	2 098 870.000	1 781.72	48.08
家庭用水	43 893.570	37.26	1.01
家庭天然气用量	582 858 000	494.79	13.35
家庭瓶装液化气	80 247.410	68.12	1.84
交通出行	523 519.400	444.41	11.99
小汽车出行	404 809.200	343.64	9.27
公交车出行	53 441.270	45.37	1.22
摩托车出行	44 639.100	37.89	1.02
地铁出行	5 633.843	4.78	0.13
长途车出行	3 529.839	3.00	0.08
火车出行	5 469.423	4.64	0.13
飞机出行	5 996.700	5.09	0.14
生活垃圾	1 036 000	879.46	23.73
总和	4 365 389	3 705.76	100.00

资料来源：杨选梅等（2010）

表2-10的碳排放量及其结构是基于对南京1000户典型家庭调查的数据，不一定非常全面。为了更全面地测度消费碳排放的结构特征，我们收集了近年来中国城镇和农村居民的人均消费支出和碳排放强度数据，如表2-11、表2-12所示。

表 2-11　中国城镇和农村居民的消费支出情况（单位：元）

	指标	1990年	1995年	2000年	2006年	2007年	2010年	2011年	2012年	2013年
城镇居民	人均现金消费支出	1 278.9	3 537.6	4 998.0	8 696.55	9 997.47	13 471.5	15 160.9	16 674.3	18 022.6
	食品	693.8	1 772.0	1 971.3	3 111.92	3 628.03	4 804.7	5 506.3	6 040.9	6 312
	衣着	170.9	479.2	500.5	901.78	1 042.00	1 444.3	1 674.7	1 823.4	1 902
	居住	60.9	283.8	565.3	904.19	982.28	1 332.1	1 405.0	1 484.3	1 745
	家庭设备及用品	108.5	263.4	374.5	498.48	601.80	908.0	1 023.2	1 116.1	1 215
	交通通信	40.5	183.2	427.0	1 147.12	1 357.41	1 983.7	2 149.7	2 455.5	2 737
	文教娱乐	112.3	331.0	669.6	1 203.03	1 329.16	1 627.6	1 851.7	2 033.5	2 294
	医疗保健	25.7	110.1	318.1	620.54	699.09	871.8	969.0	1 063.7	1 118
	其他	66.6	114.9	171.8	309.49	357.70	499.2	581.3	657.1	699
农村居民	人均消费支出	584.6	1 310.4	1 670.1	2 829.02	3 223.85	4 381.8	5 221.1	5 908.0	6 626
	食品	343.8	768.2	820.5	1 216.99	1 388.99	1 800.7	2 107.3	2 323.9	2 495
	衣着	45.4	89.8	96.0	168.04	193.45	264.0	341.3	396.4	438
	居住	101.4	182.2	258.3	468.96	573.80	835.2	961.5	1 086.4	1 234
	家庭设备及用品	30.9	68.5	75.4	126.56	149.13	234.1	308.9	341.7	387
	交通通信	8.4	33.8	93.1	288.76	328.40	461.1	547.0	652.8	796
	文教娱乐	31.4	102.4	186.7	305.13	305.66	366.7	396.4	445.5	486
	医疗保健	19.0	42.5	87.6	191.51	210.24	326.0	436.8	513.8	614
	其他	4.3	23.1	52.5	63.07	74.19	94.0	122.0	147.6	175

资料来源：历年《中国统计年鉴》

表 2-12　中国 2000～2007 年分行业碳排放强度（单位：吨碳 / 万元）

行业	2000年	2001年	2002年	2003年	2004年	2005年	2006年	2007年
食品	1.15	1.12	0.97	0.80	0.69	0.58	0.51	0.45
衣着	0.86	0.82	0.77	0.74	0.84	0.72	0.70	0.66
居住	10.82	10.19	9.76	10.07	9.62	8.98	8.31	7.44
家庭设备及用品	0.39	0.37	0.35	0.35	0.35	0.31	0.27	0.25
交通通信	0.39	0.38	0.32	0.27	0.29	0.25	0.24	0.24
文教娱乐	2.14	1.94	1.75	1.66	1.86	1.65	1.54	1.35
医疗保健	0.73	0.70	0.60	0.59	0.56	0.50	0.45	0.40
其他（杂项商品与服务）	0.17	0.16	0.16	0.17	0.18	0.18	0.17	0.17

资料来源：张馨等（2011）

根据以上两组数据，我们分别计算出三个代表年份（2000年、2007年、2013年）的城镇和农村居民人均消费碳排放的数量及其结构[①]，如表 2-13 所示。

① 2000年、2007年的消费碳排放基于当年的居民消费支出和碳排放强度数据直接计算而得。计算 2013 年的消费碳排放时，由于当年的碳排放强度数据缺乏，本书用 2013 年的居民消费支出和 2007 年的碳排放强度推算（当然，本书根据消费价格指数对居民消费支出进行了调整）。

表 2-13 中国城镇和农村居民的消费碳排放结构

指标		2000 年		2007 年		2013 年	
		数量 / 千克	比例 /%	数量 / 千克	比例 /%	数量 / 千克	比例 /%
城镇居民	合计	1 082.072	100.00	1 223.95	100.00	1 811.21	100.00
	食品	226.701 8	20.95	163.26	13.34	237.04	13.09
	衣着	43.039 56	3.98	68.77	5.62	104.76	5.78
	居住	611.643 8	56.53	730.82	59.71	1 083.55	59.82
	家庭设备及用品	14.605 11	1.35	15.05	1.23	25.35	1.40
	交通通信	16.651 05	1.54	32.58	2.66	54.82	3.03
	文教娱乐	143.290 1	13.24	179.44	14.66	258.45	14.27
	医疗保健	23.219 11	2.15	27.96	2.28	37.33	2.06
	其他	2.921 11	0.27	6.08	0.50	9.92	0.55
农村居民	合计	435.950 3	100.00	564.72	100.00	963.1	100.00
	食品	94.359 8	21.64	62.5	11.07	91.58	9.51
	衣着	8.251 7	1.89	12.77	2.26	23.59	2.45
	居住	279.523 9	64.12	426.91	75.60	748.5	77.72
	家庭设备及用品	2.942 433	0.67	3.73	0.66	7.89	0.82
	交通通信	3.632 07	0.83	7.88	1.40	15.58	1.62
	文教娱乐	39.955 94	9.17	41.26	7.31	53.5	5.55
	医疗保健	6.392 61	1.47	8.41	1.49	20.04	2.08
	其他	0.891 82	0.20	1.26	0.22	2.42	0.25

2013 年中国城镇和农村居民人均消费碳排放组成结构如图 2-1 所示，2000 ～ 2013 年中国城镇和农村居民消费碳排放的结构变迁如图 2-2 所示。

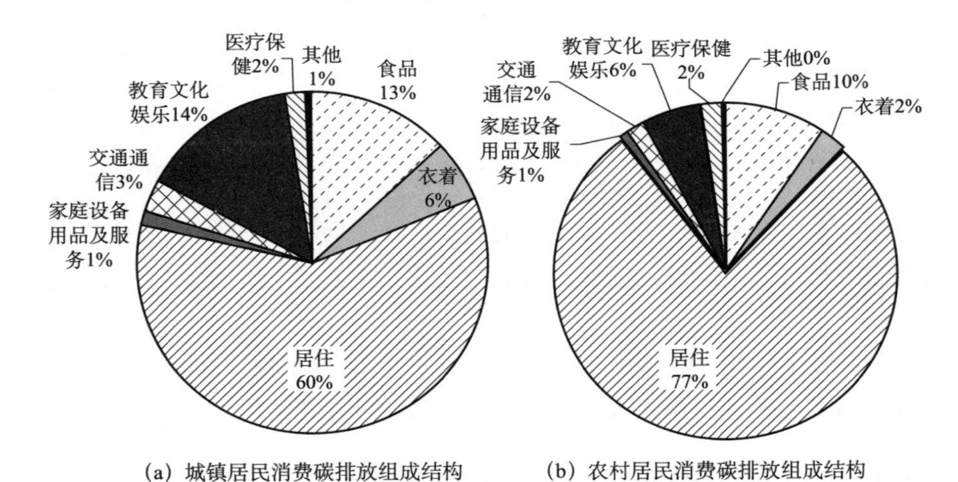

(a) 城镇居民消费碳排放组成结构　　(b) 农村居民消费碳排放组成结构

图 2-1 2013 年中国城镇和农村居民的消费碳排放结构

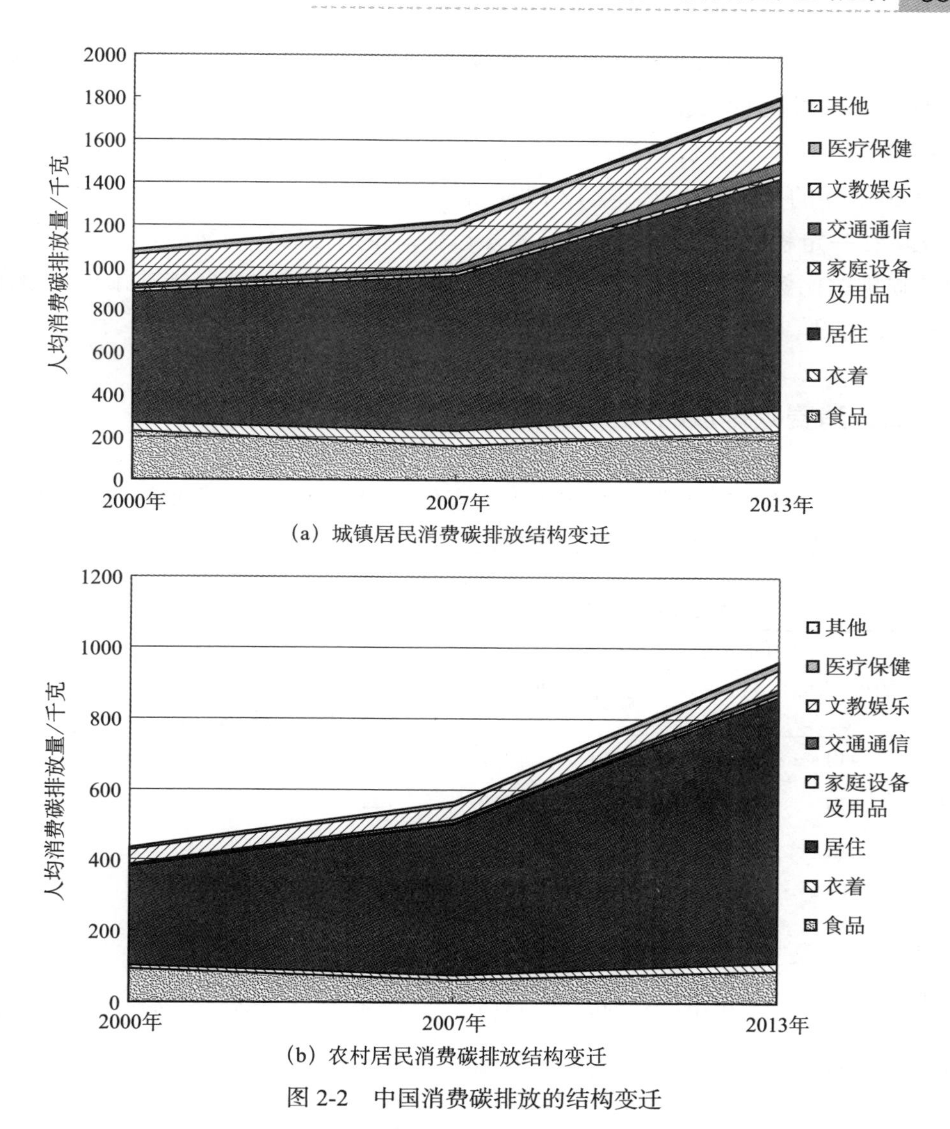

(a) 城镇居民消费碳排放结构变迁

(b) 农村居民消费碳排放结构变迁

图 2-2　中国消费碳排放的结构变迁

2013 年中国城镇居民的居住碳排放占消费碳排放的六成，农村居民的居住碳排放甚至占消费碳排放的近八成。可见，居住碳排放在消费碳排放中占绝大多数，降低居住碳排放是削减消费碳排放的重中之重。除居住碳排放外，碳排放比重较大的分别是文教娱乐、食品、衣着等消费产生的碳排放（这三种消费导致的碳排放在城镇居民消费碳排放总量中的比例约为 1/3，在农村居民消费碳排放总量中的比例约为 1/6）。降低这三种领域的碳排放也是削减消费碳排放的重要方向。此外，其他消费支出导致的碳排放比例很少。

从消费碳排放的结构变迁看，食品消费导致的碳排放比例下降最显著。其中，城镇居民食品消费碳排放比例从2000年的20.95%下降为2013年的13.09%，净下降7.86%；农村居民食品消费碳排放比例从2000年的21.64%下降为2013年的9.51%，净下降12.13%。除食品消费碳排放外，其他消费的碳排放比例在一定程度上呈现出稳定或上升趋势，特别是居住、交通通信、衣着消费的碳排放比例存在明显增长趋势。相应地，这些领域的消费碳减排也就存在着较大的潜力。

二、消费碳排放的城乡差异

这里我们将代表年份2007年的人均直接消费碳排放量与人均间接消费碳排放量的城乡差异情况进行了汇总，如表2-14所示。

表2-14 中国八大区域消费碳排放量的城乡差异

区域	间接消费碳排放量				直接消费碳排放量			
	城镇（人均）/（吨/人）	乡村（人均）/（吨/人）	城乡比	间接排放总量/10^6吨	城镇（人均）/（吨/人）	乡村（人均）/（吨/人）	城乡比	直接排放总量/10^6吨
东北	4.01	1.38	2.91	196.9	1.04	0.29	3.59	90.8
京津	4.71	2.67	1.76	59.0	1.22	0.56	2.18	37.8
北部沿海	4.53	1.54	2.94	269.7	1.18	0.32	3.69	94.2
东部沿海	5.40	2.13	2.54	349.2	1.40	0.45	3.11	70.0
南部沿海	5.26	1.31	4.02	284.6	1.37	0.28	4.89	60.5
中部	4.66	1.39	3.35	524.6	1.21	0.29	4.17	135.9
西北	4.29	1.36	3.15	149.5	1.11	0.28	3.96	103.5
西南	3.92	1.19	3.29	228.6	1.02	0.25	4.08	83.9
平均	4.60	1.62	2.84	257.8	1.20	0.34	3.53	84.9

根据表2-14的数据，将各区域人均直接消费碳排放量与人均间接消费碳排放量分别进行绘图如图2-3、图2-4所示。

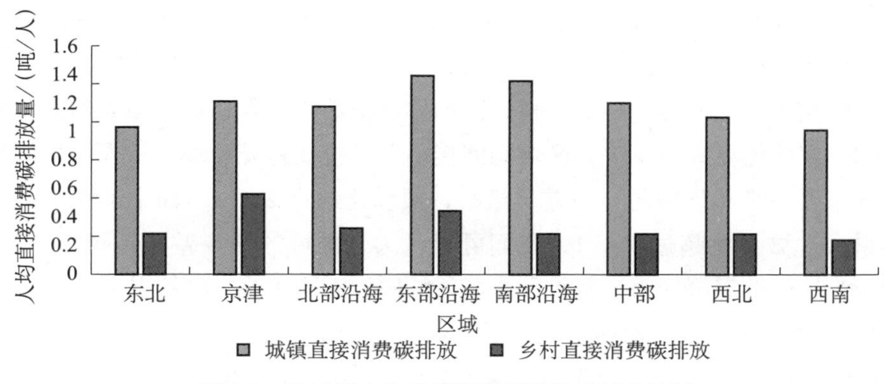

图 2-3　各区域人均直接消费碳排放量城乡比较

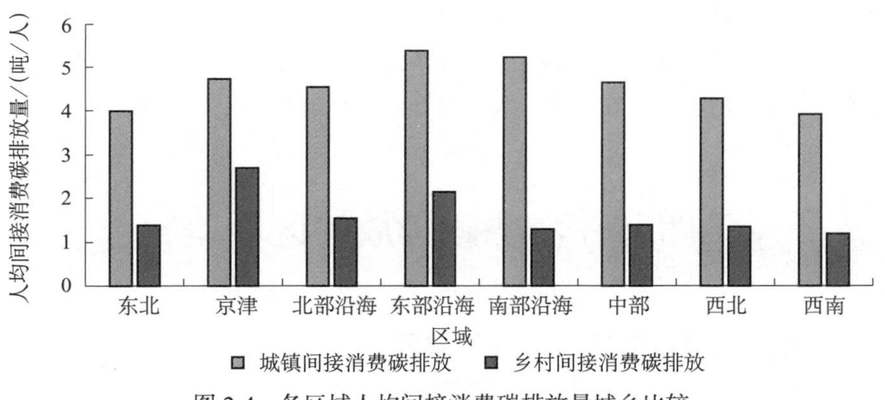

图 2-4　各区域人均间接消费碳排放量城乡比较

从图 2-3、图 2-4 可以看出：①人均直接消费碳排放量总体上呈现出较为明显的城乡差异，城镇居民的人均直接消费碳排放量远大于农村居民。但在不同区域内，城乡差异仍有些区别，京津地区的城乡差异明显更小，而南部沿海地区的城乡差异明显更大。②人均间接消费碳排放量总体上也存在着巨大的城乡差异，但较人均直接消费碳排放量的城乡差异要小一些。当然，同人均直接消费碳排放量的城乡差异一致的是，人均间接消费碳排放量城镇居民也远大于农村居民。从不同区域城乡差异的大小来看，京津地区在人均间接消费碳排放上的城乡差异最小，东部沿海次之，而南部沿海的城乡差异则最大。

通过本节的研究可以发现，不同区域的消费碳排放城乡差异明显，并且直接碳排放与间接碳排放的城乡差异情况也较为接近。一个很显著的事实是，不同区域城镇居民的间接消费碳排放总量远远高出农村居民，倍数在 2 ～ 14 倍。且城市化水平越高的区域，倍数越高；反之则反是。这一点很容易理解，因为城市化水平越高，农村居民所占比例越小。但需要说明的是，作为衡量间接消费碳排放量的指标，排放总量由于受到人口因素及区域划分因素的影响，并不能很好地反映实际排放差异。相对而言，人均排放量消除了人口规模与人为区域划分的影响，因此能更好地反映各区域间间接消费碳排放差异。那么从人均排放量城乡差异来看，京津地区的城乡差异最小，城乡比约为 2 ∶ 1；而中部地区的城乡差异最大，城乡比超过 3 ∶ 1，我们可以认为各区域的城乡差异是相当显著的。笔者认为这种差异可能跟消费水平和消费结构的不同相关。举例来说，2007 年京津地区城镇和农村居民人均消费水平分别在 10 000 元和 3000 元左右，消费结构（用消费品所属的三次产业比例表示）为 1 ∶ 4 ∶ 5 及 1.6 ∶ 6 ∶ 2.4。尹向飞（2011）指出，第二产业的单位能耗最高，第三产业其次，第一产业即农业的单位能耗最低。因此，由于具有相对更高的消费水平以及相对更高能耗的消费结构，城镇居民的人均消费碳排放量要远远高于农村居民。且不同区域对于三次产业的消费情况又存在着较大差异，导致了不同区域内部也存在着各不相同的城乡差异情况。

第四节　消费碳排放的区域差异

一、各区域直接消费碳排放量差异

从表 2-5 可以看出，各区域的直接消费碳排放量除西南地区外均呈现明显的增长态势，从 2002 年到 2010 年，中国直接消费碳排放总量从 51 274 万吨增长到 67 650 万吨，增长幅度为 32%。为了进一步分析八大经济区域的总量变动情况，这里将数据进行可视化获得图 2-5。

从图 2-5 可以看出，就各区域的直接消费碳排放量情况来说，中部地区最高，平均值约 12 000 万吨，占据中国直接消费碳排放总量的近 1/4；而京津地区最低，平均仅 3000 万吨，仅占直接消费碳排放总量的 1/17。值得注意的是，由于八大经济区的划分并没有保证人口的均等，比如中部区域包括 6 个省区，而京津地区仅包括 2 个直辖市，两者的人口为 35 696 ∶ 3261，比例超过 10 ∶ 1，故仍需要对人均排放量进行分析。

从各区域的直接消费碳排放量变动情况来看，除了西南地区直接消费碳排放量在样本期间内发生了少量削减的情况（3% 的削减），其余区域的直接消费碳排放量都存在不同程度的上升，其中南部沿海地区上升幅度最大，达到 65%，

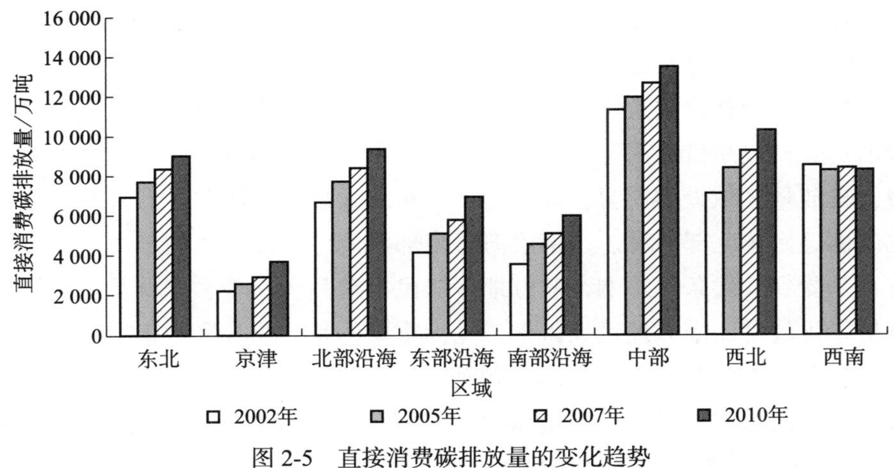

图 2-5　直接消费碳排放量的变化趋势

而中部地区上升幅度最小，为 18%。图 2-6 给出了各区域人均直接消费碳排放量的变动情况。可以发现，同直接消费碳排放总量的情况相反，人均直接消费碳排放量中部地区最低，平均值仅为 0.35 吨 / 人；而京津地区最高，达到 1.06 吨 / 人。另外，北方地区人均直接消费碳排放量普遍高于南方地区。

而从人均直接消费碳排放量的变动情况来看，人均直接消费碳排放量同样呈现明显的增长态势，全国的人均排放量从 2002 年的 0.40 吨 / 人上升到 2010 年的 0.51 吨 / 人，增长幅度为 27%，略微低于直接消费碳排放总量的增幅。而就各地区的变化率而言，除了西南地区没有出现增长，其余区域的人均直接消费碳排放量都保持了一定程度的增长，其中东部沿海增长幅度最大，达到 45%，而中部地区增长幅度最小，为 18%。

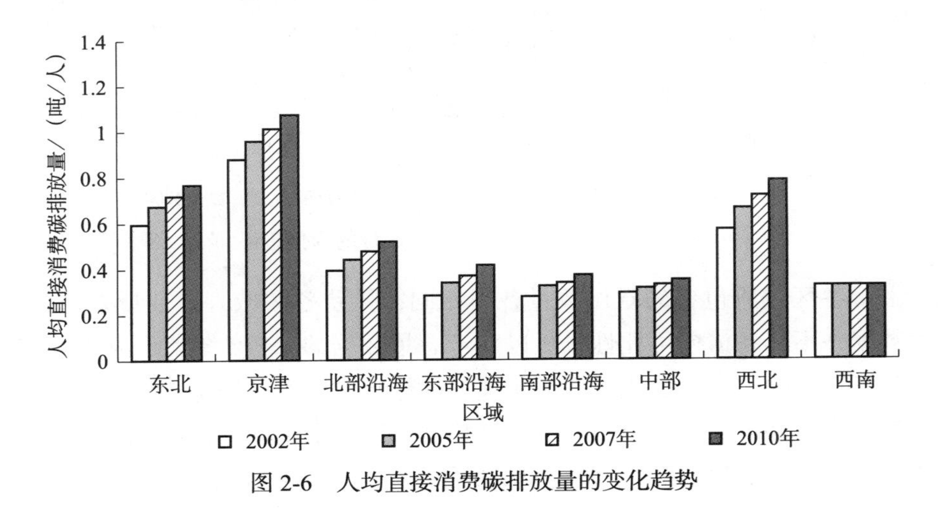

图 2-6　人均直接消费碳排放量的变化趋势

综合以上对于直接消费碳排放的总量及人均量的分析，结论归纳如下：①直接消费碳排放总量增长速度较快。由于样本年份各区域的人口增长平稳，并没有发生爆发性增长，故人均直接消费碳排放量的快速增长直接体现在了各区域直接消费碳排放总量的高速增长之上，这带来了巨大的减排压力。②人均直接消费碳排放量区域差异明显。北部地区（东北、京津、西北）的人均排放量普遍比南部地区（北部沿海、东部沿海、南部沿海、中部、西南）高。一个可能的解释是受到气候条件影响，北方地区居民在食品、衣着、建材及供暖等方面的直接碳排放量比南方地区大得多。尤为重要的是，北方采用集中供暖，这在很大程度上有着公共产品的特点，因而容易受到诸如搭便车及道德风险等问题的影响，导致效率较低。若是能够通过技术改造、模式升级等方式提高效率，将会在很大程度上缓解中国的碳排放压力。

二、各区域间接消费碳排放量差异

根据表 2-6 的各区域间接消费碳排放量的测算结果，分别将总排放量及人均排放量数据可视化如图 2-7、图 2-8 所示。

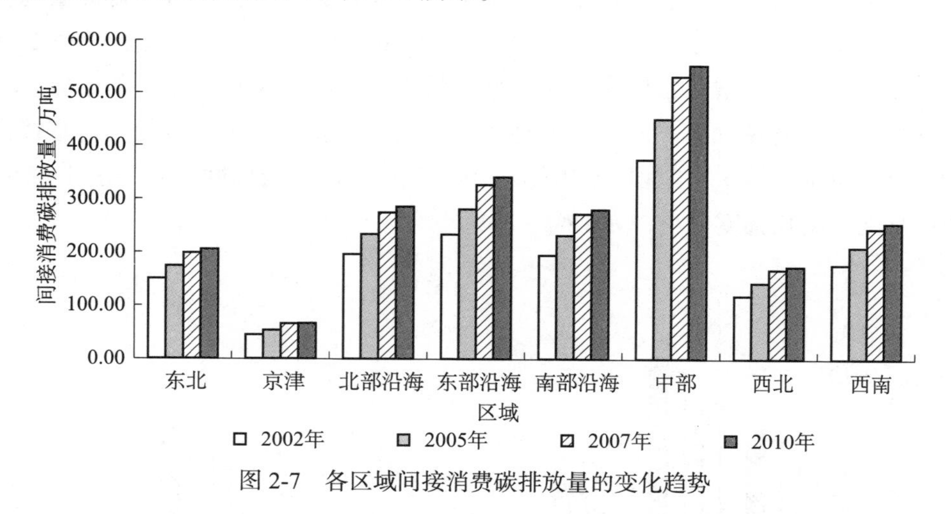

图 2-7 各区域间接消费碳排放量的变化趋势

由于各区域所包含的省份数量各不相同，导致各区域人口数量差别很大，总量数据并不具备横向可比性，所以对于总量数据的分析，笔者只从变化趋势进行分析。总的来看，变化呈现逐年递增的趋势，但总体增速趋缓，各区域的增速情况差异并不大，增长趋势与总体趋势一致。最高的中部区域年平均增速在 5% 左右，而最低的西北区域在 4% 左右，且都呈现增速减缓的趋势。

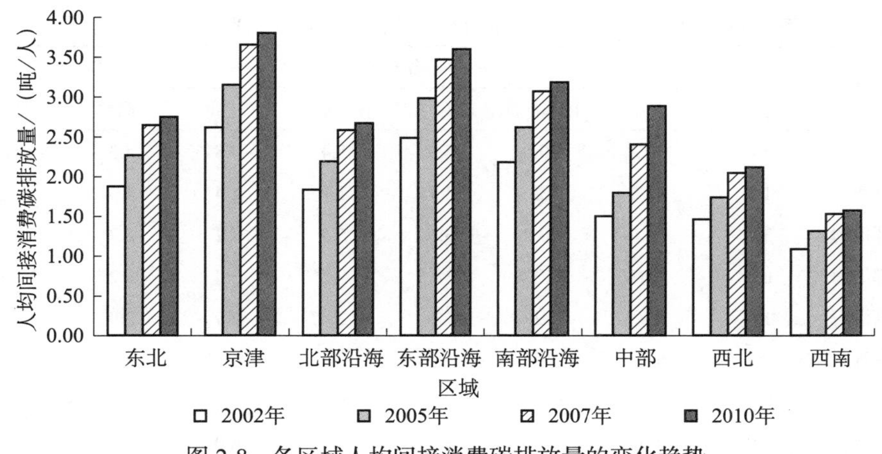

图 2-8　各区域人均间接消费碳排放量的变化趋势

不同于总量数据，各区域的人均间接消费碳排放量消除了人口差异，具有横向可比性，故对于人均排放量的区域比较，笔者从存量差异及变化趋势差异分别阐述：从存量差异来看，京津地区、东部沿海地区、南部沿海地区的人均排放量显著多于西北及西南地区，且差距正在扩大；而从变量趋势来看，八大经济区域的人均排放量均呈现较为明显的增长趋势。除了中部地区外，其余地区的增长速度同样呈现减缓的趋势。

（一）各区域间接消费碳排放的分布情况

为了更清楚地反映各区域间接消费碳排放被其他区域承担的情况（即从矩阵列的角度），以表 2-7 的数据为基础进一步计算编制表 2-15。

从表 2-15 可以看出这些数据呈现如下两个特征：①由左上至右下这条对角线上的大多数值，也是其对应的每一列中的最大值。比如，东北地区的间接消费碳排放分布在其自身的比例就在这条对角线上，该比例值达到了 64.7%；再如京津地区，尽管京津地区所在列的值分布较为均匀，但处于对角线上的该值也达到了相对而言较大的 28.8%。②外部区域所在行的值都相对较大，但存在一定的差异，比例分布在 16.2% ～ 29%。也就是说，各地区的间接消费碳排放量，外部区域都承担了相当一部分的比例。并且还可以发现，沿海地区由外部区域承担的比例比内陆地区要高得多。

表 2-15　各区域间接消费碳排放被其他区域承担的情况（单位：%）

区域	分布比例							
	东北	京津	北部沿海	东部沿海	南部沿海	中部	西北	西南
东北	64.7	10.2	10.0	5.9	5.4	9.8	4.3	4.8
京津	1.3	28.8	6.2	1.1	1.1	1.4	1.3	1.2
北部沿海	3.1	14.0	40.2	3.6	5.4	7.2	5.2	4.8
东部沿海	0.8	1.6	2.2	38.5	5.5	3.4	2.2	2.4
南部沿海	1.5	1.6	1.2	1.6	29.7	2.9	2.9	6.2
中部	2.4	5.1	7.4	12.3	7.7	43.1	4.4	4.4
西北	4.2	7.7	9.2	8.3	8.8	10.0	57.7	9.3
西南	1.9	2.0	2.8	3.7	5.6	6.0	3.5	47.3
外部	20.0	29.0	20.9	25.0	30.6	16.2	18.6	19.5
合计	100.0	100.0	100.0	100.0	100.0	100.0	100.0	100.0

注：表内数值指的是，在以列所在区域为界计算获得的间接消费碳排放量中，因产品生产地不同而在行所在的区域内产生的碳排放比例

（二）各区域间接消费碳排放的转嫁情况

间接消费碳排放与其对应的消费行为，在时间和空间上常常都是分离的。"碳排放转嫁"①的概念能够更加准确和深入地描述这种分离性的实质。不妨假设某个区域的消费者，其消费行为产生了一定量的消费碳排放，但排放活动却发生在该消费品的生产所在区域（消费品的碳排放大多发生在其生产过程中），那么我们就可以认为该区域将这部分的消费碳排放转嫁给了消费品所生产的区域；同样的，如果发生在某个区域的消费碳排放与区域自身的消费行为并不相关，而是由其他区域的消费行为所产生，那我们就认为是其他区域将消费碳排放转嫁给了该区域。

以表 2-7 为基础，对各区域的间接消费碳排放转嫁情况进行统计，如表 2-16 所示。

表 2-16　区域间间接消费碳排放的转嫁情况（单位：10^6 吨）

区域	应承担但转嫁给其他区域（A）	不应承担但被其他区域转嫁（B）	收支平衡（A-B）
东北	30.1	137.5	−107.4
京津	24.9	38.4	−13.5

① 有些文献中，"碳排放转嫁"也称作"碳排放转移"。

续表

区域	应承担但转嫁给其他区域（A）	不应承担但被其他区域转嫁（B）	收支平衡（A-B）
北部沿海	105.0	98.9	6.1
东部沿海	127.1	50.5	76.6
南部沿海	112.8	46.7	66.1
中部	213.5	109.1	104.4
西北	35.6	165.8	−130.2
西南	75.8	77.9	−2.1

从表 2-16 的计算结果可以看出，东北、京津、西北、西南四个区域收支为负，其中东北和西北负值相对较大，表明了东北和西北两地被其他区域转嫁了较多的消费碳排放。而剩余 4 个区域收支为正值，其中东部沿海和南部沿海正值相对较大，表明东部沿海和北部沿海两地向其他区域转嫁了较多的消费碳排放。值得注意的是，这里所说的仅仅是与居民消费行为相关的碳转嫁，如果需要对全部的碳转嫁进行全面分析，那么政府消费、固定资产增加及存货等其他最终需求都需要被考虑在内。

基于本节从多角度对消费碳排放的区域特征进行的分析，我们可以得出如下结论。

（1）不同区域的间接消费碳排放分布情况存在较为显著的差异，但各区域自身仍然是本区域间接消费碳排放的主要承担者。举例来说，东北地区面积较大、工业化历史较长，因而基础消费品生产及供应能力强，考虑到该地区人口虽多但消费能力主要体现在基础物质的消费，导致其为自身承担的间接消费碳排放比例相当高；而京津地区，尽管经济更为发达，生产技术更为先进，但产业发展不全面的问题导致其消费品很大程度上需要从其他区域进口[①]，人口数量众多及人口消费能力强的特点更是降低了其对本身的间接消费碳排放承载比例。因此两者的间接消费碳排放分布情况有着较大差异。

（2）对外贸易对中国各区域的碳排放都存在着相当显著的影响。外部区域（即狭义的进口）承担的中国八大经济区域间接消费碳排放量的比例在 19%～30%[②]，尽管各区域之间有一定差距，但对外贸易带给各区域的影响已相当显著。笔者认为，随着后改革开放时期的到来，中国的对外开放已经不再局

① 此处进口是指广义上的进口，以研究对象为界限划分内外，本书研究对象为区域，故从外部的其他区域引入即为进口。

② 此处进口是指一般意义上的进口，即狭义的进口，以国为界限，从国外引入的称为进口。

限于沿海地区，高铁的贯通、公路网的延伸及机场的建设等使得中国内陆地区的交通运输条件大大改善，特别是随着近年来“一带一路”的共建推进，中国与亚欧非大陆及附近海洋国家开始构建全方位、多层次、复合型的互联互通网络，对外开放开始实质性地影响全国各地区。这一数量比例在某种程度上也反映了经济全球化背景下，生产、消费已经不再局限于一个区域内部，各个区域之间的联系已经越来越紧密。针对不同区域由外部区域承担的比例差异可以进一步看出，沿海发达地区的间接消费碳排放由外部区域承载的比例相对内陆欠发达地区更高。这源于沿海发达地区更早的对外开放，以及更强的招商引资能力和更为优越的对外贸易交通条件。

（3）区域间消费碳排放的分布在一定程度上已经形成了“经济发达地区消费，经济欠发达地区承担”的格局。东北、西北等欠发达地区为其他区域承担碳排放远多于其他区域为其承担的碳排放；而东部沿海和南部沿海这样的经济发达地区则正好相反。实际上，东北、西北地区经济发展较为落后、产业模式较为单一，产品生产过程中碳排放量巨大且产品大多被其他区域消费使用，故其为其他区域承担了过多不应由本区域承担的碳排放量。东部沿海、南部沿海地区经济发展水平则普遍较好，有着众多较强消费能力的人口，因此消费品需要大量从其他区域引入。间接消费碳排放存在着巨大的收支不平衡，这在一定程度上加大了区域间消费碳排放的不平等问题。根据“谁污染谁治理”以及“谁使用谁付费”原则，结合碳排放公平的“追溯”原则，笔者认为，公平的间接消费碳排放核算框架应以消费行为发生地作为碳排放归属地进行核算。故本区域所消费产品的碳排放应归于本区域内核算，而不管其是不是在本区域生产；由本区域生产但最终消费发生在其他区域的产品则应由其他区域承担。由于以“追溯”原则对消费碳排放核算框架进行改进并非本书关注的重点，故在此不作详细阐述。

第三章 外部干预政策及其对消费碳减排影响的理论分析

决定和影响个体行为的因素通常都比较复杂，改变个体行为更为困难。但是行为仍旧可以通过适当的外部干预政策而改变，并且这种改变是朝着外部干预政策的既定方向改变。本章先对行为干预的相关理论进行回顾，再对外部干预政策的内涵和分类维度进行理论分析，将消费碳减排的外部干预政策分为信息干预政策（前置政策）和结构干预政策（后继政策）两类，接着分别分析信息干预政策（以目标设定、诱导承诺、提供信息为主）和结构干预政策（以经济激励和结果反馈为主）对消费碳减排的影响效应，最后探索社会文化情境对消费碳减排的影响作用。

第一节　外部干预政策的理论分析及其分类维度

一、行为干预的相关基础理论

（一）前置－进行理论

格林和克罗伊特尔（Green and Kreuter，1999）提出了前置－进行（PRECEDE-

PROCEED）模型。前置－进行模型最初主要用于健康教育与健康促进计划，但后来也扩展到更多的行为领域。在前置－进行模型中，前置变量（predisposing, reinforcing and enabling constructs in educational/environmental diagnosis and evaluation，PRECEDE）是指在教育或环境的识别、评价中应用前倾、促成及强化因素（郭琪，2008）。具体来说：①前倾要素（predisposing factor）是生成特定行为的动机或愿望的要素，包括个体或群体的态度、知识、信念、理解力、价值观等，它通过影响个体对行为的偏好从而促使行为发生，是个体行为的内在前提和动机所在；②促成要素（reinforcing factor）是个体的行为动机和愿望得以实现的要素，包括技能和各种资源（财政、经济、技术等）的可获得性、可利用性等，是个体行为的外在前提和实施基础；③强化要素（enabling factor）是行为的后继决定要素，属于增强或减弱个体特定行为的要素，它通过行为结果对行为决定起作用，包括其他个体或群体的态度、行为及各种反馈信息等。进行变量（policy, regulatory and organizational constructs in educational and environmental development, PROCEED）是指在执行教育或环境干预中应用政策、管制和组织的手段。

在前置－进行模型中，前置变量考虑了影响消费者行为的多种因素（前倾要素、促成要素和强化要素），并提示政策制定者把这些因素作为重点干预的目标，同时也明确了特定的计划目标和评价标准。进行变量则提供了政策制定、实施及评价的工作程序，如图 3-1 所示。前置－进行模型为政策制定、实施和评价提供了一个连续的步骤，为更好地理解消费者消费碳减排行为并实施干预提供了一定的借鉴。

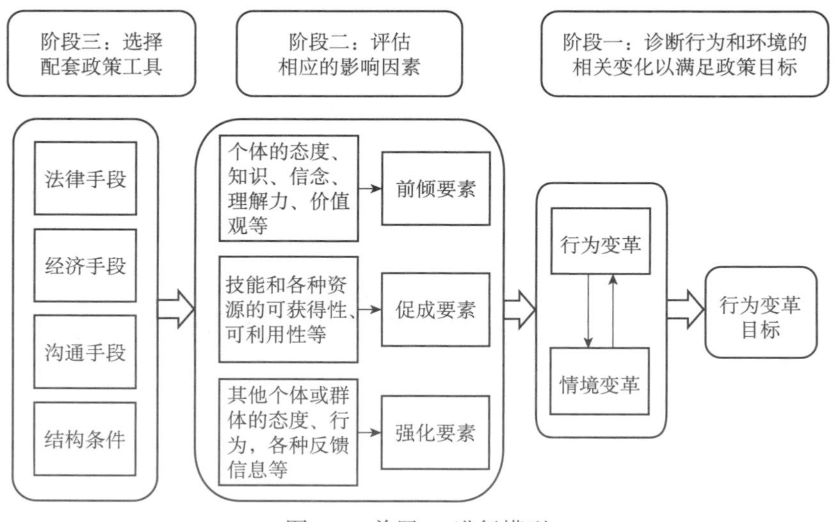

图 3-1 前置－进行模型

资料来源：Egmond 等（2007）

（二）规范焦点理论

美国社会心理学家塞得尼（Cialdini）等提出的规范焦点理论（the focus theory of normative conduct）是一个反常识的理论，它指出人们做出很多好行为（包括环保行为）的原因并不是像他们所说的那样，是因为有一个好的意识、态度或目的，而是主要受到社会规范（尤其是描述性规范，即大多数人的实际行为和典型做法）的强大影响（Nolan et al.，2008）。例如，当问及一个人为什么会节约用电时，获得的答案可能是节约资源、保护环境，也可能是有利于社会发展，还可能是节省开支。然而，基于规范焦点理论的研究发现，人们的节能行为更多受到其他人节能行为的影响，而诸如环保、有益社会和省钱这样表面堂皇的理由对实际节能行为的影响并不大。[①]规范焦点理论将社会规范区分为描述性规范和指令性规范。其中，描述性规范是指人们在特定情境下应该做的，它简单地告诉人们，哪些行为是有效的和适合的；指令性规范详细说明在特定情境下，什么是人们必须做的，以及什么是被人们赞同或者是反对的行为。规范焦点理论指出，行为成为注意焦点是社会规范发生作用的前提条件（Cialdini et al.，1990）。尽管规范焦点理论早期侧重于通过现场实验证明使用规范信息对个体行为进行干预的应用价值，但最新的研究揭示了不同类型社会规范的作用机制，为规范焦点理论提供了更加坚实的理论支撑。

基于规范焦点理论的一系列实证研究指出，要想影响和改变人的行为，仅仅通过向其宣传或反馈一些有关该行为的规范信息就能奏效。例如，将一个社区的家庭平均用电量告诉那些用电量超出平均水平的用户，他们在接下来的时间里会减少用电量（Schultz et al.，2007）。相对经济、技术等费时费力的措施，使用规范信息干预环保行为是一种非常节约成本的环保措施，而这种方法却在环保实践中被低估甚至误用。究其原因，主要是决策者和管理者习惯性地相信自己的常识和简单的民意调查，而少有科学的研究论证。虽然规范焦点理论产生于二十多年前，但它的重要性，尤其是在促进环保行为方面的应用，直到最近几年才受到广泛关注。

（三）目标设置理论

洛克（Edwin Locke）提出的目标设置理论（goal setting theory）认为，目标通过四种机制影响行为绩效。第一，目标具有指引功能。它引导个体注意并努

① 韦庆旺，孙健敏.2013. 对环保行为的心理学解读——规范焦点理论述评. 心理科学进展，（4）：751-760.

力趋近与目标有关的行动，远离与目标无关的行动。第二，目标具有动力功能。较高的目标相对较低的目标能导致更大的努力。第三，目标影响坚持功能。当允许参与者控制他们用于任务上的时间时，困难的目标使参与者延长了努力的时间（Laport and Nath，1976）。第四，目标通过唤起、发现或使用与任务相关的知识或策略从而间接影响行动。①

当人们承诺要达到某目标时，目标和绩效的关系最为密切（目标设置理论的一个简明框架如图 3-2 所示）。赛吉斯和莱瑟姆（Seijts and Latham，2000）研究发现，当目标很困难时，承诺显得最为重要。这是因为对个体来说困难的目标比容易的目标要求更多的努力，而且困难的目标与较低的成功机会相联系。使个体更容易承诺要达到某目标的因素有两个：一是目标达成对个体的重要性，包括结果的重要性；二是自我效能感。自我效能感可以增进目标承诺。领导者可以通过对下属进行充分的训练、角色模仿和劝导性的交流等方式来提高下属的自我效能感。为了使目标有效，人们还需要简明的反馈以了解自己的进步状况。如果不知道自己做得怎么样，则很难（甚至不可能）调整努力的水平和方向，或者难于调整策略以应对目标的要求。因此目标结合反馈比单独的目标更为有效。②任务复杂性也会影响目标与绩效之间的关系。随着任务的复杂性增加，目标的作用依赖于任务完成者发现恰当任务策略的能力。由于人们发现恰当任务策略的能力差异很大，所以目标设置的作用在复杂任务上比在简单任务上小。由于人们在复杂任务上比在简单任务上使用的策略种类更多，所以任务策略与绩效的相关通常比目标困难程度与绩效的相关更高。

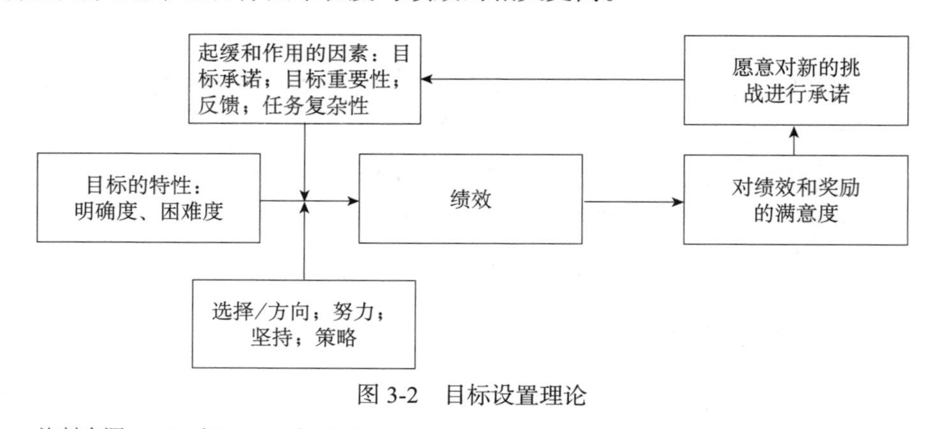

图 3-2　目标设置理论

资料来源：Seijts 和 Latham（2000）

① 杨世木.2012. 目标设置理论对激发体育院校大学生学习动机的启示. 体育师友，（4）：57-59.

② 程天.2008. 企业环境中的无意识因素探讨及其应用. 上海：复旦大学硕士学位论文：5-10.

（四）自我肯定理论

自我肯定理论（self-affirmation theory）由斯蒂尔（Steele，1988）提出，该理论认为面对威胁自我的信息，人们可能会有三种反应[①]：一是虚心接受，改变自己的态度或行为。但接受威胁到核心自我概念的信息就意味着承认自己的错误，可能造成自我同一性混乱。另外，威胁自我的信息常常会启动个体的心理防御系统，换言之，“有则改之，无则加勉”事实上很难做到。二是在心理防御系统的作用下，个体采取扭曲事实、忽视信息等方式来降低对自我的威胁。这些防御反应的确可以在一定程度上保护自我，维护身心健康。但同时也使个体失去了从中获得重要知识的可能性，失去了提升自我的机会，甚至于破坏人际关系。三是通过自我肯定（self-affirmation），即思考与威胁领域无关的其他重要的自我价值，或者从事与这些重要的自我价值有关的活动来维持自己总体上是好的、是适应社会的感觉，即所谓自我整体性（self-integrity）（Steele，1988）。由于是对与威胁无关领域的自我价值的肯定，人们就能够以更宽广的视野来看待自己。或者由于重要的自我价值被锚定，威胁自我的信息就失去了威胁的能力，因为人们关注的不再是信息的威胁性，而是信息本身的价值。因而能够以更加开放、公正、客观的方式来处理和接受威胁信息，这样既保护了自我，又不会失去从中学习知识、改正错误态度或行为的机会。自我肯定与社会系统的交互作用如图 3-3 所示。

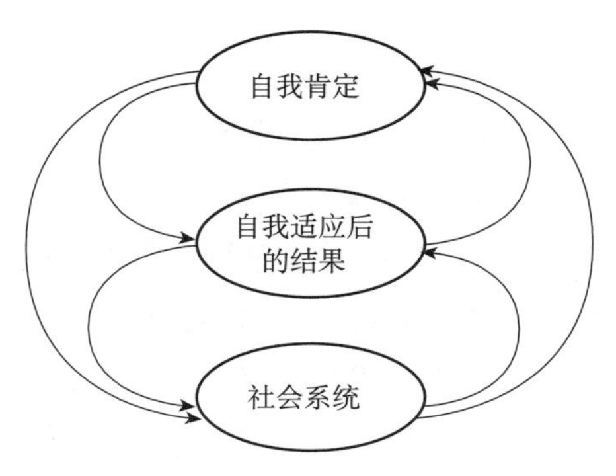

图 3-3　自我肯定与社会系统的交互作用

资料来源：Cohen 和 Sherman（2014）

① 石伟，刘杰 .2009. 自我肯定研究述评 . 心理科学进展，（6）：1287-1294.

通过自我肯定，操控方可以使个体在认知、情绪及行为倾向上发生许多重要的变化，激发人们客观、公正、冷静地处理威胁自我认同的信息，促进个体以进取的方式成长发展。具体而言，自我肯定可促使人们更客观地评价威胁自己已有观念的信息，减轻偏性同化（biased assimilation）偏差。所谓偏性同化是指个体具有将不符合自己观念的信息看得比符合的信息更不可靠或不可信的倾向性，该偏差主要源于人们维护重要的自我认同的动机（Munro and Ditto，1997）。固守的信念与重要的自我认同有紧密的联系，放弃自己的信念就意味着否定自我认同。因此，即使自己的信念与事实、逻辑、自身利益相冲突，人们仍然会坚守自己的信念。然而，当遇到威胁其信念的信息时，如果人们能够提取出其他重要的自我价值，就能够以更少防御、更加开放、更客观的方式来评价威胁信息。譬如，人们的健康认同常常受到要求其改变不健康行为习惯的信息的威胁，尽管接受这样的信息有利于自己的健康，但人们往往会拒绝接受这样的信息，继续其不健康的行为习惯。因为接受这样的信息，改变自己不健康的行为，在某种意义上就意味着否认“我是健康的”的自我认同，意味着否认自我的完整性。但是，如果能够肯定自我的其他方面，维护自我整体性的安全，人们也许就会以更加开放的态度来看待这些具有潜在威胁性的信息。这对改变人们固有的高碳消费习惯，培养消费碳减排行为有一定的启示价值。

（五）精细加工可能性模型

精细加工可能性模型（elaboration-likelihood model，ELM）由佩蒂等（Petty et al.，1981）提出。该模型认为任何一个既定变量能够在不同的精细可能性水平下（高－低）通过不同的心理加工过程影响态度改变（Pierro et al.，2004）。在中央说服路径下，接受方被视为传播过程的一个非常积极的参与者，其注意、理解、评价信息的能力与动机都很高。信息的说服力主要取决于接受方对所提观点的正确性评价。支持性的观点和有说服力的信息源会使目标受众的认知结构向有利的方向改变，从而导致态度的改变，甚至说服，反之亦然。在周边说服路径下，接收方被视为缺乏信息加工的动机和能力，进行详细、认真的认知过程的可能性很小。接收方并不对信息所提供的内容加以评价，而是基于一些与主要观点没有多大关系的周边线索，在对这些周边线索进行评价的基础上做出对信息的反应。精细加工可能性模型如图 3-4 所示。

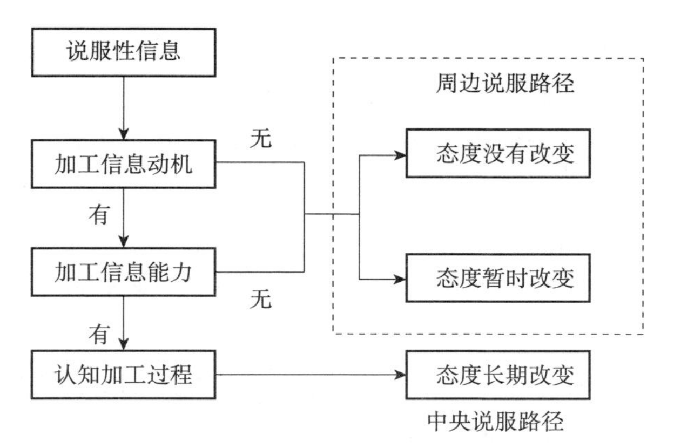

图 3-4　精细加工可能性模型

资料来源：Pierro 等（2004）

与精细加工可能性模型相似的还有启发 – 系统式模型（heuristic-systematic model，HSM），将个体的认知加工分为启发式和系统式，加工的努力程度由动机与认知能力决定（Chaiken et al.，1989）。系统式加工类似于精细加工可能性模型的中央说服路径，要求个体对所有潜在相关的信息都进行审慎的加工，从而形成态度判断，而启发式加工则比精细加工可能性模型的边缘说服路径更为具体，并受“最小认知努力原则”（principle of least cognitive effort）的指导。精细加工可能性模型和启发 – 系统式模型的共同之处在于，两者都将对信息的加工看作是一个续谱，加工的深入程度由个体的动机和认知能力所决定。当人们进行信息加工的动机和能力水平较低时，往往是边缘路线或启发式加工起作用；当人们进行信息加工的动机和能力水平较高时，往往是核心路线或系统式加工起作用。同时，两种模型都强调两种不同的信息加工方式以互动的方式影响个体态度的改变。

（六）说服理论

霍夫兰（Carl Hovland）于 1959 年提出了说服模型（persuasion theory），认为在信息传递过程中，影响态度变化的因素非常多，但主要因素是信息来源（source）、说服信息（message）、说服情境（context）、说服对象（receiver）。西尔斯（Sears）等发展了霍夫兰的说服模型，提出了一个包含四因素的说服模型，这四个因素分别是：外部刺激、说服对象、说服过程和说服结果。[①]在此模型中，

① 马向阳，徐富明，吴修良，等.2012. 说服效应的理论模型、影响因素与应对策略. 心理科学进展,（5）：735-744.

外部刺激由信息来源、说服信息和说服情境组成。其中信息来源的影响力取决于其专业程度、可靠性和受欢迎程度，说服信息的影响力取决于可信度、喜爱度和参照群体，说服情境的影响力取决于预先警告和分心程度，说服对象的特点包括其卷入程度、是否对劝导有免疫力及其人格特征。在态度改变的过程中，说服对象首先要学习信息的内容。在学习的基础上发生情感转移，把对一个事物的情感转移到与该事物有关的其他事物之上。当接收到的信息与原有的态度不一致时，便会产生心理上的紧张，一致性机制便开始起作用。有许多种方式可以用来减轻这种紧张。有时候人们还采用反驳的方式对待负面说服信息，按照认知反应理论（cognitive response theory）的观点，人们在接收到来自他人的信息后，会产生一系列的主动思考，这些思考将决定个体对信息的整体反应。态度的改变主要取决于这些信息所引发反驳的数量和性质。如果这种反驳过程受到干扰，则产生了说服作用。因此说服结果有两个，一是态度转变，二是对抗说服，包括贬低信息、歪曲信息和无视信息，如图 3-5 所示。

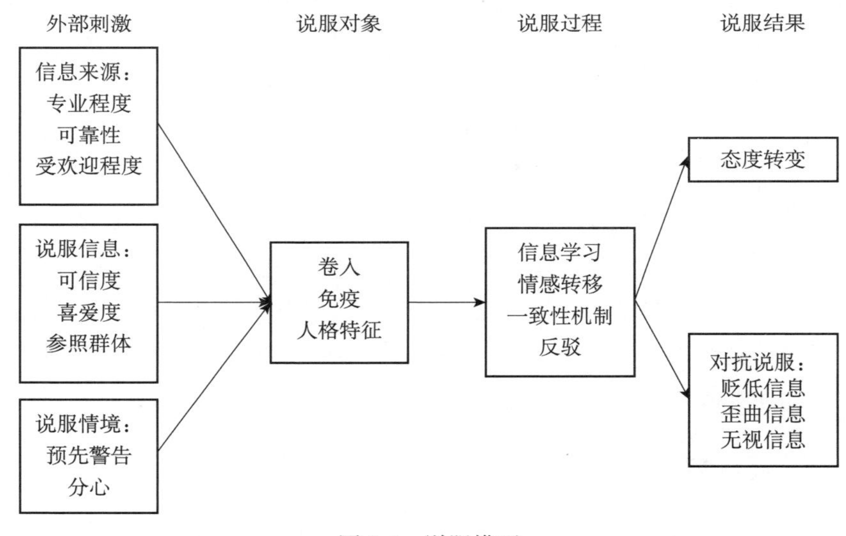

图 3-5 说服模型

资料来源：Sears 等（1985）

（七）跨理论模型

跨理论模型（trans-theoretical model，TTM），也称阶段变化（stages of change，SOC）模型，是有目的的行为改变模型，它把重点集中在行为改变方面的个体决策能力，而非社会的、生物学的影响力。跨理论模型是在综合多种理论基础上形成的一个系统研究个体行为改变的方法。跨理论模型提出，个体的行为变化是一个连续的过程而非单一的事件，人们在真正做到行为改变之前，是朝着一系列动态循环变化的阶段变化过程发展。对所处不同阶段的个体应采取不同的行为转换策略，以促使其向行动和保持阶段转换。跨理论模型描述了人们如何改变一个不良行为和获得一个积极行为的过程，它试图去解释行为变化是如何发生的，而不仅仅是为什么会发生。①

跨理论模型的内容架构分为四个组成部分：变化阶段、变化过程、自我效能、决策平衡。这四个组成部分结合了三个维度的变化：变化阶段、变化过程和变化水平。通过变化阶段反映人们在何时产生行为改变，通过变化过程体现人们的行为改变过程，通过贯穿于变化阶段和变化过程中的自我效能和决策平衡反映影响人们行为改变的因素，这些因素体现了不同的变化水平。在跨理论模型中，变化阶段是模型的核心，它指出了行为变化的时间序列，时间序列确认了行为变化的动态本质和朝着变化方向的运动发展顺序。变化过程则描述了个体如何进行变化，包括 10 个有利于行为改变的认知和行为活动。自我效能是指相信一个人能够成功地完成必要的行为从而达到预期的结果。决策平衡则包括行为的正面作用和负面作用，或者是感知到变化产生的利益或障碍。

跨理论模型把人的行为改变过程分为五个主要行为变化阶段，揭示了被其他的行为改变理论忽略的关键环节。这五个行为变化阶段包括：前意向阶段、意向阶段、准备阶段、行动阶段和保持阶段。这些变化阶段反映了个体行为变化的意图。不同个体可能会以不同的变化率通过各个阶段向前变化，也可能会退回，并且可能会选择在行为变化统一体的不同变化点重新进入，这些阶段的运动可以被看作是循环往复的，如表 3-1 所示。

表 3-1　跨理论模型各变化阶段及其特征

变化阶段	特征
前意向阶段	在未来 6 个月内没有采取行动的意图
意向阶段	准备在未来 6 个月内采取行动
准备阶段	准备在未来 30 天内采取行动，并且已经采取了一些行为准备步骤
行动阶段	行为改变已经发生但少于 6 个月
保持阶段	行为改变已经发生并超过 6 个月

资料来源：尹博（2007）

① 尹博 .2007. 健康行为改变的跨理论模型 . 中国心理卫生杂志，（3）：194-199.

跨理论模型综合了其他理论的一些主要观点，是行为变革的一个综合模型。它是开发有效干预措施以促进健康行为（特别是涉及根深蒂固的习惯）变革的基础（Jackson，2005），对我们促进消费碳减排行为也具有较强的启发意义。

行为干预的相关基础理论还有很多，本书不一一回顾。表 3-2 总结了行为变革的一些社会心理学理论。

表 3-2 行为变革的社会心理学理论

社会心理学理论	主要出处	理论说明
态度－情境－行为理论（attitude-behavior-context theory，ABC theory）	斯特恩等（Stern et al.，1987），斯特恩（Stern，2000）	关于环境意义行为的一种场域理论。行为是内部态度变量和外界情境因素交互作用的一个产物
认知失调理论（cognitive dissonance theory）	费斯汀格（Festinger，1957）	认为人们有动机去避免内心信念、态度和价值的不一致（失调）
文化理论（cultural theory）	汤普森等（Thompson et al.，1990）	假设对管制和美好生活的不同观念而存在文化类型的四个维度：等级主义者、平等主义者、个人主义者和宿命主义者
精细加工可能性模型（elaboration-likelihood model）	佩蒂（Petty，1977），佩蒂等（Petty et al.，1981）	一个说服模型，它预测一则说服性信息的长期成功取决于主体（目标者）心理加工或者这个信息被推敲的程度
期望价值理论（expectancy-value theory）	菲什拜（Fishbein，1973），阿耶兹等（Ajzen et al.，1980）	一个广泛的理论分类（理性选择理论就是其中之一），它是基于这样一种思想：行为受到我们对自身行为结果的期望值和这些结果的价值的激励
场域理论（field theory）	勒温（Lewin，1951）	有影响力的早期社会心理学理论，该理论假设行为是一个受内部和外部影响的动态“场域”的作用。行为变化是基于解冻（现有的行为），转变到一个新的水平，然后冻结
人际行为理论（theory of interpersonal behavior，TIB）	特莱安第斯（Triandis，1977）	正如理性行为理论，人际行为理论包括期望价值和规范信念维度。然而，人际行为理论还包括习惯、社会和情感因素对行为的影响
动机 - 能力 - 机会模型（motivation-ability-opportunity model）	奥兰德等（Ölander et al.，1995）	一个包括内部动机变量（通常基于理性行为理论）、能力（包括习惯和任务知识）和机会的外部情境变量的整合行为模型
手段 - 目的链理论（means end chain theory）	加特曼（Gutman，1982），瑞纳兹等（Reynolds et al.，2001）	期望价值理论的一种定性形式，该理论假设偏好是基于属性、结果和价值之间的层级关系
规范激活理论（norm activation theory）	施瓦茨（Schwartz，1977，1992）	更为知名的塑造亲社会或利他行为的尝试之一。对行为结果和个体责任归属的认识激活亲社会行为的个体规范

续表

社会心理学理论	主要出处	理论说明
规范行为（normative conduct）	塞得尼等（Cialdini et al.，1990）	塞得尼等的规范行为焦点理论提出，行为受社会规范的指导。社会规范本质上要么是描述性规范（做了什么），要么是指令性规范（应该做什么）。特定情境中这些不同种类规范的强度或者显著性取决于各种个性因素和情境因素
说服理论（persuasion theory）	霍夫兰德等（Hovland et al.，1953），佩蒂等（Petty et al.，2002）	一套“说服艺术”的理论方法，该方法认为，信息源的可信度、信息，以及接受者的想法和感觉是说服策略能够成功的三个关键性结构要素
理性选择理论（rational choice theory）	埃尔斯特（Elster，1986），霍曼斯（Homans，1961）等	大部分消费者偏好的经济理论和其他一些行为社会心理理论的根本基础。该理论认为行为个体理性考虑的结果，是为了追求自身期望“效用”最大化
自我差异理论（self-discrepancy theory）	希金斯（Higgins，1987）	该理论认为，人们由真实自我和理想自我之间存在的感知差距所唤起的感受激励着他们的实施行为
自我知觉理论（self-perception theory）	比姆（Bem，1972）	该理论指出人们通过观察自身的行为来推断他们的态度
主观期望效用（subjective expected utility，SEU）	阿耶兹等（Ajzen et al.，1980），伊格利等（Eagly et al.，1993）	和理性选择模型密切相关的期望价值理论的一种形式。该理论认为，行为是对行为结果的期望和这些结果的价值的函数
结构化理论（structuration theory）	吉登斯（Giddens，1984）	试图提供一个行动（人们如何行动）和结构（社会和制度环境）间的关系模型。吉登斯的理论是基于实际意识和推论意识之间的不同特性
符号互动论（symbolic interactionism）	布鲁默（Blumer，1969），米德（Mead，1934）	认为人们和事物（加工品、制度和其他）之间的互动是基于那些事物对他们的符号意义
自我完成的符号理论（symbolic self-completion theory）	威克伦德等（Wicklund et al.，1982）	一种认为人们通过使用符号资源完成自我形象从而创造自我认同感的符号互动论
计划行为理论（theory of planned behavior，TPA）	阿耶兹（Ajzen，1991）	对理性行为理论进行调整，增加行为主体对其行为结果的感知控制
理性行为理论（theory of reasoned action，TRA）	阿耶兹等（Ajzen et al.，1980）	或许是社会心理学中最著名的态度－行为模型，理性行为理论对期望价值理论进行调整，加入了规范化社会影响对行为意向的作用

续表

社会心理学理论	主要出处	理论说明
价值观－信念－规范理论（value-belief-norm theory）	斯特恩等（Stern et al., 1999），斯特恩（Stern, 2000）	试图调整施瓦茨的规范行为理论，加入价值观、信念、态度和规范之间的复杂关系

资料来源：Jackson（2005）

二、外部干预政策的理论分析

理解消费碳减排的外部干预政策需要首先理解一般意义上的"干预"（intervention）或"管制"（regulation）。根据丹尼尔·史普博（1999）的观点，管制是行政机构制定并执行的直接干预市场机制或间接改变企业和消费者供需决策的一般规则或特殊行为。维斯库斯等认为，管制是政府通过法律的威慑来限制个体和组织的自由选择。管制的目的在于限制经济行为人的决策（王建明，2013a）。王俊豪（2001）指出，管制是具有法律地位的、相对独立的政府管制者（机构），依照一定的法规对被管制者所采取的一系列行政管理与监督行为。笔者认为，简单地说管制就是政府对企业和个人行为的控制。从管制/干预的一般概念我们可以推出消费碳减排干预的内涵，即为了实现消费碳减排的社会目标，管制/干预者（机构）依照一定的法规对消费者（公众）消费行为所采取的一系列引导与限制。

消费碳减排干预（管制）的理论基础主要有：①增长的极限（limits to growth）和可持续发展理论（sustainable development theory）；②宇宙飞船经济（spaceship economy）和循环经济（circular economy）理论；③市场失灵（market failure）和外部性（externalities）理论；④公共品（public goods）和公共地悲剧（tragedy of the commons）理论；⑤生态足迹（ecological footprint）和碳足迹（carbon footprint）理论；⑥脱钩（decoupling）和碳排放脱钩（carbon emission decoupling）理论；⑦管制经济学（economics of regulation）理论。消费碳减排干预的相关基础理论以及这些理论的基本概念、中心思想如表3-3所示。

表3-3 消费碳减排干预的相关基础理论

基础理论	基本概念或中心思想
增长的极限理论	增长的极限来自地球的有限性。地球资源是有限的，不可避免地会有一个自然的极限。人口爆炸、经济失控必然会引发和加剧粮食短缺、资源枯竭和环境污染等问题，这些问题反过来就会进一步限制人口和经济的发展

续表

基础理论	基本概念或中心思想
可持续发展理论	既能满足当代人的需要，又不对后代人满足其需要的能力构成危害的发展。可持续发展的基本原则有公平性（fairness）原则、持续性（sustainability）原则和共同性（common）原则。可持续发展包含两个基本要素："需要"和对需要的"限制"
宇宙飞船经济理论	地球只是茫茫太空中一艘小小的宇宙飞船，人口和经济的无序增长迟早会使船内有限的资源耗尽，而生产和消费过程中排出的废料会污染飞船，毒害船内乘客，飞船会坠落，社会随之崩溃。为了避免这种悲剧，必须改变经济增长方式，从"消耗型"改为"生态型"，从"开环式"转为"闭环式"
循环经济理论	是对"大量生产、大量消费、大量废弃"的传统线性经济模式的根本变革。它以资源的高效利用和循环利用为目标，以"减量化、再利用、资源化"为原则。实现以尽可能小的资源消耗和环境成本获得尽可能大的经济和社会效益，从而使经济系统与自然生态系统在物质循环过程中相互和谐，促进资源可持续利用
市场失灵理论	理论上说，完全竞争的市场结构是资源配置的最佳方式。但在现实经济中，完全竞争的市场结构只是一种理论假设，其假设条件过于苛刻，现实中不可能全部满足。垄断、公共物品、外部性和信息不完全或不对称存在使市场难以解决资源配置的效率问题，由此市场不能实现资源配置效率的最大化，这时就发生了市场失灵。为了实现资源配置效率的最大化，就必须实行政府干预
外部性理论	生产或消费对其他团体强加了不可补偿的成本或给予了无需补偿的收益的情形。界定外部性主要基于两点：一是不同经济主体之间由于行为或其后果存在"直接强加"效应；二是这种"直接强加"效应没有得到价值补偿。外部性发生时，依靠市场不能自动解决市场失灵问题，需要政府采取适当的管制政策消除损害，实现社会福利最大化
公共品理论	每个人消费这种产品或劳务不会导致别人对该种产品或劳务的减少。公共产品或劳务具有与私人产品或劳务显著不同的三个特征：效用的不可分割性、消费的非竞争性和受益的非排他性。对公共品来说，市场机制会造成私人市场提供的产品数量小于最优值。因此，需要政府介入以实现公共品的最优生产和分配
公共地悲剧理论	当公共的草地向牧民完全开放时，每一个牧民都想多养一头牛，因为多养一头牛增加的收益大于其成本。尽管因为平均草量下降，增加一头牛可能使整个草地的牛的单位收益下降，但对于单个牧民来说，增加一头牛是有利的。可如果所有的牧民都增加放牛量，那么草地将被过度放牧。有限的资源因自由使用和不受限的要求而被过度剥削。这源自每个个体都企图扩大自身可使用的资源，然而资源耗损的代价却转嫁所有可使用资源的人们
生态足迹理论	生态足迹是以生产性土地（或水域）面积来表示特定消费活动对生态环境负面影响的一种可操作方法。不同消费（产品）对生态环境的污染程度不一样，即生态足迹不一样。可持续消费行为要求减少个人消费对生态环境的污染和破坏，即要求在消费行为过程中尽量减少对生态环境的负面冲击，降低消费的生态足迹
碳足迹理论	碳足迹是个人或者团体的"碳耗用量"，碳消耗越大，碳足迹就越大，对全球变暖的"贡献"也越大。通过碳足迹的产生途径及估算公式，可以量化特定消费行为的低碳程度。碳足迹理论要求降低个人消费导致的二氧化碳排放，减少碳足迹，从而实现对气候变化的负面影响最小化

续表

基础理论	基本概念或中心思想
脱钩理论	脱钩理论是形容阻断经济增长与资源消耗或环境污染之间联系的基本理论，被广泛应用于经济增长与环境质量之间的关系中。脱钩理论认为，当一国或者一个地区经济发展不以环境恶化为代价，即其资源利用和对环境的压力不随着经济的发展而增加，则称脱钩关系；反之则称耦合关系。脱钩理论中有完全脱钩和相对脱钩两种状态
碳排放脱钩理论	碳排放脱钩的实质是度量经济增长是否以过度碳排放为代价。当实现经济增长的同时，碳排放量增速为负或者小于经济增速可视为碳排放脱钩。碳排放脱钩是经济增长与碳排放之间关系不断弱化乃至消失的理想化过程，即在实现经济增长基础上逐渐降低能源消费量
管制经济学理论	管制是行政机构制定并执行的直接干预市场机制或间接改变企业和消费者供需决策的一般规则或特殊行为。自由市场不能自动解决外部性和市场失灵问题，需要采取适当的管制机制才能有效地将外部性内部化、应对市场失灵。 依据管制性质和对象的不同，管制分为经济性管制与社会性管制。经济性管制重点针对具有自然垄断、信息不对称等特征的产业领域，在约束企业定价、进入与退出等方面发挥作用。社会性管制是以确保居民健康、安全、防止公害和保护环境为目的的管制

一般意义上的干预或管制需求主要源于外部性和市场失灵问题。这里，外部性和市场失灵也是理解消费碳减排干预（管制）的核心，消费碳减排干预（管制）的需求也主要是为了应对和解决消费碳排放导致的外部性和市场失灵问题。分析消费碳减排的外部干预政策也就需要从外部性和市场失灵角度深入分析消费碳排放问题的本质特征。笔者认为，消费碳排放问题至少具有以下六个独特特征。

第一，消费碳排放问题兼有生产外部性和消费外部性的特征。从庇古到科斯，学术界侧重关注生产外部性（且主要关注生产过程的外部性）。实际上除了生产外部性外，还存在消费外部性，消费碳排放问题就同时具有消费外部性的典型特征。这体现为，消费碳排放既是消费者在消费中产生的，同时各类产品（如电力、燃气、汽油、水、家电、汽车、包装材料、住宅等）又是厂商生产的，厂商也是消费碳排放问题的间接制造者，而且往往消费行为也是厂商创造和引导的，是其生产和营销行为的结果。这进一步导致消费者和厂商在消费碳排放问题中的责任难以明确界定。

第二，消费碳排放问题属于公共外部性，而不是私人外部性。[①] 这表现为，

① 如果城市空气受到某个企业废气排放的污染，整个地区的所有居民（而不仅仅某个人或某几个人）都将受到损害，这种外部性属于公共外部性。如果远离其他居民和厂商的一家钢铁厂排放废气污染另一家洗衣房，这种外部性属于私人外部性。威廉·鲍莫尔和华莱士·奥茨（2003）较早地区分了公共外部性和私人外部性，从而拓展了外部性的范畴。

消费碳排放外部性有无数的制造者，也有无数的接受者。例如，每一位消费者都在制造消费碳排放（产生负外部性），同时每一位消费者都受到他人消费碳排放的负面影响（接受负外部性）。换句话说，消费碳排放问题属于面源问题或者说面源污染（non-point pollution，NPP），而不是点源问题或点源污染（point pollution）。

第三，消费碳排放问题属于交互外部性，而不是单向外部性。如果只有一方制造外部性，另一方接受外部性（如钢铁厂排放的烟尘影响洗衣房），那么外部性制造者与接受者关系明确，双方发生单向的直接影响关系。然而，消费碳排放外部性往往不是单向的，而是交互的。在消费碳排放外部性中，每个消费者都受到其他消费者施加的碳排放负面影响，同时每个消费者又产生碳排放施加给其他消费者。

第四，消费碳排放问题具有时空分离的特征。一般来说，生产的外部性具有时空即时的特征，如厂商生产过程中空气污染、水污染的外部性是时间上即时的、空间上直接的。而对于消费碳排放问题：从时间上说，消费碳排放并非即时产生负面外部效应，即消费碳排放问题具有时间上非即时的特征；从空间上说，消费碳排放问题有空间上分离的特征，即个体消费碳排放产生的负面外部效应不一定在个体身上或附近显露，而是往往在其他地区、其他国家显露出来。①

第五，消费碳排放问题兼有代内外部性和代际外部性的特征。即当代人的消费碳排放除了对当代人的生存和生活环境质量产生外部影响外，还很可能会影响下一代人生存和生活环境质量。这里涉及现实消费碳排放、历史消费碳排放和累积消费碳排放等概念的区分。相关的研究显示，全球气候变化更多的是和累积消费碳排放相关，而不仅仅是和现实消费碳排放相关。

第六，消费碳排放量及其合理区间不可能低成本测度。这是因为，消费碳排放是在个体正常的生活消费过程（如消费电力、燃气、汽油、水、家电、汽车、包装材料、住宅等）中产生的，每一项生活行为或消费行为都在产生碳排放，个体的消费碳排放量与微观主体的行为水平往往不存在单一的线性关系，外界很难低成本地测度个体的消费碳排放量。即便能够精确测度个体的消费碳排放量，其中哪些消费碳排放量是合理、合适、必需的，哪些消费碳排放量是

① 很可能出现这样的情形：美国等发达国家的消费碳排放加速了全球气候变化，在一定时期后对千里之外的小岛屿发展中国家产生严重影响，导致小岛屿发展中国家更易受到海平面上升、风暴、洪水和其他气候变化相关灾害的影响。本书第二章的分析也发现，中国区域间消费碳排放的分布在一定程度上已经形成了“经济发达地区消费，经济欠发达地区承担”的格局。东北、西北等欠发达地区为其他区域承担的消费碳排放远多于其他区域为其承担的消费碳排放。可见，消费碳排放的时空分离特征是普遍存在的。

不合理、不合适、过度的，这也很难简单地确定。①

基于以上对消费碳排放问题的独特特征分析，我们可以进一步推断消费碳减排干预的相应特性。第一，自由市场（科斯定理）不能自动解决消费碳排放外部性导致的市场失灵问题，需要采取适当的干预机制和干预政策才能有效地将消费碳排放外部性内部化；第二，消费碳减排干预不仅仅需要针对消费者或居民的外部干预政策，而且还需要向上游延伸，即需要针对各类厂商（包括原材料厂商、产品制造商、产品零售商）的外部干预政策；第三，消费碳减排干预必须针对各微观主体设计针对性、独特性、具体化、精细化的外部干预政策，最终形成一体化的外部干预政策体系；第四，简单、单一的命令控制（command-and-control）手段或经济约束手段不完全适用于消费碳减排干预（至少是远远不够的），消费碳减排干预需要寻求适宜的多样化干预措施或政策手段；第五，鉴于消费碳减排干预的政策手段很多，每一种政策手段的有效性都是相对的，都只在一定边界范围内有效，不同政策手段之间往往也需要整合协调，这样才能更好地发挥政策效果。消费碳排放问题的独特特征和外部干预政策的相应特性如表 3-4 所示。

表 3-4 消费碳排放问题的独特特征和外部干预政策的相应特性

消费碳排放问题的独特特征	消费碳排放问题的理论解析	消费碳减排问题的干预政策特性
消费碳排放问题兼有生产外部性和消费外部性的特征	消费者和生产者（厂商）在消费碳排放问题中的责任难以明确界定	外部干预政策不能仅仅面向消费者，其重心需要向生产者（厂商）延伸
消费碳排放问题属于公共外部性（面源污染），而不是私人外部性（点源污染）	消费碳排放的责任者数量众多	自由市场（科斯定理）不能自动解决消费碳排放外部性问题，需要采取适当的干预机制和干预政策才能有效地将消费碳排放外部性内部化
消费碳排放问题属于交互外部性，而不是单向外部性	消费碳排放的责任难以明确界定	每一种政策手段的有效性都是相对的，都只在一定范围内有效，不同政策手段之间也需要整合协调
消费碳排放问题具有时空分离的特征	消费碳排放外部性难以有效地内部化	外部干预政策需要考虑更长远的时间维度，单一的补偿机制很难建立
消费碳排放问题兼有代内外部性和代际外部性的特征	消费碳排放的环境损害很难低成本测量	外部干预政策需要考虑更长远的时间维度，简单、单一的命令控制手段或经济约束手段不完全适用于消费碳减排干预
消费碳排放量及其合理区间不可能低成本测度	个体的消费碳排放量与微观主体的行为水平不存在单一的线性关系	必须针对各责任主体设计独特化、具体化、精细化、针对性的外部干预政策

① 例如，表 1-5 中哪些行为及相应的碳排放属于合理、合适、必需的，哪些行为及相应的碳排放属于不合理、不合适、过度的，这很难简单地确定。而且不同时间、不同地区、不同阶层的消费者也会存在差异。

消费碳减排干预（管制）属于一种特殊的干预或管制，它至少包括如下构成要素：①干预或管制的主体（管制者）既包括政府行政机关（如发改委、环保局等），也包括各类非政府机构，如非营利组织、政府间组织等。而且从目前看，政府间组织与非政府组织还起着主导性作用，只有北欧和德国等少数国家的政府积极推进着可持续消费干预或管制（李慧明等，2008）。②干预或管制的客体（被干预者或被管制者）既包括个体消费者（家庭或公众），也包括组织消费者（如政府部门、学校、医院等组织），还包括各类生产者（厂商）。[①]③干预、管制或限制的对象是消费者的各种消费行为。它既包括各类有形产品（如汽车、家电等）的消费行为，也包括各类无形产品（如旅游、婚宴等服务性产品）的消费行为；既包括产品购买行为，也包括购买后的产品使用、处理行为。④干预或管制的依据是相关的法律、法规、规章等制度，这些制度明确规定了需要限制何种消费行为或消费决策，如何限制以及消费者违反将受到的制裁。⑤干预或管制的手段丰富，包括经济激励、行政法规、教育引导、提供信息、社会营销等多样化的手段。

三、外部干预政策的分类维度

柯蒂斯等（Curtis et al.，1984）把消费者能源节约行为分为两种：第一种是依靠资金投入或技术创新实现的节能行为，如购买节能冰箱；第二种是几乎无成本或低成本的节能行为，即只需要改变行为模式或生活方式、不需要初始资金投入就可以实现的节能行为，如少开车或不开车，而是步行或者骑车上班等。普廷加等（Poortinga et al.，2003）把能源节约行为区分为技术节能和行为节能。技术节能通常需要即期投入大量初始资金，但从远期看能够减少使用中的能源消耗（节约使用成本），且人们不需要刻意改变自身行为方式。例如，购买节能冰箱虽然即期投入较高，但在长期内可以节约电力消耗。行为节能往往需要额外的时间精力付出或降低舒适度（如减少汽车使用，采用绿色环保方式出行），这可能给消费者带来一些“麻烦”或“不便”。加德纳和斯特恩（Gardner and Stern，2002）以及亚伯拉罕斯等（Abrahamse et al.，2005）也指出，消费者能源节约和消费碳减排的相关行为可以分为两种类型：效率行为（efficiency behavior）和削减行为（curtailment behavior）。前者是一次性的购买购置行为，

① 限于篇幅，本书主要讨论针对个体消费者（公众或家庭）的干预。

而后者则是重复性的使用管理行为。具体来说，效率行为是购买高效能源设备的行为，如购买节能的家用产品；削减行为是在现有的家庭用具下尽量减少能源的消耗，如夏天减少空调使用或以电扇代替空调。学者们将前者视为“强可持续消费”，将后者视为“弱可持续消费”（李慧明等，2008）。总的来说，消费者节能行为包括技术节能（效率行为）和行为节能（削减行为）这两类节能行为，前者是指采用新技术、选择购买节能环保产品等，初期需要大量资金投入，多为一次性节能行为；后者是需要一定自觉努力改变才能实现行为的改变，从而达到节能目的。从现有的研究文献看，学者们关注的焦点既包括效率行为也包括削减行为，后者要稍微多见些（Abrahamse et al.，2005）。但值得注意的是，当人们更频繁地使用高效能源设备时，这些设备就未必导致整体的碳排放削减，即产生反弹效应（rebound effect）（Prothero et al.，2011）。因此，考虑整体消费过程（而不仅是最初的购买行为）对未来的研究是非常必要的。相应地，本书所研究的对象既包括效率行为（即第四章），也包括削减行为（即第五章、第六章）。

从 20 世纪 90 年代后期开始，环境管理和公共政策研究者开始关注消费碳减排问题（更早的文献则是从应对能源危机角度关注消费者能源节约问题）。从相关研究看，有两个问题成为理论界关注的焦点：第一个问题是影响消费者消费碳排放的关键因素有哪些，或者说有效预测行为的因素是什么；第二个问题是消费者消费碳减排的干预政策是什么，这些干预政策的有效性如何。

对于第一个问题，陆莹莹和赵旭（2008）指出，消费者能源消费的影响因素包括人口因素、经济因素、技术因素和生活方式等，且发达国家和发展中国家在能源消费的影响因素上也存在国别差异。凤振华等（2010）的实证研究发现，收入水平对居民碳排放量影响较大，高收入居民的碳排放量高于低收入居民，且收入水平越高，碳排放结构越多样化。杨选梅等（2010）对城市家庭的调查发现，常住人口、住宅面积、交通出行是影响家庭碳排放的显著性因子。叶红等（2010）的实证研究也显示，与住区自然环境（如气候）相比，社会情况（如住宅面积和人口数量）是影响家庭能耗直接碳排放最为重要的因子。还有一些文献针对消费者低碳消费行为这一范畴进行了理论和实证研究。王建明和王俊豪（2011）应用扎根理论探究了消费者低碳消费模式的影响因素。结果表明，低碳心理意识、个体实施成本、社会参照规范和制度技术情境四个范畴对低碳消费模式存在显著影响。石洪景（2015）的实证研究指出，价值观、关注度、行政性政策、操作能力和社会规范这五个变量（分为心理因素、法规政策和外部因素三类）对消费者低碳消费行为有显著正向影响。另外一些文献从概念辨析、形成机理、实现模式、政策工具、引导路径等侧面对低碳消费行为进行了理论性、对策性的探讨（陈晓春等，2009；徐国伟，2010；张新宁等，2012a，2012b）。但很多研究缺乏坚实的实证基础，这多少制约了理论论证的深度。

对于第二个问题，亚伯拉罕斯等（Abrahamse et al.，2005）回顾了消费者能源节约和消费碳减排的干预政策研究，指出干预政策分为两类：一类是前置战略（antecedent strategies），包括目标设置、诱发承诺、提供信息、设立榜样等，另一类是后继战略（consequent strategies），包括反馈、奖励、惩罚等。这两者的区分标准在于干预时间是在目标行为发生之前还是之后。保罗·贝尔等（2009）也将干预政策分为前置策略和后继策略两大类。根据贝尔等的分析，前置策略在行为表现之前影响单个或多个决定因素，即通过影响潜在的行为决定因素从而影响行为。后继策略是基于这样的假设，呈现正面或负面的效果会影响行为。当正面结果和亲环境行为（pro-environmental behavior）联系在一起时，该行为会成为一个更受欢迎的替代行为；当负面结果和有害环境行为联系在一起时，该行为会成为一个相对不受欢迎的行为。斯特格（Steg，2008）将促进消费者能源节约和消费碳减排的战略分为两类：一是信息战略（心理战略），包括提供信息、教育和榜样等。它们旨在改变个人的知识、认知、动机和规范，其假设是这些变革会带来行为的相应变化，从而促进消费碳减排。二是结构战略，包括提供节能产品或服务、改变基础设施、改变产品定价、制定法规措施等。它们旨在改变决策制定的情境，从而使消费碳减排更有吸引力。可以看出，斯特格（Steg，2008）的分类与亚伯拉罕斯等（Abrahamse et al.，2007）、保罗·贝尔等（2009）略微不同，但没有实质性差异。总体上，学者们将行为塑造的干预政策分为前置战略和后继战略两大类，或者分为信息战略和结构战略两类。每一类下面又存在若干的具体干预措施，表 3-5 列出了消费碳减排行为的 26 种干预政策及其相应的理论框架。

表 3-5 消费碳减排行为的干预政策及其相应的理论框架

干预政策（理论框架）	详细解释
1. 提供与消费碳减排行为相关的信息（IMB）	消费碳减排行为的必要性、道德评判和价值等信息
2. 提供与消费碳减排行为结果相关的信息（TRA、TPB、SCogT、IMB）	实施或不实施消费碳减排行为会带来的结果
3. 提供他人的意见（TRA、TPB、IMB）	其他人对消费碳减排行为的观点及支持态度
4. 促使行为意向的形成（TRA、TPB、SCogT、IMB）	鼓励人们实施消费碳减排行为或设置消费碳减排目标

续表

干预政策（理论框架）	详细解释
5. 促使行为障碍的发现（SCogT）	帮助人们找到阻碍消费碳减排行为的障碍以及克服这些障碍的方法
6. 进行一般的奖励（SCogT）	夸奖或奖励为消费碳减排做出努力的人们
7. 设置阶梯式目标（SCogT）	先设置较为容易的任务，再逐步提高任务的难度
8. 进行行为教育（SCogT）	告诉人们如何实施消费碳减排行为
9. 提供行为演示（SCogT）	专家通过现场教学或视频传授如何实行消费碳减排
10. 设置具体计划（CT）	帮助人们设立具体的消费碳减排计划，包括时间、地点、方式（频率、强度和时长）等
11. 促使行为目标的检查（CT）	对此前的消费碳减排目标进行检查和再思考
12. 促使自我监督行为（CT）	督促人们对自己的消费碳减排行为进行自我监督
13. 提供反馈（CT）	提供与消费碳减排相关的行为记录和好坏信息
14. 提供稳定的奖励（OC）	当人们达到消费碳减排行为预设目标时，进行夸奖、鼓励和物质奖励
15. 传授如何使用提示信息（OC）	教育人们如何利用环境暗示来提醒自己实施消费碳减排行为
16. 签署行为契约（OC）	督促人们签署消费碳减排行为的契约，从而表征当事人的决心并引入他人的见证
17. 促进行为的实施（OC）	激励人们准备、演练或重复消费碳减排行为
18. 后续促进措施	在主要的行为干预措施完成之后再联系目标人群
19. 提供社会比较的机会（SCompT）	为当事人与其他非专家人群的消费碳减排行为进行比较提供便利
20. 为个人提供社会支持 / 社会改变的方案（social support theories）	鼓励人们思考他人如何能够为自身的消费碳减排行为提供社会支持
21. 树立榜样	提供榜样人物如何实施消费碳减排行为的信息
22. 促进自我的内心交流	鼓励人们自我教育、自我激励自身的消费碳减排行为
23. 预防行为倒退（relapse prevention therapy）	发现可能导致原来消费行为模式或放弃消费碳减排行为的因素，帮助人们避免这些不利因素
24. 压力管理（stress theories）	引入一系列的记录降低当事人改变消费行为习惯时的不适感
25. 促使自我反馈	鼓励人们对自身的消费碳减排行为进行评估，以削弱消费行为改变所带来的不适
26. 时间管理	帮助人们将消费碳减排行为嵌入到日常生活当中

注：IMB（信息－动机－行为技巧模型，information-motivation-behavioral skills model）；TRA（理性行为理论，theory of reasoned action）；TPB（计划行为理论，theory of planned behavior）；SCogT（社会认知理论，social cognitive theory）；CT（控制理论，control theory）；OC（操作性条件反射理论，operant conditioning）；SCompT（社会比较理论，theories of social comparison）

资料来源：Abraham 和 Michie（2008），引用时根据本书研究目的进行了调整

一般来说，前置干预政策发生在目标行为之前，包括目标设置、诱导承诺、提供信息、设立榜样等。其中，目标设置是给个体削减消费碳排放设立一个参考值，以促使个体行为向这一方向努力。承诺是个体做出行为改变（如节约能源、降低碳排放）的保证，一旦做了这样的保证，个体很可能会按保证做出行为改变（以减少不协调）。提供信息是向个体传播削减消费碳排放的相关信息（如必要性、可行性、操作指南等信息），这些相关信息对个体行为改变是非常重要的。榜样的基础是班杜拉（Bandura，1977）的学习理论，它需要提供若干被推荐行为的例子。当这些被推荐行为对人们是可理解、有意义和有益的，那么人们就会跟着模仿。后继干预政策发生在目标行为之后，包括奖励、惩罚等强化技术（reinforcement）和结果反馈（feedback）。在强化技术中，正强化（positive reinforcement）是给予奖励，人们因为从事对环境有利的行为（如减少能源消费）而获得有价值的回报（如金钱）。一般情况下，这种物质奖励可以作为节约能源的外在激励因素。奖励既可以基于节约能源的量，也可以根据一个固定的值（如当达到一定比例的时候）。负强化（negative reinforcement）则是让做了对环境不利行为（如过度浪费能源）的人面临一定的惩罚（如罚款）。对反馈来说，根据心理学中的反馈效应（feedback effects）理论，对行为结果进行评价，能强化行为动机，从而促进相应的行为。环保行为干预中的反馈则是向个体提供其是否达到环境目标的评价信息，进而促进相应的环境行为。

总的来说，前置政策（目标、承诺、榜样、信息等）通过影响个体的态度、偏好、动机、愿望、兴趣等心理因素从而实现消费行为调整以及能源节约和碳排放削减的结果，后继政策（激励、约束、反馈等）通过改变经济和非经济的成本收益从而实现消费行为调整和能源节约和碳排放削减的结果。当然，这些影响路径还会受到中国（东方）社会文化情境的调节作用。关于中国社会文化情境对消费碳减排行为的影响，笔者认为，个体在长期深远、潜移默化的文化熏陶下，其自我概念、认知情绪、目标动机等心理过程会发生迁移，心理上会自觉认同、遵循中国文化背景的价值观系统、规范系统、信念系统（如注重保全面子、避免失去面子、强调和睦关系、避免特立独行等），即个体发生了“内化”（internalization）。这属于默会性学习（tacit learning）的范畴，且这一学习模式主要对应于“复杂人”的人性特征。本章第四节重点讨论中国社会文化情境对消费碳减排行为的影响。外部干预政策对消费碳减排影响的作用机理如图3-6所示。

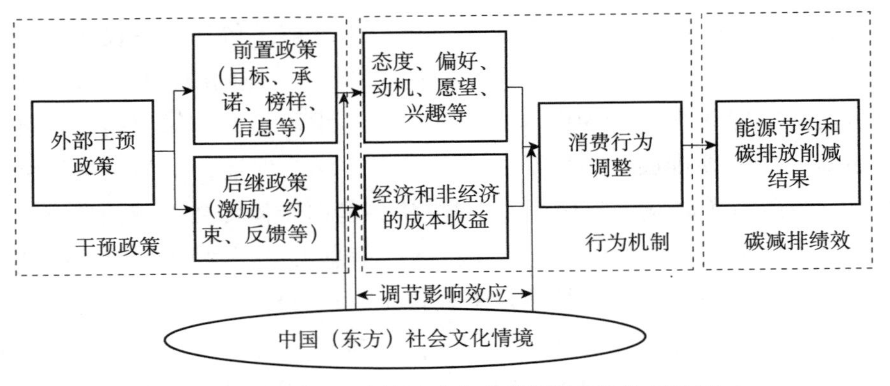

图 3-6　外部干预政策对消费碳减排影响的作用机理

第二节　信息干预政策对消费碳减排的影响分析

从本节开始，我们重点回顾并分析信息传播政策和经济激励政策这两类外部干预政策对消费碳减排行为的影响。鉴于这一领域的研究文献非常多，我们在回顾时重点关注以下几个方面：①干预政策能在多大程度上导致行为变革和能源消费削减；②行为的潜在决定因素或影响因素（如态度、知识等）是否得到测定；③行为变化在多大程度上可以归因于干预政策；④干预政策对行为的影响是否能长期持续。

一、目标设置对消费碳减排的影响分析

根据洛克（Edwin Locke）的目标设置理论，目标本身具有激励作用，它能把个体需要转变为动机，使个体行为朝一定的方向努力，并将自身行为结果和既定目标相对比，及时进行调整和修正，从而实现目标（Locke and Latham，1990）。

在贝克（Becker，1978）的实验研究中，对 80 个家庭设立了夏季数周内家庭电力消费削减的目标。其中，一半家庭设定一个相对高难度的目标（削减 20%），另一半家庭设定一个相对低难度的目标（削减 2%）。各组内，有一半家庭接受每周 3 次的反馈，另外一半家庭作为控制组。所有家庭（包括控制组）都接受了关于哪种家用电器耗电量最大的信息。研究结果显示，接受高难度目

标和反馈组的家庭削减量最大（削减了 13.0% ～ 25.1%），并且是唯一和控制组存在显著差异的组。这表明，电力消费削减绩效是高难度目标和反馈联合作用的结果。可见，必须给予家庭一个高难度、有挑战性的目标，给予低难度的目标则显示没有任何效果，2% 的削减量可能被认为不值得他们付出努力。另外，鉴于激励效应在一定程度上是源于高难度目标和与之相关的行为绩效反馈，因此必须提供关于为达到目标其表现如何的反馈。

麦科利和米登（McCalley and Midden，2002）研究了目标设置、反馈对能源节约的作用。通过一个经技术改进的洗衣机控制仪表盘提供反馈和设定节约目标，每 100 个实验对象完成 20 次模拟的洗衣实验。结果显示，指定目标和反馈的参与者比仅仅给予反馈（没有目标）的参与者在每次洗衣实验中节约了更多的能源。麦科利和米登还对自我设定目标、指定目标分别与能源反馈联合使用对节约行为的影响进行了比较。结果显示，两者产生了类似的能源节约（自我设定目标的参与者和指定目标的参与者之间没有显著差异），其中自我设定目标组比控制组少用了 21% 的能源。研究还测定了社会取向（social orientation）这一因素（社会取向即对自身或他人行为结果的评价程度），发现社会取向和目标设置模式存在显著的交互作用。对倾向于自我（pro-self）的个体，自我设定目标比指定目标会导致更多的能源节约；对倾向于社会（pro-social）的个体，指定目标则比自我设定目标导致更多的能源节约。

亚伯拉罕斯等（Abrahamse et al.，2007）组合使用了定制化信息（tailored information）、目标设置（5% 的削减目标）、定制化的反馈组合三个干预政策工具，测度其对能源使用的影响。他们使用一个基于互联网的工具以鼓励家庭（样本量为 189）减少他们的直接（煤气、电力和燃料）和间接（生产、运输和处置消费品）能源使用，目的在于检验干预措施的整合使用是否将导致：①直接和间接能源使用的变化；②能源相关行为的改变；③行为前置因素（如知识）的变化。5 个月后，干预措施组合组的家庭节约了 5.1% 的能源，而对照组家庭多使用了 0.7% 的能源。干预措施组合组的家庭相对控制组家庭显著节约了更多的直接能源消费，间接能源消费节约上则没有显著差异。另外，干预措施组合组的家庭采用了很多节能行为，而对照组家庭采用节能行为的范围和程度要少得多。且相对控制组家庭，干预措施组合组家庭的能源节约知识水平有显著提高。沃林克和密尔顿（Völlink and Meertens，2010）研究了电视反馈信息和目标设置对家庭能源消费和水消费的影响。他们联合使用每周反馈、目标设置（家庭可以选择 5%、10% 或 15% 的能源削减目标）和通过图文电视提供信息（能源节约小窍门）进行研究。结果显示，联合干预组的家庭比控制组节约了更多的能源。但是，因为其研究中的参与者居住在较高能源效率的居家环境里，这个结论不能简单地泛化到一般的公众。

二、诱导承诺对消费碳减排的影响分析

在前置干预政策中，诱导承诺是促进消费碳减排行为的策略之一。承诺是一份口头或书面的行为改变（如节约能源）的誓言或保证。大多情况下，这种誓言和一个具体目标相关，如减少 5% 的能源消耗。承诺的有效性是基于这样的假设，一个人在能源保护上做出的承诺越强，其未来的行为就越有可能与态度保持一致，从而参与到能源节约行为中来（保罗・贝尔等，2009）。承诺可以是对自身的一个誓言，此时承诺可以激活个人规范（即道德责任）。承诺也可以面向社会公开（如在社区公告栏上公示）。在公开承诺的情况下，社会规范（即他人期望）就成为节约行为的一个决定因素（Abrahamse et al.，2005）。承诺提供普遍地被认为是促进亲环境行为的一种有效途径。通常认为，当人们承诺做出特定行为时，他们遵循其承诺，且这会导致长期的行为变革。虽然从理论上说这似乎会自然发生，但实证结果却显示其效应是复杂的。

帕拉克和卡敏斯（Pallak and Cummings，1976）研究了诱导承诺对促进家庭燃气和电力消费节约的影响。通过对家庭进行访谈并将其分为个人认同能源节约（公共承诺）或个人未认同能源节约（私人承诺）两组，接受访谈后一个月的能源使用反应由民生电表测量提供。结果表明，公开承诺家庭组在燃气（实验Ⅰ）和电力（实验Ⅱ）消耗水平上都比私人承诺组或控制组（未对其进行访谈）显示出更低的增长率。且这一效果在干预结束后保持了六个月。帕尔莱克等（Pallak et al.，1980）改变对能源保护的承诺程度，并测量随后的能源消耗。一组被试房主（高承诺组）被告知他们的名字被列在能源保护研究参与者的名单上，实验结束后名单将连同研究结果一起公之于众；而使第二组被试房主（低承诺组）确信实验是匿名的。研究结果显示，高承诺组个体使用的能源确实比低承诺组和控制组要少，而且效果在实验结束后持续了半年之久。贝克曼和凯泽维对比了三类个体的公交车使用频率：对乘公交车做出个人承诺的人、可以免费乘公交车的人和既对乘公交车做了承诺又可以免费乘坐的人。虽然这三种手段都可以提高公交车的使用率（相对于控制组），但那些做出个人承诺的个体使用公交系统的频率最高，而且效果在 12 周后仍然能观察到（保罗・贝尔等，2009）。

凯泽维和约翰逊（Katzev and Johnson，1983）运用登门槛技术（foot-in-the-door technique）测定了电力消费承诺的影响。根据登门槛技术的假设，对第一个较小请求的承诺会促使接下来更大请求的实行。66个家庭要么收到较小请求要求其完成一个简单的环保问卷，要么收到较大请求要求其承诺节约10%的电力消耗，或者是同时收到以上两个请求。在诱导承诺的同时提供电力节约的信息。三个实验组都和控制组（未被请求去实行任一要求）进行了比较。结果表明，三个实验组家庭的用电量都比控制组少得多，且登门槛技术组（同时收到以上两个请求）里的节约者人数显著比其他任何组多。但是，这种能源节约效果的实现并未出现在实施干预期间，而是出现在干预结束后的一段时期内。凯泽维和约翰逊的结论证明最小调整技术（minimal justification technique）或登门槛技术更有利于促成个体长期实行能源节约行为。可见，登门槛技术在促进家庭施行能源节约和降低碳排放方面具有积极的作用，这为促进家庭施行能源节约行为提供了有益的启示。凯泽维和约翰逊（Katzev and Johnson，1984）的后续研究增加了两个实验组，即受到奖励的家庭（取决于节约的用电量）和接受整合干预（填写问卷、诱导承诺、提供信息和奖励）的家庭。和先前研究相反，效果仅在干预期间（第1周）出现。承诺组和整合干预组的电力消耗削减最大。和这两组相比，其余各组里达到这两组的电力消耗削减量的家庭数相对较少（Abrahamse et al.，2005）。

帕蒂妮和凯泽维（Pardini and Katzev，1983-1984）比较了废旧报纸回收中做出强（书面）承诺、做出轻微口头承诺和只收到了废品回收宣传册这三组人的报纸回收量。结果显示，前两组的回收量都高于第三组。几周以后，只有做了书面承诺组的报纸回收量持续上升。可见，承诺的强度对于个体废纸回收行为的长期维持具有重要意义。王和凯泽维（Wang and Katzew，1990）进行了两个实验，以研究集体承诺对资源节约（纸张回收）的影响。实验1要求退休在家的24个居民签署一个集体承诺书，保证进行为期4周的纸张回收。结果显示，干预期内被试相对基线多回收了47%的纸张。实验结束后的4周（集体承诺已经撤销），他们依然保持这一资源回收水平。实验2评估了集体承诺、个人承诺和在大学宿舍强化纸张回收标记的相对有效性。实验结束后的3周（干预已经撤销），相对控制组来说，只有个人承诺组继续保持着显著多回收纸张。值得注意的是，王和凯泽维的两个实验研究样本分别为退休者、大学生，因此他们的研究结论是否具有普遍意义还有待检验。利昂和福奎阿（Leon and Fuqua.，1995）研究了公共承诺和团体反馈对路边回收的影响。研究中，承诺组家庭签署了要求其进行回收的公共承诺书，如果做不到允许将其名字刊登于当地报纸上作为惩罚。反馈组家庭每周收到关于其所在小组回收纸张数量的反馈。整合干预组家庭同时收到以上两种干预措施（公共承诺和团体反馈）。结果表明，相对基线来说，反馈组和整合干预组的家庭可再生纸的回收量分别增加了 25.47% 和 40.00%。与之相反，公共承诺组和控制组的家庭相对基线其回收量没有实质性变化。可见，仅仅进行公共承诺对促进家庭资源回收没有显著影响，信息反馈对促进家庭资源回收却有着非常重要的作用。当然，整合使用公共承诺和信息反馈两种干预措施的效果最好。

洛霍斯特等（Lokhorst et al.，2011）的荟萃分析（meta-analysis）显示，诱导承诺确实有效地改变环境行为，可见诱导承诺确实是有效的。但我们有必要进一步了解为什么诱导承诺是有效的，以及该作用的潜在机制是怎样的。洛霍斯特等（Lokhorst et al.，2011）描述了三种可能的导致承诺作用的潜在进程：自我概念和一致性偏好，态度和认知的详尽构划，个体和社会规范。自我概念、态度或认知、个体或社会规范上的变革都反映了这样的观点，即做出自愿的承诺使个体有保持一致性的显著欲望，或使个体关注自身在他人面前表现一致；认知可以激发进而支持态度和行为间的一致性，强化道德规范，支持自身的积极观点。最终发生内化，促成了由个体长期的感受和信念激发的行为。然而，目前的大部分研究没有提出或包括可能调节承诺作用的心理建构测度。因此从这点看，不可能断定提出的这些调节变量之间相互补充，还是它们确实是独特的（这个或那个对行为有着最重要的作用）。

三、提供信息对消费碳减排的影响分析

提供信息是促进消费碳减排行为的一个常用策略。信息可以是碳排放和环境危机等相关问题的一般信息，或者是关于可能解决办法的具体信息，如家庭可以采用的具体能源节约措施的行为指南。提供信息有助于提高家庭对能源和碳排放问题的感知和对减少这些问题发生可能性的认识。信息可以通过多种方式传递给家庭，如电视、报纸等大众传播媒介或者传单等小众传播媒介。我们重点回顾大众化信息传播（大众传媒运动）和小众化信息传播（定制化信息）两种类型。

（一）大众化信息传播

温内特等（Winett et al.，1985）指出，社会营销（social marketing）、沟通、社会学习（特别是榜样）和行为分析可以为实践行为变革提供一个有效框架。温内特等运用有线电视的方式进行了榜样塑造（观众也接受了一份含有描绘能源节约措施的卡通小册子）。这个节目（约 20 分钟）专门针对事先选择的中产阶级家庭（150 个样本），并通过有线电视系统的一个公共频道进行播放，展示了各种能源节约策略。结果显示，看完一个节目后，观众采用了节目中宣传的简单策略，电视榜样组的夏、冬季能源消耗显著降低了 10%（和控制组相比）。措施前、措施后的比较研究还显示，实验组的知识有显著提高，控制组却没有。然而一年后的跟踪研究却显示能源节约行为没有得到保持。斯塔斯等（Staats et al.，1996）对荷兰环境保护部开展的针对气候变化的大众传媒（全国性电视、全国性报纸和露天广告牌）运动进行了实证分析。这一大众传媒运动旨在使公众具有自然意识，了解温室效应的原因、结果和应对环境问题的可能方法。大众传媒运动前后的测试结果（样本量为 704 个）显示，公众知识有小幅度增长，但对问题的感知水平并没有变化。亲环境行为的意愿增强了，但仅局限于传媒运动前就已经有亲环境行为者。环境感知、环境知识和自我报告（self-reported）的亲环境行为并不相关。可见，大众传媒运动很难转变公众目前的认知和行为，更重要的是，调查显示公众对于气候变化的知识和问题认识对促进行为变迁只有有限的作用。进一步说，即便大众传媒运动能提高公众对于气候变化的知识水平，但往往也不会带来显著的行为变迁。还有些学者考察了特定环保传播内容与环保传播绩效的关系。霍尔博特等（Holbert et al.，2003）发现，不同类型节目呈现的环保传播内容不同，对受众环保行为的影响也不同。具体来说，新闻和自然纪录片对环保行为有正面影响，非纪实类节目则对受众环保行为没有影响。贝斯利和沙纳罕（Besley and Shanahan，2005）指出，接触电视和报纸有不同的效果。具体表现为，相对看电视少的人，看电视多的人对环境有更大的关注度和更少的参与度，更不可能参与环保行动。

在信息传播中，一种常见的信息传播手段为“孩子病了”（The baby is sick）诉求，它将问题（如“孩子病了”）作为关注焦点，强调问题的严重性。基于“人们将其精力投入到重要和严重的事情上”假设，“孩子病了”诉求的目的是说服公众认同事件是严重的、危险的或重要的。如果公众相信这些信息陈述，对事件的关注就会增加，增加的注意和关注可能导致受众对信息中宣传或隐含的行为持更赞同的态度。范恩（Fine，1990）对突出诸多社会问题严重性的信息传播手段的必要性进行了质疑，他指出这么做有可能使问题变得难以解决。为此，范恩提出了一个替代性手段，即“孩子好了”（The baby is well）诉求。“孩子好了”诉求的核心是对个体行动及其做出重大努力的潜力的肯定（如“孩子病了，但你可以使他好起来”）。因此，“孩子病了”诉求通过增加对问题的关注起作用，而“孩子好了”诉求则通过增强个体可以为解决问题有所作为的信心起作用。埃伦等（Ellen et al.，1991）对“孩子病了 / 孩子好了”诉求研究表明，环保传播中应优先采用“孩子好了”诉求，因为很多民意测验显示公众已经具备对环境问题的高度关注。在这种情况下，进一步对环境问题严重性的宣传可能导致问题看起来过大而难以解决。欧伯米勒（Obermiller，1995）的研究也证实了这一点：当问题的关注程度已经较高，强调事件重要性和求助严重性的“孩子病了”诉求可能削弱个体感知效力，此时应该转向重点强调个体行为重要性的“孩子好了”诉求。罗德（Lord，1994）研究了信息诉求类型和信息来源战略对激励回收行为的影响。罗德利用准实验设计、直接行为观察和态度调查等方法在城市社区收集了 140 个家庭的数据，以检验不同信息诉求（恐怖、满意）和信息来源（广告、宣传、个人）战略的效率。结果显示，尽管正面诉求产生了大多数对回收有利的信念和态度，但回收行为的最大增长来自熟人间传递的负面信息。

（二）小众化信息传播

小众化信息传播是向公众提供定制化、高度个性化的具体信息。这种措施的一个优势是使参与者仅收到相关的信息，而不是过量的不适用于家庭情况的一般信息。能源节约领域定制化信息的一个例子是能源审计，即审计员进行家庭访问，根据家庭的当前状况提供一系列的能源节约方案（效率和削减行为）。例如，他们可能建议家庭使用隔热层或调低恒温器温度（Abrahamse et al.，2005）。定制化信息还有对选定的居民发放个性化宣传手册、开展专题讨论会等。

希泊林（Heberlein，1975）分别发给被试三种信息宣传资料。其中一种是电力公司提供的有关节能技巧的小册子；第二种信息量丰富的宣传资料告诉人们浪费能源无论对于个人还是社会来说代价都是巨大的；第三种信息量丰富的宣传资料则实际上鼓励人们多使用能源。研究结果表明，没有一种宣传册对行为有显著影响。盖勒（Geller，1981）组织了几次关于能源利用的教育性专题讨论会（workshop），对其能源节约效应进行了测度。讨论会上提供关于能源节约措施的信息，每个参会人员还得到一个淋浴限流装置（flow control device）和一本能源节约信息的小册子。结果发现，专题讨论会能有效改变个体对能源利用的态度和意向。具体来说，专题讨论会提高了个体对能源危机的关注水平，丰富了个体能源节约的知识，增强了个体采取能源节约措施的意向。但是随后对参与者家庭进行的能源使用审计调查显示，专题讨论会中建议的方法并没有真正生效。参与者和未参与者在采用能源节约措施的数量上并没有显著差异。因此，虽然信息是能源消耗的潜在决定因素，但它并没有导致行为的变革。温内特等（Winett et al.，1982）研究了能源专家和推广员的家庭访问对夏季家庭能源节约的影响。该研究主要针对低收入家庭（52 个家庭），并比较了能源专家和推广员两组的差异。结果表明，相对基线和控制组来说，能源专家和推广员组少用了 21% 的电力。其中，温暖天气里减少了 24%，凉爽天气里减少了 9%。技术专家组和推广员组的效果差不多，只是技术专家组某种程度上表现出了一致、持久的效果。可见，能源审计（提供供暖和空调制冷的相关信息）总体上有利于促进家庭减少能源消费。赫斯特和格莱迪（Hirst and Grady，1982-1983）对接受能源审计和未接受能源审计家庭的燃气消费进行了比较。结果表明，在审计接下来的一年里，和控制组相比，接受审计组家庭节约了 1%～2% 的燃气消耗；在审计接下来的两年里，削减量达到了 4%。接受审计组使用的能源节约措施也比控制组更多。另外，研究还发现一个和预期相反的困惑现象：燃气消耗大的家庭对燃气节约的态度更为积极（Abrahamse et al.，2005）。冈萨雷斯等（Gonzales et al.，1988）检验了房主对审计员建议的反应（审计员进行过社会心理学培训，如将建议个性化、诱导承诺、根据损失而不是收益来设计建议方案）。不幸的是，与对照组比较，虽然经培训的审计员能诱导房主更好地遵从建议，并制订出关于房屋翻新的更适用的财政计划，但在实际能源使用上并没有发现两组之间存在差异。

麦克马金等（McMakin et al.，2002）研究了定制化信息对于家庭能源节约的作用。在其研究中，定制化信息是基于实施干预前的焦点小组访谈，被试对象是两个军事设施里不用支付自己水电费的居民。在第一个设施（位于华盛顿州）里，能源节约信息的目标定位在供暖相关的能源消耗，第二个设施（位于亚利桑那州）的目标则定位在制冷相关的能源消耗。得出的结果令人困惑：华盛顿州的家庭节约了 10% 的燃气和电力消耗，亚利桑那州的家庭则相比基线多消耗了 2% 的电力。斯塔斯等（Staats et al.，2004）研究了联合使用信息提供、反馈和社会相互作用（social interaction）方式对家庭行为的影响。在多数学者的研究中，自愿亲环境行为变革的干预措施通常以有限的行为数量作为研究目标，且很难实现可持续的变革。斯塔斯等采用的生态小组项目克服了这一缺点，它是一种成套干预措施，其关注范畴不仅包括燃气、电力消耗，还包括水消耗、交通、食品消费和垃圾管理等各种相关行为。斯塔斯等通过 3 年的纵向跟踪研究发现，生态小组项目的参与者随着时间推移增加了亲环境行为的频率，而控制组则没有变化。具体来说，生态小组项目参与者（150 人）在受调查的 38 种家庭行为中，半数得到了改变，在资源使用的四类具体措施上有相应的削减。这个计划实施之后，生态小组家庭节约了 20.5% 的燃气消耗、4.6% 的电力消耗、2.8% 的水消耗，减少了 28.5% 的垃圾。这些行为改善在生态小组项目完成后得到了保持。项目完成后的两年里，生态小组家庭节约了 16.9% 的燃气消耗、7.6% 的电力消耗、6.7% 的水消耗，减少了 32.1% 的垃圾。这表明，在生态小组项目下，联合使用信息提供、结果反馈和社会相互作用方式可以有效促进家庭实行自愿的亲环境行为变革。生态小组计划似乎是最佳的干预，因为不管是在方案结束后不久还是在接下去的两年时间里，它都已经被证实在好多领域能够成功削减能源消耗。斯塔斯等对交通行为方式的深入分析还发现，行为变革可以通过如下指标进行预测：参与生态小组项目前的行为意向和习惯表现间的交互作用，参与生态小组项目期间体验到的社会影响程度。此外，由于斯塔斯等的研究联合使用了多项干预措施（提供信息、反馈和社会相互作用），因此很难区别不同干预措施的边际效果。而且其研究中的被试也是动机较高的参与者，这导致很难将其结果普遍化。

费希尔和欧文（Fisher and Irvine，2010）回顾了团体参与对减少家庭能源使用和碳排放的潜力和作用。其分析的所有团体干预措施均有如下一些共通性因素：团队由 6 ～ 10 个成员组成；通常来自邻里、工作场所或一个利益共同体，如信仰团体或志愿团体。团队成员定期会面，能通过书面材料或从一个训练有素的“专家”那里获得可靠信息，他们有以团体名义探究信息的机会，并且他们带着减少生活方式对环境影响的目的就一些特定行为方式进行讨论。结果表明，团体干预措施在减少能源使用和碳排放的推广上具有显著成效，参与者们一年内减少了约 20% 的碳排放量。且还有一些证据表明，这些缩减是持久的，参与者们在参与后最多长达三年时间里仍在继续改变他们的生活方式。之前斯塔斯等（Staats et al.，2004）的研究表明，团体干预措施具备三个支持亲环境行为变革的共同元素：提供信息、反馈和团队环境。费希尔和欧文指出，虽然这些元素的重要性毋庸置疑，但仍需进行更多的研究来了解这些团体措施成功背后的机制。

总的来说，前置干预政策研究的大致结论是，使用目标设置、诱导承诺和提供信息等前置政策对促进消费碳减排行为往往是有效的。具体来说：①对目标设置的研究显示，适度的高难度目标比低难度目标更有效，且联合使用目标设置和反馈比单独使用目标设置更为有效。②诱导承诺是削减家庭能源消耗的一个成功策略，特别是从长期效应看。但对不同的个体来说，有时是公共承诺比较有效，有时是私人承诺比较有效。③提供信息可以促进公众实行消费碳减排行为，且个性化的小众化（定制化）信息传播方式更为有效。例如，家庭能源审计通过使用定制化能源建议，对家庭能源消耗和效率行动的实施有显著正效应。一般的大众化传播能提高公众知识水平和改变其态度，但不必然带来行为变革或能源节约。当然，对于不同干预政策的实际效应，学者们还存在很大的争议。另外，一些研究的实验组家庭数量较小（有的实验组甚至只有 12 个样本，远未达到大样本的条件），这可能导致其研究结果的可信性较低。

第三节　结构干预政策对消费碳减排的影响分析

一、经济激励对消费碳减排的影响分析

（一）经济激励政策的内涵界定和一般分析

在资源环境问题领域，经济激励政策（也称为环境经济政策、基于市场的政策、激励性政策、经济激励手段、经济手段等）是与命令控制政策（或者说命令控制手段、行政手段等）相对而言的。经济激励政策的起源可以追溯到 20 世纪 20 年代庇古（Pigou）首次提出的“矫正税收”思想，经济学家后来称之为纠正环境外部性的“庇古税”（Pigouvian tax）。顺着庇古的思路，1972 年，经济合作与发展组织（Organisation for Economic Cooperation and Development，OECD）提出并采纳了“污染者付费原则”（polluter-pays-principle，PPP）作为制定环境政策的基本经济原则。1984 年，经济合作与发展组织召开了“环境与经济学”大会，对强化经济手段的作用给予了重视。1992 年，联合国《里约环境与发展宣言》要求各国重视经济激励政策，明确认同了污染者付费原则、环境成本内部化及经济手段的应用。概括地说，经济激励政策是按照市场经济要

求，运用价格、税收、收费等经济激励手段，调节或影响市场微观主体的行为，以实现环境管制的目标。换言之，它是通过市场信号刺激行为人的动机，而不是通过明确的控制标准和条款来规范人们的行为。经济激励政策主要分为两类：一类是基于福利经济学观点的“庇古手段”，如税收、收费等手段；另一类是基于新制度经济学观点的“科斯手段”，如明晰产权等。不论哪一类经济激励政策，其共同点都是引入市场力量，且这一市场力量足以影响微观主体对可选择行为的成本和收益进行评估，从而使污染者的最优决策有益于环境。可见，经济激励政策不同于一般的财政手段。[①]

经济激励政策得到了理论界和实践部门的积极响应和支持。经济合作与发展组织（1996）指出，经济激励政策是一种“内在约束”力量，它与传统行政手段的“外部约束”相比具有如下特点：①能以最低的成本实现预期环境目标（因为它给了微观主体选择的自由和弹性）；②有助于管制部门制定最优的政策干预水平以实现社会最优；③可以为持续的环境改善提供动态激励。在斯蒂文斯（Stavins，2000）看来，相对于传统的命令控制政策，经济激励政策的两个显著特征是：①具有低成本、高效率特点；②能产生技术创新及扩散的持续激励。斯蒂文斯进一步指出，如果经济激励政策能够得到很好的设计和执行，那么厂商（私人）在追求自身利益的同时就可以客观地实现环境政策目标。思德纳（2005）认为，命令控制政策会导致更高的基本效率成本和次优成本，因为产出替代效应不能充分发挥，而且收入循环和税收相互影响的成本总和显得更高。与之相对，经济激励政策以内化环境行为的外部性为原则，对各类市场主体进行基于环境资源利益的调整，从而可以建立保护和可持续利用资源环境的激励和约束机制。

当然，经济激励政策也并非普遍、无条件适用。一些学者认为，庇古税实现帕累托最优是建立在若干经典假设基础上的。这些经典假设包括：信息完全对称、监督成本很低、产权明晰等。当这些经典假设不能满足或违背时，直接的庇古税便不再有效（经济合作与发展组织，1996）。在巴德（Barde）看来，污染者付费原则没有对哪些当事人应该算作污染者给予准确的界定，而把对污染者的识别留给国家权力机关进行决定（经济合作与发展组织，1996；Stavins，2000）。且污染者付费原则没有明确指明污染者需要支付多少。经济合作与发展

① 经济合作与发展组织 1987 年对 10 个国家的 100 多项经济措施的调查发现，许多措施由于收费太低几乎没有意义，将近一半的措施原期望能产生经济激励，实际仅有 1/3 的措施产生了刺激效果。超过一半的措施仅仅增加了财政收入（经济合作与发展组织，1996）。

组织（1996）则指出，经济激励政策所产生的刺激效果取决于其所影响的行为的弹性（价格弹性、补贴弹性、收入弹性等）、提供信号的强度（收费水平），以及替代品或替代方案的可得性。尽管经济激励政策并非完美无缺，也存在适用性问题，但总的来说，经济激励政策正在得到越来越普遍的认同和重视，且已经扩展到环境政策的各个领域。在经济发达国家垃圾污染、水污染、空气污染等环境问题中，经济激励政策都得到了越来越普遍的应用（Chakrabarti and Sarkhel，2003；Kinnaman and Fullerton，1999）。与之相对，中国的环境问题管理主要还是采用行政性的命令控制手段，经济激励政策使用相对较少。随着传统的命令控制政策缺陷（如阶段性、高成本、低效率等）的逐渐显露，建立环境管理的长效机制，推行经济激励政策已经成为不可逆转的历史趋势。

（二）经济激励政策对消费碳减排行为的影响

对于消费者能源节约和消费碳减排，目前普遍的经济激励政策主要有津贴、税收抵免和低利率贷款，它们对刺激家庭改进其消费方式往往有效。早期的研究非常关注与家庭能源消费反馈相关的退款和针对乘公车、拼车的奖励。一些研究者对各种拼车措施进行了测试，结果表明奖励措施对乘公车和拼车都产生了积极的影响（Katzev et al.，1980；McClelland and Cook，1980）。虽然津贴、税收抵免和低利率贷款是节约措施中的主要推力，但后期的学者对这些措施的研究已经相对较少。

海斯和科恩（Hayes and Cone，1977）研究了货币支付、能源信息和每日反馈对居民电力消费的影响。其研究采取混合的多基准和撤出设计以进行组内（within-unit）和组间（between-unit）比较。结果显示，货币支付对所有单元产生了及时和实质性的电力消费削减，即便支付的强度被实质性地降低了也是如此。反馈也导致了电力消费削减，但能源信息（提供关于节约方式和使用不同家电成本的信息）没有导致削减。研究结果还显示，支付和信息的组合，或者支付和反馈的组合并没有比单独的支付工具产生更大的效应。温内特等（Winett et al.，1978）研究了现金返还、反馈和信息提供对家庭电力节约的影响。他们确定了129个家庭参与实验，并将其置于5个实验条件之一：①高现金返还组，即被试接受节约信息、每周电力消耗的书面反馈和高达240%电价改变的现金返还；②低现金返还组，除了现金返还达到50%的电价改变外，其他条件和高现金返还组类似；③每周反馈组，即被试接受信息但没有现金返还；④提供节约信息组；⑤控制组。因变量是基于研究人员获得的每周实际电表读数算得的电力消耗削减比例。结果显示，在干预的前 4 周，高现金返还组和低现金返还组比其他组节约了更多的能源。在接下来的后 4 周，对原先仅接受信息的家庭给予高现金返还，结果他们节约了 7.6% 的能源。在干预的 8 周时间里，只有高现金返还组显著削减了约 12% 的电力消耗，且不知道削减效应是否在奖励结束后得到保持。麦克利兰和库克（McClelland and Cook，1980）研究了群体经济激励（group financial incentives）对促进基准电表公寓（master-metered apartments）能源节约的效果。通过对科罗拉多大学家庭综合居住区的 4 组公寓（含 44 ～ 70 个家庭）开展一场能源节约竞赛实验，在 6 次为期 2 周的竞赛中获胜的各组奖励 80 美元。结果发现，在第一次竞赛中削减了约 10% 的天然气消耗，且能源节约量在前 8 周内一直在统计上显著（只是第 3 周之后节约量减少了）。12 周竞赛的平均节约率为 6.6%。竞赛结束时还调查了被试居民在能源使用行为上的一些变化，发现居民关于竞赛结果的知识非常微薄。麦克利兰和库克的研究表明，如果不考虑能源节约度量的不精确性，群体经济激励对促进基准电表公寓能源节约确实有一些效果，但高实施成本也不可忽略（在其研究中，成本已经超过能源节约的收益）。

赫顿和麦克尼尔（Hutton and McNeil，1981）评估了美国能源部的低成本 / 无成本节能项目。该项目面向六个新英格兰州的 450 万个家庭，发放了能源节约窍门小册子和淋浴限流装置，另外也开展了大众传媒运动，并通过电话调查（1811 个家庭）评估其效果。结果显示，同未收到能源节约窍门小册子和淋浴限流装置的家庭相比，收到的家庭表示其施行能源节约窍门更为频繁。另外，和未安装淋浴限流装置的家庭比，安装的家庭表示其采用了更多的能源节约窍门。这显示，激励措施显著增加了家庭行为反应。当然，赫顿和麦克尼尔的研究尚未测度干预措施对实际能源节约行为的影响（而只是通过电话调查获得的自我报告行为），这或许有一定的偏差。斯莱文等（Slavin et al.，1981）研究了信息、提示（提醒）、双周反馈和奖励的联合效应，且重点评估了群体连坐（group contingency）对电力节约的影响。在第一项研究中，166 个住宅单元的居民（分为 3 组）举行会议并就相对预期所节约电力的价值获得 2 周一次的奖励（奖励为所节约电力价值的 100%），以不同的基准设计在每组里发起群体连坐，即反馈和奖励是针对整个组的表现。这一实验项目对其中一组持续干预 14 周，结果产生了实质性的节约（11.2%，相对于已按气温调整的基准线）；另一组持续干预 8 周，产生中等的节约（4.0%）；第三组持续干预 12 周，但节约最小（1.7%）。居民相对基线平均节约了 6.2%，且干预实施刚结束时的削减效应最大。在斯莱文等的第二项研究中，被试对象是 255 个住宅单元的居民，也分为 3 组接受同样的干预处理，不同的是奖励为所节约电力价值的 50%。另外，如果整个组比基线节约了 10% 或以上的电量，那整个组将收到一次性 5 美元的奖金。联合干预导致了电力的节约，第一组为 9.5%，第二组为 4.7%，第三组为 8.3%，平均节约 6.9%（Abrahamse et al.，2005）。和第一项研究相比，干预期间的节约效应没有削弱，这可能归功于额外的奖金。当然，在斯莱文等的两项研究中，也没有区别信息、提示、反馈和奖励等具体干预措施的边际效应。

希泊林和沃里纳（Heberlein and Warriner，1983）研究了价格和态度对居民电力消费从峰电到谷电转变的影响。在三年研究期内，美国威斯康星东北地区的分层随机消费者样本被置于三个"每日时段"（time-of-day）价格比率中，即 2 ∶ 1、4 ∶ 1 和 8 ∶ 1。家庭每月接受关于他们在高峰和低谷期电力消耗千瓦时数的反馈（通过用电对账单）。希泊林和沃里纳还对家庭态度和知识进行了测度。结果发现，价格比率较高的家庭使用了更少的峰电，同时心理承诺（psychological commitment）对行为的影响效应比价格更大，且这两个变量很大程度上是相互独立的。即便在低价格比率情况下，那些做了心理承诺的居民仍旧实行从峰电到谷电的转变。希泊林和沃里纳的研究还表明，对每日时段价格比率的高水平知识以及如何实现电力消费从峰电到谷电转变的知识这两个变量和个人行为转变的承诺相关，且较高价格差异和较多家电会增加居民的知识和行为承诺。阿泽维多等（Azevedo et al.，2011）对住宅与区域电力消费的研究表明，美国和欧盟地区的电力消费是缺乏价格弹性的。考虑到这一行为现实，阿泽维多、摩根和莱弗指出，旨在促进向更可持续能源体系转变以应对气候变化挑战的公共政策不仅仅是提高电力零售价格——如果政策制定者要引导家庭实行必要的能源节约行为并采纳更高效技术的话。

二、结果反馈对消费碳减排的影响分析

在后继干预政策中，结果反馈常常被应用于促进家庭削减能源消费和碳排放。反馈是向家庭提供其能源消费或能源节约的评价信息，它可以影响行为，因为家庭能将一定的结果（如能源节约）和其行为联系在一起。我们先回顾不同反馈频率的不同效应，接着回顾不同反馈内容的不同效应。

一些研究发现向家庭提供反馈（特别是频繁的反馈）是减少能源消费的一个成功干预措施。在塞利格曼和达利（Seligman and Darley，1976）的研究中，

所有参与的家庭被告知家庭里最耗电的是空调。其中，一半人接受了关于电力节约的反馈（一个月内每周 4 次），另一半则不接受任何反馈。研究结果表明，反馈对电力节约有着正效应：反馈组的家庭比控制组少用了 10.5% 的电力。但该研究没有做后继的测定来判定是否有持续性效果（Abrahamse et al.，2005）。比特尔等（Bittle et al.，1979a）研究了每日费用反馈对家庭电力消费的影响。他们将 30 个被试家庭分成 A、B 两组，每组 15 个家庭。经过 12 天的基准期后，给 A 组家庭提供每日反馈。接下来每日电表读数显示，和 15 个未提供反馈的家庭（B 组）相比，每日反馈组家庭（A 组）消耗的电力一直较少。52 天后转变条件，给 B 组家庭提供每日反馈，而 A 组家庭不提供反馈。条件反转以后，B 组家庭再次消耗了更多的电力。但是，对 B 组家庭消费情况进行组内分析发现，在可比气温水平的条件下，接受反馈比未接受反馈时的电力消费量更少。条件的反转没有导致消费的反转，这可能是由于先前对 A 组家庭反馈造成的延时效应：反馈已经形成了新的习惯，甚至在反馈后还会继续坚持。比特尔、费尔沙诺和萨勒的研究结果表明，反馈是减少电力消耗的一种有效方式，且在能源需求小的时候会更有效地促进能源节约。

温内特等（Winett et al.，1979）研究了自我监控和反馈对居民电力消费的影响。这一研究是在冬季实行的，针对中上阶层的几乎统一、全电供的城区住宅（71 个样本）开展，平均每个家庭每天消费 170 千瓦时电力，月电费账单超过 200 美元。其中，12 个家庭接受每天的书面反馈（反馈组），16 个家庭被要求查看其户外电表并记录每天使用的千瓦时数（自我监控组）。对照组由 14 个自愿参与的家庭和另外 29 个仅允许请别人查看其电表的家庭构成。在一个月的实验期间，这种做法产生了效果：反馈组削减了 13% 的消费，自我监控组削减了约 7% 的消费。和对照组相比，这些削减在之后一个月的早春期间得以维持，且在 6 周的暖春期间较小程度上得以维持。家庭减少了电力消费也节约了大量现金，且电力消耗的削减在很大程度上是由于调低了空调温度。根据温内特等的研究，反馈和自我监控都有利于降低能源消费，且自我监控组的参与者高度可信，他们做到了坚持查看电表。海斯和科恩（Hayes and Cone，1981）测定了经济上可行的每月电力消耗反馈（包括千瓦时和耗费金额两种反馈内容）的影响效应。40 个配对的非自愿参与者被随机分为两组：每月反馈组和没有接触的控制组，采用的是 A-B-A 实验设计。结果显示，在为期 4 个月的干预期内，接受反馈的家庭削减了 4.7% 的电力消费，而控制组则增加了 2.3% 的电力消费。干预期结束后的 2 个月里，能源消费情况却发生了相反的变化：和基线相比，反馈组的家庭多消耗了 11.3% 的电力，而控制组节约 0.3% 的电力。这表明，一旦干预结束，反馈组的能源消费会产生“报复性”反弹。塞克斯顿等（Sexton et al., 1987）研究了分时电价试验中峰电和谷电使用的持续反馈和监控对家庭的作用。结果表明，反馈确实导致了家庭转向谷电消费，且设定价格差越大的家庭，这种转变越显著。然而实验也表明，总的电力消耗并没有减少。

比特尔等（Bittle et al., 1979b）的研究中，每个家庭都接受每日反馈，但有些家庭接受的是对前一天电力消耗的反馈，有些接受的是累积性（自月度第一天开始的累计电力消耗）的反馈。另外，有些家庭接受的是每小时的用电度数反馈，有些家庭接受的是费用反馈。结果表明，高电力消费者在电力消耗方面增长率更低，累积性反馈相对每日消耗反馈稍微更加有效。这意味着，消费者对于大额的累积性能源使用量数据的反应会更强烈，对小额的短期增量数据的反应则不太强烈——即便这些小额的短期增量数据更准确地反映了具体能源使用行为的信息。而对于中等和低电力消费者，反馈表现出了相反的效应，即导致了电力消耗的增加。坎托拉等（Kantola et al., 1984）对用电量超过平均水平的消费者进行了反馈和提供信息的联合干预实验。他们采用反馈告知家庭虽然在之前表现出节约能源的责任感，但他们却是电力高消费者，以此来唤起其认知失调（cognitive dissonance）。他们设计了 4 个组进行了相互比较：第一组接受了认知失调、能源节约小窍门和反馈，他们被告知测得的其对电力节约的态度（事先测得）和实际电力消费间存在不一致（即诱导了认知失调）；第二组接受能源节约小窍门和反馈，被告知其是电力高消费者并反馈，但不诱导认知失调；第三组接受了能源节约小窍门，被告知如何节约电力；第四组是控制组，他们仅收到一份参与研究的感谢信。研究结果显示，在干预的前 2 周时期，与支持认知失调理论的假设一致，认知失调组节约的电力显著比其他组要多。接下来的 2 周，仅失调组和控制组存在差异。另外，自我报告的行为变化和需求额外节约能源的次数并非是实际节约行为的可信指示。赫顿等（Hutton et al., 1986）通过实地实验研究了相关成本反馈对消费者知识和行为的影响。该研究在加拿大的魁北克、不列颠哥伦比亚和美国的加利福尼亚开展，以测定持续的成本相关反馈（通过“能源成本指示器”方式）对燃气和电力削减是否有效。研究者也给参与者提供了能源节约的相关信息。结果发现，仅收到信息组或同时收到信息和反馈组的家庭比控制组减少了 4% ～ 5% 的能源消耗。尽管加拿大样本和美国样本有些差异，但总体上研究结果至少部分支持如下观点：反馈对于消费者学习和激励是个有用的信息工具。然而，没有发现消费者知识发生变化。赫顿等认为这可能是由于加拿大家庭比美国家庭有更高的能源事务相关知识（即天花板效应）。

詹森（Jensen，1986）通过实地试验研究了能源反馈效应的比较程序，发现对天然气消费来说，目标设置和激活比较程序（activation of comparison processes）是获得反馈效应的必要条件。这证实了过去能源研究中学者们提出的目标设置和比较程序是反馈效应的中介变量的理论观点。范豪厄林亨和范赖伊（van Houwelingen and van Raaij，1989）研究了目标设置和每日电子反馈对家庭能源使用的影响。范豪厄林亨和范赖伊假设，目标设置和对目标实现程度的反馈可以帮助消费者监控从而减少或稳定其家庭能源的使用。研究中，所有家庭都接受了能源节约相关信息。通过反馈监控器显示每日燃气消耗和每日目标消费额度（根据年燃气消耗情况）并以后者为削减目标，他们调查了燃气消费持续反馈和每月反馈的不同效应。结果发现，每日反馈组家庭节约的燃气达到12.3%（超过了10%的节约目标）。这超过了接受每月反馈的家庭（7.7%）、接受看燃气表建议的家庭（5.1%）和仅接受信息的家庭（4.3%）。控制组中未发现显著的燃气消耗改变。实验一年后，所有组的能源使用保持在相对基线的较低水平上，但不同实验条件组的差异不再显著。

比较性反馈是提供相对于他人表现的个体表现。其假设是，通过提供比较性反馈会唤起一种竞争、社会比较或社会压力感，这有助于减少家庭能源消耗。特别是在重要的或相关的他人作为参照群体时特别有效。米登等（Midden et al.，1983）研究了反馈（包括比较性反馈）、强化和信息提供对居民削减能源消费的影响，通过实地试验测试了四个行为变革策略对节约的影响，这四个策略分别是：①提供家庭内如何节约能源的一般信息；②每周对个人能源消费的数量和经济后果进行反馈；③对个人能源消费的数量和经济后果同具有可比性家庭的消费情况比较的结果进行每周反馈；④为降低能源消耗进行每周比较性反馈和经济奖励。结果表明，个体反馈（策略2）和比较性反馈下的经济强化（策略4）能有效减少能源消耗；比较性反馈（策略3）在特定情况下比较有效；比较性反馈不比个体反馈更有效，仅给家庭提供一般信息（策略1）则根本没有效果。具体在电力消耗方面，接受比较性反馈、个体反馈或奖励的家庭都比控制组节约得更多。在燃气消耗方面，接受个体反馈或奖励的家庭节约得最多。

布兰顿和路易斯（Brandon and Lewis，1999）对减少家庭能源消费进行了质化和量化相结合的实地研究。他们对英国巴斯（Bath）的120个家庭进行了为期9个月的能源消耗监控，并同上一年消费进行比较（根据天气因素进行了调整）。参与者（除控制组之外）接受了各种形式的反馈，如将其消费与上一年消费或类似其他人的消费进行比较（相对其他参与者节约情况的比较性反馈），通过传单或电脑进行能源节约的反馈（个体反馈），或者关于经济或环境成本的反馈（经济成本反馈或环境成本反馈）。研究开始后对被试进行了访谈以确定其收入、社会人口状况、环境态度和他们已参与节约行为的程度。布兰顿和路易斯的结果表明，比较性反馈（如相对其他参与者的自我节约情况）、个体反馈、经济成本反馈和环境成本反馈之间存在区别。所有反馈组中，电脑的安装最显著地降低了能源消费，该组中节约的家庭数远远多于不节约的家庭数。高能源消耗者和中能源消耗者减少了能源消费（分别是 3.7% 和 2.5%），而低能源消耗者增加了能源消费（增加 10.7%），这印证了比特尔等（Bittle et al.，1979）的研究结论。布兰顿和路易斯的研究还发现，收入和人口特征可以预测显著的能源消费，但在研究期间并不能预测消费变化，而能源态度和反馈则具有影响。环境态度和信念是边际能源节约的显著预测因子。环境态度积极但之前未参与很多节约活动的人在反馈期后更可能改变其消费。当然，本研究中较小的各组家庭样本量和较大的组内差异可能导致研究结果的统计解释能力较低。

埃伦和杨达（Allen and Janda，2006）研究了实时（real-time）能源使用反馈或持续能源使用监控的影响效应。从 60 个接受问卷调查的家庭中随机抽取 10 个家庭，他们收到一个被称为“能源探测”（the energy detective）的数字化电子监控器。根据问卷调查、公用事业账单记录，以及与家庭间的半结构化访谈，埃伦和杨达讨论了对家庭监控的有效性。结果发现，个性化的能源使用信息（以信件账单的形式）、周期性反馈和持续反馈可以导致家庭能源使用的削减。另外，监控器对家庭能源节约意识的影响比对家庭实际节约行为的影响更大，且对高收入家庭和低收入家庭都是如此。但是，对于是否更频繁的反馈更有效，埃伦和杨达的研究并未明确指出。沃林克和密尔顿（Völlink and Meertens，2010）进一步研究了预付费耗能表（prepayment meter）对住宅煤气用量的影响。这里，预付费耗能表（当家庭使用燃气时付费）作为家庭燃气消费反馈装置。实验组中半数家庭收到了一个笔记本，以便他们比较其实际消费量与自我设定的目标消费量。研究还对燃气消费削减的决定因素进行了分析。结果表明，相对控制组来说，预付费耗能表家庭（即反馈组）年度燃气消费减少了 4.1%，给家庭提供笔记本并没有造成额外的能源节约。此外，客观的燃气消费变化与自我报告的燃气消费削减意图变化呈相关关系。贝克等（Bekker et al.，2010）研究了联合使用反馈、视觉提示（visual prompts）和激励对居民用电的影响效应。经过 17 天的基准期后对实验组进行干预（控制组不变）。结果表明，实验组的能源使用下降，而控制组并未发现能源使用的显著变化。具体来说，实验组节约 16.2%（白天）和 10.7%（夜间），而控制组则只节约了 3.8%（白天）和 6.5%（夜间）。但是，贝克等的研究主要针对的是大学宿舍，而不是一般家庭，因此其研究结果的普适性尚待检验。格罗霍夫和托格尔森（Grønhøj and Thøgersen，2011）基于对家庭的质化访谈和家庭电力消费记录，评估了给予家庭详细电力消费反馈的效果，特别是分析了学习（learning）和社会影响进程（social influence processes）的作用。在其研究中，反馈显示在一个小的液晶显示器（LCD）屏幕上，这个新反馈系统是在家庭参与创新过程中开发的。丹麦的 20 个家庭参加了这项为期 5 个月的研究。参与家庭的平均节电估计为 8.1%，而控制组仅仅节约了 0.8%。质化访谈显示，反馈使家庭电力消费节约更加明显和突出，并使电力消费者采取降低其能源消耗的有关行动。此外，反馈促进了夫妻间以及（青少年）儿童和父母间关于能源节约的社会影响过程。值得注意的是，格罗霍夫和托格尔森的研究还显示，有十几岁孩子的家庭似乎特别容易接受这种反馈。马安等（Maan et al.，2011）对不同醒目程度反馈（数值反馈或灯光反馈）的效果进行了研究。他们研究了外界光反馈对空间采暖能源消费（space heating energy consumption）的影响效应。在马安等的实验研究中，参与者可以通过设置中央加热板的温度和接收能源消耗反馈来节约能源。通过根据能源消费逐渐改变颜色的照明灯来测度反馈效应，并将这一反馈和更广泛应用的实际反馈相比较。半数参与者收到灯光反馈，半数参与者收到数值反馈。为了调查是否外界灯光反馈相对于数值反馈更易于处理，半数参与者进行了除了重点任务之外的认知负荷任务（cognitive load task）。结果表明，灯光反馈比数值反馈有更强的说服效应（persuasive effects）。这是因为外界灯光反馈比数值反馈更容易处理，认知负荷妨碍了数值反馈的处理，而没有妨碍灯光反馈的处理。马安等的研究对于能源消耗反馈系统的设计（特别是反馈系统的醒目程度设计）提供了一定的借鉴意义。

总的来说，后继干预政策研究的大致结论是，经济激励和结果反馈等后继政策在短期内（实验期间）是促进消费碳减排行为的有效方式。①对于经济激励政策，总体上多数学者认同经济激励政策（奖励、价格机制）对消费碳减排行为存在正效应。多数研究都证明了接受奖励的家庭和未接受奖励的家庭在消费碳减排行为上存在显著差异。但也有一些学者提出了质疑，几项研究显示奖励的效应非常短。这意味着，经济激励政策是存在局限的，其对微观主体行为的影响也需要进一步评估。此外，对经济激励政策的研究大多基于有限范围内的自我报告。未来的研究有必要通过对可供选择的项目实施系统（program-delivery systems）的实验，来评估经济激励政策对实际能源消费的影响。②一些研究发现，向家庭提供反馈（特别是频繁的反馈）是减少能源消费的一个成功干预措施，且反馈的频率越高，其效果就越有效。然而，也存在例外。有研究显示，高频率的反馈并非一定是成功的关键。另外一些研究发现，反馈对高能源消耗者和低能源消耗者有不同的效应，即前者减少了能源消耗而后者增加了能源消耗。这从政策的角度看是一个重大的发现，这意味着以减少能源消耗为目标的反馈政策可以特别针对高能源消耗者，因为他们有更大的能源节约潜力。还有的文献研究了比较性反馈和个体反馈的效果差异，但没有发现比较性反馈比个体反馈更有效。另外一些研究显示，反馈干预一结束，其政策效应也很快消失。在很多研究中，含后继测试的评价显示行为变革几乎没有得到保持。当然，对于不同后继干预政策的实际效应，学者们也同样存在很大的争议。最后，对具体干预政策进行现场实验的设计形式多种多样（表 3-6），且多种干预政策联合使用的实验设计一定程度上得到了研究者的重视，这值得未来研究者关注。

表 3-6　发达国家相关实验研究的设计总结

<table>
<tr><th colspan="2">干预政策类型</th><th colspan="2">现场实验设计</th></tr>
<tr><td rowspan="3">前置政策</td><td>目标设置</td><td>目标难度：高难度目标、低难度目标
目标来源：自我设定目标、指定目标</td><td rowspan="5">联合干预</td></tr>
<tr><td>诱导承诺</td><td>承诺公开性：个人承诺、公共承诺
承诺强度：低度承诺、高度承诺
承诺形式：登门槛技术等</td></tr>
<tr><td>提供信息</td><td>大众化信息传播：电视信息、报纸信息等大众传媒运动
小众化信息传播：个性化宣传资料、能源审计、专题讨论会、团队参与等</td></tr>
<tr><td rowspan="2">后继政策</td><td>经济激励</td><td>激励强度：高强度激励、低强度激励
激励形式：现金激励、非现金激励
激励对象：个人激励、群体激励（群体连坐）</td></tr>
<tr><td>结果反馈</td><td>反馈频率：每日反馈、每周反馈、每月反馈
反馈内容：成本反馈、用量反馈；环境成本反馈、经济成本反馈
反馈数量：增量反馈、累计反馈
反馈形式：个人反馈、比较性反馈、认知失调反馈
反馈醒目程度：数值反馈、灯光反馈</td></tr>
<tr><td colspan="2">社会文化情境</td><td colspan="2">社会价值取向：偏自我、偏社会
社会相互作用与社会影响过程等</td></tr>
</table>

第四节　社会文化情境对消费碳减排的影响分析

目前在消费碳减排的相关文献中，多数文献没有考虑社会文化情境这一因素的影响。这些文献实际上隐含这样的假设：社会文化情境是中立的。显然，脱离社会文化情境去研究干预政策是存在潜在缺陷的。少数文献研究了西方文化情境下社会规范或社会期望、社会价值取向、社会影响过程的影响（McCalley and Midden，2002；Abrahamse et al.，2005；Grønhøj and Thøgersen，2011）。但西方文化情境下的研究结论并不一定适用于中国，研究中国公众消费碳减排的干预政策还需关注我们自身文化的核心元素。本节主要讨论影响消费碳减排的社会文化情境因素，包括传统文化价值观、集体主义价值观和面子意识等对消费碳减排的影响。鉴于面子意识在中国社会文化情境中扮演着非常重要的角色，本节接着重点从理论上分析面子意识这一社会文化情境变量对消费碳减排行为的作用机理。

一、影响消费碳减排的社会文化情境

（一）传统文化价值观对消费碳减排的影响

传统文化价值观是社会绝大多数人所信奉的价值观念，它通过形成社会规范以影响民众的态度和行为（苏淞等，2013）。中国传统文化价值观以儒家思想为主体同时融合道家、佛家等诸家思想。其中，儒家文化价值观重视个体在创造物质财富的过程中实现自我价值，强调个体要积极进取、建功立业，可以视为“进取的价值观”；佛家文化价值观宣扬众生平等，凡有生命之物都应平等，无欲即为道，慈悲即为本，强调慈爱众生、无私奉献，可以视为“奉献的价值观”；道家文化价值观宣扬“道法自然”，强调遵从自然法则、尊重客观规律，去繁从简、回归自然，可以视为“自然的价值观”（这有点类似于西方的自然中心主义价值观）。

传统文化价值观对能源节约和消费碳减排行为的影响越来越受到理论界的关注。现有的实证研究已经发现自然中心主义价值观会对人们的能源节约和消费碳减排行为产生积极影响。陈（Chan，2001）通过北京和广州的大样本调查，证实了人与自然导向价值观与居民绿色消费态度之间呈显著正相关关系。张梦霞（2005）构建了基于道家文化价值观动因的消费者购买行为模型，以女性消费群体为样本，通过面对面访问和问卷调查发现，道家文化价值观在倡导绿色营销理念、有效解释消费者能源节约行为的过程中扮演着十分重要的角色。且消费者的道家文化价值观特征越显著，他们越倾向于绿色购买。汪兴东和景奉杰（2012）从消费者文化层面研究了城市消费者低碳购买行为的影响因素，他们基于北京、广州、上海、武汉、成都五个城市的调查数据显示，城市消费者的低碳消费行为受到中国传统佛家和道家文化的影响，"天人合一"价值观对低碳购买态度产生作用进而正向影响低碳消费行为。刘翠平（2014）通过实验研究指出，消费者道家文化价值观的不同会影响其购买意向。对于那些道家文化价值观显著的消费者（即崇尚自然，追求人与自然和谐）来说，他们更加关注绿色信息诉求传达出的信息，从而产生绿色购买意向。

（二）集体主义价值观对消费碳减排的影响

作为一种传统的东方文化价值观，集体主义价值观反映了集体导向、他人导向和自身利益的超越。麦卡锡和什拉姆（McCarthy and Shrum，1994）研究表明，集体主义价值观通过再循环态度对再循环行为产生间接影响，相对个人主义价值观个体来说，集体主义价值观个体更倾向于产生再循环行为。拉罗什等（Laroche et al.，2001）也证实集体主义价值观对溢价购买绿色产品意向有显著的直接影响。努德隆德和卡维尔（Nordlund and Garvill，2003）基于价值观－信念－规范（value-belief-norm，VBN）理论对2500名车主的私人汽车使用削减行为进行了实证研究，其结果不仅验证了价值观、问题意识、个人规范与行为意向关系这一层次模型，也表明集体主义价值观会影响个人规范，同时又反过来影响减少私人汽车使用的意向（杨智和董学兵，2010）。

从中国的相关研究看，陈（Chan，2001）证实了消费者的集体主义价值观对其绿色产品信息搜寻和绿色消费行为有显著影响。集体主义价值观越显著，绿色消费行为也越显著。陈（Chan，2001）以北京、广州两地消费者为样本进行的大样本调查发现，集体主义价值观与居民对绿色消费的态度显著正相关，它通过影响消费意图进而促进绿色消费行为。杨智和董学兵（2010）基于合作、帮助，以及个体是否考虑组织目标等维度对集体主义价值观进行测量，其研究表明表明集体主义价值观包含群体目标优先、感知和谐的重要性，以及和他人一致，会影响消费者对绿色消费行为的具体评价。杨智和董学兵（2010）还从理论上探讨了物质主义和集体主义这对矛盾的价值观对绿色消费行为的影响过程。陈凯和李华晶（2012）指出，集体主义价值观强调社会身份、共同承担义务和满足社会期望，对个体行为选择发挥着基础性作用。当一个人的价值观倾向于集体主义价值观，或者倾向于关注社会福利、强调个人对环境保护的责任时，他就更有可能采取消费碳减排行为。汪兴东和景奉杰（2012）指出，与西方人相比，中国人更重视社会身份认同、共同承担义务和社会期望，更关注自身行为是否与其他成员一致，更愿意表现出与其他成员一样的兴趣、爱好。汪兴东和景奉杰的调查证实，集体主义价值观正向影响低碳消费行为。

与集体主义价值观密切联系的一个概念是群体一致。与群体保持一致也是中国人行为的社会规范，群体一致通过外在奖励或惩罚约束个体行为。李东进等（2009）指出，虽然群体一致在不同文化中都存在，但在中国文化中表现得极为明显，并且具有区别于其他文化的特点。于伟（2009）认为群体压力是由于个体意念与群体规范发生冲突时所感知到的心理压迫感。其基于济南和青岛两城市的问卷调查发现，群体压力对个体环保意识形成有显著影响，也就是说，群体一致能够影响消费者环保意识，从而促进绿色消费行为的产生。陈凯和赵占波（2015）基于计划行为理论将低碳消费态度－行为差距划分为态度－意愿差距及意愿－行为差距两个阶段，并指出群体压力对态度－意愿差距这一阶段会产生影响。王建明（2012）的质化研究则表明，群体一致压力对资源节约意识－资源节约行为路径关系存在显著的调节作用。

（三）面子意识对消费碳减排的影响

中国的社会文化情境有很多独特的特质，如高权力距离、高风险规避、中庸和谐、关系导向、家庭导向等，其中面子意识（face consciousness）或面子观念（concept of face）是最核心、最本土化的特质之一，中国人比较爱脸面、场面，即面子意识在中国文化情境里扮演着至关重要的角色，深刻影响着中国人的消费行为。

面子具有符号消费的本质，尽管表面上消费的是产品，实际上产品消费背后反映的是人在社会中的地位和身份。消费者日常生活中为追求面子以获得社会认可的过度消费已日益成为社会的突出问题，这不可避免地造成消费过程中的能源浪费和高碳排放。面子意识已被很多学者用来解释中国消费者的奢侈、浪费、高碳消费等。一些实证研究也显示，中国人在日常消费中为了面子，往往盲目进行炫耀性消费、攀比性消费和奢侈性消费（姜彩芬，2009）。冯小双调查发现，农村妇女有着特殊的面子消费心理，即钱要花在能被人看到和注意的地方（姜彩芬，2009）。姜彩芬（2009）通过定性访谈和问卷调查研究发现，面子意识广泛地存在于农村社会各阶层中，体现在炫耀消费、攀比消费、人情消费、时尚消费等多种消费形态中。仪根红（2010）提出面子意识体现在促销语言和外包装等直观表象上，也可以在消费者无意识状态下进行。通过问卷调查和实验研究发现，被试的面子意识启动后更倾向选择知名高档品牌，消极面子意识启动后则倾向选择大众品味的品牌，积极面子意识启动后则更倾向选择形象突出的个性品牌。施卓敏等（2012）进一步指出，面子需要包含了以道德型面子需要为主的“脸需要”，以及以能力、地位和社会关系为主的“面需要”。通过实验研究比较不同面子需要下奢侈品购买的差异发现，面子需要强度高的消费者比面子需要强度低的消费者对奢侈品广告中产品的购买意愿更高，且“面需要”比“脸需要”在与奢侈品购买意向的关系上表现得更为复杂。王建明（2013a）的质化研究表明，面子意识对资源节约意识－资源节约行为路径关系存在显著的调节作用。而且，比较面子意识和群体一致两维度可以发现，面子意识的调节作用相比群体一致更广泛。可见，面子意识在中国文化背景中扮演着更重要的角色。

近年来中国社会文化情境对消费碳减排影响的相关研究如表 3-7 所示。

表 3-7　社会文化情境对消费碳减排的影响研究

作者（年份）	研究方法	地区 / 有效样本量	社会文化情境变量	研究结论
张梦霞（2005）	问卷调查	北京 /188	道家文化价值观（尊崇自然、顺应自然）	道家文化价值观特征越显著，越倾向于购买绿色产品
姜彩芬（2009）	深度访谈、问卷调查	广州 /1069	面子意识	面子意识对消费态度、消费目的有显著的正向影响，对消费取向有显著的负向影响，对消费水平产生间接的正向影响
李东进等（2009）	问卷调查	天津 /251	面子意识和群体一致意识	面子意识和群体一致意识两文化维度对购买意向的影响要高于主观规范变量，因此有必要修正理性行为理论模型
于伟（2009）	问卷调查	济南等 /243	群体压力	群体压力通过增强消费者的环保意识促成绿色消费行为
仪根红（2010）	实验研究	上海 /68	面子意识（积极 / 消极）	消极面子意识启动后倾向选择符合大众品味的品牌；积极面子意识启动后更倾向选择形象突出的个性品牌
汪兴东和景奉杰（2012）	问卷调查	北京等 /486	文化因素（集体主义、“天人合一”）	文化因素以低碳购买态度为中介正向影响低碳购买意向，且天人合一的影响要略高于集体主义

续表

作者（年份）	研究方法	地区 / 有效样本量	社会文化情境变量	研究结论
施卓敏等（2012）	问卷调查、实验研究	福建 /462	面子意识（脸需要、面需要）	脸需要比面需要在与奢侈品购买意向的关系上表现得更为复杂
王建明（2013a）	问卷调查	重庆等 /1330	面子意识和群体一致	中国文化背景（面子意识和群体一致两维度）对资源节约意识 - 情境特征 - 资源节约行为模型中部分主要路径存在显著的调节作用
刘翠平（2014）	实验研究	杭州 /400	道家文化价值观（显著和不显著）	消费者的道家文化价值观越显著，其绿色低碳消费行为也越明显

基于现有的研究文献我们可以看出：①很多研究者已开始关注中国社会文化情境对消费者能源节约和消费碳减排行为的影响，并从中国的传统文化价值观（如儒家、道家、佛家价值观）、面子意识和集体主义价值观等角度进行研究，发现中国社会文化情境确实对能源节约和消费碳减排行为产生实质性显著影响，且往往还通过影响心理意识间接促进能源节约和消费碳减排行为。②对于特定社会文化情境的内涵及其维度的研究仍有待进一步深入。例如，对面子意识的内涵及其维度，多数研究将面子意识视为一个整体概念，只有少数研究对面子意识进行了维度化分类，但目前还缺乏普遍认可的权威结论。③现有文献大多通过大样本问卷调查或小样本深度访谈对社会文化情境进行研究，以描述性研究和解释性研究为主，缺少以实验（现场实验、实验室实验等）为基础的因果关系研究。此外，关于社会文化情境对能源节约和消费碳减排行为的影响机理（包括作用路径、传导机制、中介过程、交互影响等），目前的研究还非常缺乏。下面，本节以面子意识这一独特的中国社会文化情境为例，探究社会文化情境对消费碳减排行为的影响机制。

二、面子意识的概念界定与分类维度

面子的提出由来已久。1894 年美国传教士明恩溥（Arthur Smith）在《中国人》（*Chinese Characteristics*）一书中就指出，面子在中国社会中扮演着重要的角色，是理解中国人心理和行为的关键（黄光国和胡先缙，2004）。林语堂指出，面子、人情、命运是统治中国的三位女神，面子是其中最有力量的一个，是“中国人社会心理最微妙之点。它抽象而不可捉摸，但却是规约中国人社会交往最精致的标准”（黄国光和胡先缙，2004）。斯多弗（L. Stover）、鲁迅、胡先缙、金耀基、何友晖、翟学伟、黄光国、戈夫曼等国内外学者也都对面子进行了分析。周美伶、何友晖曾经对一些学者的面子内涵关键词进行了总结，如表 3-8 所示。

表 3-8　面子内涵的关键词及其特色

作者（年份）	面子内涵的关键词	特色
胡先缙（1944）	尊敬、声望	脸、面子分野
戈夫曼（1955）	自我心像，社会正向价值	互动性定义
斯多弗（1962）	社会位置、社会意识	功能分析：阶级、伦理
何友晖（1976）	尊重、恭敬、顺从	他人关系，相互性
布朗等（1978）	公众自我心像	需要：消极、积极面子
陈之昭（1982）	自我心像，自我公众心像	认知过程
成中英（1986）	尊敬、价值、重要性	主、客观面子
丁 - 图米（1988）	心像，身份	自我，文化，磋商

资料来源：胡小爱和王建明（2014）

从表 3-8 可以看出，面子意识的内涵可大致从两个角度进行界定：一种侧重于心理学意义，将面子意识看作个体心理内部的一种自我意象；另一种则侧重于社会学价值，将面子意识看作是一种社会尊重、认同和评价，通常与地位、声望、社会规范等概念密切相关（王轶楠和杨中芳，2005）。面子既涉及能力又涉及道德，既有主观判断又有客观评价，它在本质上源于个体渴望对于自我保持一个积极的自我意象和他人评价的需要。笔者认为，面子的含义更多地体现在其客观方面，即其“社会性”，是一种社会评价、认同和尊重。正由于面子的这种社会性，个体才希望通过消费面子产品来维持或增加面子，比如消费者通常会通过购买消费产品来体现其社会价值、获得他人认同，这也更符合中国人眼中的“面子”，而面子意识即是人们对此种面子的感知。不同学者对面子的层次分类如表 3-9 所示。

表 3-9　现有文献对于面子的层次分类

作者（年份）	面子的层次分类
胡先缙（1944）	面 - 脸
布朗等（1978）	积极的面子 - 消极的面子
朱瑞玲（1987）	能力的面子 - 道德的面子
金耀基（1988）	社会性的面子 - 道德性的面子
Lim（1994）	自主的面子 - 交情的面子 - 能力的面子
Spencer-Oatey（2002）	质的面子 - 社会身份的面子
王轶楠（2006）	能力的面子（A 面子）- 共享的面子（C 面子）

资料来源：胡小爱和王建明（2014）

通过对面子内涵的关键词进行范畴化归类，我们可以总结出面子意识的四个基本维度，即自我认同、社会认同、虚面子和实面子，如表3-10所示。具体来说，自我认同是个体的主观评价，指个人对于自我形象、行为举止及外在事物等的内在认同，它属于一种积极的自我评价和内在体验，这种体验可能源于个体过去生活体验的积累，也可能是个体选择自己喜欢的参照群体并借此塑造自我认同。社会认同是社会、他人对个人的分类和综合评价的外在认同。虚面子是指为了获得面子而修饰自己的外在形象，表现出比实际的能力、成就等要好的假象和行为。实面子是指通过自己的学识、修养、能力等努力所获得的面子。当然，面子意识的这四个维度并不是完全独立存在的，他们彼此之间都含有共存和相互依赖的成分，比如自我认同与个人的经验、信念、价值观等都有很大的关系，而这些经验、信念、价值观等又深受社会认同的影响，此时个人认同和社会认同就可能具有一致的价值取向。

表3-10 面子意识的基本维度及其相关范畴归类

基本维度	相关范畴归类
自我认同	自我形象、自尊、主观诉求、品德、自主的面子（布朗和利文森、戈夫曼、丁－图米、陈之昭、戚海峰等）
社会认同	社会成就、道德面子、声望地位、社会圈认同、荣誉、身份（胡先缙、成中英、翟学伟、何友晖等）
虚面子	交情的面子、外显性消费、炫耀性消费、形式主义、虚荣（Lim、金耀基、冯小双、郑玉香等）
实面子	质的面子、能力的面子、个人努力与成就、合适的角色表现（Spencer-Oatey、王轶楠、朱瑞玲、Lim 等）

三、面子意识对消费碳减排的影响分析

1.个体行为动机的中介作用

目前国内外一些学者主要从心理学、社会学、营销学角度来探讨中国人的面子意识及相应购买行为问题，对于面子意识与消费碳减排行为之间的关系却很少涉及。面子意识各维度对消费碳减排行为各维度的作用机理是我们需要深入研究的问题。本书前文已经提及，面子意识分为自我认同、社会认同、虚面子、实面子四个维度，消费碳减排行为分为购买购置行为、使用消费行为、处理废弃行为三个维度。笔者认为，消费者存在着提升面子、维持面子、防止丢面子等一些心理动机。正是这些动机影响着消费者的面子意识与消费行为之间

的关系。面子意识四维度通过动机的中介对消费碳减排行为三维度发生影响作用，且面子意识、行为动机和消费碳减排行为之间是一个循环往复的作用系统。具体来说：①如果消费者是出于一种社会认同的面子意识，如“节约光荣，浪费可耻”是公认的道德准则，则会为保持基本的道德面子实施消费碳减排的各种行为；②如果是一种自我认同，如消费者认为能源节约和消费碳减排行为是一种文明行为和环保时尚，则会自觉践行购买节能产品、拒绝使用一次性产品和循环回收废旧产品等消费碳减排行为；③如果是一种虚面子心理，在社会比较和社会规范情况下，人们会为了维持或提升自身面子（哪怕不是自愿的）做出各种形式主义或炫耀性行为（往往是高碳消费行为）；④如果是一种实面子心理，人们提升面子的行为动机就更加强烈，就更会以各种实际的消费碳减排行为来达到自我和社会规范的要求。需要强调的是，面子意识的四个维度并非完全独立，它们对于消费碳减排行为的作用路径很多情况下也是交互影响的。

2.行为感知效果的反馈作用

根据斯金纳的强化理论，人们为达到某种目的会采取一定的行为作用于环境，当这种行为的后果对其有利时，该行为就会在以后重复出现，反之则行为减弱或消失。人们可以用这种正强化或负强化方法影响行为的后果，从而修正其行为。受面子消费动机的影响，消费者做出消费碳减排行为后会根据自己的行为体验以及社会其他人对此行为的评价，来对自己之前的行为动机进行比较，如果前后一致即达到自己预期的提升或维持面子的目的，消费者就会延续这种行为。相反，如果其行为体验或其他人对其行为的评价与自己先前的预期有所差异，而导致自己的面子损失，消费者会据此调整未来的行为以避免再次丢失面子。当然，以上我们都是从积极的角度来阐释面子意识是怎样通过提升面子和保持面子等心理动机来作用于消费碳减排行为，而后又通过对其行为效果的感知来反馈先前的行为和未来的行为。但目前的现实是面子意识通常对消费碳减排行为起着消极的影响，即人们为了提升面子或保持面子，往往也会做出炫耀性消费、冲动性消费等不合宜行为，这就需要我们的政策制定者对消费者的日常消费行为加以干预和引导。

消费者提升面子、维持面子、防止丢面子的心理动机中介着面子意识与消费碳减排行为之间的关系（巩固行为或调整行为），且消费者对其最终行为效果的感知和反馈（自我体验和周围他人的评价）也会通过其行为动机进行效果反馈对比，以做出继续巩固或调整其行为的决策。综上，本书建构和发展出一个全新的面子意识对消费碳减排行为作用机制的探索性理论模型，我们称之为“面子－动机/反馈－行为模型”（face-motivation/feedback-behavior model），如图 3-7 所示。

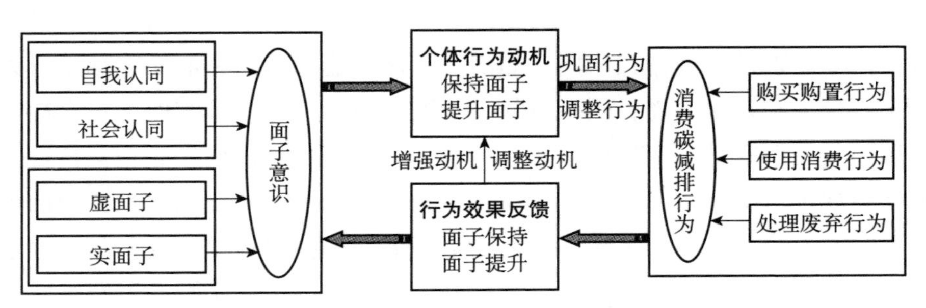

图 3-7 面子－动机/反馈－行为模型

本书构建的面子－动机/反馈－行为模型可以有效地解释面子意识对消费碳减排行为的作用机制。①该模型范畴化出面子意识及消费碳减排行为的各个维度。其中，面子意识包括社会认同、自我认同、虚面子、实面子四个维度，消费碳减排行为包括购买购置、使用消费、处理废弃三个维度。②该模型引入了个体行为动机和行为效果反馈两个中介变量，面子意识是通过面子消费的动机（提升和保持面子）这个中间变量来影响个体消费碳减排行为，个体又会通过消费碳减排行为的效果感知这一变量对其先前行为进行反馈比较，来衡量是否达到了自己的行为目的，进而做出对其现有行为继续巩固或对未来行为做出调整的决策。③面子意识、行为动机/效果反馈及消费碳减排行为之间是一个循环作用系统。行为动机和行为效果感知是面子意识和消费碳减排行为之间相互作用的重要变量，动机起着中介调节的桥梁作用，行为效果感知起着反馈作用，如此形成一个循环往复的作用系统。

第四章
信息传播政策对消费碳减排影响的实验研究：以购买环节为例

本章以购买购置环节的消费碳减排（节能环保产品的购买）为例，通过对城市消费者的现场实验，主要分析绿色信息传播政策对消费碳减排的影响效应，重点分析理性和感性信息诉求、利他和利己信息诉求的主效应和交互效应，情境特征变量的调节效应和态度变量的多重中介效应，以期为相关绿色信息传播政策的制定和实施提供借鉴。本章分为四部分，首先是文献回顾和假设模型，其次是实验设计和样本分析，接着是数据分析和结果发现，最后是研究结论和政策启示。

第一节　文献回顾和假设模型

一、相关文献回顾

随着全球环保运动的日益高涨，人们对环境问题日趋关注，越来越多的消费者开始将更多的目光放在绿色产品身上，追求绿色、节能、环保、低碳、可持续的消费。在理论界，从 1974 年菲斯克（George Fisk）出版《市场营销与生态危机》开始，绿色信息传播（绿色广告）研究逐渐受到研究者的关注和重视。与此同时，很多企业也开始将目光转向绿色信息传播（绿色广告）领域，大量地增加绿色广告的发布，以赢得消费者。然而当今绿色信息传播者（广告主）面临的一个困境就是，什么样的绿色信息传播（绿色广告）诉求才能赢得消费者的信任、获得预期的态度改变、增加产品价值并激发绿色购买意向。

从发达国家的研究文献看，学者们的研究主要集中在以下几个领域：①绿色广告的概念和特征；②绿色广告的分类和测量；③绿色广告效果与绿色广告策略；④绿色广告虚假承诺和监管（Carlson et al.，1993；Banerjee et al.，1995；Obermiller，1995；Wagner and Hansen，2002；Chan，2004；D'Souza et al.，2005）。总的来说，早期的绿色广告研究更多地基于广告本身进行分析，侧重探讨绿色广告的结构、特征，以及绿色广告包含的环境信息等。从 20 世纪 90 年代开始，绿色广告研究更多地基于消费者进行分析，侧重探讨消费者对绿色诉求的反应（Vlieger et al.，2012）。

1. 绿色信息传播诉求的分类

毕提（Peattie，1992）较早地将信息传播诉求内容分为三种：理性绿色诉求、感性绿色诉求和道德绿色诉求。班纳吉等（Banerjee et al.，1995）对绿色电视广告和绿色印刷广告进行了内容分析，结果显示绿色广告的结构可以从三个维度进行解析：广告主类型（赢利型还是非赢利型）、广告焦点（聚焦于广告主还是消费者）、广告的深度（环境信息在广告中提及的程度属于浅层、中等还是深度）。朔沃尔克和莱夫科夫 - 哈吉乌斯（Schuhwerk and Lefkoff-Hagius，1995）将信息诉求分为强调产品环保特征的绿色诉求和强调产品成本节约特征的非绿色诉求两类，实际上也就是将绿色信息诉求分为利己诉求和利他诉求两类。此前，艾伊尔和班纳吉（Iyer and Banerjee，1992）也进行了类似的分类。卡尔森等（Carlson et al.，1996）对媒体上刊登的 100 则绿色广告进行了内容分析，发现绿色广告分为产品导向型、过程导向型、形象导向型和环境呼吁型四类。卡尔森等发现，企业的绿色广告往往侧重于宣传公司绿色形象，而不是宣传产品或生产过程的环保利益，这往往会使消费者对绿色广告产生困惑。哈特曼等（Hartmann et al.，2005）也提出绿色信息诉求可分为注重功能属性（即理性诉求）与注重情感利益（即感性诉求）两种方向。陈（Chan，2000）进一步将产品和过程导向型绿色广告视为实质性（substantive）诉求，因为这类广告展示了特定企业努力对环境负责的具体信息；与之相对，形象导向型和环境呼吁型绿色广告则视为联想型（associative）诉求，它们本质上难于捉摸。基于以上研究，本章主要考察以下四种绿色信息诉求：理性信息诉求和感性信息诉求、利他信息诉求和利己信息诉求。

2. 不同绿色信息诉求的传播效果

关于理性与感性信息诉求的传播效果，不同学者的研究结论不尽一致。一些研究认为理性诉求提供了完整的广告信息，更能激发消费者对广告信息的注意，使接受者产生积极的主观态度，相应的购买意愿也更显著，因此理性诉求的效果优于感性诉求。拉斯基等（Laskey et al.，1995）认为理性诉求优于情感诉求，因为理性诉求广告在产品关键信息的传达上比情感诉求广告简单明确（刘芝玲，2014）。另一种观点认为，感性诉求能够使消费者产生情绪上的反应进而对产品产生正面影响，在与心理情绪相匹配的情况下消费者的绿色购买意向也较佳，由此感性诉求的效果优于理性诉求（Mattila，1999）。陈（Chen，1999）选择了15种消费者卷入程度高的产品或服务（如银行、汽车、电器产品等）和15种卷入程度低的产品或服务（如零售店、汽车服务等），每种产品或服务各确定一个理性信息诉求和一个情感信息诉求，然后测试消费者对不同信息诉求的反应。结果表明，消费者更愿意接受情感信息诉求。在消费者看来，理性信息诉求常被描述为“单调”“没趣”“容易忘记”，情感诉求信息则更经常地被描述为“有吸引力”“有趣”“有创造性”（王怀明，1999）。马蒂拉（Mattila，1999）的准实验研究显示，诉诸情感反应更有助于新消费者对服务性品牌形成积极的态度。哈特曼等（Hartmann et al.，2005）也指出，强调情感的绿色信息诉求效果远比强调功能属性的绿色信息诉求效果好，这能促使消费者建立起良好的个体主观态度。黎建新等（2014）通过对绿色产品与信息诉求之间的匹配进行实验研究发现，对于自利型绿色产品，理性诉求对消费者广告态度和购买意愿的影响更为积极；而对于利他型绿色产品，情感诉求的影响更为积极。

消费者进行绿色决策时到底会考虑利他还是利己？利己主义认为人的动机皆为自我关怀（self-regarding），由于利己主义是一种有关人类动机的主张，故称为“心理的”利己主义，也就是说利己诉求更多地以自我为中心，希望最大化个人福利。利他主义更多地关注他人的效用，推动社会利益最大化

（Griskevicius et al.，2010）。因此利己和利他为相对关系。至于是利己信息诉求还是利他信息诉求更能显著影响消费者购买意向，不同学者的研究结论不尽一致。艾伊尔和班纳吉（Iyer and Banerjee，1992）对利他和利己信息诉求的研究发现，多数绿色信息诉求聚焦在利他主义动机上。朔沃尔克和莱夫科夫－哈吉乌斯（Schuhwerk and Lefkoff-Hagius，1995）的研究证实，利己绿色信息诉求更能激起消费者的购买欲望，且这与消费者在产生购买意向前的深层次心理因素息息相关。斯特恩等（Stern et al.，1999）提出了价值观－信念－规范理论，并检验了个人亲环境规范（personal pro-environmental norms）——个人和其他社会参与者拥有的自身对缓解环境问题的义务的信念——是预测三类环境行为（亲环境消费行为、亲环境公民行为和支持接受环境政策行为）的唯一社会心理因素。琳达等（杨智和董学兵，2010）对荷兰112个受访者展开研究，结果表明利他主义和利己主义价值观通过个人规范对绿色购买行为产生显著影响。格里斯柯维休斯等（Griskevicius et al.，2010）的研究表明，消费者在公共领域购物时，利他信息诉求更能促使消费者购买绿色产品。怀特和佩洛扎（White and Peloza，2009）的研究也发现，当消费者在意其公众形象时，采用利他信息诉求能够增加慈善捐赠。佩洛扎等（Peloza et al.，2013）指出对道德身份较高的消费者来说，相比利己诉求，利他的道德诉求会增加消费者的内疚感从而使消费者产生更高的购买意愿。然而，卡雷卡拉斯等（Kareklas et al.，2014）利用自我构建的方式对绿色有机食品进行了实验研究，结果发现既包含利己诉求又包含利他诉求的绿色广告对消费者购买意向影响最为显著。同时，一些学者研究发现不同情境下信息诉求方式对消费者购买意向的影响是不同的。林美吟（2009）对绿色汽车进行的实验研究结果显示，利他、利己两种不同的绿色信息诉求对广告态度、品牌态度具有显著影响（绿色信息诉求中的利己诉求主要强调自身获得的利益，效果更好），然而不同类型的信息诉求对消费者购买意向的影响并没有显著差异（林子锟，2009）。吴淑玉（2010）加入环境知识这一调节变量发现，针对环境知识高的消费者而言，使用利他绿色信息诉求能够产生较高的购买意向，而对环境知识低的消费者两种诉求方式无显著差异。熊小明等（2015）基于自我概念和印象管理理论对绿色信息进行了实验研究发现，相对利他诉求，利己诉求能更有效地提升消费者的绿色购买意愿。当消费者处在群体情境下购买绿色产品时，与利己诉求相比，利他诉求对其购买意愿的影响更大。当消费者处在独立的个人情境下购买绿色产品时，与利他诉求相比，利己诉求对其购买意愿的影响更为积极。总的来说，不同信息诉求对消费者绿色购买意向会产生不同的影响效果。但对于不同信息诉求的影响效果差异，研究结论并不一致。

3. 绿色涉入度、道家价值观的调节效应

随着研究的深入，越来越多的学者在研究中加入调节变量以进一步深入研究绿色信息诉求对消费者购买意向的影响。其中一个调节变量为绿色涉入度。绿色涉入度反映了消费者对绿色广告信息或环境保护的关注程度。克鲁格曼（Krugman，1965）研究发现，消费者涉入程度不同，对信息的认知处理也不同，所做出的反应亦不同。具体来说，高涉入者会积极主动地去搜集产品信息，有较高的信息回忆度、仔细思考信息内容且尽可能地考虑各种购买决策；低涉入者则不会花太多时间去搜集产品的相关信息、低信息回忆度、不会认真地思考信息内容。朔沃尔克和莱夫科夫－哈吉乌斯（Schuhwerk and Lefkoff-Hagius，1995）研究了环境涉入度对绿色诉求（强调产品的环保特征）和非绿色诉求（强调产品的成本节约特征）的调节影响后发现，对于高环境涉入消费者来说，绿色诉求和非绿色诉求的传播效果没有显著差异；而对于低环境涉入消费者来说，绿色诉求的传播效果显著优于非绿色诉求。德苏扎和塔格汉（D’Souza and Taghian，2005）的研究也发现，高涉入度消费者对绿色信息更可能产生信赖感，认为绿色信息是可信的、能够赞成的、好的；与之相对，低涉入度消费者更可能不理会绿色信息。哈特科和马托利奇（Haytko and Matulich，2008）的研究亦表明，绿色信息对于已经实行绿色行为的消费者效果更好。然而，维利格等（Vlieger et al.，2012）的研究却表明，环境涉入度对消费者信任存在负面效应。

消费者的态度和行为总是习惯于遵从特定文化背景下的价值观念和思想体系。相应地，消费者对绿色信息诉求的反应也很可能与他们的价值观相适配。张梦霞（2005）的实证研究证实了这一点。其研究发现，消费者绿色购买行为的价值观动因至少部分来自道家价值观系统。张梦霞在研究中还基于道家价值观中崇尚自然、注重人与自然和谐的基本特征，创建了道家价值观量表，并验证了该量表的效度和信度。杜圣普（2006）的实证研究显示，消费者的道家价值观特征越显著，对绿色产品概念也越有好的理解，越倾向于购买绿色品牌。笔者认为，中国道家价值观的核心要义在于探讨天地与人类的关系，探索天地万物共存共荣的普遍规律。因此，道家价值观可能对消费者绿色购买态度或绿色购买行为产生显著影响。

综上所述，目前已经有很多学者从不同角度研究了不同绿色信息诉求对消费者购买意愿的影响，并加入了绿色涉入度、绿色生活形态、环境知识等调节变量进行实验分析（江霞，2014），但仍有一些研究局限值得我们关注：①样本的代表性不足。很多学者的实验研究均采用的是学生样本，而学生群体还没有稳定的收入，对绿色产品的购买能力有限。②研究实验材料的选择单一。多数学者针对的是平面媒体广告（文字广告、图片广告）进行实验研究，今后可以针对电视、网络等传播媒介的多媒体广告（视频广告、音频广告等）进行研究。③绿色广告品牌的选择。有些学者实验设计的品牌为真实品牌，有些学者设计为虚拟品牌，对于这是否会影响广告效果态度及品牌态度，未来的研究中需进一步探讨。

二、假设模型构建

根据前文的研究，不同的绿色信息诉求会对消费者产生不同的影响，传播效果体现在多个方面。首先，个体主观态度是指消费者对广告信息形成的主观感受和心理倾向，它是由广告信息唤起的各种积极或消极的认知或情感反应。不同的绿色信息诉求是否会对消费者主观态度产生不同的传播效果，这是首先需要关注的问题。其次，消费者在购买产品时，对环境生态价值的追求，不同于源自外部因素的“社会认同”价值或“形象整饰”价值，这种对环境生态价值的感知称为顾客感知的“绿色价值”，它包括产品减少对环境的污染，帮助消费者提高环境保护意识等效用（杨晓燕和周懿瑾，2006；张红霞和李颖，2010；孙瑾和张红霞，2015）。杨晓燕和周懿瑾（2006）基于顾客感知价值（custom perceived value，CPV）理论，提出“绿色价值”（green value）是顾客感知价值的新维度。其研究发现，在顾客感知价值结构中，绿色价值对顾客感知价值的贡献最大。基于此，有必要研究不同绿色信息诉求对消费者绿色价值感知的影响效果，以及它们之间是否存在显著差异。最后，绿色购买意向是在收入既定的情况下，消费者购买绿色信息诉求中特定绿色产品的可能性和购买意愿。不同的绿色信息诉求是否会对消费者绿色购买意向产生不同的影响效果，这也是需要关注的问题。因此，本研究提出如下假设：

H1：不同绿色信息诉求对消费者态度的传播效果有显著差异。

H1a：相对感性信息诉求来说，理性信息诉求对个体主观态度的传播效果更好。

H1b：相对利他信息诉求来说，利己信息诉求对个体主观态度的传播效果更好。

H1c：相对感性信息诉求来说，理性信息诉求对绿色价值感知的传播效果更好。

H1d：相对利他信息诉求来说，利己信息诉求对绿色价值感知的传播效果更好。

H2：不同绿色信息诉求对消费者绿色购买意向的传播效果有显著差异。

H2a：相对感性信息诉求来说，理性信息诉求对绿色购买意向的传播效果更好。

H2b：相对利他信息诉求来说，利己信息诉求对绿色购买意向的传播效果更好。

在绿色信息诉求下，消费者的个体主观态度和绿色价值感知对绿色购买意向是否存在显著的影响作用，这是值得深入研究的重要问题。斯皮尔斯和辛格（Spears and Singh，2004）认为，消费者对广告信息的态度好坏，决定了消费者能否产生对该产品的绿色购买意向。朱（Zhu，2013）的研究也表明，消费者对绿色广告的态度显著影响其对绿色产品的购买意向。孙瑾和张红霞（2015）研究则发现，消费者感知的绿色价值正向影响消费者的绿色购买意向，即消费者感知的绿色价值越高，其绿色购买意向就越积极。为此，本研究提出如下假设：

H3：在绿色信息诉求下，态度对行为意向有显著影响。

H3a：在绿色信息诉求下，消费者个体主观态度对其绿色购买意向有显著影响。

H3b：在绿色信息诉求下，消费者绿色价值感知对其绿色购买意向有显著影响。

消费者涉入程度的不同会导致其对绿色信息诉求的反应不同，进而会影响消费者个体主观态度、绿色价值感知和绿色购买意向。道家价值观崇尚人与自然和谐共生，这与绿色购买行为紧密相关，可见道家价值观也可能会对绿色信息诉求 - 绿色购买意向之间的路径产生调节作用。因此，本研究提出如下假设：

H4：绿色涉入度、道家价值观对绿色信息诉求 - 反应变量路径有显著的调节作用。

H4a：绿色涉入度对绿色信息诉求 - 反应变量路径有显著的调节作用。

H4b：道家价值观对绿色信息诉求 - 反应变量路径有显著的调节作用。

前文提到，个体主观态度和绿色价值感知对绿色购买意向可能存在显著影响。进一步地，个体主观态度和绿色价值感知在绿色信息诉求 - 绿色购买行为之间可能存在着中介作用（部分中介或全部中介），为此本研究提出如下假设：

H5：态度在绿色信息诉求和行为间存在显著的中介作用。

H5a：个体主观态度在绿色信息诉求和行为间存在显著的中介作用。

H5b：绿色价值感知在绿色信息诉求和行为间存在显著的中介作用。

本研究的假设模型如图 4-1 所示。其中，绿色信息诉求为实验操控变量，个体主观态度、绿色价值感知和绿色购买意向为反应变量（其中，个体主观态度、绿色价值感知为中间变量，绿色购买意向为结果变量），绿色涉入度和道家价值观这两个情境特征变量为调节变量。

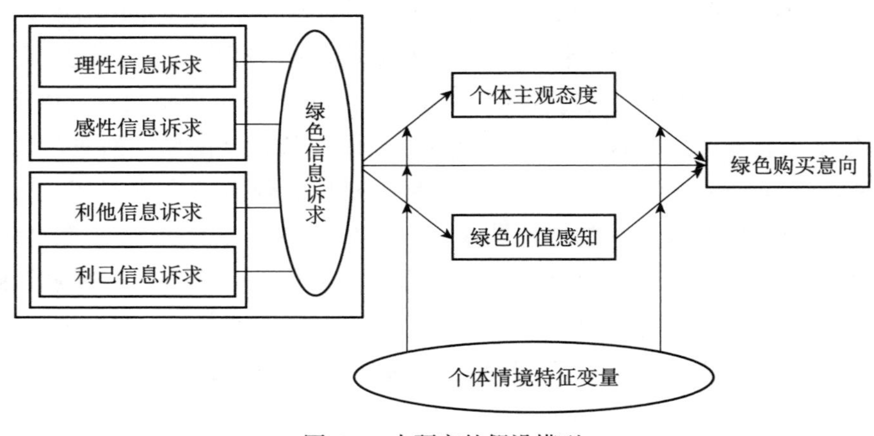

图 4-1　本研究的假设模型

第二节　实验设计和样本分析

一、实验材料与测试问卷设计

（一）实验产品选择

考虑到消费者生活与家电业息息相关，消费者相对比较关注家电业的绿色广告信息，同时家电业是中国发布绿色广告信息较多的行业（《中国广告年鉴》显示，1998 ～ 2012 年家电业广告投入一直在全国各行业中位居前十位），其发布的绿色广告信息具有一定的代表性，我们在研究中选取家电业（以空调为例）的绿色广告信息进行研究。为了控制实际企业或品牌形象对实验结果的干扰，我们在实验中设想了一个虚拟空调品牌——“蓝羽空调”作为实验产品。

（二）实验材料设计

本研究的实验刺激物为四种不同的绿色信息诉求（A 理性绿色信息诉求，B 感性绿色信息诉求，C 利他绿色信息诉求，D 利己绿色信息诉求）。其中，理性绿色诉求对产品的环保功能有详细的阐述，主要强调产品的节能功能，以及能减少对环境的破坏程度，满足消费者对其产品的环保功能性需求；感性绿色诉求主要基于对环境的承诺，通过营造出令人感动的情境（关爱家人、热爱生活，为家人营造环保的生活环境等），来满足消费者的情感性需求；利他绿色信息诉求主要强调消费者从事环保行为（如购买环保产品）给他人带来的福利，如自己的绿色购买行为会保护环境，使得地球更美好，而不考虑对自身利益的影响；利己绿色信息诉求主要强调消费者从事环保行为（如购买环保产品）给自己带来的实际利益（如更省钱、更健康等），而不是对社会的福利。为了确保绿色信息设计更具真实感，我们也参考了市场上许多有关空调的平面广告信息设计，有侧重点地设计出四种不同诉求的绿色广告信息。

理性绿色信息诉求和感性绿色信息诉求的定义和内容设计如表 4-1 所示。具体的绿色信息设计材料见附录。

表 4-1　理性诉求和感性诉求的定义和内容设计

项目	理性绿色信息诉求	感性绿色信息诉求
定义	对产品的环保功能有详细的阐述，主要强调产品的节能功能，以及能减少对环境的破坏程度，满足消费者对其产品的环保功能性需求	主要基于对环境的承诺，通过营造出令人感动的情境（关爱家人、热爱生活，为家人营造环保的生活环境等），来满足消费者的情感性需求
内容设计	标题：蓝羽，打造世界上最环保的空调！ 内容：①蓝羽变频空调 1 赫兹技术，最低功率 45 瓦；②蓝羽高效直流变频离心机，综合效能比 11.2，省电 40%；③蓝羽直流变频卧室空调，特有静音换气技术，静音设计低至 21 分贝；④一赫兹更节能，降低空调的用电量，节能环保；⑤独特的材质，降低对环境的影响，堪称 2013 年省能的绿色奇迹！	标题：蓝羽空调，绿色同行，让您深刻体味家的感觉！ 内容："幸福生活"离不开"绿色环境"和"科学发展"，让地球远离污染，让健康走进家园。蓝羽空调，节能环保，绿色倡行，为您打造舒适愉悦的工作、生活空间，让您和家人共享舒适环境。蓝羽与您一起守护地球，节能减排，净化空气，综合效能比高，爱护地球，共享幸福和谐生活，享受家的温馨，更让宝宝健康成长！
参考文献	Peattie（1992） Banerjee 等（1995） 任素慧（2010）	Peattie（1992） Banerjee 等（1995） 任素慧（2010）

利他绿色信息诉求和利己绿色信息诉求的定义和内容设计如表 4-2 所示，具体的绿色信息设计材料见附录。

表 4-2　利他诉求和利己诉求的定义和内容设计

项目	利他绿色信息诉求	利己绿色信息诉求
定义	主要强调消费者从事环保行为（如购买环保产品）给他人带来的福利，如自己的绿色购买行为会保护环境，使得地球更美好，而不考虑对自身利益的影响	主要强调消费者从事环保行为（如购买环保产品）给自己带来的实际利益（如更省钱、更健康等），而不是对社会的福利
内容设计	标题：伸出友爱之手，与蓝羽一起，携手节能减排，共建和谐社会，为绿色为环保共同努力！ 内容：全球气候变化使人类面临着巨大的环境危机，为了应对气候变化，减少环境污染，我们必须行动起来。购买蓝羽系列空调，为社会节能减排做出贡献！蓝羽空调，先进的技术能更好地实现节能减排的目标，净化空气省电先行，每节约 1 度（1 千瓦时）电，会减少污染排放 0.272 千克碳粉尘、0.997 千克二氧化碳（CO_2）、0.03 千克二氧化硫（SO_2）、0.015 千克氮氧化物（NO_x），这就相当于种植 2~3 棵树所起的作用，使用蓝羽空调以净化空气，创造清新环境！保护环境，爱护地球，选择使用蓝羽空调，为他人创造良好的生存环境贡献自己的一份力量！	标题：蓝羽空调，省钱、健康又环保，您的明智选择！ 内容：全球气候变化使人类面临着巨大的环境危机，为了应对气候变化，减少环境污染，我们必须行动起来。购买蓝羽空调，比一般空调省电 40%，假设每节省 1 度电您将节省 1 元钱，每天节省 1~2 度电，平均一年将要节省 300~600 度电，将会为您节省 500 元左右，日积月累，也会给家庭带来可观的经济利益，让您轻松省钱做环保！蓝羽空调的奇特环保功能，让您切实感受身心舒适的氛围！另外，购买蓝羽空调还可赠送每位消费者价值相当的精美礼品一份！
参考文献	Banerjee 等（1995） 林美吟（2009） 吴淑玉（2010）	Banerjee 等（1995） 林美吟（2009） 吴淑玉（2010）

为了使得绿色信息材料更具真实感，我们搜索并借鉴了网络上专业设计师设计的广告图片，消除图片中的产品品牌标志，同时参考了许多空调平面广告，从而设计出四种不同诉求的绿色信息。

（三）测试量表设计

对于个体主观态度，本研究参照戴鑫（2010）等的研究，确定了以下五个题项进行测量：①该绿色广告提供的信息十分丰富；②这则绿色广告令人印象深刻；③这则绿色广告很有吸引力；④我喜欢这则绿色广告；⑤这则绿色广告很有说服力。对于绿色价值感知，我们借鉴拉罗什等（Laroche et al.，2001）研究目标顾客是否愿意为绿色产品支付高价时所采用的量表以及杨晓燕和周懿瑾（2006）对绿色价值的量表，采用四个题项进行测量：①该产品是绿色环保的产品；②选择该产品有助于改善生态环境；③选择该产品会减少对环境的污染；④该产品有利于刺激消费者提高环保意识。对于绿色购买意向，我们借鉴了戴鑫（2010）的消费者购买意向量表并进行了一定的调整。具体的测量题项如下：①我想要购买该产品；②购买该广告中的产品是很明智的选择；③该绿色广告会促使我决定购买该产品。对绿色涉入度，我们参考朔沃尔克和莱夫科夫－哈吉乌斯（Schuhwerk and Lefkoff-Hagius，1995）开发的环保涉入度量表。德苏扎和塔格汉（D'Souza and Taghian，2005）在研究中也采用朔沃尔克和莱夫科夫－哈吉乌斯（Schuhwerk and Lefkoff-Hagius，1995）的环保涉入度量表对消费者加以区分，将消费者分为高涉入度与低涉入度消费者。具体来说，本研究的绿色涉入度题项包括：①我对绿色广告的信息很关注；②我对环境问题很关注；③我对市场上新流行的绿色产品很关注；④我对与绿色产品相关的活动很关注。对道家价值观，本研究所关注的是道家价值观中的崇尚自然、人与自然和谐理念（即道家价值观中的绿色元素），这也是与绿色消费密切联系的方面。张梦霞（2005）基于道家价值观中崇尚自然、人与自然和谐的基本特征，创建了道家价值观量表，并验证了该量表的效度和信度。本研究借鉴张梦霞（2005）的道家价值观量表，并在其基础上有所修正，具体包括以下五个题项：①我崇尚自然；②我崇尚简单朴实的生活；③我崇尚顺其自然的生活；④理想的生活场所是那里的风景和气氛就如同一幅山水画；⑤如果事物以其本来的节奏变化，万物和谐就会自然实现。以上题项都采用李克特（Likert）五级量表制。我们采取个体主观赋值的方式，得分代表被试对该题项的同意程度，其中，5 代表非常同意，4 代表大致同意，3 代表一般，2 代表不太同意，1 代表很不同意。

为了提高量表的准确性和适用性，笔者请一些相关领域专家对量表的措辞和结构提出修改意见，剔除了不合适的题项，对含义不清楚的题项进行了修改和完善，建立初步的测试量表。然后我们对小样本被试进行预测试，以检验实验材料是否存在表述问题，并检验问卷的信效度。为了得到更好的测试效果，笔者随机遴选 4 组被试，每组 35 人，总共 140 人，共获得测试样本 120 份（每组 30 份，我们确保每组回收的有效样本量相等以便于后面的分析）。对于回收的预测试样本，笔者进行了初步统计分析，并基于分析结果进一步修正问卷。最终的测量量表如表 4-3 所示。

表 4-3　本研究的量表设计

测量变量	变量代码	测量量表	量表来源	度量尺度
个体主观态度	M	M1 该绿色广告提供的信息十分丰富 M2 这则绿色广告令人印象深刻 M3 这则绿色广告很有吸引力 M4 我喜欢这则绿色广告 M5 这则绿色广告很有说服力	戴鑫（2010）	李克特五级量表：5代表非常同意，4代表大致同意，3代表一般，2代表不太同意，1代表很不同意
绿色价值感知	N	N1 该产品是绿色环保的产品 N2 选择该产品有助于改善生态环境 N3 选择该产品会减少对环境的污染 N4 该产品有利于刺激消费者提高环保意识	杨晓燕和周懿瑾（2006）	
绿色购买意向	H	H1 我想要购买该产品 H2 购买该广告中的产品是很明智的选择 H3 该绿色广告会促使我决定购买该产品	戴鑫（2010）	
绿色涉入度	E	E1 我对绿色广告的信息很关注 E2 我对环境问题很关注 E3 我对市场上新流行的绿色产品很关注 E4 我对与绿色产品相关的活动很关注	D'Souza 和 Taghian（2005）	
道家价值观	F	F1 我崇尚自然 F2 我崇尚简单朴实的生活 F3 我崇尚顺其自然的生活 F4 理想的生活场所是那里的风景和气氛就如同一幅山水画 F5 如果事物以其本来的节奏变化，万物和谐就会自然实现	张梦霞（2005）	

最后一类变量为人口统计变量，本研究设置了 5 个题项，分别为性别、年龄、学历、婚姻状况、平均月个人可支配收入。其中，性别分为 2 类：A. 男；B. 女。年龄分为 5 类：A.20 周岁或以下；B.21 ～ 30 周岁；C.31 ～ 40 周岁；D.41 ～ 50 周岁；E.51 周岁或以上。学历分为 3 类：A. 大专或以下；B. 本科；C. 硕士或以上。婚姻状况分为 2 类：A. 未婚；B. 已婚。平均月个人可支配收入分为 6 类：A.1000 元以下；B.1001 ～ 2000 元；C.2001 ～ 3000 元；D.3001 ～ 4000 元；E.4001 ～ 5000 元；F.5001 元以上。

二、实验测试和样本回收情况

本研究采用现场实验法收集数据。实验中被试被随机分配到四种绿色信息诉求情境下的某一个情境中，被要求阅读一段绿色信息诉求材料（A 理性绿色信息诉求，B 感性绿色信息诉求，C 利他绿色信息诉求，D 利己绿色信息诉求），接着开始填写测试问卷。

实验时间为 2013 年 6 ～ 8 月，共发出实验问卷 440 份，A、B、C、D 四则不同诉求的问卷各 110 份。在回收的样本中我们先剔除无效样本。① 此外为了便于测量，我们统一了不同绿色信息诉求下的回收样本数量，确保每种信息诉求均回收 100 份样本，这样共获得有效样本 400 份。

我们采用 SPSS20.0 对有效样本进行统计分析，表 4-4 为被试基本情况的描述性统计分析表。可以看出，本次实验样本有如下特征：被试主要集中在 21 ～ 30 周岁，占样本总量的 69.8%。这一年龄段的人文化程度相对较高、思维活跃，能够有效完成实验测试，且更愿意配合测试；男女比例基本平衡，女性比例（占 53.5%）略高于男性比例（占 46.5%）；从学历来看，本科和硕士及以上学历这两类居多（占 89.0%），这主要是由于本实验招募的被试以浙江省在校大学生为主，很多被试来自高校研究生，他们对测试问卷的理解力较强，能保证问卷填写质量；样本分析还显示，未婚者居多（占 66.3%），月可支配收入 2000 元以下者占 60.3%，5000 元以上者占 28.7%。

表 4-4　被试样本的描述性统计分析

变量	分类指标	理性诉求组 A	感性诉求组 B	利他诉求组 C	利己诉求组 D	合计	百分比 /%
性别	1. 男	48	43	46	49	186	46.5
	2. 女	52	57	54	51	214	53.5
年龄	1. 20 周岁或以下	5	13	4	11	33	8.2
	2. 21 ～ 30 周岁	69	72	70	68	279	69.8
	3. 31 ～ 40 周岁	20	9	18	9	56	14
	4. 41 ～ 50 周岁	4	3	3	6	16	4
	5. 51 周岁或以上	2	3	5	6	16	4
学历	1. 大专或以下	10	9	11	14	44	11
	2. 本科	31	32	38	28	129	32.2
	3. 硕士或以上	59	59	51	58	227	56.8

① 这里，有必要简要叙述一下判别和剔除无效问卷的原则：①关键性缺项过多。主要是行为变量和态度变量的缺项。对于一些人口统计变量（如收入）缺失，则依然视为有效问卷。②多处前后矛盾。③相同选项过多，不符合逻辑的问卷。

续表

变量	分类指标	理性诉求组 A	感性诉求组 B	利他诉求组 C	利己诉求组 D	合计	百分比 /%
婚否	1. 未婚	65	75	48	77	265	66.3
	2. 已婚	35	25	52	23	135	33.7
月收入	1. 1000 元以下	32	35	26	36	129	32.3
	2. 1001 ～ 2000 元	23	35	26	28	112	28
	3. 2001 ～ 3000 元	10	8	3	11	32	8
	4. 3001 ～ 4000 元	5	3	3	1	12	3
	5. 4001 ～ 5000 元	12	10	19	9	50	12.5
	6. 5001 元以上	18	9	23	15	65	16.2

三、信效度检验和操控性检验

（一）样本信效度分析

下面对样本进行信度和效度检验，以对量表质量进行评估。信效度检验包括两方面：一是量表信度（reliability）检验，二是量表效度（validity）检验。量表信度即量表可靠性，是调查结果的稳定性和一致性，它反映的是问卷量表能否稳定地测量所测变量。我们使用内在信度（internal reliability）指标对量表信度进行检验，且采取克龙巴赫 α 系数（Cronbach' s α）信度指标以评估调查问卷的内在信度。个体主观态度、绿色价值感知、绿色购买意向、绿色涉入度、道家价值观五变量的克龙巴赫 α 系数如表 4-5 所示（A、B、C、D 表示相应的四套测试问卷）。

表 4-5 量表的信度检验

变量名称	变量代码	变量题项数	克龙巴赫 α 系数			
			A	B	C	D
个体主观态度	M	5	0.742	0.884	0.859	0.755
绿色价值感知	N	4	0.881	0.872	0.814	0.796
绿色购买意向	H	3	0.882	0.911	0.894	0.870
绿色涉入度	E	4	0.850	0.872	0.890	0.875
道家价值观	F	5	0.931	0.940	0.945	0.907

单独从A、B、C、D四套测试问卷来看，各项的克龙巴赫 α 系数均大于0.7，有些甚至达0.9以上，可以认为各测试问卷有较高的内在一致性。整体上来看各项的克龙巴赫 α 系数都在0.8以上。因此，无论从A、B、C、D四套测试问卷单独来看还是从整体来看，此实验的问卷量表都有较高的一致性和可信度。

效度即量表的有效性（真实性程度），即量表在多大程度上反映出研究者想要测量概念的真实含义。我们主要对内容效度（content validity）和建构效度（construct validity）进行检验。先采用专家判断法检验内容效度。问卷正式形成以前，笔者先经过一轮与相关领域专家、代表性消费的深度访谈，询问他们哪些因素对测量各解释变量和结果变量重要，从而归纳得出原始问卷。此后，笔者对城市消费者进行了预测试。接着对测试结果进行分析，总结了被试的意见，对问卷进行了进一步修正和完善。总的来说，本问卷内容有一定的广度，且契合调查目标，内容效度较为理想。下面用因子分析法检验建构效度。建构效度的常用判定指标有两个，即KMO值和巴特利特球形检验卡方值。从表4-6可以看出，反应变量（包括态度和行为这两类变量）各项的KMO检验统计量均在0.7以上，巴特利特球形检验显著性水平均为0.000，因此，拒绝巴特利特球形检验零假设，可以认为本测试问卷及各组成部分建构效度良好。

（二）操控性检验

本研究通过分析被试对四则绿色信息诉求（理性绿色诉求、感性绿色诉求、利他绿色诉求和利己绿色诉求）的认可程度来进行操控性检验。在四种绿色信息诉求下，没有被试对相应绿色信息诉求的认可度为“很不同意”“不太同意”，只有少数被试的认可度为“一般”，绝大多数被试对相应绿色信息诉求的认可度为“大致同意”“非常同意”。从均值分析看，被试对于理性绿色诉求、感性绿色诉求、利他绿色诉求和利己绿色诉求的认可度均值分别为4.64、4.58、4.61、4.73，均值都在4.5以上（表4-7）。这说明各绿色信息诉求材料能分别代表理性绿色诉求、感性绿色诉求、利他绿色诉求和利己绿色诉求，从而可以认为本次实验操控成功。

表 4-6　量表的效度检验

变量名称	变量代码	变量题项数	KMO 检验				巴特利特球形检验											
							卡方统计量				自由度				显著性水平			
			A	B	C	D	A	B	C	D	A	B	C	D	A	B	C	D
个体主观态度	M	5	0.759	0.829	0.798	0.774	124.282	284.687	233.314	151.298	10	10	10	10	0.000	0.000	0.000	0.000
绿色价值感知	N	4	0.831	0.824	0.753	0.758	213.260	216.013	156.502	123.032	6	6	6	6	0.000	0.000	0.000	0.000
绿色购买意向	H	3	0.740	0.752	0.750	0.735	162.121	204.258	174.679	145.554	3	3	3	3	0.000	0.000	0.000	0.000
绿色涉入度	E	4	0.780	0.764	0.813	0.790	171.985	216.354	237.022	207.266	6	6	6	6	0.000	0.000	0.000	0.000
道家价值观	F	5	0.864	0.880	0.901	0.868	419.724	436.003	492.786	328.548	10	10	10	10	0.000	0.000	0.000	0.000

表 4-7　被试对绿色信息诉求的认可度

绿色信息诉求	测评人数 / 认可度 %					均值
	1 很不同意	2 不太同意	3 一般	4 大致同意	5 非常同意	
A	0	0	6	24	70	4.64
B	0	0	8	26	66	4.58
C	0	0	7	25	68	4.61
D	0	0	3	21	76	4.73
总体	0	0	6	24	70	4.63

第三节　数据分析和结果发现

一、信息传播政策对态度和行为的总体效应

实施绿色信息传播政策后，受访者对绿色信息诉求的个体主观态度、绿色价值感知、绿色购买意向、个体绿色涉入度、道家价值观各题项的均值和标准差如图 4-2 所示。个体主观态度、绿色价值感知两变量的均值均为 3.55（即位于“大致同意”到“一般”之间）。这表明，多数人对绿色信息传播有比较积极的主观态度，也感知到产品的绿色价值（即认识到绿色信息传播的对象是绿色环保产品）。且这两个题项的标准差也相对较低（为 0.67），这表明其内部差异也相对较小。绿色购买意向变量的均值为 3.43（标准差为 0.82）。这表明，相对态度变量来说，不少受访者在绿色信息诉求刺激下的购买意向还没有相应提升。进一步说，一些人表现了典型的“知易行难”现象。对于绿色涉入度和道家价值观变量来说，这两题的均值分别为 3.44、3.75。可见，多数受访者在生活中崇尚清静平淡、简单朴实和顺其自然的道家价值观，但一部分人对生态环境、绿色产品、绿色活动、绿色广告等绿色问题的关注度、卷入度相对还是有所偏低。这值得我们关注和重视。

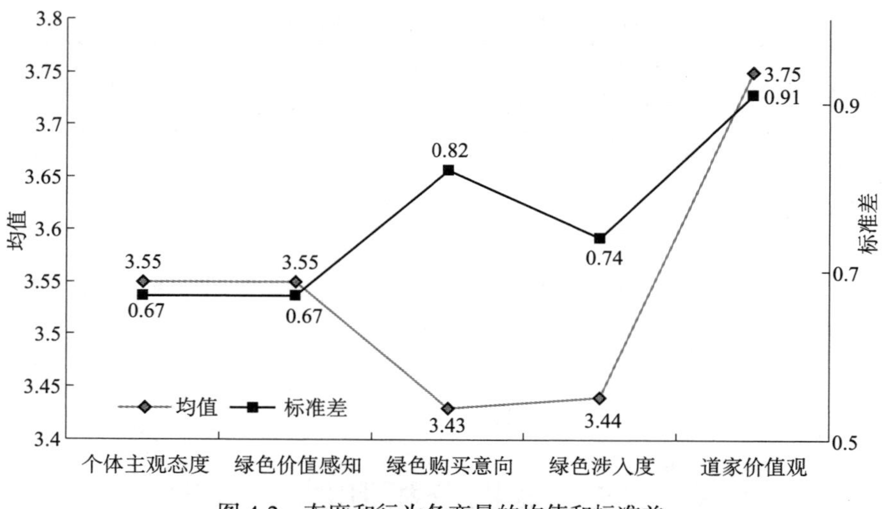

图 4-2　态度和行为各变量的均值和标准差

图 4-3 为态度各题项的均值和标准差。对于个体主观态度，题项 M1、M4 的均值（分别为 3.81、3.70）要显著高于 M2、M3、M5，后三个题项的均值分别为 3.41、3.53、3.30。且题项 M1 标准差最低（为 0.721），这表明其内部差异也最小。从回答情况看，受访者认同（即选择“5 非常同意”和“4 大致同意”两个选项，下同）M1 的比例有 74.3%，不认同（即选择“2 不太同意”和“1 很不同意”两个选项，下同）M1 的仅有 5.8%（这里需注意的是，其实并没有受访者选择“1 很不同意”选项），另有 20.0% 的人态度中立（即选择“一般”选项）。受访者认同 M4 的比例有 65.0%，不认同 M4 的有 11.8%，另有 23.3% 的受访者态度中立。与此同时，受访者认同 M2 的比例为 52.8%，不认同的比例为 14.1%，态度中立者刚好 1/3。受访者认同 M3 的比例为 53.0%，不认同的比例为 13.0%，态度中立者也略微超过 1/3。消费者认同 M5 的比例为 42.3%，不认同的比例为 19.5%，态度中立者也接近四成（38.3%）。无论从均值看，还是从统计百分比看，受访者对 M1、M4 的认同度都要显著高于 M2、M3、M5，如表 4-8 所示。可见，一些受访者虽然认为这些绿色信息内容很丰富，也喜欢相应的绿色信息，但他们对这些绿色信息的印象并不深刻，也不觉得这些绿色信息很有吸引力和说服力。这也许由于他们对类似的绿色信息传播已经司空见惯、习以为常。

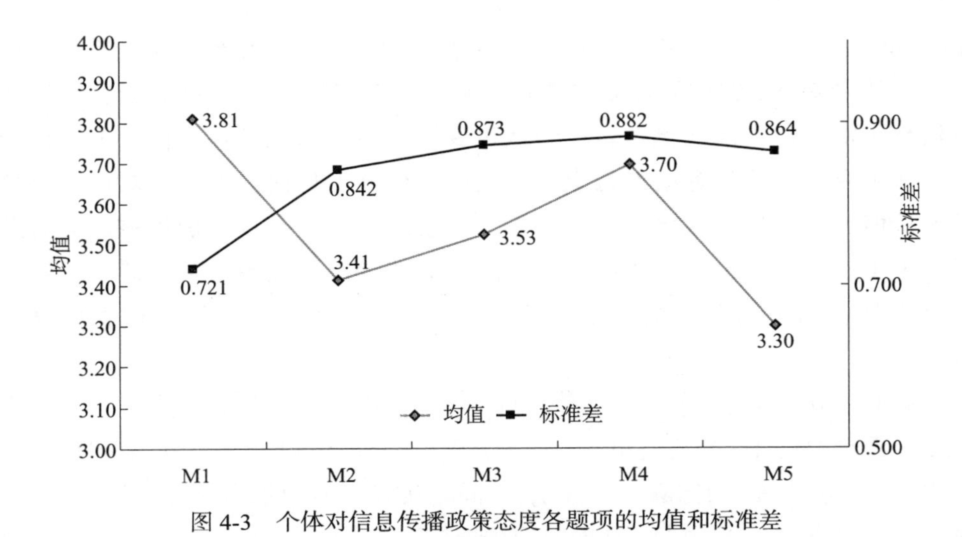

图 4-3　个体对信息传播政策态度各题项的均值和标准差

表 4-8　个体对信息传播政策的总体态度

题项	个体主观态度 M1（信息丰富）	个体主观态度 M2（印象深刻）	个体主观态度 M3（有吸引力）	个体主观态度 M4（喜欢）	个体主观态度 M5（有说服力）
样本量	400	400	400	400	400
均值	3.81	3.41	3.53	3.70	3.30
中位值	4.00	4.00	4.00	4.00	3.00
众数	4	4	4	4	3
标准差	0.721	0.842	0.873	0.882	0.864
非常同意 / %	12.5	4.8	12.5	16.5	7.3
大致同意 / %	61.8	48.0	40.5	48.5	35.0
一般 / 中立 / %	20.0	33.3	34.0	23.3	38.3
不太同意 / %	5.8	11.8	13.0	11.8	19.5
很不同意 / %	0	2.3	0	0	0
合计 / %	100.0	100.0	100.0	100.0	100.0

关于受访者接受绿色信息刺激后产生的绿色价值感知，题项 N1 的均值为 3.96，N2、N3、N4 的均值分别为 3.40、3.53、3.33，题项 N1 的均值要显著高于题项 N2、N3、N4，如图 4-4、表 4-9 所示。从回答情况看，受访者认同题项 N1 的比例为 78.0%，认同 N2、N3、N4 的比例分别为 43.3%、55.0%、48.5%。题项 N1 的标准差（为 0.683）也低于最低题项 N2、N3、

N4（分别为 0.843、0.870、0.831），这表明题项 N1 的内部差异也最小。可见，受访者对 N1 的认同度要显著高于题项 N2、N3、N4。这表明，经过绿色信息传播后，大多数受访者已经认识到该产品的绿色环保价值，但数据分析也显示有一些受访者虽然认识到产品的绿色环保价值，但他们对产品绿色环保价值的认识比较抽象，并不具体。这表现在他们并没有确信该产品有助于改善生态环境，也不太相信选择该产品会减少对环境的污染，甚至也不相信该产品有利于刺激消费者提高环保意识。这一现象值得绿色信息传播者重视。

关于受访者接受绿色信息刺激后的绿色购买意向，题项 H2 的均值最高（为 3.52），题项 H1、H3 的均值相对稍低（分别为 3.36、3.40）。从受访者的回答看，受访者认同题项 H2 的比例为 57.5%，认同题项 H1、H3 的比例分别降为 45.8%、53.3%。与此同时，受访者不认同 H2 的比例为 13.5%，对题项 H2 表示中立的受访者有 29.0%，不认同题项 H1、H3 的比例分别为 11.5%、14.3%，对题项 H1、H3 表示中立的受访者有 42.8%、32.5%。可见，很多受访者的绿色购买意向并不强烈。一些受访者虽然口头上表示购买绿色信息中提及的绿色环保空调是明智选择，但却未必有实际行动（体现在对题项 H1、H3 表示中立或不认同的受访者较多）。

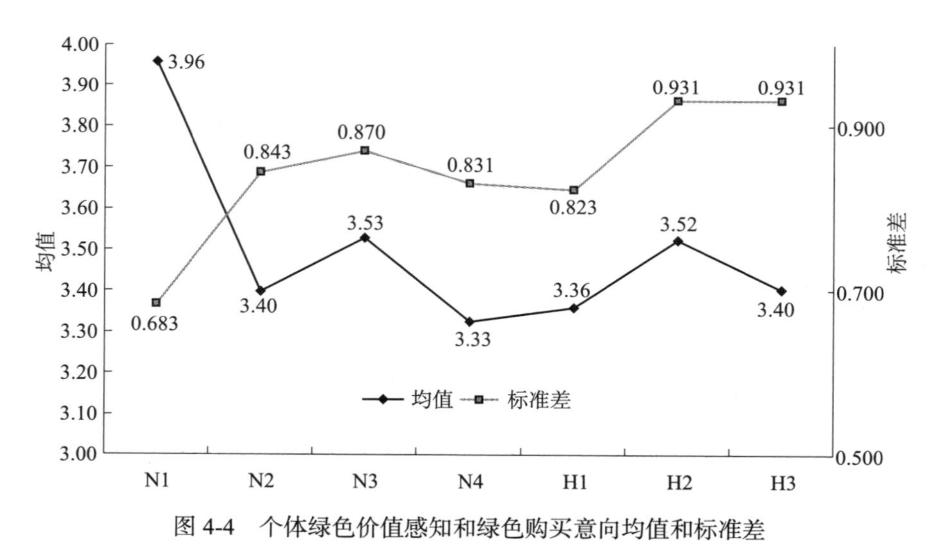

图 4-4 个体绿色价值感知和绿色购买意向均值和标准差

表 4-9　个体的绿色价值感知和绿色购买意向

题项	绿色价值感知				绿色购买意向		
	N1	N2	N3	N4	H1	H2	H3
样本量	400	400	400	400	400	400	400
均值	3.96	3.40	3.53	3.33	3.36	3.52	3.40
中位值	4.00	3.00	4.00	3.00	3.00	4.00	4.00
众数	4	3	4	4	3	4	4
标准差	0.683	0.843	0.870	0.831	0.823	0.931	0.931
非常同意 /%	19.5	10.0	11.5	3.8	4.8	11.3	6.5
大致同意 /%	58.5	33.3	43.5	44.8	41.0	46.3	46.8
一般 / 中立 /%	20.3	43.3	31.3	31.8	42.8	29.0	32.5
不太同意 /%	1.8	13.5	13.8	19.8	8.5	10.5	9.0
很不同意 /%	0	0	0	0	3.0	3.0	5.3
合计 /%	100.0	100.0	100.0	100.0	100.0	100.0	100.0

下面分析绿色涉入度和道家价值观变量。对于绿色涉入度，题项 E1、E2 的均值相对较高（分别为 3.63、3.78），题项 E3、E4 的均值分别为 3.18、3.16，显著低于前两个题项，如图 4-5 所示。从受访者的回答看，消费者认同题项 E1、E2 的比例有 57.8%、65.5%，认同题项 E3、E4 的比例降低为 38.5%、36.3%。可以看出，受访者对环境问题的关注度最高，对绿色广告信息的关注度次之，对市场上新流行的绿色产品以及与绿色产品相关的活动关注度相对最低。与此同时，受访者对题项 E1、E2 表示中立的比例分别为 32.0%、23.8%，对 E3、E4 表示中立的比例提高到 37.8%、39.8%，不认同题项 E1、E2 的比例分别为 10.3%、10.8%，不认同题项 E3、E4 的比例分别增加为 23.8%、24.0%，如表 4-10 所示。无论从均值看，还是从统计百分比看，受访者对题项 E1、E2 的认同度都要显著高于题项 E3、E4。可见，一些受访者虽然对环境问题、绿色广告信息很关注，但他们对市场上新流行的绿色产品以及与绿色产品相关的活动还不是很关注，这可能会成为制约他们实行绿色购买行为的一个障碍。

对于道家价值观，题项 F1、F2、F3 的均值分别为 3.91、3.80、3.87，三题项的标准差分别为 0.850、0.956、1.070，逐渐有所提高。题项 F4、F5 的均值有所降低，分别为 3.61、3.59，这两个题项的标准差却分别提高为 1.059、1.171。从受访者的具体回答看，受访者认同题项 F1、F2、F3 的比例分别为 64.8%、

63.8%、64.0%，差别不算显著。而受访者认同题项 F4、F5 的比例分别降低为 54.5%、53.8%。总体上看，多数受访者在内心还是崇尚清静平淡、简单朴实、顺其自然的生活方式，这就是道家价值观的生活方式。当然，受访者的实际行为和生活方式是否与测试问卷反映的完全一致，这还需要进一步检验。

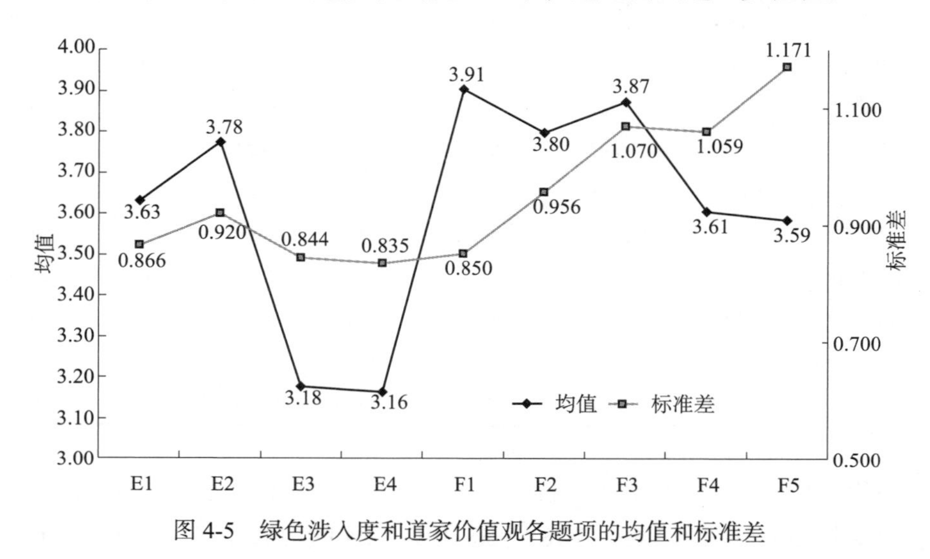

图 4-5　绿色涉入度和道家价值观各题项的均值和标准差

表 4-10　个体的绿色涉入度和道家价值观

题项	绿色涉入度				道家价值观				
	E1	E2	E3	E4	F1	F2	F3	F4	F5
样本量	400	400	400	400	400	400	400	400	400
均值	3.63	3.78	3.18	3.16	3.91	3.80	3.87	3.61	3.59
中位值	4.00	4.00	3.00	3.00	4.00	4.00	4.00	4.00	4.00
众数	4	4	3	3	4	4	5	4	5
标准差	0.866	0.920	0.844	0.835	0.850	0.956	1.070	1.059	1.171
非常同意 / %	15.5	22.8	3.5	4.0	28.8	26.8	37.0	25.0	29.3
大致同意 / %	42.3	42.8	35.0	32.3	36.0	37.0	27.0	29.5	24.5
一般 / 中立 / %	32.0	23.8	37.8	39.8	32.3	25.5	22.8	26.5	24.3
不太同意 / %	10.3	10.8	23.3	24.0	3.0	10.8	13.0	19.0	19.5
很不同意 / %	0	0	0.5	0	0	0	0.3	0	2.5
合计 / %	100.0	100.0	100.0	100.0	100.0	100.0	100.0	100.0	100.0

二、不同情境特征个体的态度和行为差异

这里我们不考虑信息诉求内容的差异，主要分析绿色信息传播政策对不同特征个体的效应是否存在差异（异质性），我们采用单因素方差分析（one-way analysis of variance，one-way ANOVA），主要考察性别、学历、婚姻状况、个人月收入、绿色涉入度和道家价值观这六个情境特征变量。[①] 在这六个变量中，性别、婚姻状况变量为两分类变量，学历、个人月收入、绿色涉入度和道家价值观这四个变量为多分类变量（每个变量都有 3 个或 3 个以上分类）。考虑到类别太多计算起来太复杂，结果也难以解释，因此，我们将这四个变量转化为两分类变量。学历分为本科或以下（赋值为 1）和硕士或以上（赋值为 2）两类，个人月收入分为 2000 元或以下（赋值为 1）和 2001 元或以上（赋值为 2）两类。绿色涉入度有四个题项，我们根据受访者回答的实际值和平均值将受访者分为两类：得分高于平均值者归入高绿色涉入度组，这部分受访者有 169 个，占总数的 42.3%；得分低于平均值者归入低绿色涉入度组，这部分受访者有 231 个，占总数的 57.8%。道家价值观有五个题项，我们根据受访者回答的实际值和平均值将受访者分为两类：得分高于平均值者归入强道家价值观组，这部分受访者有 167 个，占总数的 41.8%；得分低于平均值者归入弱道家价值观组，这部分受访者有 233 个，占总数的 58.3%。个体分组统计情况如表 4-11 所示。

表 4-11　受访者的人口统计变量分类

变量	分类指标	频数	百分比 /%
性别	1. 男	186	46.5
	2. 女	214	53.5
婚姻状况	1. 未婚	265	66.3
	2. 已婚	135	33.7
学历	1. 本科或以下	173	43.3
	2. 硕士或以上	227	56.8
个人月收入	1. 2000 元或以下	173	43.3
	2. 2001 元或以上	227	56.8
绿色涉入度	1. 低	169	42.3
	2. 高	231	57.8
道家价值观	1. 弱	167	41.8
	2. 强	233	58.3

① 此外还有一个情境特征变量为年龄，但由于本次实验的被试年龄大都在 21 ～ 30 岁，其他区间的被试数量比较少，因此无法根据年龄进行分组方差分析。

从表 4-12 可以看出，对于性别，在 0.05 的显著性水平下，男女在各变量上都没有显著差异。

表 4-12　不同性别个体的态度和行为差异

变量	男性组		女性组		总体		检验结果	
	均值	标准差	均值	标准差	均值	标准差	*F* 值	显著性水平
个体主观态度	3.46	0.76	3.50	0.71	3.48	0.73	0.295	0.587
绿色价值感知	3.54	0.68	3.57	0.67	3.55	0.67	0.185	0.667
绿色购买意向	3.41	0.81	3.44	0.83	3.43	0.82	0.166	0.684
绿色涉入度	3.42	0.74	3.45	0.74	3.44	0.74	0.241	0.623
道家价值观	3.74	0.94	3.77	0.90	3.75	0.91	0.085	0.771

对于学历，在 0.05 的显著性水平下，不同学历受访者的道家价值观存在显著差异。均值分析显示，硕士或以上学历受访者道家价值观均值为 3.84，本科或以下受访者道家价值观均值为 3.64，如表 4-13 所示。可见，高学历者更认可道家价值观，更倾向简单朴实、顺其自然、清静淡泊的生活。这也反映了一个人到了一定的学历、收入、地位层次，相对来说就不太会注重物质的东西，而是会更注重回归自然、回归本源。

表 4-13　不同学历个体的态度和行为差异

变量	低学历组		高学历组		总体		检验结果	
	均值	标准差	均值	标准差	均值	标准差	*F* 值	显著性水平
个体主观态度	3.41	0.78	3.54	0.70	3.48	0.73	2.824	0.094
绿色价值感知	3.50	0.69	3.59	0.66	3.55	0.67	1.806	0.180
绿色购买意向	3.37	0.90	3.48	0.76	3.43	0.82	1.755	0.186
绿色涉入度	3.39	0.80	3.47	0.70	3.44	0.74	1.328	0.250
道家价值观	3.64	0.94	3.84	0.88	3.75	0.91	5.050	0.025*

注：* 代表显著性水平 $P<0.05$，** 代表显著性水平 $P<0.01$，*** 代表显著性水平 $P<0.001$，下同

对于婚姻状况，在 0.05 的显著性水平下，不同婚姻状况受访者的绿色购买意向存在显著差异。均值分析显示，未婚组的绿色购买意向均值为 3.37，已婚者的绿色购买意向均值为 3.55，如表 4-14 所示。可见，已婚者在绿色信息刺激

下更倾向于实行绿色购买行为。

表 4-14 不同婚姻状况个体的态度和行为差异

变量	未婚组		已婚组		总体		检验结果	
	均值	标准差	均值	标准差	均值	标准差	*F* 值	显著性水平
个体主观态度	3.44	0.74	3.56	0.71	3.48	0.73	2.273	0.132
绿色价值感知	3.52	0.70	3.61	0.63	3.55	0.67	1.777	0.183
绿色购买意向	3.37	0.86	3.55	0.73	3.43	0.82	4.559	0.033
绿色涉入度	3.40	0.77	3.51	0.69	3.44	0.74	2.078	0.150
道家价值观	3.72	0.95	3.82	0.84	3.75	0.91	1.022	0.313

对于个人月收入，在 0.05 的显著性水平下，不同收入组受访者的个体主观态度、绿色价值感知和绿色购买意向都存在显著差异，如表 4-15 所示。均值分析显示，高收入者的个体主观态度、绿色价值感知和绿色购买意向得分都更高。可见，绿色信息传播后，高收入者更可能形成积极的态度，更可能感知到产品绿色价值，也更可能实行绿色购买行为。放宽到 0.1 的显著性水平下，不同收入组受访者的绿色涉入度、道家价值观也存在显著差异。均值分析显示，高收入者的绿色涉入度和道家价值观得分也相对更高。可见，高收入者更倾向于关注环境问题、绿色广告、绿色产品和绿色活动，且高收入者更倾向简单朴实、顺其自然、清静淡泊的生活。这再次证明一个人到了一定的学历、收入、地位层次，相对来说就不太会注重物质的东西，而是会更注重回归自然、回归本源。

表 4-15 不同月收入个体的态度和行为差异

变量	低收入组		高收入组		总体		检验结果	
	均值	标准差	均值	标准差	均值	标准差	*F* 值	显著性水平
个体主观态度	3.41	0.77	3.60	0.66	3.48	0.73	6.249	0.013*
绿色价值感知	3.49	0.71	3.65	0.61	3.55	0.67	5.758	0.017*
绿色购买意向	3.33	0.88	3.57	0.70	3.43	0.82	8.262	0.004**
绿色涉入度	3.38	0.77	3.52	0.68	3.44	0.74	3.545	0.060
道家价值观	3.69	0.95	3.84	0.85	3.75	0.91	2.623	0.106

三、不同诉求内容对态度和行为的效应差异

不同诉求内容组（理性诉求和感性诉求）的差异描述如图 4-6 所示。直观地看，不同诉求内容组（理性诉求和感性诉求）在个体主观态度、绿色价值感知和绿色购买意向变量上的差异均比较显著。

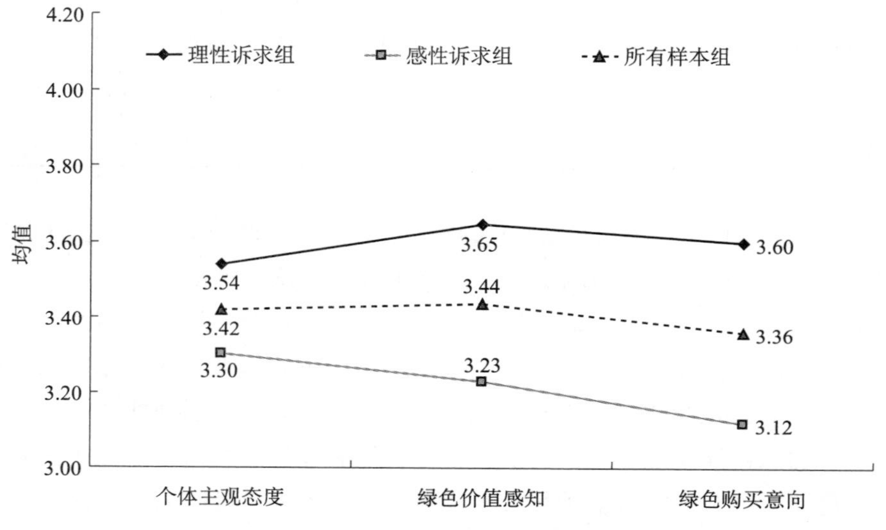

图 4-6　理性诉求和感性诉求的差异描述

下面我们采用单因素方差分析理性诉求和感性诉求对各反应变量的影响。检验结果显示，在 0.05 的显著性水平下，理性诉求组和感性诉求组在各态度变量和行为变量上都存在显著差异。具体来说，理性诉求相对感性诉求更能影响被试对绿色信息的主观态度，提高被试对产品绿色价值的感知，促进被试实行绿色购买行为，如表 4-16 所示。

表 4-16　理性诉求和感性诉求的分组描述性统计

变量	分组	样本量	均值	标准差	*F* 值	显著性水平
个体主观态度	理性诉求组	100	3.540	0.524	5.536	0.020*
	感性诉求组	100	3.303	0.863		
	所有样本组	200	3.421	0.722		
绿色价值感知	理性诉求组	100	3.645	0.643	23.467	0.000**
	感性诉求组	100	3.228	0.574		
	所有样本组	200	3.436	0.643		

续表

变量	分组	样本量	均值	标准差	*F* 值	显著性水平
绿色购买意向	理性诉求组	100	3.600	0.578	17.897	0.000**
	感性诉求组	100	3.120	0.976		
	所有样本组	200	3.360	0.836		

同样，不同诉求内容组（利他诉求和利己诉求）的描述如图 4-7 所示。直观地看，不同诉求内容组（利他诉求和利己诉求）在个体主观态度、绿色价值感知和绿色购买意向变量上的差异也比较显著。

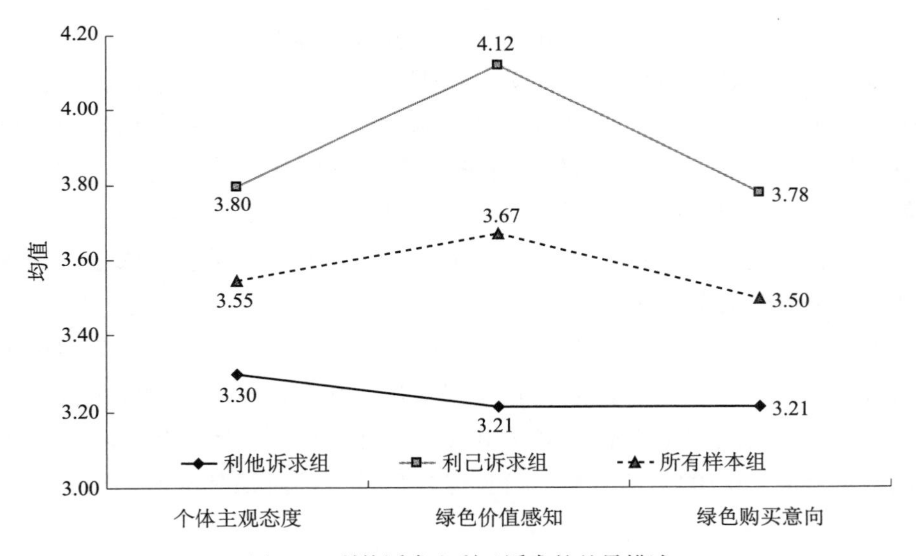

图 4-7　利他诉求和利己诉求的差异描述

下面我们进一步分析利他诉求和利己诉求对各反应变量的影响。检验结果显示，在 0.01 的显著性水平下，利他诉求组和利己诉求组在各态度变量和行为变量上都存在显著差异。具体来说，利己诉求相对利他诉求更能影响被试对绿色信息的主观态度，提高被试对产品绿色价值的感知，促进被试实行绿色购买行为，如表 4-17 所示。

表 4-17　利他诉求和利己诉求的分组描述性统计

变量	分组	样本量	均值	标准差	*F* 值	显著性水平
个体主观态度	利他诉求组	100	3.298	0.827	25.226	0.000***
	利己诉求组	100	3.795	0.545		
	所有样本组	200	3.546	0.742		

续表

变量	分组	样本量	均值	标准差	F 值	显著性水平
绿色价值感知	利他诉求组	100	3.213	0.558	155.833	0.000***
	利己诉求组	100	4.123	0.469		
	所有样本组	200	3.668	0.687		
绿色购买意向	利他诉求组	100	3.213	0.886	28.342	0.000***
	利己诉求组	100	3.780	0.590		
	所有样本组	200	3.497	0.803		

下面用方差分析模型同时分析不同绿色信息诉求对个体主观态度、绿色价值感知和绿色购买意向的传播效果（即绿色信息诉求的主效应）。结果如表4-18、表4-19所示，理性信息诉求对个体主观态度、绿色价值感知和绿色购买意向的传播效果均优于感性信息诉求；利己信息诉求对个体主观态度、绿色价值感知和绿色购买意向的传播效果均优于利他信息诉求。不同组别样本均值之间两两比较的SNK检验结果显示，利己信息诉求对个体主观态度、绿色价值感知和绿色购买意向的传播效果均优于其他绿色信息诉求。可见，人们在采取某种购买行为时，首先更多地考虑到自身的利益，更倾向于选择对自己更有利的行为方式。另外，从表4-19还可以看出，绿色信息诉求对绿色价值感知影响的拟合优度最大（调整的 R^2 为0.300），远远高于个体主观态度（0.110）、绿色购买意向（0.103）两变量。可见绿色信息诉求对绿色价值感知的解释程度更高。

表4-18　不同绿色信息传播组的SNK检验结果

分组	个体主观态度			绿色价值感知			绿色购买意向	
	组1	组2	组3	组1	组2	组3	组1	组2
感性信息诉求	3.328	—	—	3.228	—	—	3.120	—
利他信息诉求	3.334	—	—	3.213	—	—	3.213	—
理性信息诉求	—	3.676	—	—	3.645	—	—	3.600
利己信息诉求	—	—	3.858	—	—	4.123	—	3.780
显著性水平	0.946	1.000	1.000	0.851	1.000	1.000	0.397	0.103

表 4-19 绿色信息诉求的主效应

源	Ⅲ型平方和	自由度	均方	F值	显著性水平	R^2	调整的 R^2
个体主观态度	20.668	3	6.889	17.464	0.000***	0.117	0.110
绿色价值感知	55.468	3	18.489	58.043	0.000***	0.305	0.300
绿色购买意向	29.443	3	9.814	16.220	0.000***	0.109	0.103

表 4-20 显示了中间变量（个体主观态度和绿色价值感知）对结果变量（绿色购买意向）影响的路径系数。可以看出，个体主观态度对绿色购买意向的标准化路径系数（0.655）要远远高于绿色价值感知对绿色购买意向的标准化路径系数（0.289）。可见，消费者对绿色信息诉求形成积极的个体主观态度对促进绿色购买意向更有推动作用。这一研究在一定程度上证实了佩蒂等（Petty et al.，1981）的精细加工可能性模型在绿色信息诉求中同样适用。笔者认为，绿色信息诉求通过影响消费者个体主观态度以形成绿色购买意向，这可以认为是传播的边缘路径；绿色信息诉求通过影响消费者绿色价值感知以形成绿色购买意向，这可以认为是传播的中心路径。而且，绿色信息诉求的边缘路径相对中心路径可能更重要。当然，这一结论是否可靠，还有赖于我们和学者们进一步验证。

表 4-20 个体主观态度和绿色价值感知对绿色购买意向的影响

项目	非标准化系数	标准误	标准化系数	t值	显著性水平
常数项	−0.690	0.102	—	−6.795	0.000***
个体主观态度	0.808	0.044	0.655	18.454	0.000***
绿色价值感知	0.352	0.043	0.289	8.152	0.000***
相关系数 R	—	—	0.901	—	—
判定系数 R^2	—	—	0.813	—	—
调整的 R^2	—	—	0.812	—	—
F值	—	—	860.178	—	—
显著性水平	—	—	0.000	—	—

下面检验绿色信息诉求对不同消费者的传播效果是否存在差异。结果表明，在 0.01 的显著性水平下，绿色信息诉求对于不同绿色涉入度和道家价值观消费者的传播效果存在显著差异。简单地说，绿色信息诉求对高绿色涉入度和高道家价值观消费者的传播效果更佳，如表 4-21、图 4-8、图 4-9 所示。这证实了哈特科和马托利奇（Haytko and Matulich，2008）的研究结论。

表 4-21 绿色信息诉求对不同消费者的传播效果检验

影响变量	反应变量	组别	样本量	均值	标准差	*F* 值	显著性水平
绿色涉入度	个体主观态度	低绿色涉入度组	169	3.00	0.60	385.816	0.000***
		高绿色涉入度组	231	3.95	0.36		
		全部组	400	3.55	0.67		
	绿色价值感知	低绿色涉入度组	169	3.00	0.55	371.683	0.000***
		高绿色涉入度组	231	3.95	0.44		
		全部组	400	3.55	0.67		
	绿色购买意向	低绿色涉入度组	169	2.77	0.74	352.478	0.000***
		高绿色涉入度组	231	3.91	0.47		
		全部组	400	3.43	0.82		
道家价值观	个体主观态度	低道家价值观组	167	2.99	0.60	403.707	0.000***
		高道家价值观组	233	3.95	0.35		
		全部组	400	3.55	0.67		
	绿色价值感知	低道家价值观组	167	3.01	0.54	353.536	0.000**
		高道家价值观组	233	3.94	0.45		
		全部组	400	3.55	0.67		
	绿色购买意向	低道家价值观组	167	2.77	0.74	348.416	0.000***
		高道家价值观组	233	3.90	0.47		
		全部组	400	3.43	0.82		

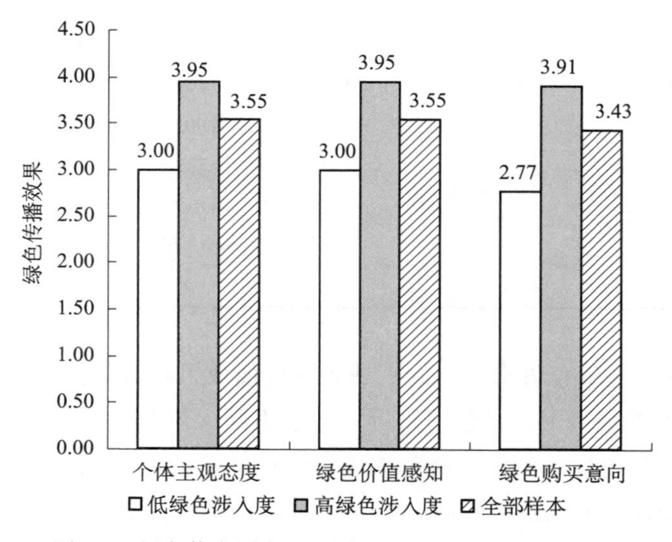

图 4-8 绿色信息诉求对不同涉入度消费者的效应差异

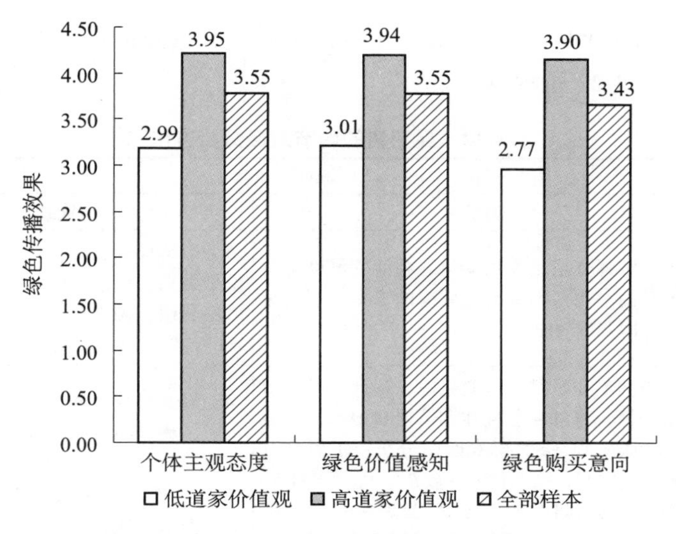

图 4-9　绿色信息诉求对不同价值观消费者的效应差异

四、个体情境特征变量的调节效应检验

（一）调节效应的检验原理和方法程序

分析调节作用前，我们先回顾一下调节效应（moderating effect）的检验原理和分析程序。解释变量 X 对结果变量 Y 的影响受到第三个变量 M 的影响，M 就称为调节变量。调节变量影响着解释变量和结果变量之间关系的方向（正或负）或者关系的强弱。调节变量和调节效应的原理如图 4-10 所示。

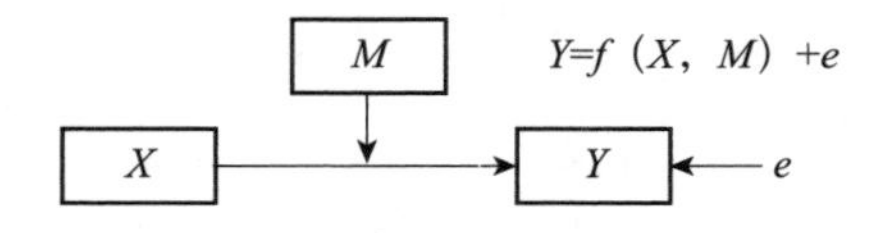

图 4-10　调节变量和调节效应的原理

分析调节效应的基本模型如下：

$$Y=aX+bM+cXM+e \tag{4-1}$$

式中，Y 为结果变量（因变量），X 为解释变量，M 为调节变量或控制变量，交互项 XM 代表变量 M 对变量 X-Y 之间关系的调节效应，其系数 c 代表了调节效应的大小。对零假设 $a/b/c=0$ 作 t 检验，以检验主效应和调节效应是否显著。如果系数 a 和系数 b 显著不为零，则推断 X 和 M 的主效应显著。如果系数 c 显著

不为零，则表明 M 的调节效应显著。具体来说，显变量的调节效应分析方法有四种情况，如表 4-22 所示。

表 4-22　显变量的调节效应分析方法

<table>
<tr><th colspan="2" rowspan="2">项目</th><th colspan="2">解释变量 X</th></tr>
<tr><th>类别</th><th>连续</th></tr>
<tr><td rowspan="2">调节变量</td><td>类别</td><td>（1）当解释变量是类别变量，调节变量也是类别变量时，用两因素交互效应的方差分析，交互效应即调节效应</td><td>（3）当解释变量是连续变量时，调节变量是类别变量，实行分组回归：按 M 的取值分组，做 Y 对 X 的回归。若回归系数的差异显著，则调节效应显著</td></tr>
<tr><td>连续</td><td>（2）当调节变量是连续变量时，解释变量使用虚拟变量，将解释变量和调节变量中心化，做 $Y=aX+bM+cXM+e$ 的层次回归分析：①做 Y 对 X 和 M 的回归，得到判定系数 R_1^2；②做 Y 对 X、M 和 XM 的回归得 R_2^2，若 R_2^2 显著高于 R_1^2，则调节效应显著。或者做 XM 的回归系数检验，若显著，则调节效应显著</td><td>（4）当解释变量和调节变量都是连续变量时，做 $Y=aX+bM+cXM+e$ 的层次回归分析（同左）。除了考虑交互效应项 XM 外，还可以考虑高阶交互效应项（如 XM^2 表示非线性调节效应，MX^2 表示曲线回归的调节）</td></tr>
</table>

资料来源：温忠麟等（2012）

（二）绿色涉入度的调节效应检验

下面检验绿色涉入度对实验刺激 - 反应变量路径的调节作用。鉴于解释变量（实验刺激）和调节变量（绿色涉入度）是无序分类变量，我们采用方差分析模型来分析 [这里的调节效应分析属于表 4–22 中的第（1）种情况]，结果如表 4-23 所示。

表 4-23　绿色涉入度的调节效应检验结果（Ⅰ）

变量	源	Ⅲ型平方和	自由度	均方	F 值	显著性水平
个体主观态度	校正模型	107.283	7	15.326	86.324	0.000***
	绿色信息诉求	14.244	3	4.748	26.742	0.000***
	绿色涉入度	74.012	1	74.012	416.868	0.000***
	诉求 × 涉入度	9.243	3	3.081	17.354	0.000***
绿色价值感知	校正模型	126.419	7	18.060	128.269	0.000***
	绿色信息诉求	38.190	3	12.730	90.415	0.000***
	绿色涉入度	67.417	1	67.417	478.824	0.000***
	诉求 × 涉入度	1.481	3	0.494	3.505	0.016*
绿色购买意向	校正模型	156.747	7	22.392	78.157	0.000***
	绿色信息诉求	20.564	3	6.855	23.925	0.000***
	绿色涉入度	108.297	1	108.297	377.992	0.000***
	诉求 × 涉入度	14.314	3	4.771	16.654	0.000***

在 0.01 的显著性水平下（为了避免“存伪”的第Ⅱ类错误，本章后文的调节效应检验是以 0.01 的显著性水平为准），绿色涉入度对于绿色信息诉求 - 个体主观态度路径存在显著的调节效应。具体而言，在高绿色涉入度组，不同绿色信息诉求对个体主观态度的传播效果没有显著差异。与之相对，在低绿色涉入度组，不同绿色信息诉求对个体主观态度的传播效果却存在显著差异，即相对于感性、利他的信息诉求来说，理性、利己的绿色信息诉求对个体主观态度的传播效果更好，如图 4-11 所示。绿色涉入度对于绿色信息诉求 - 绿色购买意向路径也存在显著的调节效应。在高绿色涉入度组，不同绿色信息诉求对绿色购买意向的传播效果没有显著差异。在低绿色涉入度组，不同绿色信息诉求对绿色购买意向的传播效果有显著差异，具体来说，相对于感性、利他的绿色信息诉求来说，理性、利己的绿色信息诉求对绿色购买意向的传播效果更好。此外，绿色涉入度对于绿色信息诉求 - 绿色价值感知路径不存在显著的调节效应。总的来说，在高绿色涉入度下，不同绿色信息诉求的效果差异不大；而在低绿色涉入度下，利己和理性的绿色信息诉求的传播效果要显著优于感性和利他的绿色信息诉求。

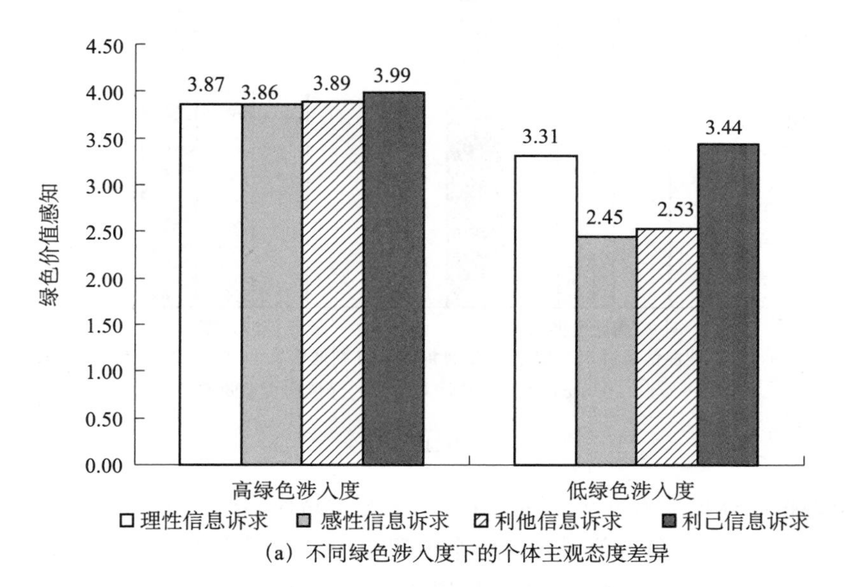

（a）不同绿色涉入度下的个体主观态度差异

图 4-11　绿色涉入度的调节效应

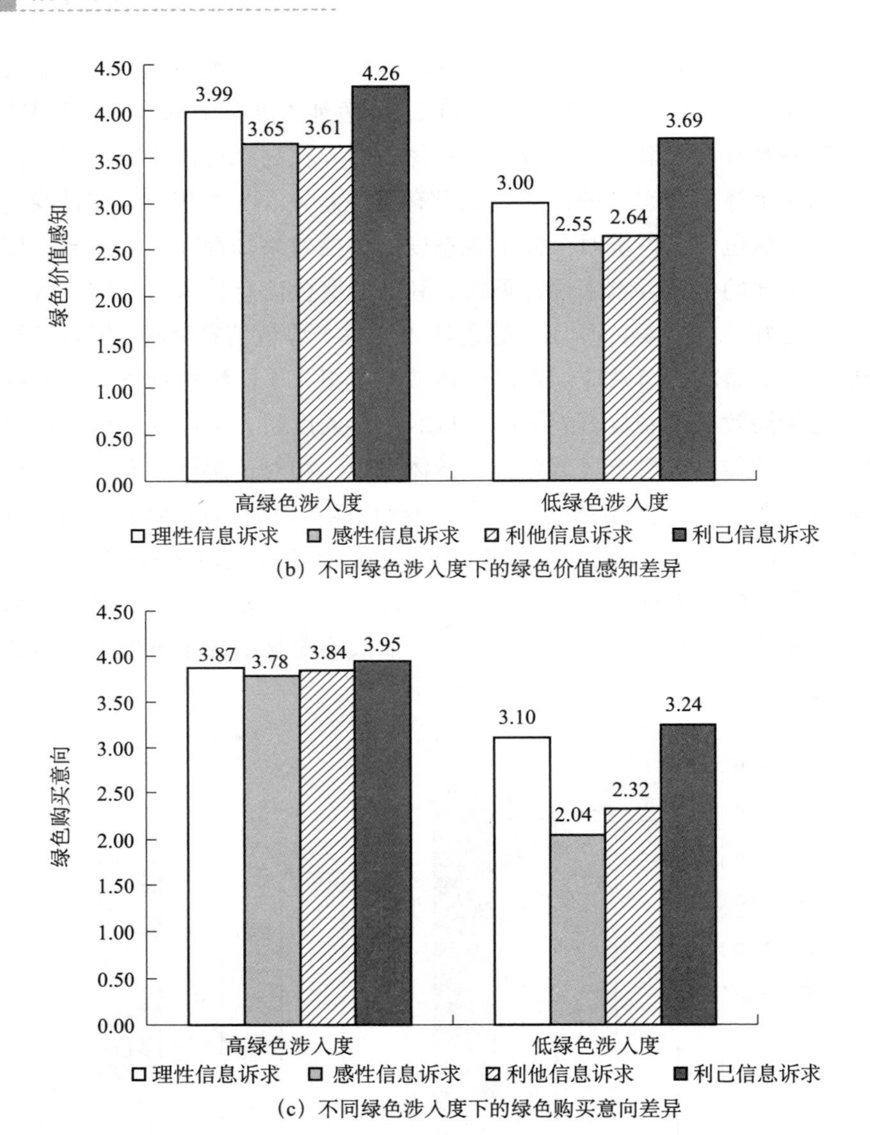

（b）不同绿色涉入度下的绿色价值感知差异

（c）不同绿色涉入度下的绿色购买意向差异

图 4-11 （续）

下面检验绿色涉入度对中间变量 - 结果变量路径的调节作用。鉴于解释变量（个体主观态度、绿色价值感知这两个中间变量）和调节变量（绿色涉入度）都是连续变量 [即这里的调节效应分析属于表 4-22 中的第（4）种情况]，我们做层次回归（hierarchical regression）分析以检验调节效应。在层次回归的第一步（模型一），我们先不纳入调节变量，只将个体主观态度和绿色价值感知纳入回归模型，分析其主效应；第二步（模型二）将特定调节变量纳入回归模型，分析其主效应；第三步（模型三）考虑特定调节变量的调节效应。分析调节效应前我们对所有变量进行了中心化处理。

如表 4-24 所示，模型一与表 4-20 的结果基本一致。在模型二中，绿色涉入度的主效应显著且为正，这意味着绿色涉入度对绿色购买意向存在正向的促进作用，这印证了克鲁格曼（Krugman，1965）、德苏扎和塔格汉（D’Souza and Taghian，2005）的研究结果。在模型三中，绿色涉入度对个体主观态度 - 绿色购买意向路径存在显著的调节作用。绿色涉入度与个体主观态度之间的交互作用如图 4-12（a）所示。对于高绿色涉入度个体来说，个体主观态度与绿色购买意向之间的正向作用相对较弱，提高他们的个体主观态度不能有效促进其形成绿色购买意向；而对于低绿色涉入度个体来说，个体主观态度与绿色购买意向之间的正向作用相对较强。进一步说，绿色涉入度对于个体主观态度 - 绿色购买意向之间的正向关系存在抑制的调节作用。同理，绿色涉入度对绿色价值感知 - 绿色购买意向路径存在显著的调节作用，交互作用如图 4-12（b）所示。对于高绿色涉入度个体来说，绿色价值感知与绿色购买意向之间的正向作用相对较强，提高他们的绿色价值感知可以有效促进其形成绿色购买意向；而对于低绿色涉入度个体来说，绿色价值感知与绿色购买意向之间的正向作用相对较弱。进一步说，绿色涉入度对于绿色价值感知 - 绿色购买意向之间的正向关系存在促进的调节作用。

表 4-24　绿色涉入度的调节效应检验结果（Ⅱ）

项目	模型一			模型二			模型三		
	标准化系数	*t* 值	显著性水平	标准化系数	*t* 值	显著性水平	标准化系数	*t* 值	显著性水平
常数项	—	0.000	1.000	—	0.000	1.000	—	2.165	0.031
个体主观态度	0.655	18.454	0.000***	0.607	14.520	0.000***	0.548	12.525	0.000***
绿色价值感知	0.289	8.152	0.000***	0.262	6.953	0.000***	0.228	6.122	0.000***
绿色涉入度	—	—	—	0.086	2.147	0.032*	0.148	3.592	0.000***
个体主观态度 × 绿色涉入度	—	—	—	—	—	—	−0.168	−4.671	0.000***
绿色价值感知 × 绿色涉入度	—	—	—	—	—	—	0.091	2.688	0.007**
相关系数 R	—	0.901	—	—	0.903	—	—	0.908	—
判定系数 R^2	—	0.813	—	—	0.815	—	—	0.825	—
调整的 R^2	—	0.812	—	—	0.813	—	—	0.823	—

续表

项目	模型一			模型二			模型三		
	标准化系数	t值	显著性水平	标准化系数	t值	显著性水平	标准化系数	t值	显著性水平
F值	—	860.178	—	—	580.204	—	—	371.297	—
显著性水平	—	0.000	—	—	0.000	—	—	0.000	—
F值变化	—	860.178	—	—	4.611	—	—	11.553	—
F值变化的显著性水平	—	0.000	—	—	0.032	—	—	0.000	—

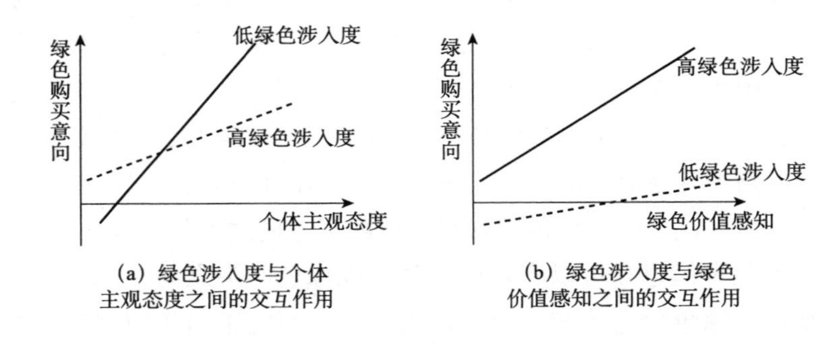

(a) 绿色涉入度与个体主观态度之间的交互作用

(b) 绿色涉入度与绿色价值感知之间的交互作用

图 4-12 绿色涉入度的调节影响

(三)道家价值观的调节效应检验

下面进一步检验道家价值观对假设模型中主要路径的调节作用，结果如表 4-25 所示。

表 4-25 道家价值观的调节效应检验结果(Ⅰ)

变量	源	Ⅲ型平方和	自由度	均方	F值	显著性水平
个体主观态度	校正模型	103.999	7	14.857	79.910	0.000***
	绿色信息诉求	11.316	3	3.772	20.287	0.000***
	道家价值观	74.791	1	74.791	402.272	0.000***
	诉求 × 道家	5.666	3	1.889	10.158	0.000**
绿色价值感知	校正模型	121.838	7	17.405	114.148	0.000***
	绿色信息诉求	35.524	3	11.841	77.657	0.000***
	道家价值观	63.299	1	63.299	415.125	0.000***
	诉求 × 道家	1.163	3	0.388	2.542	0.056

续表

变量	源	Ⅲ型平方和	自由度	均方	F 值	显著性水平
绿色购买意向	校正模型	148.334	7	21.191	68.809	0.000***
	绿色信息诉求	16.916	3	5.639	18.309	0.000***
	道家价值观	106.053	1	106.053	344.366	0.000***
	诉求 × 道家	8.862	3	2.954	9.592	0.000***

在 0.01 的显著性水平下，道家价值观对绿色信息诉求 - 个体主观态度路径存在显著的调节效应，如图 4-13 所示。具体而言，在高道家价值观组，不同绿色信息诉求对个体主观态度的传播效果没有显著差异。与之相对，在低道家价值观组，不同绿色信息诉求对个体主观态度的传播效果却存在显著差异，即相对于感性、利他的绿色信息诉求来说，理性、利己的绿色信息诉求对个体主观态度的传播效果更好。道家价值观对于绿色信息诉求 - 绿色购买意向路径也存在显著的调节效应。在高道家价值观组，不同绿色信息诉求对绿色购买意向的传播效果没有显著差异。在低道家价值观组，不同绿色信息诉求对绿色购买意向的传播效果有显著差异，具体来说，相对于感性、利他的绿色信息诉求来说，理性、利己的绿色信息诉求对绿色购买意向的传播效果更好。总的来说，在高道家价值观下，不同绿色信息诉求的传播效果差异不大；而在低道家价值观下，利己和理性的绿色信息诉求的传播效果要显著优于感性和利他的绿色信息诉求。

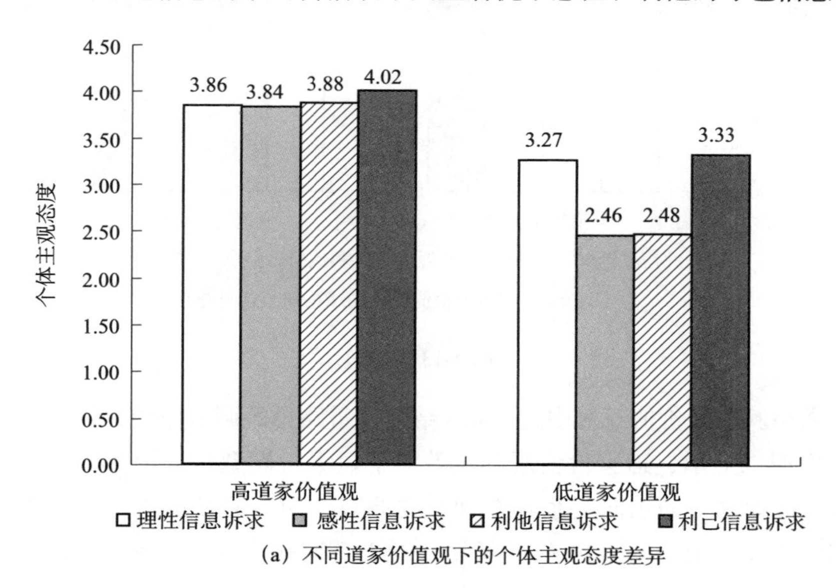

(a) 不同道家价值观下的个体主观态度差异

图 4-13　道家价值观的调节效应

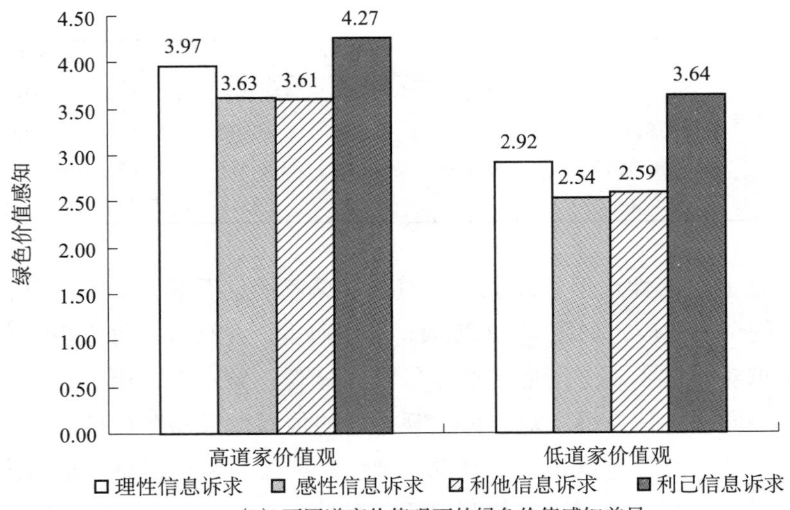

(b) 不同道家价值观下的绿色价值感知差异

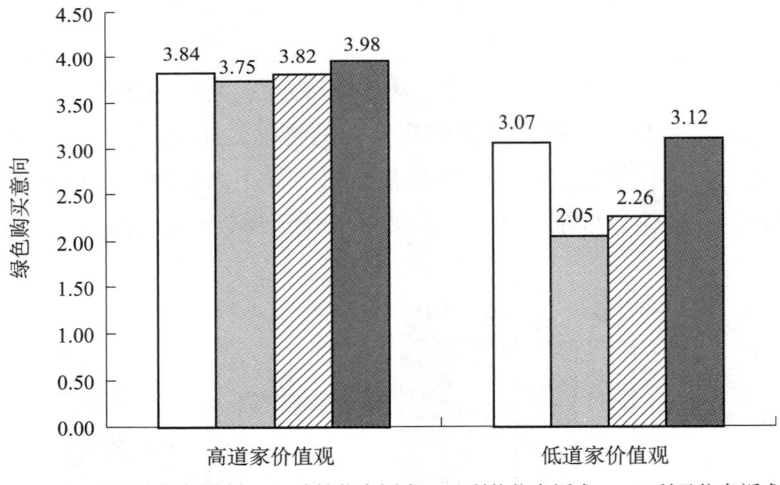

(c) 不同道家价值观下的绿色购买意向差异

图 4-13 (续)

下面检验道家价值观对中间变量 - 结果变量路径的调节作用，结果如表 4-26 所示。模型二显示，道家价值观的主效应不显著。模型三显示，道家价值观对于态度 - 行为之间的正向关系存在抑制的调节作用。道家价值观与个体主观态度之间的交互作用如图 4-14（a）所示。对于高道家价值观个体来说，个体主观态度与绿色购买意向之间的正向作用相对较弱；而对于低道家价值观个体来说，个体主观态度与绿色购买意向之间的正向作用相对较强。与之相对，道家价值观对于绿色价值感知 - 绿色购买意向之间的正向关系不存在显著的调节作用。放宽到 0.059 的显著性水平时，道家价值观对于绿色价值感知 - 绿色购买意向之间的正向关系存在促进的调节作用，交互作用如图 4-14（b）所示。对于高道家价值观个体来说，绿色价值感知与绿色购买意向之间的正向作用相对较强，提高绿色价值感知可以有效促进其绿色购买意向；而对于低道家价值观个体来说，绿色价值感知与绿色购买意向之间的正向作用相对较弱。

表 4-26　道家价值观的调节效应检验结果（Ⅱ）

项目	模型一			模型二			模型三		
	标准化系数	*t* 值	显著性水平	标准化系数	*t* 值	显著性水平	标准化系数	*t* 值	显著性水平
常数项	—	0.000	1.000	—	0.000	1.000	—	1.513	0.131
个体主观态度	0.655	18.454	0.000***	0.656	15.997	0.000***	0.629	14.803	0.000***
绿色价值感知	0.289	8.152	0.000***	0.290	7.634	0.000***	0.264	6.896	0.000***
道家价值观	—	—	—	−0.003	−0.067	0.946	0.022	0.569	0.570
个体主观态度 × 道家价值观	—	—	—	—	—	—	−0.116	−3.446	0.001***
绿色价值感知 × 道家价值观	—	—	—	—	—	—	0.062	1.895	0.059
相关系数 R	—	0.901	—	—	0.901	—	—	0.905	—
判定系数 R^2	—	0.813	—	—	0.813	—	—	0.818	—
调整的 R^2	—	0.812	—	—	0.811	—	—	0.816	—
F 值	—	860.178	—	—	572.015	—	—	354.511	—
显著性水平	—	0.000	—	—	0.000	—	—	0.000	—
F 值变化	—	860.178	—	—	0.005	—	—	6.110	—
F 值变化的显著性水平	—	0.000	—	—	0.946	—	—	0.002	—

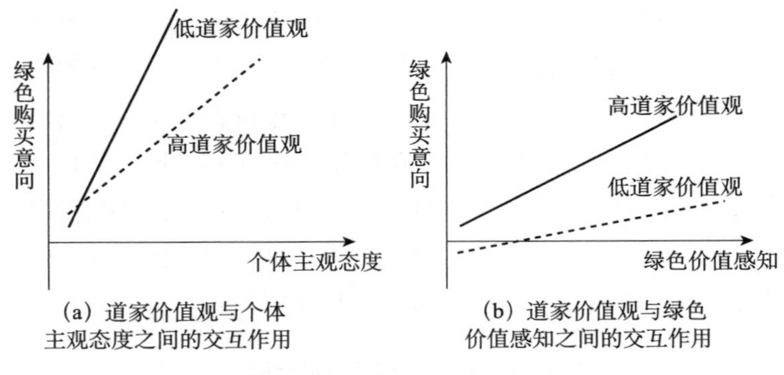

（a）道家价值观与个体主观态度之间的交互作用

（b）道家价值观与绿色价值感知之间的交互作用

图 4-14　道家价值观的调节影响

五、态度的多重中介效应检验

本部分继续考察态度是否在经济激励强度 - 行为变量间存在中介效应。分析中介作用前，我们先回顾一下中介效应（mediating effect）的检验原理和分析程序。自变量 X 对因变量 Y 的影响，如果 X 通过影响变量 M 来影响 Y，则称 M 为中介变量（温忠麟和叶宝娟，2014a，2014b）。下列三个回归方程可以用来描述变量之间的关系。

$$Y=cX+e_1 \tag{4-2}$$

$$M=aX+e_2 \tag{4-3}$$

$$Y=c'X+bM+e_3 \tag{4-4}$$

其中，式（4-2）中的系数 c 是 X 对 Y 的总效应，式（4-3）中的系数 a 为自变量 X 对中介变量 M 的效应；式（4-4）中的系数 b 是在控制了自变量 X 的影响后，中介变量 M 对因变量 Y 的效应；系数 c' 是在控制了中介变量 M 的影响后，自变量 X 对因变量 Y 的直接效应；$e_1 \sim e_3$ 是回归残差项。在这一简单中介模型中，中介效应等于间接效应（indirect effect），即等于系数乘积 ab，它与总效应和直接效应存在如下关系①：

$$c=c'+ab \tag{4-5}$$

检验中介效应最常用的方法是巴伦和肯尼的逐步检验回归系数法（温忠麟等，2012；温忠麟和叶宝娟，2014a，2014b），即通常说的逐步法，如图 4-15 所示。其步骤为：第一步检验系数 c，如果 c 不显著，Y 与 X 相关不显著，停止中

① 温忠麟，叶宝娟 .2014. 中介效应分析：方法和模型发展 . 心理科学进展，（5）：731-745.

介效应分析，如果显著进行第二步；第二步一次检验 a 和 b，如果都显著，那么检验 c'，c' 显著中介效应显著，c' 不显著则完全中介效应显著；如果 a 和 b 至少有一个不显著，做 Sobel 检验，结果显著则中介效应显著，结果不显著则中介效应不显著。

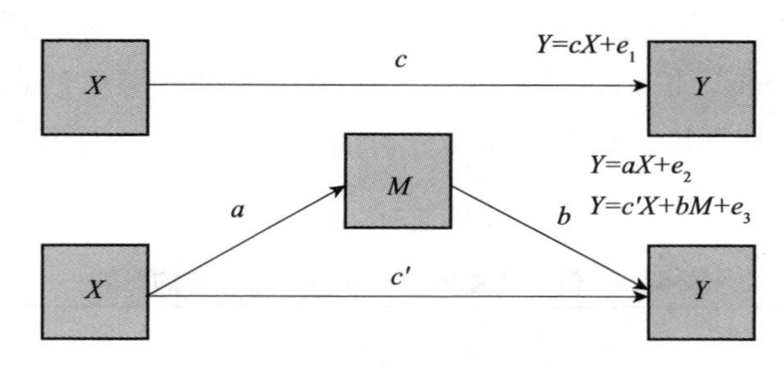

图 4-15　中介变量和中介效应的检验原理

分析中介效应前，先采用相关分析初步考察行为变量和态度变量之间的依存关系。各变量均值以及相互间的皮尔森相关系数（Pearson correlation coefficient）矩阵如表 4-27 所示。

表 4-27　变量间相关系数矩阵

项目	个体主观态度	绿色价值感知	绿色购买意向	绿色涉入度	道家价值观
均值（M）	3.55	3.55	3.43	3.44	3.75
标准差（S.D.）	0.67	0.67	0.82	0.74	0.91
个体主观态度（M）	1.000	—	—	—	—
绿色价值感知（N）	0.791**	1.000	—	—	—
绿色购买意向（H）	0.884**	0.807**	1.000	—	—
绿色涉入度（E）	0.816**	0.767**	0.782**	1.000	—
道家价值观（F）	0.801**	0.764**	0.745**	0.863**	1.000

各变量的均值多在 3.5 左右，也就是处于“一般 / 中立”与“大致同意”之间。其中，相对个体主观态度和绿色价值感知来说，绿色购买意向的均值较低（仅为 3.43），同时内部差异相对较大（体现为标准差较大）。这表明虽然绿色信息诉求可以影响一些人的个体主观态度和绿色价值感知，但他们的绿色购买意向还没有发生相应的改变。从两个情境变量看，道家价值观的均值相对绿色涉入度较高。这表明，一些消费者虽然声称自己崇尚道家价值观，但他们对于具体的绿色、环境问题的涉入度却比较低。可见，很多人声称的道家价值观还没

有表现在日常的行为中。此外，从变量间的相关系数表来看，在 0.01 的显著性水平下，个体主观态度、绿色价值感知、绿色涉入度、道家价值观均与绿色购买意向显著正相关，且为高度线性相关（皮尔森相关系数多数在 0.8 以上）。

下面我们进一步考察态度是否在绿色信息传播诉求－绿色购买意向间存在中介效应。我们将绿色信息诉求这一分类变量转化为虚拟变量（dummy variable）进行分析。以绿色购买意向变量为因变量，绿色信息诉求这一虚拟变量为自变量，分别进行回归分析（分析前，我们对各变量都进行了标准化处理），结果如表 4-28 所示。

表 4-28　信息传播诉求对绿色购买意向的影响

项目	模型一			模型二		
	标准化回归系数	t 值	显著性水平	标准化回归系数	t 值	显著性水平
（常数项）	—	−1.205	0.230	—	1.284	0.201
诉求内容 1（理性和感性）	−0.288	−4.230	0.000***	—	—	—
诉求内容 2（利他和利己）	—	—	—	0.354	5.324	0.000***
相关系数 r	—	0.288	—	—	0.354	—
判定系数 R^2	—	0.083	—	—	0.125	—
调整的 R^2	—	0.078	—	—	0.121	—
F 值	—	17.897	—	—	28.342	—
显著性水平	—	0.000	—	—	0.000	—

可以看出，绿色信息诉求内容对绿色购买意向有显著影响。其中，绿色诉求内容 1（理性或感性诉求）对绿色购买意向的路径系数为 −0.288（t 值为 −4.230，显著性水平为 0.000），即理性绿色信息诉求对促进绿色购买意向的效果要更好。绿色诉求内容 2（利他或利己诉求）对绿色购买意向的路径系数为 0.354（t 值为 5.324，显著性水平为 0.000），即利己绿色信息诉求对促进绿色购买意向的效果要更好。

接着我们以绿色信息态度（包括个体主观态度、绿色价值感知两维度）为因变量，绿色信息诉求内容为自变量，分别进行回归分析，结果如表 4-29 所示。可以看出，绿色诉求内容 1（理性或感性诉求）对个体主观态度的路径系数为 −0.267（t 值为 −3.892，显著性水平为 0.000），绿色诉求内容 1（理性或感性诉求）对绿色价值感知的路径系数为 −0.326（t 值为 −4.844，显著性水平为 0.000），即理性绿色信息诉求对促进绿色信息态度（包括个体主观态度、绿色价值感知两维度）的效果要更好。绿色诉求内容 2（利他或利己诉求）对个体主观态度的路径系数为 0.389（t 值为 5.939，显著性水平为 0.000），绿色诉求内容 2（利他或利己诉求）对绿色价值感知的路径系数为 0.664（t 值为 12.483，显著性水平为 0.000），即利己绿色信息诉求对促进绿色信息态度（包括个体主观态度、绿色价值感知两维度）的效果要更好。

表 4-29　信息传播诉求内容对态度的影响

项目	模型一（因变量为个体主观态度）			模型二（因变量为绿色价值感知）			模型三（因变量为个体主观态度）			模型四（因变量为绿色价值感知）		
	标准化回归系数	t 值	显著性水平	标准化回归系数	t 值	显著性水平	标准化回归系数	t 值	显著性水平	标准化回归系数	t 值	显著性水平
常数项	—	−1.051	0.294	—	−2.683	0.008***	—	1.065	0.288	—	3.172	0.002***
诉求内容 1	−0.267	−3.892	0.000***	−0.326	−4.844	0.000***	—	—	—	—	—	—
诉求内容 2	—	—	—	—	—	—	0.389	5.939	0.000***	0.664	12.483	0.000***
相关系数 r	—	0.267	—	—	0.326	—	—	0.389	—	—	0.664	—
判定系数 R^2	—	0.071	—	—	0.106	—	—	0.151	—	—	0.440	—
调整的 R^2	—	0.066	—	—	0.101	—	—	0.147	—	—	0.438	—
F 值	—	15.149	—	—	23.467	—	—	35.271	—	—	155.833	—
显著性水平	—	0.000	—	—	0.000	—	—	0.000	—	—	0.000	—

最后以绿色购买意向变量为因变量，绿色信息态度（包括个体主观态度、绿色价值感知两维度）和绿色信息诉求为自变量分别进行回归分析，结果如表 4-30 所示。可以看出，绿色诉求内容 1（理性或感性诉求）对绿色购买意向的路径系数不再显著（系数为 −0.019，t 值为 −0.597，显著性水平为 0.551），绿色信息态度（包括个体主观态度、绿色价值感知两维度）对绿色购买意向的路径系数仍旧显著（个体主观态度的路径系数为 0.645，t 值为 12.987，显著性水平为 0.000；绿色价值感知的路径系数为 0.297，t 值为 5.863，显著性水平为 0.000）。

因此，态度两维度的中介效应显著（且为完全中介），绿色信息诉求内容 1（理性或感性诉求）通过绿色信息态度（包括个体主观态度、绿色价值感知两维度）对绿色购买意向间接发挥（全部）作用。

绿色诉求内容 2（利他或利己诉求）对绿色购买意向的路径系数仍旧显著（系数为 -0.176，t 值为 -4.180，显著性水平为 0.000），绿色信息态度（包括个体主观态度、绿色价值感知两维度）对绿色购买意向的路径系数仍旧显著（个体主观态度的路径系数为 0.593，t 值为 11.421，显著性水平为 0.000；绿色价值感知的路径系数为 0.451，t 值为 7.053，显著性水平为 0.000）。因此，态度两维度的中介效应显著（且为部分中介），绿色信息诉求内容 2（利他或利己诉求）通过绿色信息态度（包括个体主观态度、绿色价值感知两维度）对绿色购买意向间接发挥（部分）作用。这里值得注意的是，未纳入中介变量时，绿色诉求内容 2（利他或利己诉求）对绿色购买意向的主效应为正（即相对利他诉求来说，利己诉求对促进绿色购买意向的效果更好），但一旦纳入中介变量模型，绿色诉求内容 2（利他或利己诉求）对绿色购买意向的直接效应变为负值（即相对利己诉求来说，利他诉求对促进绿色购买意向的直接效果更好）。关于如何解释这一现象，这值得我们进一步研究。

表 4-30　信息传播诉求内容对绿色购买意向的影响

项目	模型一（自变量为诉求内容 1）			模型二（自变量为诉求内容 2）		
	标准化回归系数	t 值	显著性水平	标准化回归系数	t 值	显著性水平
常数项	—	0.576	0.565	—	−1.031	0.304
诉求内容 1	−0.019	−0.597	0.551	—	—	—
诉求内容 2	—	—	—	−0.176	−4.180	0.000***
个体主观态度	0.645	12.987	0.000***	0.593	11.421	0.000***
绿色价值感知	0.297	5.863	0.000***	0.451	7.053	0.000***
相关系数 r	—	0.904	—	—	0.908	—
判定系数 R^2	—	0.817	—	—	0.824	—
调整的 R^2	—	0.815	—	—	0.822	—
F 值	—	292.589	—	—	306.423	—
显著性水平	—	0.000	—	—	0.000	—

态度的多重中介效应检验结果如图 4-16 所示。

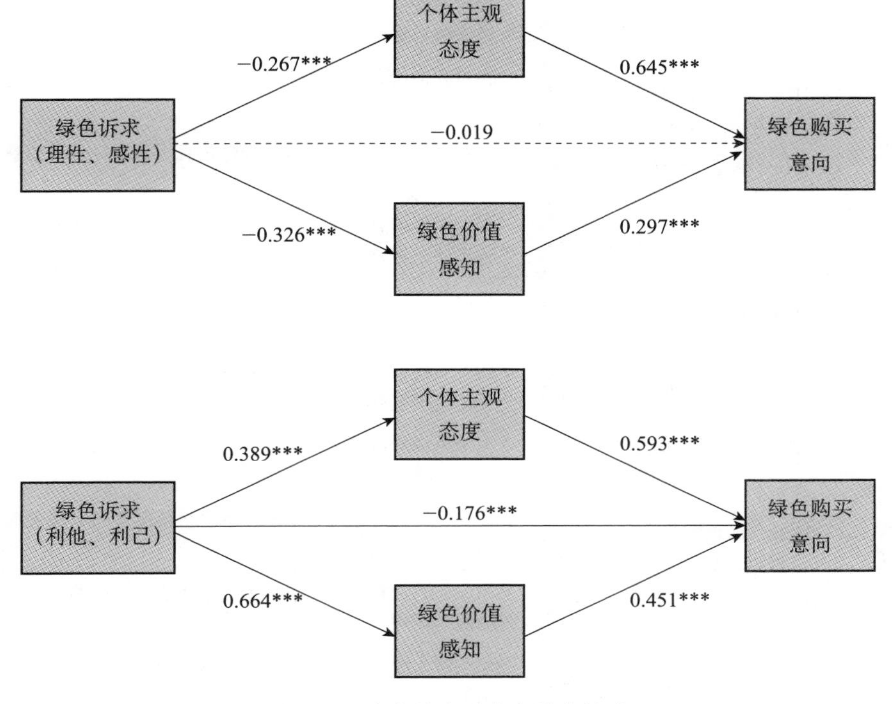

图 4-16　态度的多重中介效应检验

注：图中虚线箭头表示相应的影响路径不显著，下同

第四节　研究结论和政策启示

一、主要研究结论

本章研究了绿色信息传播政策对消费者个体主观态度、绿色价值感知和绿色购买意向的传播效果及其差异，并引入了绿色涉入度和道家价值观这两个情境变量，分析了它们对于模型中主要路径关系的调节效应。本章研究假设的检验结果如表 4-31 所示。

表 4-31 研究假设的检验结果汇总

效应类别	原假设	对应变量	检验结果	具体结论
主效应	H1a	个体主观态度	接受	相对感性信息诉求来说，理性信息诉求对个体主观态度的传播效果更好
	H1b	个体主观态度	接受	相对利他信息诉求来说，利己信息诉求对个体主观态度的传播效果更好
	H1c	绿色价值感知	接受	相对感性信息诉求来说，理性信息诉求对绿色价值感知的传播效果更好
	H1d	绿色价值感知	接受	相对利他信息诉求来说，利己信息诉求对绿色价值感知的传播效果更好
	H2a	绿色购买意向	接受	相对感性信息诉求来说，理性信息诉求对绿色购买意向的传播效果更好
	H2b	绿色购买意向	接受	相对利他信息诉求来说，利己信息诉求对绿色购买意向的传播效果更好
	H3a	绿色购买意向	接受	在绿色信息诉求下，消费者个体主观态度对其绿色购买意向有显著影响
	H3b	绿色购买意向	接受	在绿色信息诉求下，消费者绿色价值感知对其绿色购买意向有显著影响
调节效应	H4a-1	绿色涉入度	接受	绿色涉入度对绿色信息诉求 - 个体主观态度路径存在显著的调节作用
	H4a-2	绿色涉入度	拒绝	绿色涉入度对绿色信息诉求 - 绿色价值感知路径的调节作用不显著
	H4a-3	绿色涉入度	接受	绿色涉入度对绿色信息诉求 - 绿色购买意向路径存在显著的调节作用
	H4b-1	道家价值观	接受	道家价值观对绿色信息诉求 - 个体主观态度路径存在显著的调节作用
	H4b-2	道家价值观	拒绝	道家价值观对绿色信息诉求 - 绿色价值感知路径的调节作用不显著
	H4b-3	道家价值观	接受	道家价值观对绿色信息诉求 - 绿色购买意向路径存在显著的调节作用
中介效应	H5a-1	个体主观态度	接受	个体主观态度在绿色信息诉求内容 1（理性或感性诉求）- 绿色购买意向之间的中介效应显著，且为完全中介
	H5a-2	个体主观态度	接受	个体主观态度在绿色信息诉求内容 2（利他或利己诉求）- 绿色购买意向之间的中介效应显著，且为部分中介
	H5b-1	绿色价值感知	接受	绿色价值感知在绿色信息诉求内容 1（理性或感性诉求）- 绿色购买意向之间的中介效应显著，且为完全中介
	H5b-2	绿色价值感知	接受	绿色价值感知在绿色信息诉求内容 2（利他或利己诉求）- 绿色购买意向之间的中介效应显著，且为部分中介

本章研究的主要结论可以总结如下。

（1）信息传播政策对个体态度和行为总体上基本有效。①多数受访者对绿色信息传播政策有积极的主观态度。但一些受访者对绿色信息传播的印象并不深刻，也不觉得绿色信息很有吸引力和说服力。这也许是由于他们对类似的绿色信息传播已经司空见惯、习以为常。②多数受访者能感知到产品的绿色环保价值，但也有一些受访者对产品绿色环保价值的认识比较抽象，并不具体。这表现在他们并没有确信该产品有助于改善生态环境，也不太相信选择该产品会减少对环境的污染，甚至也不相信该产品有利于促进消费者提高环保意识。③半数左右的受访者会产生积极的绿色购买意向。可见，一半左右的受访者在绿色信息诉求刺激下的购买意向还没有相应提升，一些受访者虽然口头上表示购买绿色信息诉求中的绿色环保空调是明智选择，但却未必有实际行动，“知易行难”现象还是在一定程度上存在。④多数受访者在生活中崇尚清静平淡、简单朴实和顺其自然的道家价值观，但一部分人对生态环境、绿色产品、绿色活动、绿色广告等绿色问题的关注度、卷入度相对还是有所偏低，这可能会成为制约他们实行绿色购买行为的一个障碍。

（2）不同婚姻状况、收入、年龄情境特征个体在态度和行为上存在显著差异。①高学历者更认可道家价值观，更倾向简单朴实、顺其自然、清静淡泊的生活。这也反映了一个人到了一定的学历、收入、地位层次，就不太会注重物质的东西，就更会注重回归自然、回归本源。②已婚者更倾向于实行绿色购买行为。③高收入者更可能对绿色信息传播形成积极的态度，更可能感知到产品绿色价值，也更可能实行绿色购买行为。④在 0.05 的显著性水平下，不同性别个体的态度和行为没有显著差异。不同情境特征个体的态度和行为差异描述如表 4-32 所示。

表 4-32　不同情境特征个体的态度和行为差异描述

变量名称	差异描述
个体主观态度	高收入者对绿色信息的态度更积极
绿色价值感知	高收入者的绿色价值感知更高
绿色购买意向	已婚者、高收入者更倾向实行绿色购买行为
绿色涉入度	不同人群没有显著差异
道家价值观	高学历者更认可道家价值观

（3）相对感性信息诉求来说，理性信息诉求的传播效果更好。[①]这与拉斯基等（Laskey et al.，1995）的研究结论一致。而且，本研究显示，对绿色产品进行信息传播时，理性诉求比感性诉求对个体主观态度、绿色价值感知和绿色购买意向这三个维度的传播效果都更好。据笔者分析，作为理性经济人，消费者面对绿色信息诉求时会进行理性思考。在面对理性信息诉求时，消费者能够从中切实了解到特定产品的具体特征（如环保功能、产品质量、绿色性能等）；而在面对感性信息诉求时，消费者即便在短时间内产生情感共鸣，但稍加理性思考还是可能产生不信任。

（4）相对利他信息诉求来说，利己信息诉求的传播效果更好。利己诉求比利他诉求对个体主观态度、绿色价值感知和绿色购买意向的传播效果更好，这一结论与学者朔沃尔克和莱夫科夫 - 哈吉乌斯（Schuhwerk and Lefkoff-Hagius，1995）的研究结论一致。笔者认为，消费者在绿色购买行为决策中更多考虑自身利益——“看得见和摸得着”的利益。通过利己信息诉求向消费者进行绿色信息传播，能传达特定绿色产品所固有的属性给消费者带来的实际利益，使其切实感受到自身可能获得的好处，增强消费者对信息诉求和绿色产品的印象，从而吸引并获得消费者认可，最终产生绿色购买意向。

（5）绿色信息诉求对高绿色涉入度和高道家价值观消费者的传播效果更好。在绿色信息诉求下，高绿色涉入度组和低绿色涉入度组在个体主观态度、绿色价值感知和绿色购买意向上都存在显著差异。对于那些更在意绿色广告信息、环境问题、绿色产品，以及相关绿色活动的消费者来说，他们更关注并理解接受绿色信息诉求传达的信息，从而产生绿色购买意向。高道家价值观组和低道家价值观组在个体主观态度、绿色价值感知和绿色购买意向上也存在显著差异。对于那些高道家价值观（即崇尚自然，追求人与自然和谐）的消费者来说，他们也更关注并理解接受绿色信息诉求传达出的信息，从而产生绿色购买意向。可见绿色信息诉求对高绿色涉入度和高道家价值观消费者的传播效果更好。这一结论证实了张梦霞（2005）的研究，也证实了蒂奇纳等（Tichenor et al.，1970）的“知识鸿沟假说”（knowledge gap hypothesis）在绿色信息传播领域存在。随着绿色信息的传播，高绿色涉入度和高道家价值观消费者会比低绿

---

① 我们在研究不同信息诉求内容（理性诉求和感性诉求、利己诉求和利他诉求）时没有区分不同诉求内容的强度差异。显然，如果利他诉求的强度很强，而利己诉求的强度很弱，那么利他诉求有可能相对于利己诉求更有效。同样，如果感性诉求的强度很强，而理性诉求的强度很弱，那么感性诉求也可能相对于理性诉求更有效。

色涉入度和低道家价值观消费者更快更好地接受绿色信息，感知到绿色价值，形成绿色购买意向。两类消费者群体之间的行为分化或鸿沟会相对扩大，而不是相对缩小。因此，不同消费者群体间在绿色信息和绿色消费领域会出现“阶层分化”或“鸿沟扩大”现象。与经典的“知识鸿沟假说”不同的是，这里不仅存在认知鸿沟的扩大现象，而且更重要的是存在行为鸿沟的扩大现象。这一现实值得政策制定者关注和重视。

（6）绿色涉入度对绿色信息诉求 - 个体主观态度 / 绿色购买意向路径存在显著的调节作用。对于高绿色涉入度组来说，不同绿色信息诉求对消费者的传播效果差异不大；但是对于低绿色涉入度组来说，不同绿色信息诉求的传播效果差异非常大。具体而言，利己、理性信息诉求对消费者个体主观态度和绿色购买意向的传播效果显著优于利他、感性的绿色信息诉求。这一结论与阿妮西克和伊尔马茨（Alniacik and YiLmaz，2012）的研究结论有些类似。根据阿妮西克和伊尔马茨的研究，对高相关产品信息来说，不同绿色诉求（含糊诉求和明确诉求）对消费者评估不存在显著差异；对低相关产品信息来说，不同绿色诉求对消费者评估存在显著差异，即明确诉求的传播效果更好。此外，在本研究中，在高绿色涉入度组，绿色价值感知对绿色购买意向的影响效应相对较大；在低绿色涉入度组，绿色价值感知对绿色购买意向的影响效应相对较小。与之相反，在高绿色涉入度组，个体主观态度对绿色购买意向的影响效应相对较小；在低绿色涉入度组，个体主观态度对绿色购买意向的影响效应相对较大。

（7）道家价值观对绿色信息诉求 - 个体主观态度 / 绿色购买意向路径关系存在显著的调节作用。对于高道家价值观组来说，不同绿色信息诉求对消费者的传播效果差异不大；但是对于低道家价值观组来说，不同绿色信息诉求的传播效果差异非常大。具体而言，利己、理性信息诉求对消费者个体主观态度 / 绿色购买意向的传播效果显著优于利他、感性的绿色信息诉求。此外，在高道家价值观组，个体主观态度对绿色购买意向的影响效应相对较小；在低道家价值观组，个体主观态度对绿色购买意向的影响效应相对较大。这一研究结论进一步表明，研究绿色信息诉求的传播效果应植根于特定的价值观情境，脱离价值观情境去孤立地研究绿色信息诉求是存在潜在缺陷的。

（8）态度的多重中介效应显示，在绿色信息诉求内容 1（理性或感性诉求）下，态度两维度的中介效应显著（且为完全中介），绿色信息诉求内容 1（理性或感性诉求）通过绿色信息态度（包括个体主观态度、绿色价值感知两维度）对绿色购买意向间接发挥（全部）作用。在绿色信息诉求内容 2（利他或利己诉求）下，态度两维度的中介效应也显著（且为部分中介），绿色信息诉求内容2（利他或利己诉求）通过绿色信息态度（包括个体主观态度、绿色价值感知两维度）对绿色购买意向间接发挥（部分）作用。

二、重要政策启示

本章研究对相关部门制定和实施信息传播政策提供了重要借鉴和启示。具体包括以下几方面。

（1）优先采用理性信息诉求和利己信息诉求向消费者进行绿色信息传播。一方面，企业有必要充分发挥理性信息诉求的优势，优先选择理性绿色信息诉求，向消费者传达绿色产品的明确信息。例如，向消费者详细说明和展示出所传播的绿色产品特征和具体信息，使其切实体会到实实在在的产品效能和环保优势，使消费者对绿色产品产生好感。另一方面，企业应立足消费者首先从自身利益出发这一基本前提（即消费者首先是理性经济人），优先选择利己绿色信息诉求，让消费者切身体会到自身从绿色产品中可能的收益及其收益大小，这样才能促进消费者绿色购买意向的产生，实现更好的传播效果。

（2）优先对高绿色涉入度和高道家价值观消费者进行绿色信息传播。从整体上来看，无论在何种绿色信息诉求下，绿色涉入度和道家价值观的不同都会对消费者绿色购买意向产生显著的差异，这一结论对企业的绿色信息传播政策非常重要。这就要求绿色信息传播者要进行有效的市场细分，选择特定的目标市场重点实施。笔者认为，从效率角度说，企业进行绿色信息传播可以优先针对高绿色涉入度和高道家价值观的消费者（因为绿色信息诉求对他们的传播效果更好），深度结合他们关注绿色产品和绿色信息，以及崇尚自然，向往人与自然和谐的特征，对其进行相应的绿色信息传播，以促使其产生绿色购买意向。从公平角度说，为了避免不同消费者群体间的“阶层分化”或“鸿沟扩大”现象，对低绿色涉入度和低道家价值观消费者也应该适度加大绿色信息传播的力度。

（3）对绿色涉入度不同的消费者采用不同绿色信息诉求进行传播。针对低绿色涉入度消费者，企业应更多地向其传达理性信息诉求和利己信息诉求，因为这部分消费者对环境问题、绿色广告、绿色产品和绿色活动关注相对较少，但同等情境下他们更可能关注理性绿色信息和利己绿色信息。采用理性绿色信息和利己绿色信息向这部分消费者进行绿色信息传播，更可能引起他们的关注，相应的传播效果会更好。对于高绿色涉入度消费者，由于他们相对比较关注环境问题、绿色广告、绿色产品和绿色活动，且他们在不同绿色信息诉求中表现出的个体主观态度和绿色购买意向大体一致，采用不同诉求方式的效果差异不大。

（4）绿色信息诉求传递的信息应与消费者的道家价值观相匹配。笔者研究表明，脱离文化价值观情境去孤立地研究绿色信息诉求是存在潜在缺陷的。绿色信息传播者应采取多种形式，使得绿色信息诉求所传达的信息与消费者个体的道家价值观相匹配。对于低道家价值观消费者来说，宜更多地采用利己、理性的绿色信息诉求（利己、理性的绿色信息诉求对低道家价值观消费者更有效）；对于高道家价值观消费者来说，采用其他诉求也可以获得类似的效果。此外，绿色信息传播者向高道家价值观消费者传播绿色信息时，应让其感知到更多的绿色价值。因为消费者道家价值观会正向影响其绿色价值感知 - 绿色购买意向的关系。一旦消费者感知到更多的绿色价值，他们会更倾向产生绿色购买意向。

（5）通过影响态度这一中介变量促进消费者实行绿色购买行为。本章研究显示，无论在哪种绿色信息诉求内容下，态度两维度的中介效应都非常显著，即绿色信息诉求通过态度（个体主观态度、绿色价值感知两维度）对绿色购买意向发挥（部分或全部）作用。因此，通过影响消费者对绿色信息的心理感受和主观态度（传播绿色信息要考虑消费者的主观感受，使消费者心理上更乐于接受），增强消费者对绿色信息价值的感知，这有利于更好地促进其实行绿色购买行为。

第五章 信息传播政策对消费碳减排影响的实验研究：以消费环节为例

本章以使用消费环节的消费碳减排为例，通过对城市消费者的现场实验，分析绿色信息传播政策对消费碳减排的影响效应，重点分析信息传播诉求类型和诉求尺度对消费碳减排的影响效应，以及诉求类型和诉求尺度之间的交互效应，情境特征变量的调节效应和态度变量的多重中介效应，以期为相关绿色信息传播政策的制定和实施提供借鉴。同第四章类似，本章也分为四部分。首先是文献回顾和假设模型，其次是实验设计和样本分析，再次是数据分析和结果发现，最后是研究结论和政策启示。

第一节 文献回顾和假设模型

一、相关文献回顾

绿色信息传播（广告宣传）是促进消费碳减排行为的一个主要政策，通过绿色信息传播，可以加强消费者对消费碳减排知识的认知，激发消费者采取消费碳减排行为的内在驱动力，从而产生消费碳减排行为。国内外研究表明绿色信息传播对消费者节能型使用行为有影响。柯蒂斯等（Curtis et al.，1984）对加拿大消费者进行考察发现，人们采取节能行为的数量与他们所获取的信息成正相关。萨迪亚诺（Sardianou，2007）对586个家庭的调查也发现节能行为与广告信息传播成显著正相关。斯特格（Steg，2008）对家庭能源使用量的影响因素研究表明，加大节能信息宣传力度能够有效促进家庭采取节能行为。陈利顺（2009）的研究证实了政策法规因素对消费者节能型使用行为影响不显著（仅仅对交通节能行为显著），但宣传教育对节能型使用行为影响显著。

很多文献对影响能源节约和消费碳减排行为的利他、利己价值观因素进行了研究。斯特恩等（Stern et al.，2000）基于施瓦茨（Schwartz）的规范激活理论（norm activation theory）研究了利他主义（altruism）对环境行为的影响。在斯特恩等的研究中，利他主义被界定为对社会其他人的福利表现出关心的价值观，利己主义（egoism）则被界定为制约环境保护积极性从而导致环境保护交易成本上升的价值观。斯特恩等还研究了生态利他主义（biospheric altruism）——一种对于环境中非人类因素关切的价值观。结果表明，利他主义、利己主义和生态利他主义三维度均影响公众参与政治行为（环保行为的一个维度）的意愿。斯特劳恩和罗伯茨（Straughan and Roberts，1999）对利他主义和生态意识消费者行为的回归分析显示，利他主义是影响生态意识消费者行为的第二个重要的心理变量，它对生态意识消费者行为的影响仅次于感知消费者效力。因此，斯特劳恩和罗伯茨认为，利他主义是预测生态意识消费者行为不可或缺的一个重要变量。陈利顺（2009）指出，具有社会责任意识的人会更主动地参与和响应环保行动，也就是说拥有利他价值观的消费者会更主动地采取节能行为，也更容易受利他信息诉求影响实行节能行为。

另外一些学者对于利他、利己价值观因素和消费碳减排行为之间关系的研究结论则稍有不同。努德隆德和卡维尔（Nordlund and Garvill，2002）的研究发现，三种价值观（利己、利他和生物圈）和亲环境态度、行为相关，且一般价值观（如自我超越和自我提升）对个体亲环境态度和行为也存在显著影响。刘贤伟和吴建平（2013）对大学生的亲环境行为研究则发现，利他价值观和利己价值观对亲环境行为（包括公领域和私领域的亲环境行为）的直接效应均显著，且环境关心在利己价值观和私领域亲环境行为之间起到部分中介作用。金美花（2013）对氢能汽车使用的研究发现，如果消费者内心感知到氢能汽车确实能为自己工作和生活带来实在的利益，则会提高其对氢能汽车的使用态度（但不会影响其去购买氢能汽车的意愿），另外消费者本身的低碳环保态度会显著正向影响其对氢能汽车的使用态度。鉴于低碳环保态度是一种长期性的累积，所以企业应该对消费者进行长期的低碳环保传播，推出以低碳环保为主题的绿色广告诉求，利用潜移默化的方式对消费者展示氢能汽车的价值，从而促进消费者的氢能汽车使用行为。

一些学者通过现场实验研究了信息传播政策对能源节约和消费碳减排行为的影响。汤普森和斯道特梅尔（Thompson and Stoutemyer，1991）研究了教育信息对个体行为的影响。171 个家庭参与研究并随机分为三组：实验组一收到的教育信息主要强调环保的长期利益，而且应用哈丁（Hardin）的公共地困境（commons dilemma）比喻来强调个体行为的效力。实验组二收到的教育信息重点强调水资源保护的个体经济效益。控制组没有收到任何教育信息，也没有意识到本次研究，但研究者鼓励他们从事环保行为，并且让他们意识到他们的用水正受到监控。另一个独立变量是地区的社会经济地位，包括中低阶层和中高阶层两类。研究对消费者水消费情况进行了两个月的记录，包括干预前、干预中和干预后三个阶段。研究结果表明，中低阶层地区收到环保长期利益和个体行为效力信息的消费者（实验组一）在干预中和干预后阶段节约了更多的水。与之相对，教育信息对中高阶层地区的各组消费者都没有效果。杨等（de Young et al.，1993）研究了提示信息内容对个体源头削减行为的影响。实验组获得了一本邮寄的教育小册子（内容如请购买用可回收容器盛装的产品，请重复使用铝箔，请不要把物品包装得过于烦琐等）以从源头削减垃圾。三个实验组中，一组给予环境理由（被告知出于环保方面的理由），一组给予经济理由（被告知出于经济方面的理由），还有一组给予环境和经济两方面的理由。干预前后的实验结果表明，三组被试都表现出了比以往更多的源头削减行为，且被告知出于环境和经济两方面理由的实验组做出的源头削减行为最多。还有一项研究评估了两个有强大说服力的电视系列活动（保罗·贝尔等，2009）。该研究在澳大利亚的三个城市进行，其目标是降低汽油消耗量。其中一个活动强调节约汽油的经济利益，另一个活动则提出节约汽油是“公民的义务”。结果显示汽油消耗量有少量的降低，但并不显著。可见，电视系列活动并没有产生显著效果。克龙罗德等（Kronrod et al.，2012）对果断性措辞（assertive language）和温和性措辞（gentler phrasing）的影响效果进行了实验研究，发现在推动绿色行为方面，果断性语言信息的说服效果受到当前环境问题重要性感知的影响。当消费者认为特定环境问题的重要性较高时，服从果断性语言信息（通常以祈使句形式出现）的意向更强；相反，当消费者认为特定环境问题的重要性较低时果断性语言信息会降低消费者的服从倾向，这种情况下建议性诉求（suggestive appeals）反而会增加消费者的服从倾向（吴波，2014a，2014b）。这一研究结论的关键启示是，在选择环保运动的有效表达方式之前，问题重要性需要仔细评估。

从目前的研究文献看，国内外学者对消费者能源节约和消费碳减排行为的研究，往往从人口学统计特征、社会心理因素、信息传播因素、经济激励因素等不同视角展开。很多研究采用问卷调查方式开展，研究某一个或某一类因素对能源节约和消费碳减排行为的影响。由于受到问卷调查方式的限制，其研究结论还需要进一步运用实验研究进行检验，特别是不同诉求方式的传播效果差异，只有通过分组实验研究才能更好地检验。为此，本研究主要采用实验研究方式，分析不同信息传播政策对消费者能源节约和消费碳减排行为的影响效应及其差异。为了更集中地分析信息传播政策，我们重点关注以下两个方面：一方面，鉴于利己、利他绿色信息诉求是学者们普遍关心的问题（同时目前的研究结论也不一致），同时也偏重于考察某一个方面（购买过程或者消费过程）。因此，我们将考察利己、利他绿色信息诉求对消费碳减排的影响效应及其差异，并且同时从购买过程和消费过程两个角度进行分析。另一方面，鉴于消费者对不同度量单位（定价单位）的感知收益不同，不同度量单位的绿色信息诉求可能对消费者有不同的影响，但这方面还没有学者进行过深入的研究。例如，小尺度诉求主要强调消费者节约 1 度电的好处，大尺度诉求主要强调消费者节约 10 度电的好处。大尺度的绿色信息诉求是否对消费碳减排的影响效应更显著，这是一个非常重要、非常有趣的问题。基于此，本章采用现场实验研究信息传播政策（包括利他和利己两种诉求类型、大尺度和小尺度两种诉求尺度）对消费者能源节约和消费碳减排行为的影响。

二、假设模型构建

根据前面的分析，本研究假设：①不同信息传播政策（利他信息诉求和利己信息诉求、小尺度信息诉求和大尺度信息诉求）对个体态度（包括个体主观态度、节能价值感知和信息效果感知）的影响存在显著差异。进一步说，与利他诉求相比，利己诉求更能正向影响个体态度；与小尺度诉求相比，大尺度诉求更能正向影响个体态度。②不同信息传播政策（利他诉求和利己诉求、小尺度诉求和大尺度诉求）对个体行为（节能型使用行为和节能型购买行为）的影响存在显著差异。进一步说，与利他诉求相比，利己诉求更能正向影响个体行为；与小尺度诉求相比，大尺度诉求更能正向影响个体行为。③态度（包括个体主观态度、节能价值感知和信息效果感知）在信息传播政策和行为间存在显著的中介作用。④个体情境特征（包括性别、年龄、学历、个人月收入、家庭月平均用电量、群体一致意识、面子意识、节能涉入度和道家价值观）对信息传播政策-反应变量路径存在显著的调节作用。⑤诉求类型和诉求尺度间存在显著的交互作用。具体地，对小尺度诉求来说，不同诉求类型的效果差异不大；对于大尺度诉求来说，不同诉求类型的效果差异很大。从另一个角度看，对利他诉求来说，不同诉求尺度的效果差异不大；对利己诉求来说，不同诉求尺度的效果差异很大。在这些主要假设下，还有若干的子假设。本研究的假设如表5-1所示。

表 5-1　本研究的主要假设和子假设

假设	子假设
H1：不同信息传播政策对态度的影响存在显著差异	H1a：不同诉求类型对个体主观态度的影响存在显著差异，即与利他信息诉求相比，利己信息诉求更能正向影响个体主观态度
	H1b：不同诉求类型对节能价值感知的影响存在显著差异，即与利他信息诉求相比，利己信息诉求更能正向影响节能价值感知
	H1c：不同诉求类型对信息效果感知的影响存在显著差异，即与利他信息诉求相比，利己信息诉求更能正向影响信息效果感知
	H1d：不同诉求尺度对个体主观态度的影响存在显著差异，即与小尺度信息诉求相比，大尺度信息诉求更能正向影响个体主观态度
	H1e：不同诉求尺度对节能价值感知的影响存在显著差异，即与小尺度信息诉求相比，大尺度信息诉求更能正向影响节能价值感知
	H1f：不同诉求尺度对信息效果感知的影响存在显著差异，即与小尺度信息诉求相比，大尺度信息诉求更能正向影响信息效果感知
H2：不同信息传播政策对行为的影响存在显著差异	H2a：不同诉求类型对节能型使用行为的影响存在显著差异，即与利他信息诉求相比，利己信息诉求更能正向影响节能型使用行为
	H2b：不同诉求类型对节能型购买行为的影响存在显著差异，即与利他信息诉求相比，利己信息诉求更能正向影响节能型购买行为
	H2c：不同诉求尺度对节能型使用行为的影响存在显著差异，即与小尺度信息诉求相比，大尺度信息诉求更能正向影响节能型使用行为
	H2d：不同诉求尺度对节能型购买行为的影响存在显著差异，即与小尺度信息诉求相比，大尺度信息诉求更能正向影响节能型购买行为
H3：态度在信息传播政策和行为间存在显著的中介作用	H3a：个体主观态度在信息传播政策和行为间存在显著的中介作用
	H3b：节能价值感知在信息传播政策和行为间存在显著的中介作用
	H3c：信息效果感知在信息传播政策和行为间存在显著的中介作用

续表

假设	子假设
H4：个体情境特征对信息传播政策 - 反应变量路径存在显著的调节作用	H4a：性别对信息传播政策 – 反应变量路径存在显著的调节作用
	H4b：年龄对信息传播政策 – 反应变量路径存在显著的调节作用
	H4c：学历对信息传播政策 – 反应变量路径存在显著的调节作用
	H4d：个人月收入对信息传播政策 – 反应变量路径存在显著的调节作用
	H4e：家庭月平均用电量对信息传播政策 – 反应变量路径存在显著的调节作用
	H4f：面子意识对信息传播政策 – 反应变量路径存在显著的调节作用
	H4g：群体一致意识对信息传播政策 – 反应变量路径存在显著的调节作用
	H4h：节能涉入度对信息传播政策 – 反应变量路径存在显著的调节作用
	H4i：道家价值观对信息传播政策 – 反应变量路径存在显著的调节作用
H5：诉求类型和诉求尺度间存在显著的交互作用	H5a：对小尺度诉求来说，不同诉求类型的效果差异不大；对于大尺度诉求来说，不同诉求类型的效果差异很大，即在大尺度诉求下，利己诉求相对利他诉求更能正向影响个体态度和行为
	H5b：对利他诉求来说，不同诉求尺度的效果差异不大；对于利己诉求来说，不同诉求尺度的效果差异很大，即在利己诉求下，大尺度诉求相对小尺度诉求更能正向影响个体态度和行为

本研究的假设模型如图 5-1 所示。其中，信息传播政策为实验操控变量（分为利己诉求、利他诉求、小尺度诉求、大尺度诉求四类），个体主观态度、节能价值感知、信息效果感知、节能型使用行为、节能型购买行为为反应变量（其中，个体主观态度、节能价值感知、信息效果感知为中间变量，节能型使用行为、节能型购买行为为结果变量），性别、年龄、学历、个人月收入、家庭月平均用电量、群体一致意识、面子意识、节能涉入度和道家价值观等个体情境特征变量为调节变量。

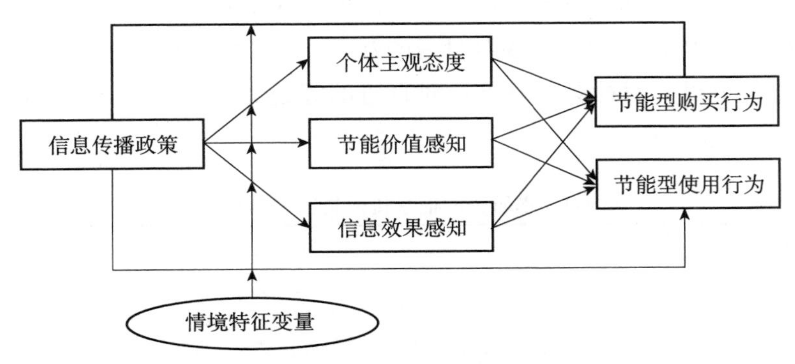

图 5-1　信息传播政策影响态度和行为的假设模型

第二节　实验设计和样本分析

一、实验材料设计

在实验问卷中，我们先提出信息传播诉求类型和诉求尺度的假设情境，接着给出具体的测量题项。为了测量信息传播诉求类型和诉求尺度对被试的影响效应是否存在差异，我们设计出信息传播诉求的 2×2 个假设情境，如表 5-2 所示。

表 5-2　本研究的假设情境

尺　度		诉求类型	
		利他诉求	利己诉求
诉求尺度	小尺度诉求	利他、小尺度诉求（信息材料 A）	利己、小尺度诉求（信息材料 B）
	大尺度诉求	利他、大尺度诉求（信息材料 C）	利己、大尺度诉求（信息材料 D）

其中，利他诉求主要强调消费者节约能源消费（生活中节约用电或购买节能产品）给社会带来的福利（如保护环境、削减污染物排放、使地球更美好等），而不会特别考虑对自身利益的影响；利己诉求主要强调消费者节约能源消费（生活中节约用电或购买节能产品）给自己带来的实际利益（如更省钱、为家庭积累财富等），而不会考虑对社会的福利；小尺度诉求主要强调消费者节约 1 度电的好处（对社会的好处或对自身的好处）；大尺度诉求主要强调消费者节约 10 度电的好处（对社会的好处或对自身的好处）。本研究的信息传播材料和具体内容如表 5-3 所示。

表 5-3　本研究的信息传播材料和具体内容

信息材料	诉求类型	诉求尺度	信息内容
信息材料 A	利他	小尺度	据统计，每节约 1 度电相当于减少 0.997 千克二氧化碳、0.272 千克碳粉尘、0.03 千克二氧化硫、0.015 千克氮氧化物等污染物排放，同时节约 0.4 千克标准煤。日积月累，节约用电可以为全社会节能减排做出很大贡献！ 让我们行动起来，节约每一度电，为社会节能减排做贡献！

续表

信息材料	诉求类型	诉求尺度	信息内容
信息材料 B	利己	小尺度	据统计，每节约 1 度电相当于节省 0.538 元，它可使 25 瓦灯泡亮 40 小时，电冰箱运行 1 天，电风扇运转 20 小时，烧开 8 千克水，电动自行车跑 80 千米。日积月累，节约用电就能轻松省钱，为个人或家庭积累财富！ 让我们行动起来，节约每一度电，在轻松省钱中积累财富！
信息材料 C	利他	大尺度	据统计，每节约10度电相当于减少9.97千克二氧化碳、2.72千克碳粉尘、0.3千克二氧化硫、0.15 千克氮氧化物等污染物排放，同时节约 4 千克标准煤。日积月累，节约用电可以为全社会节能减排做出很大贡献！ 让我们行动起来，节约每一度电，为社会节能减排做贡献！
信息材料 D	利己	大尺度	据统计，每节约 10 度电相当于节省 5.38 元，它可使 25 瓦灯泡亮 400 小时，电冰箱运行 10 天，电风扇运转 200 小时，烧开 80 千克水，电动自行车跑 800 千米。日积月累，节约用电就能轻松省钱，为个人或家庭积累财富！ 让我们行动起来，节约每一度电，在轻松省钱中积累财富！

在实验刺激材料之后，为了测量被试对不同诉求类型的认识是否确实存在差异，以检验实验操控是否成功，我们设置了一道题项以进行操控性检验，该题项为“该信息主要表达了节约用电（　）”，它有两个选项：A. 对社会的好处；B. 对自身的好处。接着我们列出具体测量题项（不同信息材料下的测量题项内容是一致的），如表 5-4 所示。

表 5-4　本研究的测量量表

类别		测量题项	指标类型
态度变量	个体主观态度	A1 该信息有说服力	李克特五级量表：5. 同意，4. 大致同意，3. 一般，2. 不太同意，1. 不同意
		A2 该信息打动了我	
		A3 我会记住该信息	
		A4 我很喜欢该信息	
	节能价值感知	B1 节约用电对社会很有益	
		B2 节约用电对自身很有益	
		B3 节约用电对每个人都有益	
	信息效果感知	B4 该信息会提高人们的节电意识	
		B5 该信息会促进人们节约用电	
		B6 该信息会提高我的节电意识	
		B7 该信息会促进我节约用电	

续表

类别		测量题项	指标类型
行为变量	节能型使用行为	C1 今后离开房间时我会随手关灯 C2 今后不用电器时我会切掉电源以减少待机耗电 C3 今后较低楼层时我会步行上下楼，不乘电梯 C4 今后夏天或冬天时我会减少空调使用	李克特五级量表：5. 完全做到，4. 多数做到，3. 半数做到，2. 少数做到，1. 不能做到
	节能型购买行为	C5 今后我会尽量购买节能灯具 C6 今后我会尽量购买节能家电 C7 今后购买家电时我会考虑其是否有节能标志或能效标识 C8 今后我愿为节能产品支付更高价格	
情境变量	节能涉入度	D1 我对节能问题很关注 D2 我对节能信息很关注 D3 我对节能产品很关注	李克特五级量表：5. 同意，4. 大致同意，3. 一般，2. 不太同意，1. 不同意
	道家价值观	E1 我崇尚清静平淡的生活 E2 我崇尚简单朴实的生活 E3 我崇尚顺其自然的生活	

测量题项共包括四类变量。第一类变量为个体态度，有个体主观态度、节能价值感知、信息效果感知三个变量，分别用 4、3、4 个题项来测量。这三个变量是笔者在相关文献基础上自行设计，采用李克特五级量表制，得分代表消费者对特定题项的同意程度（5. 同意，4. 大致同意，3. 一般，2. 不太同意，1. 不同意）。第二类变量为个体行为，有节能型使用行为、节能型购买行为两个变量，均用 4 个题项测量。这两个变量也采用李克特五级量表制，得分代表消费者践行特定题项的程度（5. 完全做到，4. 多数做到，3. 半数做到，2. 少数做到，1. 不能做到）。第三类变量为情境变量，有节能涉入度、道家价值观两个变量，均用 3 个题项测量。这两个变量亦采用李克特五级量表制，得分代表消费者对特定题项的同意程度（5. 同意，4. 大致同意，3. 一般，2. 不太同意，1. 不同意）。最后一类变量为人口统计变量，笔者设置了 7 个题项，分别为性别、年龄、学历、个人月收入、家庭月平均用电量、群体一致、面子意识。其中，性别分为 2 类：A. 男；B. 女。年龄分为 5 类：A.24 周岁或以下；B.25 ～ 34 周岁；C.35 ～ 44 周岁；D.45 ～ 54 周岁；E.55 周岁或以上。学历分为 5 类：A. 初中或以下；B. 高中或中专；C. 高职或大专；D. 本科；E. 研究生或以上。个人月收入分为 5 类：A.2200 元以下；B.2201 ～ 4400 元；C.4401 ～ 6600 元；D.6601 ～ 8800

元；E.8801 元以上。[①]

为了考察群体一致意识和面子意识的影响，我们在问卷里也设置了相应的变量。群体一致意识题项为“相对一般人来说，我的行为方式较易受周围人的影响”。个体面子意识题项为“相对一般人来说，我在日常生活中比较注重面子”。这两个题项均采用两级量表（A. 是；B. 否），以便有效地对受访者进行细分。问卷里还有个变量是家庭月平均用电量。根据笔者从相关电力部门和物价部门获得的资料数据，浙江省城乡家庭月平均用电量约为 170 度（约 90 元电费），由此这道题目我们设置为“我家月平均用电量（　）170 度（约 90 元电费）”，选项有 5 个：A. 大大超出；B. 小幅超出；C. 大致等于；D. 小幅低于；E. 大大低于。人口统计变量的量表定义及其类型如表 5-5 所示。

表 5-5　人口统计变量的量表定义及其类型

调查题项	量表类型
性别	A. 男；B. 女
年龄	A.24 周岁或以下；B.25 ～ 34 周岁；C.35 ～ 44 周岁；D.45 ～ 54 周岁；E.55 周岁或以上
学历	A. 初中或以下；B. 高中或中专；C. 高职或大专；D. 本科；E. 研究生或以上
个人月收入	A.2200 元以下；B.2201 ～ 4400 元；C.4401 ～ 6600 元；D.6601 ～ 8800 元；E.8801 元以上
我家月平均用电量（　）170 度（约 90 元电费）	A. 大大超出；B. 小幅超出；C. 大致等于；D. 小幅低于；E. 大大低于
相对一般人来说，我的行为较易受周围人的影响	A. 是；B. 否
相对一般人来说，我在生活消费中比较注重面子	A. 是；B. 否

问卷正式形成以前，我们对城市消费者进行了多次预测试，并对预测试结果进行分析，总结了被测试消费者的意见，对一些表述不清楚、难以理解、不好回答或有歧义的题项进行修正后才最终确定测试问卷。

二、样本回收情况

本次实验于 2014 年 7 ～ 8 月在杭州市展开，我们在杭州市的广场、公园、

① 对个人月收入，笔者以 2200 元为一个区间，而没有采用通常使用的 1000 元或 2000 元整数区间。这主要是考虑到受访者对其收入往往只有一个整数概念（如 2000 元、3000 元等），如果以 1000 元或 2000 元整数为一个区间，可能会导致受访者无法选择的情况。以 2200 元为一个区间，这可以在很大程度上避免出现受访者无法选择的问题。后面第六章的测试问卷中我们同样以 2200 元为一个区间。

校园、小区等公共场所随机抽取样本参与实验。为了使样本更切合城市消费者的实际，我们抽样时尽量确保各层次都有一定比例（例如，男女比例大致平衡，各年龄层次都有一定比例，各学历层次都有一定比例，各收入层次都有一定比例）。根据杭州主城区六区（上城区、下城区、拱墅区、江干区、西湖区、滨江区）的人口分布情况，选择三十多个公共场所作为抽样点。具体执行实验的是浙江财经大学暑期社会调研项目组的5名研究生。正式调查前，笔者向参与实验的研究生进行了培训，重点强调了以下几点：①进行实验测试前，实验者要向被试强调一下这并非商业调查，而是我们做的一个课题研究和社会调查，调查的主题是普通消费者的态度和行为，希望得到被试的配合；②向参与实验的研究生简述了测试问卷各题项的具体含义，这样如果被试在填写问卷过程中对部分题项不理解，实验者可以现场对问卷内容进行解释；③被试填写测试问卷完毕后，实验者要迅速浏览一下填写结果，如有缺项及时请求被试补上。当然，关于个人信息（如收入等）的缺项可以不要求被试补填。

为了确保测试问卷回收和填答效果，我们向每位填写测试问卷的被试赠送了一份小礼品。最终共发放测试问卷1400份，回收测试问卷1380份。经一致性检验剔除64份无效问卷，获得有效问卷1316份，有效率为95.36%（判别和剔除无效问卷的原则参见第四章）。各实验组的问卷数量大致均衡，实验问卷回收的详细信息（包括性别、年龄、学历、个人月收入等构成分布）如表5-6所示。

表5-6 有效样本的构成分布

调查题项	分类指标	组A	组B	组C	组D	频数	有效百分比/%
性别	1. 男	224	197	198	179	798	60.9
	2. 女	102	127	126	158	513	39.1
年龄	1. 24周岁或以下	106	108	103	95	412	31.3
	2. 25～34周岁	124	139	134	144	541	41.1
	3. 35～44周岁	47	47	44	66	204	15.5
	4. 45～54周岁	35	14	34	25	108	8.2
	5. 55周岁或以上	17	16	10	8	51	3.9
学历	1. 初中或以下	53	37	48	32	170	13.0
	2. 高中或中专	68	68	76	76	288	22.0
	3. 大专或高职	72	73	68	94	307	23.4
	4. 本科	106	118	118	125	467	35.6
	5. 研究生或以上	28	24	15	11	78	6.0

续表

调查题项	分类指标	组 A	组 B	组 C	组 D	频数	有效百分比 /%
个人月收入	1. 2200 元或以下	71	67	73	51	262	20.3
	2. 2201 ～ 4400 元	107	98	96	81	382	29.5
	3. 4401 ～ 6600 元	68	80	92	93	333	25.8
	4. 6601 ～ 8800 元	42	37	36	52	167	12.9
	5. 8801 元以上	36	31	21	61	149	11.5
家庭月平均用电量	1. 大大超出 170 度（约 90 元电费）	37	43	38	53	171	13.1
	2. 小幅超出 170 度（约 90 元电费）	87	96	94	99	376	28.7
	3. 大致等于 170 度（约 90 元电费）	96	102	101	108	407	31.1
	4. 小幅低于 170 度（约 90 元电费）	71	59	53	56	239	18.2
	5. 大大低于 170 度（约 90 元电费）	36	23	36	22	117	8.9
群体一致意识	1. 是	134	121	130	152	537	41.1
	2. 否	194	199	191	186	770	58.9
面子意识	1. 是	109	103	100	111	423	32.4
	2. 否	218	217	221	227	883	67.6
合计	—	329	324	325	338	1316	100.0

注：有些受访者没有在问卷上注明其性别、学历、个人月收入、家庭平均用电量等信息，因此各变量的总频数有时不到 1316。第六章也存在类似的情况，不再专门说明

三、样本信效度检验

下面我们先对反应变量（包括态度和行为）进行因子分析，以考察反应变量各题项的维度结构。[①] 从各题项的公因子方差可以看出，两个题项（节能型使用行为 C1、节能型购买行为 C8）的平均信息提取量较低（低于 0.4，其他题项都在 0.5 以上）。且信度分析时，这两个题项与总体的相关性相对较小，删去这两个题项对整体信度无显著影响，故删去这两个题项（我们先删去信息提取量最低的题项 C1，然后进一步进行因子分析，根据分析结果删去题项 C8）。[②] 对保留的题项做因子分析，从公因子方差比可以看出，修正后结果变量的公因子方差比几乎都在 50% ～ 90%，平均信息提取量比较理想。

下面对样本进行信度和效度检验，以对量表质量进行评估。信度分析结果

---

① 限于篇幅，这里将因子分析的计算结果表格略去。

② 需说明的是，在后面数据分析中，对 C1、C8 两题项我们仍然进行了描述性统计分析（因为描述性统计分析基本不受因子分析和效度检验结果的影响）。在方差分析、相关分析、回归分析中，则删去了 C1、C8 两题项（这两个题项没有包含在节能型使用行为和节能型购买行为变量中）。

显示，对于个体主观态度、节能价值感知、信息效果感知、节能型使用行为和节能型购买行为五变量，克龙巴赫 α 系数大多超过 0.7，如表 5-7 所示。且删去任一题项，总体克龙巴赫 α 系数也无显著提高。此外，绝大多数题项与各变量的相关系数都在 0.4 以上，有的还达到或超过 0.7。可见，各解释变量的内部一致性、可靠性和稳定性比较好。

表 5-7　各解释变量量表及其克龙巴赫 α 系数

类别		测量题项	项已删除的刻度方差	校正的项总计相关性	删去该题项 α 系数的变化情况	克龙巴赫 α 系数
态度变量	个体主观态度	A1 该信息有说服力	5.976	0.567	0.818	0.827
		A2 该信息打动了我	5.129	0.703	0.759	
		A3 我会记住该信息	4.958	0.661	0.779	
		A4 我很喜欢该信息	5.012	0.690	0.764	
	节能价值感知	B1 节约用电对社会很有益	1.740	0.426	0.729	0.708
		B2 节约用电对自身很有益	1.222	0.583	0.542	
		B3 节约用电对每个人都有益	1.228	0.589	0.533	
	信息效果感知	B4 该信息会提高人们的节电意识	6.096	0.699	0.862	0.880
		B5 该信息会促进人们节约用电	5.648	0.759	0.840	
		B6 该信息会提高我的节电意识	6.062	0.772	0.835	
		B7 该信息会促进我节约用电	6.052	0.736	0.848	
行为变量	节能型使用行为	C2 今后不用电器时我会切掉电源以减少待机耗电	3.784	0.393	0.662	0.661
		C3 今后较低楼层时我会步行上下楼，不乘电梯	2.766	0.514	0.508	
		C4 今后夏天或冬天时我会减少空调使用	2.942	0.523	0.494	
	节能型购买行为	C5 今后我会尽量购买节能灯具	2.016	0.643	0.722	0.797
		C6 今后我会尽量购买节能家电	1.873	0.718	0.640	
		C7 今后购买家电时我会考虑其是否有节能标志或能效标识	2.042	0.568	0.802	
情境变量	节能涉入度	D1 我对节能问题很关注	2.337	0.707	0.753	0.832
		D2 我对节能信息很关注	2.162	0.756	0.702	
		D3 我对节能产品很关注	2.412	0.617	0.841	
	道家价值观	E1 我崇尚清静平淡的生活	2.303	0.658	0.657	0.779
		E2 我崇尚简单朴实的生活	2.232	0.689	0.621	
		E3 我崇尚顺其自然的生活	2.478	0.512	0.816	

下面对内容效度和建构效度进行检验。先采用专家判断法检验内容效度。

问卷正式形成以前，笔者先经过一轮与相关领域专家、代表性消费者的深度访谈，询问他们哪些因素对测量各变量重要，归纳得出原始问卷。此后，笔者对城市消费者进行了预测试，并对预测试结果进行分析，总结了被试的意见，对问卷进行了进一步修正和完善。总的来说，本问卷内容有一定的广度，且契合测试目标，内容效度较为理想。下面用因子分析法检验建构效度。从表 5-8 可以看出，反应变量（包括态度和行为这两类变量）的 KMO 检验统计量为 0.877，两变量的巴特利特球形检验显著性水平均为 0.000，因此，拒绝巴特利特球形检验零假设，可以认为本测试问卷及各组成部分建构效度良好。

表 5-8 KMO 检验和巴特利特球形检验

题项		反应变量
KMO 检验		0.877
巴特利特特球形检验	χ^2 统计量	9218.023
	自由度	136
	显著性水平	0.000

第三节 数据分析和结果发现

一、信息传播政策对态度和行为的总体效应

实施信息传播政策后，受访者对政策的个体主观态度、节能价值感知、信息效果感知、节能型使用行为、节能型购买行为各题项的均值和标准差如图 5-2 所示。个体主观态度、节能价值感知和信息效果感知三变量的均值分别为 4.00、4.59、4.09（即位于“大致同意”到“同意”之间）。这表明，绝大多数人能够认识到能源节约无论对社会还是个人都有很高的价值（节能价值感知这一变量的均值最高，标准差最低，这表明其内部差异也最小）。同时，多数受访者对信息传播政策的态度比较积极，认为信息传播政策能够提高节能意识，促进节能行为。节能型使用行为变量的均值为 3.68（即位于“多数做到”到“半数做到”之间）。这表明，一般意义上受访者能多数做到或半数做到节能型使用行为。节能型购买行为项的均值为 4.34（即位于“完全做到”到“多数做到”之间），高于节能型使用行为的均值。这表明相对于节能型使用行为来说，受访者更能做到节能型购买行为（如购买节能灯具、家电或有节能标志的产品）。

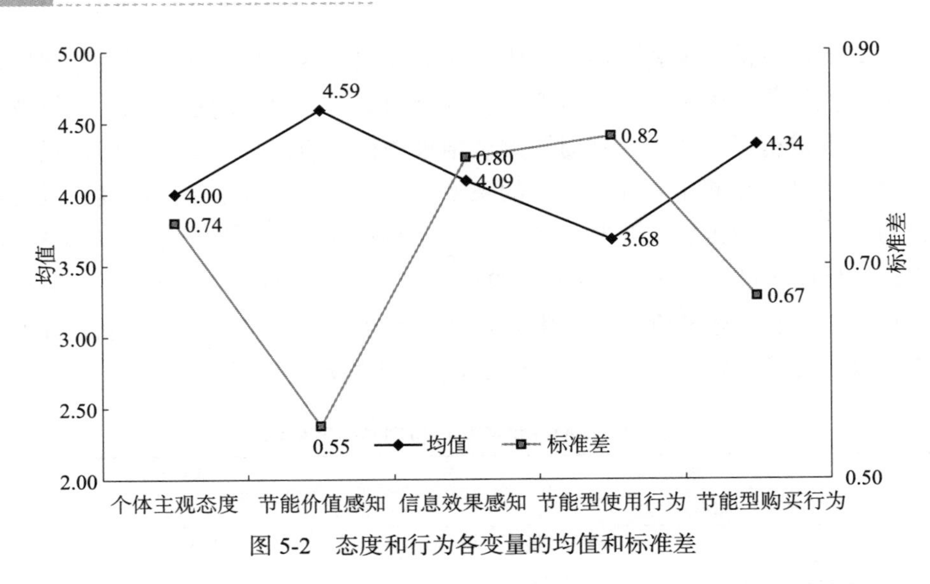

图 5-2 态度和行为各变量的均值和标准差

图 5-3、表 5-9 为个体主观态度、节能价值感知、信息效果感知各题项的描述性统计分析表。对于个体主观态度，题项 A1 的均值（4.20）显著高于题项 A2、A3、A4，后三个题项的均值分别为 3.87、4.03、3.89。且题项 A1 的标准差也最低，这表明其内部差异也最小。从回答情况看，受访者认同（即选择“5 同意”和“4 大致同意”两个选项，下同）题项 A1 的比例有 81.3%，不认同（即选择“2 不太同意”和“1 不同意”两个选项，下同）题项 A1 的仅有 1.8%，另有 16.9% 的人态度中立（即选择“一般”选项）。与此同时，受访者认同题项 A2 的比例为 61.9%，不认同的比例为 3.8%，态度中立者超过 1/3。受访者认同题项 A3 的比例为 68.5%，不认同的比例为 5.7%，态度中立者达到 1/4。受访者认同题项 A4 的比例有 61.9%，不认同题项 A4 的有 4.5%，另有约 1/3 的受访者态度中立。无论从均值看，还是从统计百分比看，受访者对题项 A1 的认同度都要显著高于题项 A2、A3、A4。可见，一些受访者虽然认为该信息有说服力，但他们未必就喜欢该信息，该信息也未必能打动他们（这可能由于他们自认为已经接受过很多类似的信息，对此类信息已经习以为常）。

对于节能价值感知，题项 B1 的均值为 4.74，题项 B2、B3 的均值分别为 4.50、4.54，题项 B1 的均值要显著高于题项 B2、B3。从受访者的回答看，受访者认同题项 B1 的比例为 95.9%，认同题项 B2、B3 的比例分别为 88.5%、90.9%。题项 B1 的标准差也低于题项 B2、B3，这表明题项 B1 的内部差异也最小。可见，受访者对题项 B1 的认同度要显著高于题项 B2、B3。这表明，经过信息传播后，绝大多数受访者已经认识到能源节约的价值，特别是能源节约对社会的价值，但数据分析也显示，有一些受访者虽然认识到能源节约对社会的价值很高，但他们可能认为能源节约对其自身的价值并不算高（他们对此不屑一顾）。这一现象值得研究者重视。

对于信息效果感知，题项B4的均值（4.10）要显著高于题项B5的均值（3.92）。从受访者的回答看，受访者认同题项B4的比例为73.9%，不认同题项B4的比例只有约5.0%，对题项B4持中立态度者有21.2%。与此同时，受访者认同题项B5的比例只有65.0%，不认同题项B5的比例为6.8%，对题项B5持中立态度者有28.1%。对于题项B6、B7，这两题的均值分别为4.18、4.14，题项B6的均值稍高于题项B7，但差距不算太明显。总的来说，在受访者看来，信息传播政策更有利于提高人们的意识（而非实际行为），进一步说，部分受访者虽然提高了能源节约意识，但他们的行为却未必发生改变。

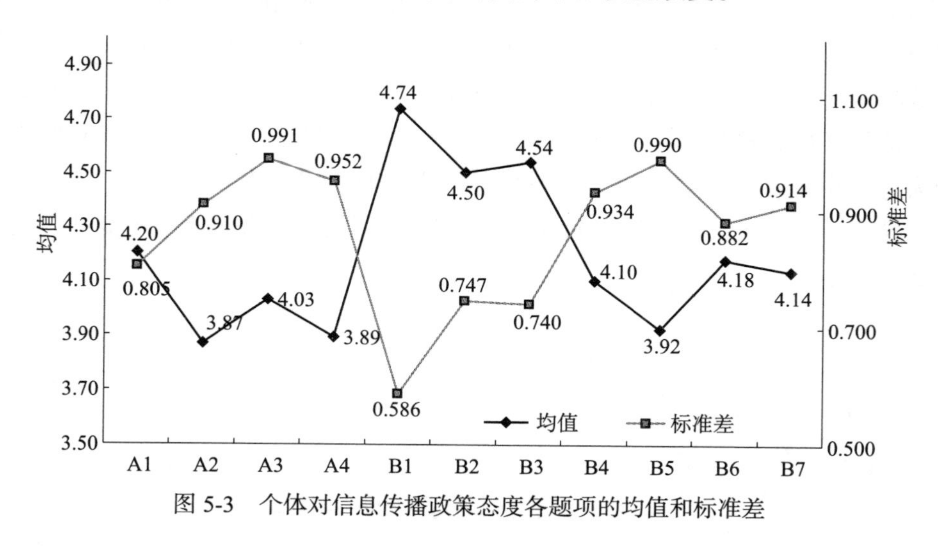

图 5-3 个体对信息传播政策态度各题项的均值和标准差

表 5-9 个体对信息传播政策的总体态度

题项	A1	A2	A3	A4	B1	B2	B3	B4	B5	B6	B7
样本量	1316	1316	1316	1316	1316	1316	1316	1316	1316	1316	1316
均值	4.20	3.87	4.03	3.89	4.74	4.50	4.54	4.10	3.92	4.18	4.14
中位值	4.00	4.00	4.00	4.00	5.00	5.00	5.00	4.00	4.00	4.00	4.00
众数	5	3	5	3	5	5	5	5	5	5	5
标准差	0.805	0.910	0.991	0.952	0.586	0.747	0.740	0.934	0.990	0.882	0.914
同意 /%	41.6	29.9	41.6	33.2	79.3	63.7	66.0	42.4	35.7	44.5	44.0
大致同意 /%	39.7	32.0	26.9	28.6	16.6	24.8	24.8	31.5	29.3	33.3	30.2
一般 /%	16.9	34.3	25.8	33.7	3.1	9.9	7.0	21.2	28.1	18.9	22.3

续表

题项	A1	A2	A3	A4	B1	B2	B3	B4	B5	B6	B7
不太同意 /%	1.1	2.7	4.1	3.1	0.5	1.4	1.6	4.0	5.4	2.4	2.5
不同意 /%	0.7	1.1	1.6	1.4	0.5	0.2	0.5	1.0	1.4	0.9	1.0
合计 /%	100.0	100.0	100.0	100.0	100.0	100.0	100.0	100.0	100.0	100.0	100.0

图 5-4、表 5-10 为节能型使用行为、节能型购买行为各题项的描述性统计分析表。对节能型使用行为，题项 C1 的均值最高（为 4.56），题项 C2 的均值其次（为 3.98），题项 C3、C4 的均值相对最小（分别为 3.52、3.53）。且题项 C1、C2 的标准差也要显著低于题项 C3、C4。从受访者的回答看，受访者完全做到题项 C1 的比例为 60.6%，完全做到题项 C2 的比例降为 31.5%，完全做到题项 C3、C4 的比例进一步降为 22.5%、19.1%。与此同时，受访者回答少数做到或不能做到题项 C1、C2、C3、C4 的比例分别 0.9%、7.9%、19.8%、18.4%，大致呈现递增的态势。可见，受访者最容易做到随手关灯，其次是切掉电源以减少待机耗电，最后才是不乘电梯、少用空调。这显示，受访者的节能型使用行为还是跟其自身利益相关，如果特定的节能型使用行为“触犯”了其个人利益，导致了其个人效用损失（如舒适性丧失），那么受访者实施的可能性会大大降低。

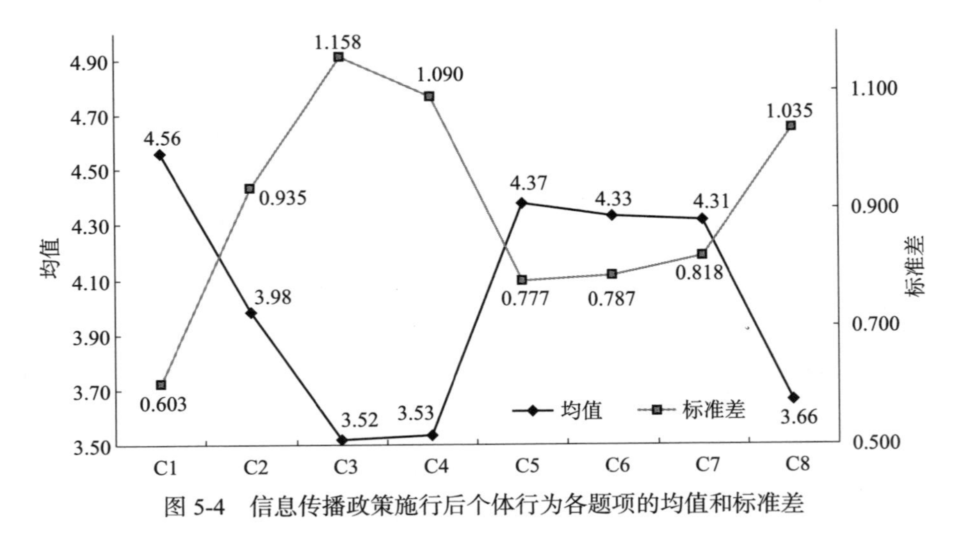

图 5-4　信息传播政策施行后个体行为各题项的均值和标准差

对于节能型购买行为变量，题项 C5、C6、C7 的均值分别为 4.37、4.33、4.31，彼此差异不是很明显，题项 C8 的均值只有 3.66，显著低于前三个题项。

从受访者的回答看，受访者完全做到题项C5、C6、C7的比例分别为52.2%、49.2%、49.8%，完全做到题项C8的比例则下降为21.5%，同样显著低于前三个题项。与此同时，受访者回答少数做到或不能做到题项C5、C6、C7的比例分别为2.5%、2.7%、3.1%，回答少数做到或不能做到题项C8的比例提高为12.3%。另外，题项C8的标准差也显著高于题项C5、C6、C7。可见，受访者的节能型购买行为也跟其自身利益相关，如果特定的节能型购买行为"触犯"了其个人利益，需要其支付更高的成本或价格，那么受访者实施的可能性同样会大大降低。

表5-10　信息传播政策实行后的个体行为

题项	C1	C2	C3	C4	C5	C6	C7	C8
样本量	1316	1316	1316	1316	1316	1316	1316	1316
均值	4.56	3.98	3.52	3.53	4.37	4.33	4.31	3.66
中位值	5.00	4.00	4.00	4.00	5.00	4.00	4.00	4.00
众数	5	4	4	4	5	5	5	4
标准差	0.603	0.935	1.158	1.090	0.777	0.787	0.818	1.035
完全做到/%	60.6	31.5	22.5	19.1	52.2	49.2	49.8	21.5
多数做到/%	35.9	45.1	32.8	38.1	36.2	37.6	35.0	39.7
半数做到/%	2.7	15.6	24.9	24.4	9.1	10.6	12.0	26.5
少数做到/%	0.8	6.2	13.6	13.7	1.9	2.2	2.7	8.1
不能做到/%	0.2	1.7	6.2	4.7	0.6	0.5	0.5	4.3
合计/%	100.0	100.0	100.0	100.0	100.0	100.0	100.0	100.0

最后是关于个体的节能涉入度和道家价值观变量。从整体上看，节能涉入度和道家价值观的均值分别为3.90、4.20（位于"大致同意"附近）。可见，多数受访者相对还是比较关注节能问题、节能信息或节能产品，且在生活中崇尚清静平淡、简单朴实和顺其自然的道家价值观。具体对于节能涉入度来说，题项D1、D3的均值分别为3.95、3.96，题项D2的均值为3.80（显著低于题项D1、D3）。从受访者的回答看，受访者认同题项D1、D3的比例分别为67.9%、66.6%，认同题项D2的比例为59.3%。与此同时，受访者对题项D1、D3表示中立的比例分别为30.7%、31.3%，对D2表示中立的比例提高到37.5%，如图5-5、表5-11所示。无论从均值看，还是从统计百分比看，受访者对题项D1、D3的认同度都要显著高于题项D2。可见，一些受访者虽然对节能问题、节能产品很关注，但他们对节能信息还不是很关注，这可能会成为制约他们实行节能型购买或节能型使用行为的一个障碍。对于道家价值观来说，题项E1、E2、E3

的均值分别为 4.19、4.18、4.22，三题项的标准差分别为 0.854、0.859、0.900，差异不是太大。从受访者的回答看，受访者认同题项 E1、E2、E3 的比例分别为 80.5%、79.7%、81.6%，差别也不算显著。可见，受访者多数在内心还是崇尚清静平淡、简单朴实、顺其自然的道家价值观生活。当然，受访者的实际行为是否如问卷反映的完全一致，这也需要进一步检验。

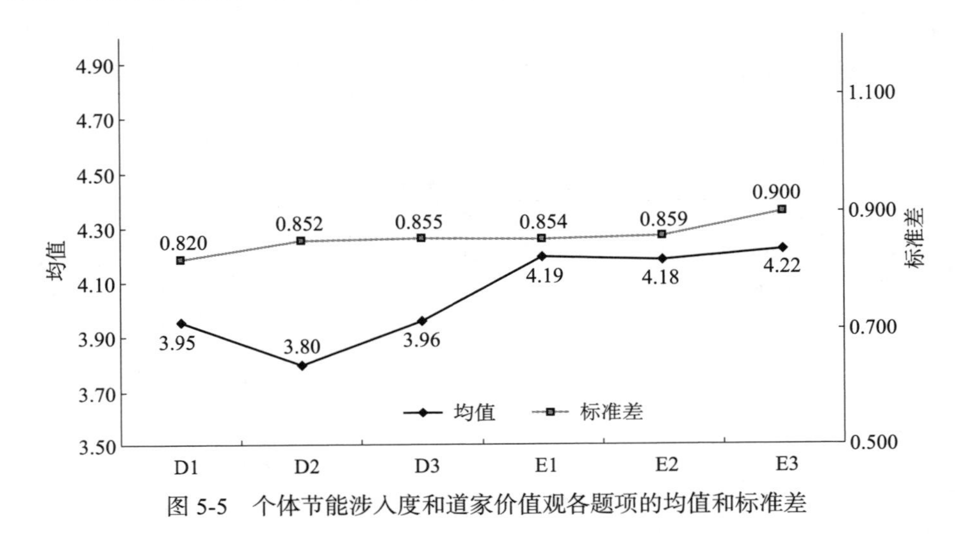

图 5-5 个体节能涉入度和道家价值观各题项的均值和标准差

表 5-11 节能涉入度和道家价值观的描述性统计分析

题项	D1	D2	D3	E1	E2	E3
样本量	1316	1316	1316	1316	1316	1316
均值	3.95	3.80	3.96	4.19	4.18	4.22
中位值	4.00	4.00	4.00	4.00	4.00	4.00
众数	4	3	4	5	5	5
标准差	0.820	0.852	0.855	0.854	0.859	0.900
同意 /%	29.3	24.0	31.9	42.9	42.6	46.4
大致同意 /%	38.5	35.3	34.7	37.6	37.1	35.3
一般 /%	30.7	37.5	31.3	16.1	16.9	14.1
不太同意 /%	1.1	2.6	1.8	2.5	2.7	2.7
不同意 /%	0.3	0.5	0.3	0.8	0.8	1.6
合计 /%	100.0	100.0	100.0	100.0	100.0	100.0

二、不同情境特征个体的态度和行为差异

这里我们不考虑信息诉求类型和诉求尺度的差异，主要分析信息传播政策

对不同特征个体的效应是否存在差异。我们采用单因素方差分析，主要考察性别、年龄、学历、个人月收入、家庭月平均用电量、群体一致意识、面子意识、节能涉入度和道家价值观这九个情境特征变量。在这九个变量中，性别、群体一致、面子意识这三个变量为两分类变量；年龄、学历、个人月收入、家庭月平均用电量四个变量为多分类变量（每个变量都有 5 个分类），考虑到类别太多计算起来太复杂，结果也难以解释，因此，对这三个变量我们都转化为两分类变量。年龄分为 34 周岁或以下（赋值为 1）和 35 周岁或以上（赋值为 2）两类，学历分为高中、中专或以下（赋值为 1）和大专、高职或以上（赋值为 2）两类，个人月收入分为 4400 元或以下（赋值为 1）和 4401 元或以上（赋值为 2）两类，家庭月平均用电量分为超出（包括大大超出和小幅超出）170 度（约 90 元电费）和未超出（包括大大低于和小幅低于、大致等于）170 度（约 90 元电费）两类，前者赋值为 1，后者赋值为 2。节能涉入度一共有三个题项，我们根据受访者回答的实际值和平均值将受访者分为两类：得分高于平均值者归入高节能涉入度组，这部分受访者有 735 个，占总数的 55.9%；得分低于平均值者归入低节能涉入度组，这部分受访者有 581 个，占总数的 44.1%。道家价值观一共也有三个题项，我们根据受访者回答的实际值和平均值将受访者分为两类：得分高于平均值者归入高道家价值观组，这部分受访者有 683 个，占总数的 51.9%；得分低于平均值者归入低道家价值观组，这部分受访者有 633 个，占总数的 48.1%。个体分组统计情况如表 5-12 所示。

表 5-12　人口统计变量分类

变量	分类指标	频数	百分比 /%
性别	1. 男	798	60.9
	2. 女	513	39.1
年龄	1. 34 周岁或以下	953	72.4
	2. 35 周岁或以上	363	27.6
学历	1. 高中、中专或以下	458	35.0
	2. 大专、高职或以上	852	65.0
个人月收入	1. 4400 元或以下	644	49.8
	2. 4401 元或以上	649	50.2
家庭月平均用电量	1. 超出 170 度（约 90 元电费）	547	41.8
	2. 未超出 170 度（约 90 元电费）	763	58.2
群体一致意识	1. 是	537	41.1
	2. 否	770	58.9
面子意识	1. 是	423	32.4
	2. 否	883	67.6

续表

变量	分类指标	频数	百分比 /%
节能涉入度	1. 低	581	44.1
	2. 高	735	55.9
道家价值观	1. 低	633	48.1
	2. 高	683	51.9

从表 5-13 以看出，信息传播政策对不同人口统计特征个体的效应存在显著差异。对于性别，在 0.01 的显著性水平下，男女在节能价值感知、信息效果感知和节能型使用行为上存在显著差异。均值分析显示，男性节能价值感知项得分的均值为 4.54，女性节能价值感知项得分的均值为 4.68。男性信息效果感知项得分的均值为 4.03，女性信息效果感知项得分的均值为 4.18。男性节能型使用行为项得分的均值为 3.62，女性节能型使用行为项得分的均值为 3.77。这表明，信息传播政策下（不论何种信息传播类型或何种信息传播尺度），女性较男性能感知到更高的节能价值，对信息效果感知也更高，也更可能实行节能型使用行为。

对于年龄，在 0.01 的显著性水平下，不同年龄受访者的个体主观态度、节能价值感知、信息效果感知、节能型使用行为存在显著差异。均值分析显示，34 周岁或以下受访者主观态度项的得分均值为 3.93，35 周岁或以上受访者主观态度项的得分均值为 4.18。34 周岁或以下受访者节能价值感知项得分的均值为 4.57，35 周岁或以上受访者节能价值感知项得分的均值为 4.67。34 周岁或以下受访者信息效果感知项得分的均值为 4.01，35 周岁或以上受访者信息效果感知项得分的均值为 4.30。34 周岁或以下受访者节能型使用行为项得分的均值为 3.59，35 周岁或以上受访者节能型使用行为项得分的均值为 3.90。可见，35 周岁或以上受访者对信息传播政策的主观态度更积极，信息传播政策下的节能价值感知更明显，信息效果感知更明显，节能型使用也更多。

对于学历，在 0.01 的显著性水平下，不同学历受访者的个体主观态度、信息效果感知存在显著差异。均值分析显示，高中、中专或以下受访者主观态度项的均值为 4.12，大专、高职或以上受访者主观态度项的均值为 3.93。高中、中专或以下受访者信息效果感知项的均值为 4.28，大专、高职或以上受访者信息效果感知项的均值为 3.98。在 0.05 的显著性水平下，不同学历受访者的节能价值感知也存在显著差异。高中、中专或以下受访者节能价值感知项的均值为 4.64，大专、高职或以上受访者节能价值感知项的均值为 4.57。可见，低学历者更认可信息传播政策（主观态度更积极），信息传播政策下的节能价值感知和信息效果感知也更高。

对于个人月收入，在 0.1 的显著性水平下，信息传播政策对不同收入受访者的传播效果没有显著差异。一般认为，实行信息传播后，低收入更可能实行节能型使用行为和节能型购买行为。但本研究并没有支持这一结论。当然，由于本问卷测量的是个人月收入而非家庭人均月收入，所以关于月收入对个体行为的影响还需要进一步验证。

表 5-13　信息传播政策对不同个体的效应差异

变量	性别		年龄		学历		个人月收入	
	F 值	显著性水平	*F* 值	显著性水平	*F* 值	显著性水平	*F* 值	显著性水平
个体主观态度	0.944	0.331	31.182	0.000***	20.700	0.000***	0.265	0.607
节能价值感知	18.557	0.000***	9.072	0.003**	4.515	0.034*	0.422	0.516
信息效果感知	11.991	0.001***	36.641	0.000***	42.914	0.000***	0.544	0.461
节能型使用行为	10.577	0.001***	39.667	0.000***	2.666	0.103	0.370	0.543
节能型购买行为	0.025	0.874	3.484	0.062	0.199	0.655	0.368	0.544

如表 5-14 所示，对于家庭月平均用电量，在 0.01 的显著性水平下，信息传播政策对不同用电量家庭个体的节能型使用行为存在显著差异。均值分析显示，在信息传播政策下，家庭月平均用电量超出 170 度（约 90 元电费）的受访者其节能型使用行为项均值为 3.59，家庭月平均用电量未超出 170 度（约 90 元电费）的受访者其节能型使用行为项均值为 3.74。可见，信息传播政策下，原先节电的家庭受访者更可能实行节能型使用行为。

对于群体一致意识变量，在 0.01 的显著性水平下，不同群体一致组受访者的个体主观态度、信息效果感知存在显著差异。均值分析显示，高群体一致受访者主观态度项的均值为 4.09，低群体一致受访者主观态度项的均值为 3.93。高群体一致受访者信息效果感知项的均值为 4.23，低群体一致受访者信息效果感知项的均值为 3.98。在 0.05 的显著性水平下，不同群体一致组受访者的节能价值感知也存在显著差异。均值分析显示，高群体一致受访者节能价值感知项的均值为 4.63，低群体一致受访者节能价值感知项的均值为 4.57。可见，对高群体一致个体来说，他们对信息传播政策的主观态度更积极，感知的节能价值更高，信息效果感知更好。

对于面子意识变量，在 0.01 的显著性水平下，信息传播政策对不同面子意识受访者的传播效果没有显著差异。在 0.05 的显著性水平下，不同面子意识受访者的节能型购买行为存在显著差异。均值分析显示，高面子意识受访者节能型购买行为项的均值为 4.28，低面子意识受访者节能型购买行为项的均值为 4.36。可见，对低面子意识个体来说，其节能型购买行为更显著，而高面子意识个体相对而言更不会购买节能产品（这可能会让他们丢面子）。究竟这一结果是否符合现实，这有待进一步验证。

对于节能涉入度，在 0.01 的显著性水平下，信息传播政策对于不同节能涉入度的传播效果存在显著差异。均值分析显示，在信息传播政策下，高节能涉入度受访者相对低节能涉入度者来说，其个体主观态度、节能价值感知、信息效果感知、节能型使用行为、节能型购买行为都更显著。可见，信息传播政策对高节能涉入度受访者的传播效果更佳，在五个维度上都是如此，如表 5-14 所示。这证实了哈特科和马托利奇（Haytko and Matulich，2008）的研究结论。

对于道家价值观，在 0.01 的显著性水平下，信息传播政策对于不同道家价值观受访者的传播效果存在显著差异。均值分析显示，在信息传播政策下，高道家价值观受访者相对低道家价值观受访者来说，其个体主观态度、节能价值感知、信息效果感知、节能型使用行为、节能型购买行为都更显著。可见，信息传播政策对高道家价值观受访者的传播效果更佳，在主观态度、节能价值感知、信息效果感知、节能型使用行为、节能型购买行为这五个维度上都是如此。

表 5-14 不同个体的态度和行为差异

变量	家庭月用电量		群体一致意识		面子意识		节能涉入度		道家价值观	
	F 值	显著性水平	*F* 值	显著性水平	*F* 值	显著性水平	*F* 值	显著性水平	*F* 值	显著性水平
个体主观态度	1.812	0.179	15.823	0.000***	3.636	0.057	169.919	0.000***	53.133	0.000***
节能价值感知	1.300	0.254	4.252	0.039*	0.619	0.432	51.562	0.000***	47.808	0.000***
信息效果感知	1.890	0.169	33.094	0.000***	1.780	0.182	161.623	0.000***	64.904	0.000**
节能型使用行为	9.592	0.002**	1.377	0.241	1.342	0.247	150.282	0.000***	75.553	0.000***
节能型购买行为	1.221	0.269	1.546	0.214	4.442	0.035*	164.086	0.000***	88.122	0.000***

三、不同诉求类型对态度和行为的效应差异

（一）操控性检验

下面我们分析不同诉求类型（利他诉求和利己诉求）的政策效应是否存在显著差异。为了测量被试对不同诉求类型的认识是否确实存在差异，我们先进行操控性检验。结果显示利他诉求组（共 641 个样本）在题项 0.1 上的得分均

值为1.16[①]，标准差为0.365，利己诉求组（共659个样本）在题项0.1上的得分均值为1.38，标准差为0.485。方差分析的F值为84.187，显著性水平为0.000，可见，两组被试对信息传播政策重点的认识存在显著差异（利他诉求组被试确实认为该信息诉求更强调对社会的好处，利己诉求组被试确实认为该信息诉求更强调对自身的好处），本实验的操控有效。

（二）实验结果分析

不同诉求类型组的描述如图5-6、表5-15所示。直观地看，不同诉求类型组在各变量上的差异不是很明显。

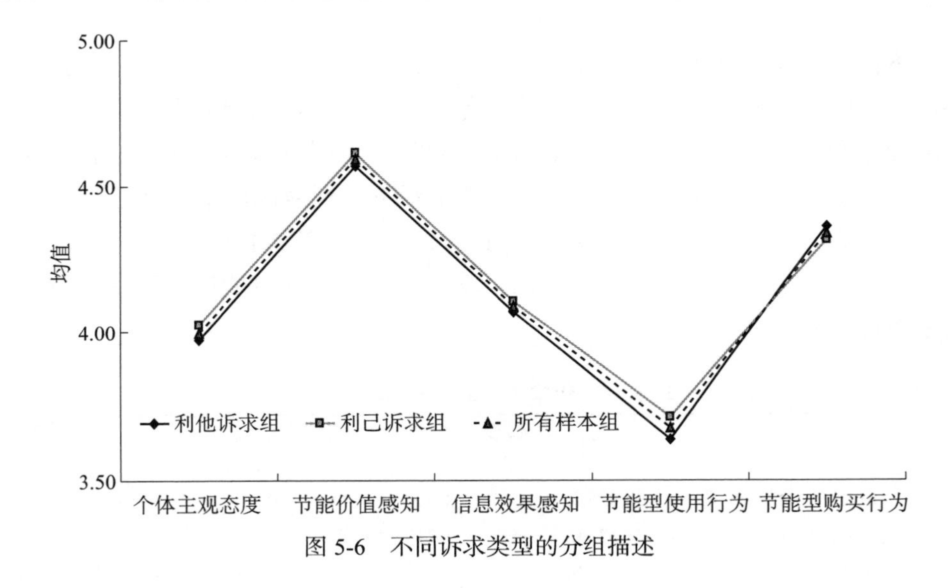

图5-6　不同诉求类型的分组描述

表5-15　不同诉求类型的分组描述性统计量

变量	诉求类型	均值	标准差	样本量
个体主观态度	利他诉求组	3.974	0.763	654
	利己诉求组	4.024	0.725	662
	总计	3.999	0.744	1316
节能价值感知	利他诉求组	4.572	0.578	654
	利己诉求组	4.616	0.524	662
	总计	4.595	0.552	1316

① 题项0.1的内容为“该信息主要表达了节约用电（　）”，它有两个选项：A.对社会的好处，赋值为1；B.对自身的好处，赋值为2。

续表

变量	诉求类型	均值	标准差	样本量
信息效果感知	利他诉求组	4.069	0.820	654
	利己诉求组	4.104	0.776	662
	总计	4.087	0.798	1316
节能型使用行为	利他诉求组	3.640	0.834	654
	利己诉求组	3.716	0.810	662
	总计	3.678	0.822	1316
节能型购买行为	利他诉求组	4.362	0.666	654
	利己诉求组	4.315	0.673	662
	总计	4.338	0.670	1316

下面我们采用多元方差（MANOVA）分析诉求类型对各反应变量的影响。多变量检验结果显示，在 0.05 的显著性水平下，利他诉求组和利己诉求组在各态度变量和行为变量上都没有显著差异。可见，不同诉求类型对消费者态度和行为没有显著影响。放宽到 0.1 的显著性水平下，利他诉求组和利己诉求组在多变量上存在显著影响（即不同诉求组至少在一个变量上有显著差异），如表 5-16、表 5-17 所示。可以看出，利己诉求相对利他诉求更能促进消费者的节能型使用行为。

表 5-16　诉求类型的多变量检验结果

效应		值	F 值	假设 df	误差 df	显著性水平	偏 η^2	非中心参数	观测到的幂
截距	Pillai 的跟踪	0.989	23 825.026	5	1 310	0.000	0.989	119 125.132	1.000
	Wilks 的 Lambda	0.011	23 825.026	5	1 310	0.000	0.989	119 125.132	1.000
	Hotelling 的跟踪	90.935	23 825.026	5	1 310	0.000	0.989	119 125.132	1.000
	Roy 的最大根	90.935	23 825.026	5	1 310	0.000	0.989	119 125.132	1.000
诉求类型	Pillai 的跟踪	0.007	1.855	5	1 310	0.099	0.007	9.277	0.637
	Wilks 的 Lambda	0.993	1.855	5	1 310	0.099	0.007	9.277	0.637
	Hotelling 的跟踪	0.007	1.855	5	1 310	0.099	0.007	9.277	0.637
	Roy 的最大根	0.007	1.855	5	1 310	0.099	0.007	9.277	0.637

表 5-17　诉求类型的主体间效应检验

源	因变量	Ⅲ型平方和	自由度	均方	F 值	显著性水平
校正模型	个体主观态度	0.815	1	0.815	1.474	0.225
	节能价值感知	0.635	1	0.635	2.087	0.149
	信息效果感知	0.413	1	0.413	0.648	0.421
	节能型使用行为	1.893	1	1.893	2.802	0.094
	节能型购买行为	0.732	1	0.732	1.632	0.202

续表

源	因变量	Ⅲ型平方和	自由度	均方	F 值	显著性水平
截距	个体主观态度	21 043.631	1	21 043.631	38 035.058	0.000***
	节能价值感知	27 777.105	1	27 777.105	91 258.882	0.000***
	信息效果感知	21 975.905	1	21 975.905	34 475.637	0.000***
	节能型使用行为	17 802.622	1	17 802.622	26 358.379	0.000***
	节能型购买行为	24 767.197	1	24 767.197	55 220.458	0.000***
诉求类型	个体主观态度	0.815	1	0.815	1.474	0.225
	节能价值感知	0.635	1	0.635	2.087	0.149
	信息效果感知	0.413	1	0.413	0.648	0.421
	节能型使用行为	1.893	1	1.893	2.802	0.094
	节能型购买行为	0.732	1	0.732	1.632	0.202

四、不同诉求尺度对态度和行为的效应差异

不同诉求尺度组的描述如图 5-7、表 5-18 所示。可以直观地看出，不同诉求尺度组在个体主观态度、节能型使用行为变量上存在明显的差异，在其他变量上的差异不是很明显。

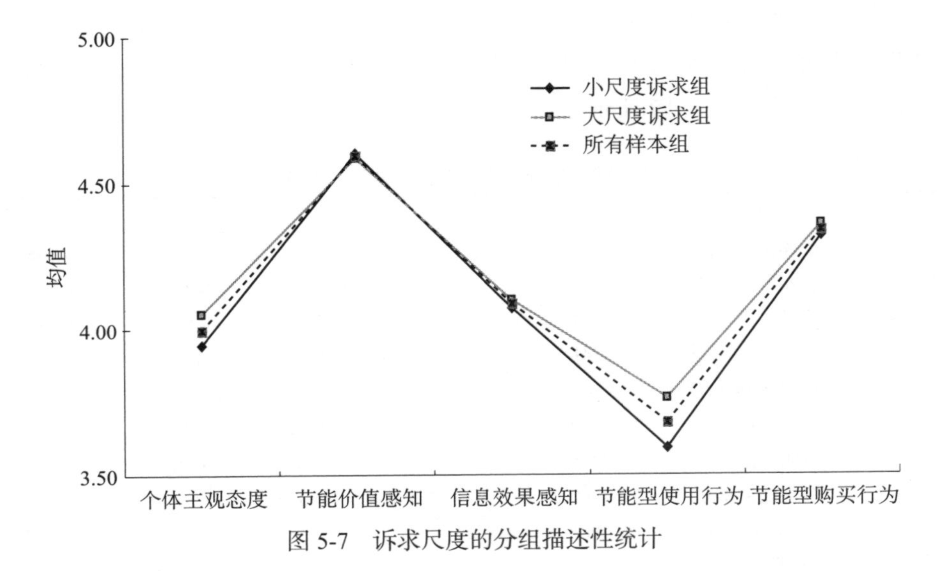

图 5-7　诉求尺度的分组描述性统计

表 5-18 诉求尺度的分组描述性统计量

变量	诉求尺度	均值	标准差	样本量
个体主观态度	小尺度诉求	3.945	0.768	653
	大尺度诉求	4.053	0.716	663
	总计	3.999	0.744	1316
节能价值感知	小尺度诉求	4.602	0.537	653
	大尺度诉求	4.587	0.566	663
	总计	4.595	0.552	1316
信息效果感知	小尺度诉求	4.071	0.823	653
	大尺度诉求	4.102	0.773	663
	总计	4.087	0.798	1316
节能型使用行为	小尺度诉求	3.592	0.846	653
	大尺度诉求	3.764	0.790	663
	总计	3.678	0.822	1316
节能型购买行为	小尺度诉求	4.319	0.700	653
	大尺度诉求	4.358	0.639	663
	总计	4.338	0.670	1316

下面我们采用多元方差分析诉求尺度对各反应变量的影响。多变量检验结果显示，在 0.05 的显著性水平下，小尺度诉求组和大尺度诉求组在多变量上有显著差异（即不同诉求组至少在一个变量上有显著差异）。具体来看，小尺度诉求组和大尺度诉求组在个体主观态度、节能型使用行为变量上存在显著差异，主体间效应检验如表 5-19 所示。[①]

表 5-19 诉求尺度的主体间效应检验

源	因变量	Ⅲ型平方和	自由度	均方	*F* 值	显著性水平
校正模型	个体主观态度	3.859	1	3.859	7.004	0.008
	节能价值感知	0.070	1	0.070	0.230	0.631
	信息效果感知	0.324	1	0.324	0.508	0.476
	节能型使用行为	9.741	1	9.741	14.551	0.000
	节能型购买行为	0.499	1	0.499	1.112	0.292
截距	个体主观态度	21 040.455	1	21 040.455	38 189.189	0.000***
	节能价值感知	27 778.814	1	27 778.814	91 135.761	0.000***
	信息效果感知	21 975.325	1	21 975.325	34 471.053	0.000***
	节能型使用行为	17 798.155	1	17 798.155	26 586.874	0.000***
	节能型购买行为	24 763.356	1	24 763.356	55 190.043	0.000***

① 为了节约篇幅，诉求尺度的多变量检验结果表格略去。本书后面内容中的多变量检验结果表格也都相应略去。

续表

源	因变量	Ⅲ型平方和	自由度	均方	F 值	显著性水平
诉求尺度	个体主观态度	3.859	1	3.859	7.004	0.008**
	节能价值感知	0.070	1	0.070	0.230	0.631
	信息效果感知	0.324	1	0.324	0.508	0.476
	节能型使用行为	9.741	1	9.741	14.551	0.000***
	节能型购买行为	0.499	1	0.499	1.112	0.292

图 5-8 为诉求尺度对态度和行为的影响效应图。可以看出，大尺度诉求组相对小尺度诉求组更能促进消费者对信息传播政策形成积极的主观态度，也更能促进他们实行节能型使用行为。

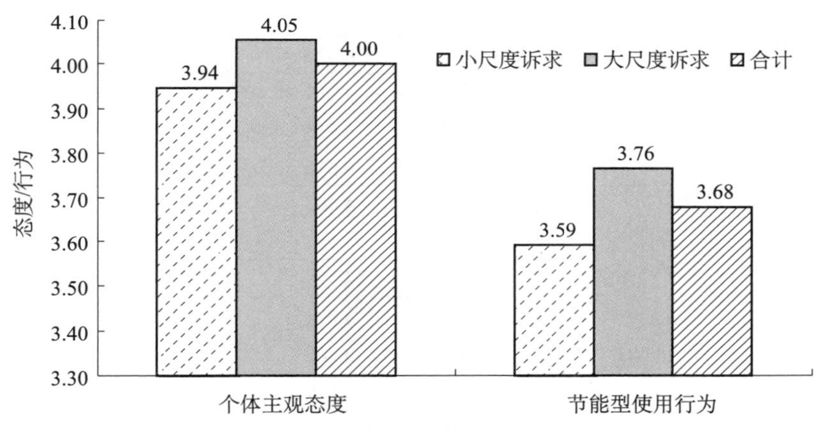

图 5-8　诉求尺度对态度和行为的影响效应

五、诉求类型和诉求尺度的交互效应检验

下面我们采用多元方差分析法同时分析诉求类型和尺度对各反应变量的影响，特别是分析诉求类型和诉求尺度之间的交互作用，结果如表 5-20、表 5-21 所示。与前面的分析类似，在 0.05 的显著性水平下，利他诉求组和利己诉求组在多变量上没有显著差异，小尺度诉求组和大尺度诉求组在多变量上有显著差异（即小尺度诉求组和大尺度诉求组在个体主观态度、节能型使用行为变量上存在显著差异）。这里的一个重要发现是，诉求类型和诉求尺度对节能型使用行为的影响存在显著的交互作用，主体间效应检验如表 5-21 所示。

表 5-20　诉求类型和诉求尺度的分组描述性统计量

变量	诉求类型	诉求尺度	均值	标准差	样本量
个体主观态度	利他诉求组	小尺度诉求	3.945	0.781	329
		大尺度诉求	4.004	0.744	325
		小计	3.974	0.763	654
	利己诉求组	小尺度诉求	3.944	0.757	324
		大尺度诉求	4.100	0.685	338
		小计	4.024	0.725	662
	总计	小尺度诉求	3.945	0.768	653
		大尺度诉求	4.053	0.716	663
		小计	3.999	0.744	1316
节能价值感知	利他诉求组	小尺度诉求	4.590	0.539	329
		大尺度诉求	4.555	0.616	325
		小计	4.572	0.578	654
	利己诉求组	小尺度诉求	4.614	0.536	324
		大尺度诉求	4.618	0.513	338
		小计	4.616	0.524	662
	总计	小尺度诉求	4.602	0.537	653
		大尺度诉求	4.587	0.566	663
		小计	4.595	0.552	1316
信息效果感知	利他诉求组	小尺度诉求	4.072	0.834	329
		大尺度诉求	4.065	0.808	325
		小计	4.069	0.820	654
	利己诉求组	小尺度诉求	4.069	0.813	324
		大尺度诉求	4.138	0.739	338
		小计	4.104	0.776	662
	总计	小尺度诉求	4.071	0.823	653
		大尺度诉求	4.102	0.773	663
		小计	4.087	0.798	1316
节能型使用行为	利他诉求组	小尺度诉求	3.628	0.862	329
		大尺度诉求	3.652	0.806	325
		小计	3.640	0.834	654
	利己诉求组	小尺度诉求	3.555	0.830	324
		大尺度诉求	3.871	0.760	338
		小计	3.716	0.810	662
	总计	小尺度诉求	3.592	0.846	653
		大尺度诉求	3.764	0.790	663
		小计	3.678	0.822	1316

续表

变量	诉求类型	诉求尺度	均值	标准差	样本量
节能型购买行为	利他诉求组	小尺度诉求	4.332	0.672	329
		大尺度诉求	4.392	0.659	325
		小计	4.362	0.666	654
	利己诉求组	小尺度诉求	4.305	0.727	324
		大尺度诉求	4.325	0.618	338
		小计	4.315	0.673	662
	总计	小尺度诉求	4.319	0.700	653
		大尺度诉求	4.358	0.639	663
		小计	4.338	0.670	1316

表 5-21　诉求类型和诉求尺度的主体间效应检验

源	因变量	Ⅲ型平方和	自由度	均方	*F* 值	显著性水平
校正模型	个体主观态度	5.386	3	1.795	3.260	0.021*
	节能价值感知	0.836	3	0.279	0.915	0.433
	信息效果感知	1.188	3	0.396	0.621	0.601
	节能型使用行为	18.536	3	6.179	9.309	0.000***
	节能型购买行为	1.376	3	0.459	1.022	0.382
截距	个体主观态度	21 030.866	1	21 030.866	38 194.254	0.000***
	节能价值感知	27 769.500	1	27 769.500	91 140.782	0.000***
	信息效果感知	21 966.622	1	21 966.622	34 440.505	0.000***
	节能型使用行为	17 782.507	1	17 782.507	26 790.951	0.000***
	节能型购买行为	24 761.060	1	24 761.060	55 183.050	0.000***
诉求类型	个体主观态度	0.757	1	0.757	1.374	0.241
	节能价值感知	0.637	1	0.637	2.090	0.148
	信息效果感知	0.397	1	0.397	0.622	0.431
	节能型使用行为	1.726	1	1.726	2.600	0.107
	节能型购买行为	0.744	1	0.744	1.658	0.198
诉求尺度	个体主观态度	3.791	1	3.791	6.885	0.009**
	节能价值感知	0.077	1	0.077	0.253	0.615
	信息效果感知	0.309	1	0.309	0.485	0.486
	节能型使用行为	9.529	1	9.529	14.357	0.000***
	节能型购买行为	0.518	1	0.518	1.155	0.283
诉求类型 × 诉求尺度	个体主观态度	0.759	1	0.759	1.379	0.241
	节能价值感知	0.125	1	0.125	0.409	0.522
	信息效果感知	0.462	1	0.462	0.724	0.395
	节能型使用行为	7.018	1	7.018	10.573	0.001***
	节能型购买行为	0.129	1	0.129	0.287	0.593

图 5-9 显示了诉求类型和诉求尺度的交互作用斜率图。可以看出，在尺度小诉求下，不同类型诉求的效应差异不是很大 [利他诉求略好于利己诉求，但在统计上不显著，F（1，652）=1.237，P=0.267]。与之相对，在尺度大诉求下，不同类型诉求的效应差异很大，且利己诉求显著好于利他诉求 [F（1，662）=12.915，P=0.000]。从另一个角度说，在利他诉求下，不同尺度诉求的效应差异不明显 [大尺度诉求略好于小尺度诉求，但统计上不显著，F（1，653）=0.137，P=0.712]；但在利己诉求下，不同尺度诉求的效应差异很大，且大尺度诉求显著好于小尺度诉求 [统计上非常显著，F（1，653）=26.195，P=0.000]。这一结论有极强的启发意义。

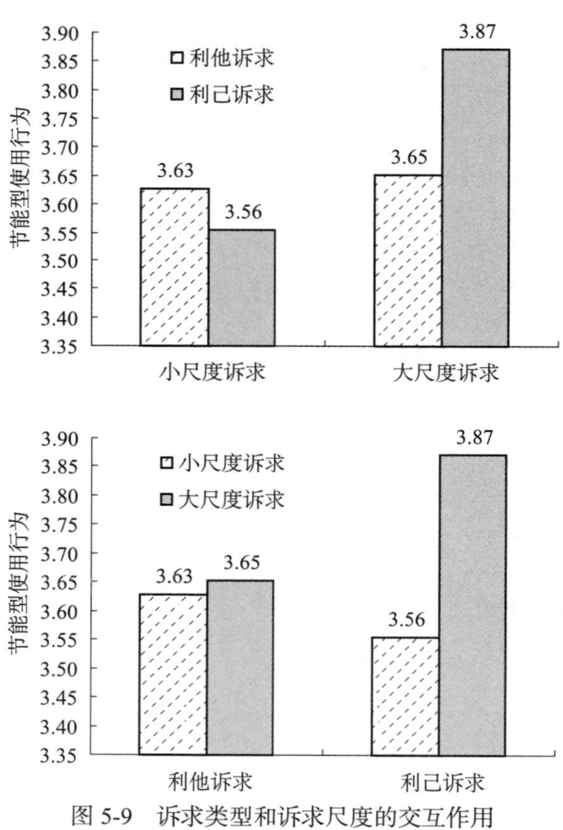

图 5-9　诉求类型和诉求尺度的交互作用

对于诉求类型和诉求尺度之间存在显著交互作用的原因，笔者认为，在小尺度诉求下，被试心理上觉得收益很小，所以不同诉求类型对其行为的影响效应差异不大；在大尺度诉求下，被试心理上觉得收益很大，所以利己诉求相对于利他诉求的利益优势突显出来。从另一个角度说，在利他诉求下，被试心理上觉得这种诉求跟个人关系不大，所以不同尺度收益对其行为的影响并不大；在利己诉求下，由于被试心理上认为这种诉求跟个人关系密切，所以不同尺度收益对其行为的影响较大。

六、个体情境变量的调节效应检验

下面分析各情境变量对信息诉求效应的调节作用。我们采用多元方差分析模型（多变量模型）分别分析各情境变量对信息诉求效应的调节作用。分析结果显示，在 0.05 的显著性水平下，性别对信息诉求效应存在显著的调节作用（多变量检验结果显示，Pillai 的跟踪、Wilks 的 Lambda、Hotelling 的跟踪、Roy 的最大根的显著性水平均在 0.05 以内），如表 5-22 所示。

表 5-22　诉求类型、诉求尺度和性别的主体间效应检验

源	因变量	Ⅲ型平方和	自由度	均方	*F* 值	显著性水平
校正模型	个体主观态度	10.521	6	1.753	3.191	0.004**
	节能价值感知	6.603	6	1.100	3.659	0.001***
	信息效果感知	10.405	6	1.734	2.742	0.012*
	节能型使用行为	27.915	6	4.653	7.071	0.000***
	节能型购买行为	1.362	6	0.227	0.504	0.806
截距	个体主观态度	19 591.466	1	19 591.466	35 647.385	0.000***
	节能价值感知	26 082.393	1	26 082.393	86 709.855	0.000***
	信息效果感知	20 643.174	1	20 643.174	32 642.538	0.000***
	节能型使用行为	16 681.933	1	16 681.933	25 354.676	0.000***
	节能型购买行为	23 097.650	1	23 097.650	51 295.841	0.000**
诉求类型	个体主观态度	1.536	1	1.536	2.794	0.095
	节能价值感知	0.309	1	0.309	1.027	0.311
	信息效果感知	0.521	1	0.521	0.823	0.364
	节能型使用行为	2.014	1	2.014	3.062	0.080
	节能型购买行为	0.600	1	0.600	1.332	0.249
诉求尺度	个体主观态度	4.040	1	4.040	7.351	0.007**
	节能价值感知	0.165	1	0.165	0.547	0.460
	信息效果感知	0.119	1	0.119	0.188	0.665
	节能型使用行为	8.757	1	8.757	13.309	0.000***
	节能型购买行为	0.522	1	0.522	1.159	0.282
性别	个体主观态度	0.139	1	0.139	0.252	0.616
	节能价值感知	5.345	1	5.345	17.768	0.000***
	信息效果感知	6.752	1	6.752	10.677	0.001***

续表

源	因变量	Ⅲ型平方和	自由度	均方	*F* 值	显著性水平
性别	节能型使用行为	4.860	1	4.860	7.387	0.007**
	节能型购买行为	0.010	1	0.010	0.022	0.881
诉求类型 × 性别	个体主观态度	4.377	1	4.377	7.963	0.005**
	节能价值感知	0.003	1	0.003	0.011	0.916
	信息效果感知	1.908	1	1.908	3.017	0.083
	节能型使用行为	3.519	1	3.519	5.348	0.021*
	节能型购买行为	0.008	1	0.008	0.018	0.892
诉求尺度 × 性别	个体主观态度	0.700	1	0.700	1.274	0.259
	节能价值感知	0.258	1	0.258	0.858	0.354
	信息效果感知	0.034	1	0.034	0.054	0.817
	节能型使用行为	0.891	1	0.891	1.354	0.245
	节能型购买行为	0.000	1	0.000	0.000	0.984
诉求类型 × 诉求尺度	个体主观态度	0.415	1	0.415	0.754	0.385
	节能价值感知	0.139	1	0.139	0.461	0.497
	信息效果感知	0.417	1	0.417	0.660	0.417
	节能型使用行为	6.009	1	6.009	9.133	0.003**
	节能型购买行为	0.132	1	0.132	0.294	0.588

对女性被试来说，利己诉求对个体主观态度的影响效应显著优于利他诉求[*F*（1，512）=9.684，*P*=0.002]；而对男性被试来说，不同诉求类型对个体主观态度的影响效应差异在统计上并不显著 [*F*（1，797）=0.853，*P*=0.356]。同样，对女性被试来说，利己诉求对节能型使用行为的影响效应显著优于利他诉求[*F*（1，512）=8.369，*P*=0.004]；而对男性被试来说，不同诉求类型对节能型使用行为的影响效应差异并不显著 [*F*（1，797）=0.309，*P*=0.579]，如图 5-10 所示。

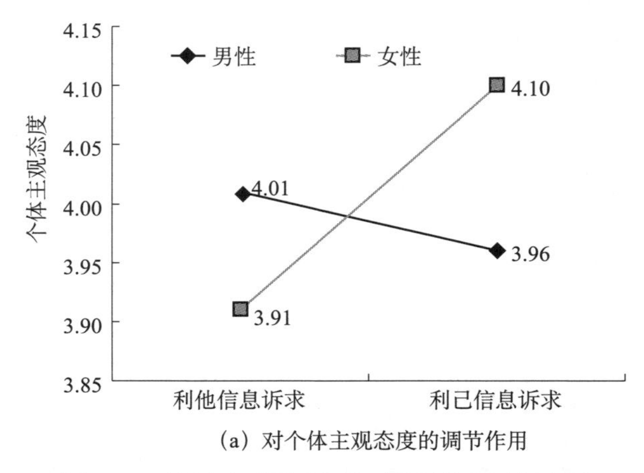

（a）对个体主观态度的调节作用

图 5-10　性别对不同诉求类型的调节作用斜率图

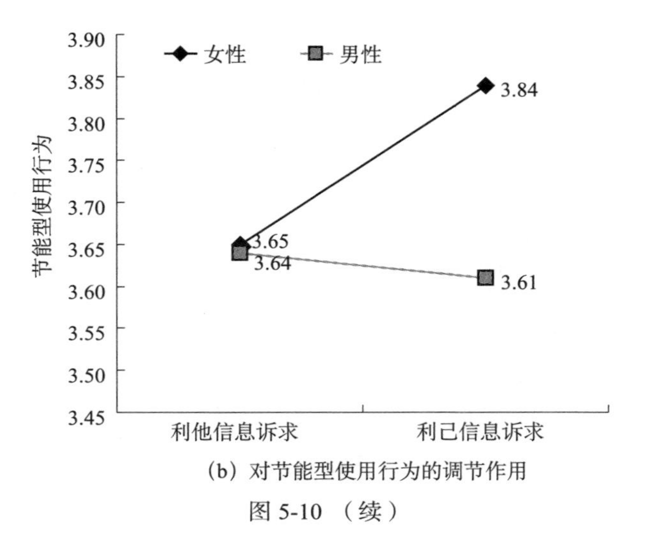

（b）对节能型使用行为的调节作用

图 5-10 （续）

在 0.05 的显著性水平下，个人月收入对信息诉求效应存在显著的调节作用，如表 5-23 所示。

表 5-23　诉求类型、诉求尺度和个人月收入的主体间效应检验

源	因变量	Ⅲ型平方和	自由度	均方	F 值	显著性水平
校正模型	个体主观态度	7.437	6	1.239	2.252	0.036*
	节能价值感知	1.656	6	0.276	0.897	0.496
	信息效果感知	3.096	6	0.516	0.810	0.562
	节能型使用行为	23.198	6	3.866	5.809	0.000***
	节能型购买行为	6.194	6	1.032	2.303	0.032*
截距	个体主观态度	20 331.421	1	20 331.421	36 938.569	0.000**
	节能价值感知	26 910.742	1	26 910.742	87 484.130	0.000***
	信息效果感知	21 271.801	1	21 271.801	33 405.246	0.000***
	节能型使用行为	17 168.747	1	17 168.747	25 792.901	0.000***
	节能型购买行为	24 003.381	1	24 003.381	53 547.053	0.000**
诉求类型	个体主观态度	0.615	1	0.615	1.117	0.291
	节能价值感知	0.796	1	0.796	2.589	0.108
	信息效果感知	0.573	1	0.573	0.899	0.343
	节能型使用行为	1.911	1	1.911	2.871	0.090
	节能型购买行为	0.796	1	0.796	1.777	0.183

续表

源	因变量	Ⅲ型平方和	自由度	均方	F值	显著性水平
诉求尺度	个体主观态度	4.453	1	4.453	8.091	0.005**
	节能价值感知	0.029	1	0.029	0.096	0.757
	信息效果感知	0.589	1	0.589	0.925	0.336
	节能型使用行为	10.179	1	10.179	15.292	0.000***
	节能型购买行为	0.599	1	0.599	1.337	0.248
个人月收入	个体主观态度	0.007	1	0.007	0.013	0.910
	节能价值感知	0.193	1	0.193	0.628	0.428
	信息效果感知	0.562	1	0.562	0.883	0.348
	节能型使用行为	1.065	1	1.065	1.600	0.206
	节能型购买行为	0.203	1	0.203	0.453	0.501
诉求类型 × 个人月收入	个体主观态度	0.558	1	0.558	1.013	0.314
	节能价值感知	0.347	1	0.347	1.127	0.289
	信息效果感知	1.024	1	1.024	1.608	0.205
	节能型使用行为	2.874	1	2.874	4.318	0.038*
	节能型购买行为	0.226	1	0.226	0.505	0.478
诉求尺度 × 个人月收入	个体主观态度	0.822	1	0.822	1.494	0.222
	节能价值感知	0.190	1	0.190	0.619	0.431
	信息效果感知	0.061	1	0.061	0.096	0.757
	节能型使用行为	0.148	1	0.148	0.223	0.637
	节能型购买行为	4.115	1	4.115	9.180	0.002**
诉求类型 × 诉求尺度	个体主观态度	0.815	1	0.815	1.482	0.224
	节能价值感知	0.261	1	0.261	0.849	0.357
	信息效果感知	0.726	1	0.726	1.141	0.286
	节能型使用行为	5.882	1	5.882	8.836	0.003**
	节能型购买行为	0.012	1	0.012	0.027	0.868

对中高收入被试来说，不同诉求尺度对节能型购买行为的影响效应在统计上不显著 [F（1，648）=1.967，P=0.161]；而对低收入被试来说，大尺度诉求对节能型购买行为的影响效应显著优于小尺度诉求 [F（1，643）=8.960，P=0.003]，如图 5-11 所示。对中高收入被试来说，利己诉求对节能型使用行为的影响效应显著优于利他诉求 [F（1，648）=8.907，P=0.003]；对低收入被试来说，不同诉求类型对节能型使用行为的影响效应差异不大 [F（1，643）=0.288，P=0.592，利他诉求的影响效应要略好于利己诉求，但在统计上不显著]，如图 5-11 所示。

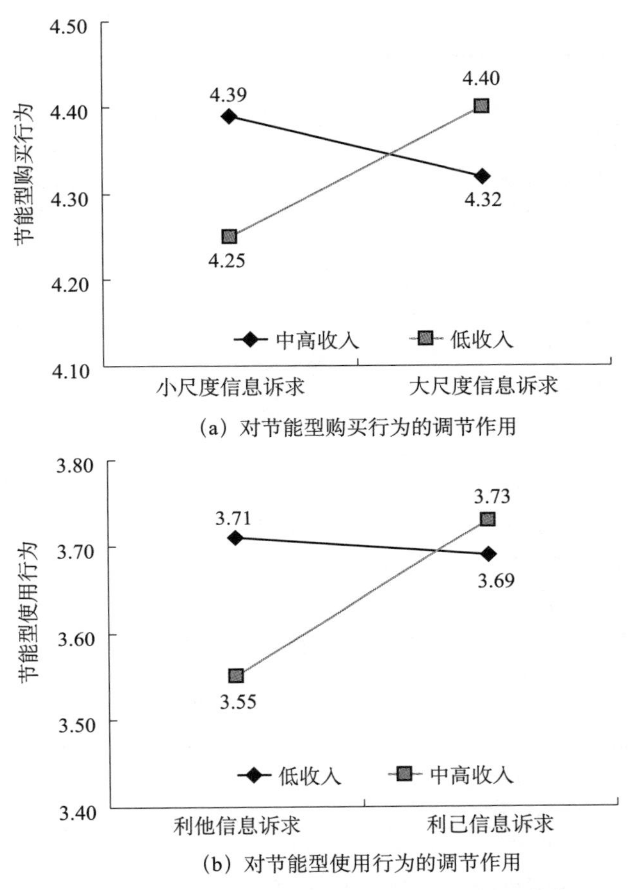

（a）对节能型购买行为的调节作用

（b）对节能型使用行为的调节作用

图 5-11　收入对不同诉求类型和诉求尺度的调节作用

在 0.05 的显著性水平下，群体一致意识对信息诉求效应存在显著的调节作用，如表 5-24 所示。

表 5-24　诉求类型、诉求尺度和群体一致意识的主体间效应检验

源	因变量	Ⅲ型平方和	自由度	均方	*F* 值	显著性水平
校正模型	个体主观态度	19.652	6	3.275	6.064	0.000***
	节能价值感知	2.206	6	0.368	1.205	0.301
	信息效果感知	25.346	6	4.224	6.808	0.000***
	节能型使用行为	21.946	6	3.658	5.504	0.000***
	节能型购买行为	2.629	6	0.438	0.974	0.441
截距	个体主观态度	20 315.402	1	20 315.402	37 610.218	0.000***
	节能价值感知	26 695.037	1	26 695.037	87 457.558	0.000***
	信息效果感知	21 282.209	1	21 282.209	34 297.796	0.000***
	节能型使用行为	17 092.595	1	17 092.595	25 720.475	0.000***

续表

源	因变量	Ⅲ型平方和	自由度	均方	F 值	显著性水平
截距	节能型购买行为	23 788.544	1	23 788.544	52 881.033	0.000**
诉求类型	个体主观态度	1.412	1	1.412	2.613	0.106
	节能价值感知	0.596	1	0.596	1.953	0.163
	信息效果感知	0.696	1	0.696	1.121	0.290
	节能型使用行为	1.193	1	1.193	1.796	0.180
	节能型购买行为	0.706	1	0.706	1.570	0.211
诉求尺度	个体主观态度	1.781	1	1.781	3.298	0.070
	节能价值感知	0.102	1	0.102	0.333	0.564
	信息效果感知	9.885×10^{-5}	1	9.885×10^{-5}	0.000	0.990
	节能型使用行为	8.730	1	8.730	13.136	0.000***
	节能型购买行为	0.459	1	0.459	1.020	0.313
群体一致意识	个体主观态度	8.253	1	8.253	15.279	0.000***
	节能价值感知	1.277	1	1.277	4.185	0.041*
	信息效果感知	20.435	1	20.435	32.932	0.000***
	节能型使用行为	0.598	1	0.598	0.900	0.343
	节能型购买行为	0.695	1	0.695	1.545	0.214
诉求类型 × 群体一致	个体主观态度	1.090	1	1.090	2.017	0.156
	节能价值感知	0.029	1	0.029	0.094	0.759
	信息效果感知	0.347	1	0.347	0.559	0.455
	节能型使用行为	1.220	1	1.220	1.835	0.176
	节能型购买行为	0.103	1	0.103	0.228	0.633
诉求尺度 × 群体一致	个体主观态度	5.151	1	5.151	9.536	0.002**
	节能价值感知	0.003	1	0.003	0.011	0.917
	信息效果感知	3.488	1	3.488	5.621	0.018*
	节能型使用行为	1.065	1	1.065	1.603	0.206
	节能型购买行为	0.245	1	0.245	0.544	0.461
诉求类型 × 诉求尺度	个体主观态度	0.627	1	0.627	1.161	0.281
	节能价值感知	0.122	1	0.122	0.401	0.527
	信息效果感知	0.382	1	0.382	0.615	0.433
	节能型使用行为	7.011	1	7.011	10.550	0.001***
	节能型购买行为	0.131	1	0.131	0.290	0.590

对高群体一致被试来说，不同诉求尺度对个体主观态度的影响效应差异在统计上不显著 [F（1，536）=0.549，P=0.459]；而对低群体一致被试来说，大尺度诉求对个体主观态度的影响效应显著优于小尺度诉求 [F（1，769）=13.439，P=0.000]，如图 5-12 所示。对高群体一致被试来说，不同诉求尺度对信息效果

感知的影响效应没有显著差异 [F（1，536）=2.586，P=0.106，小尺度诉求的影响效应要略好于大尺度诉求，但在统计上不显著]；而对低群体一致被试来说，大尺度诉求对信息效果感知的影响效应显著优于小尺度诉求 [F（1，769）=3.072，P=0.080]，如图 5-12 所示。当然，这一结论是否可靠，还有待我们进一步验证。

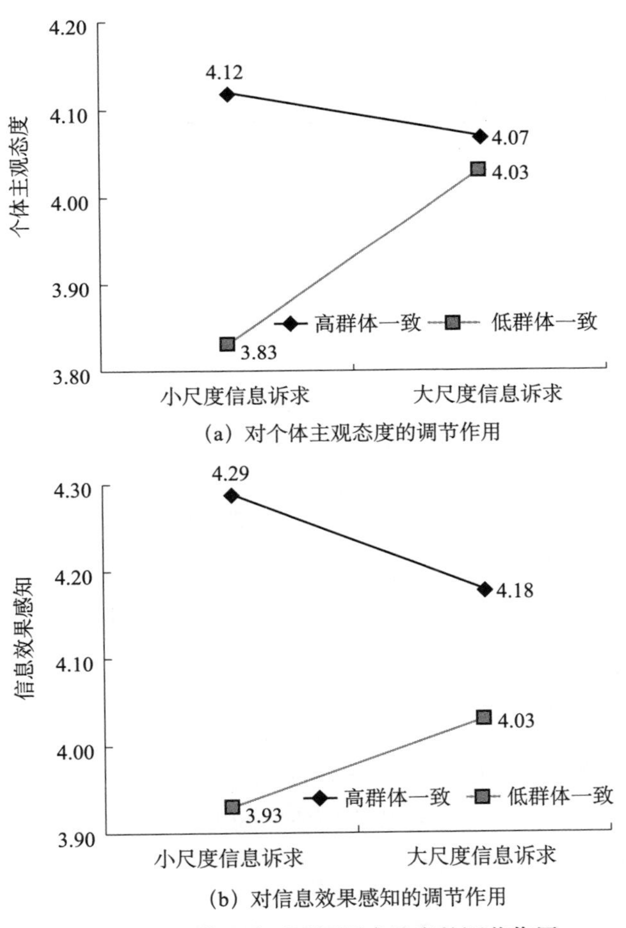

（a）对个体主观态度的调节作用

（b）对信息效果感知的调节作用

图 5-12　群体一致对不同诉求尺度的调节作用

在 0.05 的显著性水平下，学历对绿色信息诉求效应存在显著的调节作用，如表 5-25 所示。对于高学历被试来说，利己诉求对节能型使用行为的影响效应显著优于利他诉求类型 [F（1，851）=6.965，P=0.008]；与之相对，对于低学历被试来说，不同诉求类型对节能型使用行为的影响效应没有显著差异 [F（1，457）=0.362，P=0.548]，如图 5-13 所示。

表 5-25 诉求类型、诉求尺度和学历的主体间效应检验

源	Ⅲ型平方和	自由度	均方	F值	显著性水平
校正模型	26.171	6	4.362	6.620	0.000***
截距	16 087.276	1	16 087.276	24 416.285	0.000**
学历	1.893	1	1.893	2.874	0.090
诉求类型	0.692	1	0.692	1.051	0.306
诉求尺度	12.088	1	12.088	18.346	0.000***
学历 × 诉求类型	2.758	1	2.758	4.185	0.041*
学历 × 诉求尺度	2.033	1	2.033	3.085	0.079
诉求类型 × 诉求尺度	7.486	1	7.486	11.362	0.001***

注：因变量：节能型使用行为；$R^2 = 0.030$（调整的 $R^2 =0.025$）

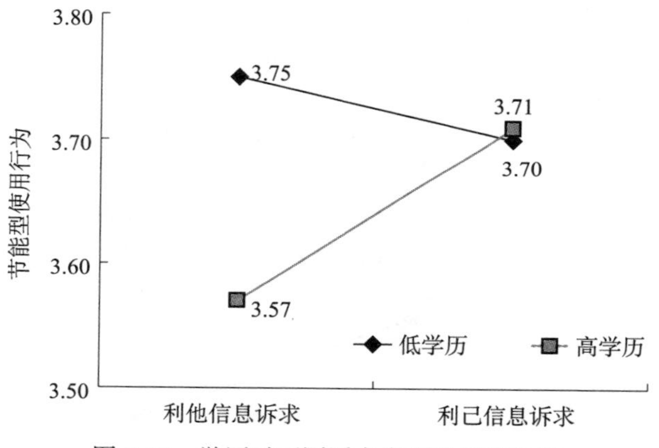

图 5-13 学历对不同诉求类型的调节作用

在 0.05 的显著性水平下，家庭平均用电量对信息诉求效应存在显著的调节作用，如表 5-26 所示。对于高用电量被试来说，利己诉求对节能价值感知的影响效应显著优于利他诉求 [F（1，546）=5.887，P=0.016]；与之相对，对于低用电量被试来说，不同诉求类型对节能价值感知的影响效应差异并不显著 [F（1，762）=0.034，P=0.853]，如图 5-14 所示。

表 5-26 诉求类型、诉求尺度和家庭平均月用电量的主体间效应检验

源	Ⅲ型平方和	自由度	均方	F值	显著性水平
校正模型	3.131	6	0.522	1.714	0.114
截距	26 734.665	1	26 734.665	87 807.630	0.000**
诉求类型	1.045	1	1.045	3.431	0.064
诉求尺度	0.132	1	0.132	0.434	0.510
诉求类型 × 诉求尺度	0.135	1	0.135	0.445	0.505

续表

源	Ⅲ型平方和	自由度	均方	*F* 值	显著性水平
诉求类型 × 家庭月平均用电量	1.320	1	1.320	4.336	0.038*
诉求尺度 × 家庭月平均用电量	0.519	1	0.519	1.704	0.192
家庭月平均用电量	0.457	1	0.457	1.503	0.220

注：因变量：节能价值感知；R^2 =0.008（调整的 R^2 = 0.003）

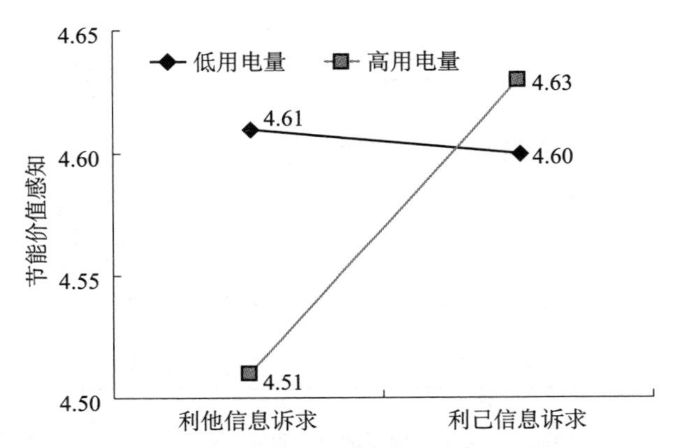

图 5-14　家庭平均用电量对不同诉求类型的调节作用

此外，在 0.05 的显著性水平下，年龄、节能涉入度、道家价值观等其他情境变量的调节效应都不显著。限于篇幅，这里不再详述。

七、态度的多重中介效应检验

本部分继续考察态度是否在信息传播政策 – 行为变量间存在中介效应。分析中介效应前，先采用相关分析初步考察行为变量和态度变量之间的依存关系。行为变量和态度变量的皮尔森相关系数矩阵如表 5-27 所示。可以看出，在 0.01 的显著性水平下，个体主观态度、节能价值感知、信息效果感知、节能型使用行为、节能型购买行为各题项显著正相关。从各态度变量与行为变量间的皮尔森相关系数看，相关系数的大小大多在 0.25 ～ 0.35。具体来说，对信息传播政策的主观态度越积极、对节能价值感知越明显、对信息效果感知越显著的个体越倾向于实行节能型使用行为和节能型购买行为。另外，节能型使用行为和节能型购买行为彼此之间也显著正相关，这表明在某一领域实行了节能行为的受访者也更可能在其他领域实行节能行为。

表 5-27 态度变量和行为变量间相关系数矩阵

变量	个体主观态度	节能价值感知	信息效果感知	节能型使用行为	节能型购买行为
均值	4.00	4.59	4.09	3.68	4.34
标准差	0.74	0.55	0.80	0.82	0.67
个体主观态度	1	—	—	—	—
节能价值感知	0.357**	1	—	—	—
信息效果感知	0.617**	0.385**	1	—	—
节能型使用行为	0.341**	0.274**	0.355**	1	—
节能型购买行为	0.318**	0.288**	0.328**	0.310**	1

下面我们将信息传播政策这一分类变量转化为虚拟变量进行分析。分别以节能型使用行为、节能型购买行为及整体节能行为为因变量，信息传播政策这一虚拟变量为自变量，分别进行回归分析（分析前，我们对各变量都进行了标准化处理）。先分析信息传播诉求类型，结果如表 5-28 所示。

表 5-28 信息传播诉求类型对节能行为的影响

项目	模型一（因变量为节能型使用行为）			模型二（因变量为节能型购买行为）			模型三（因变量为整体节能行为）		
	标准化回归系数	t 值	显著性水平	标准化回归系数	t 值	显著性水平	标准化回归系数	t 值	显著性水平
常数项	—	0.000	1.000	—	0.000	1.000	—	0.000	1.000
诉求类型	0.046	1.674	0.094	-0.035	-1.278	0.202	0.012	0.429	0.668
相关系数 r	—	0.046	—	—	0.035	—	—	0.012	—
判定系数 R^2	—	0.002	—	—	0.001	—	—	0.000	—
调整的 R^2	—	0.001	—	—	0.000	—	—	-0.001	—
F 值	—	2.802	—	—	1.632	—	—	0.184	—
显著性水平	—	0.094	—	—	0.202	—	—	0.668	—

可以看出，信息传播诉求类型对节能行为的两维度均没有显著影响（且信息传播诉求类型对整体节能行为也没有显著影响）。由此可以认为，态度（包括个体主观态度、节能价值感知、信息效果感知三维度）在信息传播政策 - 节能行为变量间不存在中介效应。

下面分析信息传播诉求尺度。我们分别以节能型使用行为、节能型购买行为及整体节能行为为因变量，信息传播诉求尺度这一虚拟变量为自变量，分别进行回归分析。可以看出，信息传播诉求尺度对节能型使用行为有显著影响（对整体节能行为也有显著影响），如表 5-29 所示。

表 5-29 信息传播诉求尺度对节能行为的影响

项目	模型一（因变量为节能型使用行为）			模型二（因变量为节能型购买行为）			模型三（因变量为整体节能行为）		
	标准化回归系数	t 值	显著性水平	标准化回归系数	t 值	显著性水平	标准化回归系数	t 值	显著性水平
常数项	—	0.000	1.000	—	0.000	1.000	—	0.000	1.000
诉求尺度	0.105	3.815	0.000***	0.029	1.054	0.292	0.087	3.171	0.002**
相关系数 r	—	0.105	—	—	0.029	—	—	0.087	—
判定系数 R^2	—	0.011	—	—	0.001	—	—	0.008	—
调整的 R^2	—	0.010	—	—	0.000	—	—	0.007	—
F 值	—	14.551	—	—	1.112	—	—	10.052	—
显著性水平	—	0.000	—	—	0.292	—	—	0.002	—

接着我们以态度（包括个体主观态度、节能价值感知、信息效果感知三维度）为因变量，诉求尺度为自变量，分别进行回归分析，结果如表 5-30 所示。可以看出，诉求尺度对个体主观态度存在显著影响（系数为 0.073，t 值为 2.646，显著性水平为 0.008），且相对小尺度诉求来说，被试对大尺度诉求的主观态度更积极。

表 5-30 信息传播诉求尺度对态度的影响

项目	模型一（因变量为主观态度）			模型二（因变量为节能价值感知）			模型三（因变量为信息效果感知）		
	标准化回归系数	t 值	显著性水平	标准化回归系数	t 值	显著性水平	标准化回归系数	t 值	显著性水平
常数项	—	0.000	1.000	—	0.000	1.000	—	0.000	1.000
诉求尺度	0.073	2.646	0.008**	−0.013	−0.480	0.631	0.020	0.712	0.476
相关系数 r	—	0.073	—	—	0.013	—	—	0.020	—
判定系数 R^2	—	0.005	—	—	0.000	—	—	0.000	—
调整的 R^2	—	0.005	—	—	−0.0001	—	—	0.000	—
F 值	—	7.004	—	—	0.230	—	—	0.508	—
显著性水平	—	0.008	—	—	0.631	—	—	0.476	—

最后分别以节能型使用行为、整体节能行为两个变量为因变量，以态度（包括个体主观态度、节能价值感知、信息效果感知三维度）和诉求尺度为自变量进行回归分析，结果如表 5-31 所示。可以看出，诉求尺度和态度（包括个体主观态度、节能价值感知、信息效果感知三维度）对节能型使用行为、整体节

能行为的路径系数仍旧显著。其中，诉求尺度对节能型使用行为的路径系数为0.091（t 值为 3.608，显著性水平为 0.000），对整体节能行为的路径系数为 0.071（t 值为 2.955，显著性水平为 0.003）；个体主观态度对节能型使用行为的路径系数为 0.160（t 值为 4.944，显著性水平为 0.000），对整体节能行为的路径系数为 0.193（t 值为 6.230，显著性水平为 0.000）；节能价值感知对节能型使用行为的路径系数为 0.141（t 值为 5.118，显著性水平为 0.000），对整体节能行为的路径系数为 0.189（t 值为 7.183，显著性水平为 0.000）；信息效果感知对节能型使用行为的路径系数为 0.200（t 值为 6.120，显著性水平为 0.000），对整体节能行为的路径系数为 0.229（t 值为 7.346，显著性水平为 0.000）。

鉴于诉求尺度对节能价值感知和信息效果感知的路径系数不显著，根据中介效应的检验程序，我们需要进一步进行 Sobel 检验。当因变量为节能型使用行为，中介变量为节能价值感知时，相应的 Z 值为 -0.462，显著性水平大于 0.05；当因变量为节能型使用行为，中介变量为信息效果感知时，相应的 Z 值为 0.709，显著性水平也大于 0.05。可见，节能价值感知和信息效果感知两变量的中介效应不显著。同理可得，当因变量为整体节能行为时，节能价值感知和信息效果感知两变量的中介效应也不显著。

表 5-31　信息传播诉求尺度对节能行为的影响

项目	模型一（因变量为节能型使用行为）			模型三（因变量为整体节能行为）		
	标准化回归系数	t 值	显著性水平	标准化回归系数	t 值	显著性水平
常数项	—	0.000	1.000	—	0.000	1.000
诉求尺度	0.091	3.608	0.000***	0.071	2.955	0.003**
个体主观态度	0.160	4.944	0.000**	0.193	6.230	0.000***
节能价值感知	0.141	5.118	0.000**	0.189	7.183	0.000***
信息效果感知	0.200	6.120	0.000**	0.229	7.346	0.000***
相关系数 r	—	0.417	—	—	0.497	—
判定系数 R^2	—	0.174	—	—	0.247	—
调整的 R^2	—	0.172	—	—	0.245	—
F 值	—	69.067	—	—	107.576	—
显著性水平	—	0.000	—	—	0.000	—

总的来说，个体主观态度的中介效应显著，诉求尺度通过个体主观态度对节能型使用行为间接发挥作用（同时也对整体节能行为发挥作用）。另外，诉求尺度的路径系数仍旧显著，这表明，态度承担着部分中介的作用。换言之，诉

求尺度对节能型使用行为仍旧发挥着直接的影响作用（同时也对整体节能行为发挥着直接的影响作用）。态度的多重中介效应检验结果如图 5-15 所示。其中，上图中因变量为节能型使用行为，下图中因变量为整体节能行为（包括节能型使用行为和节能型购买行为两维度）。

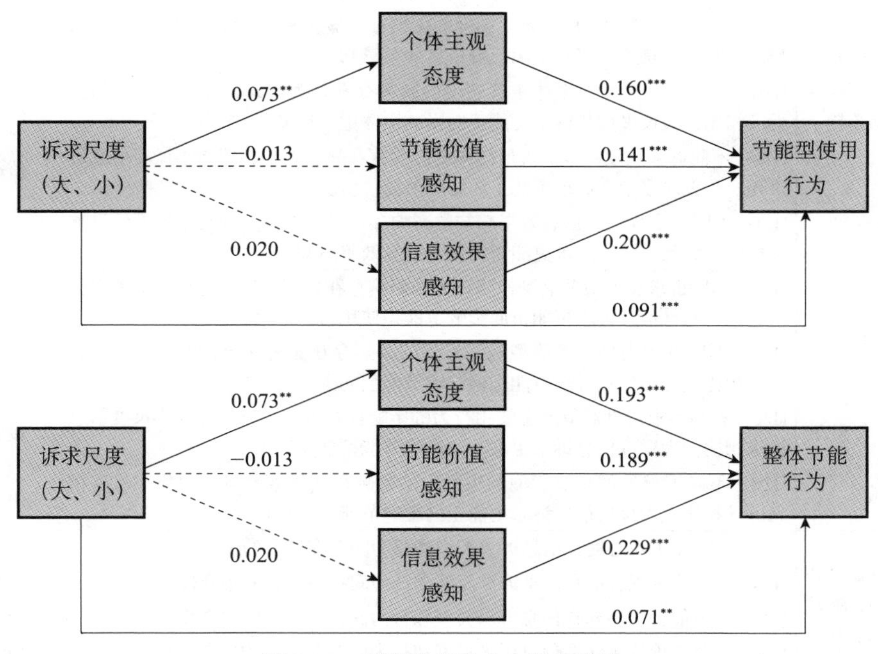

图 5-15　态度的多重中介效应检验

第四节　研究结论和政策启示

一、主要研究结论

通过以上分析，我们对信息传播政策（包括诉求类型和诉求尺度）对能源节约行为的预期效应有了初步认识和了解，本章研究的假设检验结果汇总如表 5-32 所示。

表 5-32　本研究的主要假设和子假设检验结果

假设	子假设	检验结果
H1：不同信息传播政策对态度的影响存在显著差异	H1a：不同诉求类型对个体主观态度的影响存在显著差异，即与利他信息诉求相比，利己信息诉求更能正向影响个体主观态度	拒绝
	H1b：不同诉求类型对节能价值感知的影响存在显著差异，即与利他信息诉求相比，利己信息诉求更能正向影响节能价值感知	拒绝
	H1c：不同诉求类型对信息效果感知的影响存在显著差异，即与利他信息诉求相比，利己信息诉求更能正向影响信息效果感知	拒绝
	H1d：不同诉求尺度对个体主观态度的影响存在显著差异，即与小尺度信息诉求相比，大尺度信息诉求更能正向影响个体主观态度	接受
	H1e：不同诉求尺度对节能价值感知的影响存在显著差异，即与小尺度信息诉求相比，大尺度信息诉求更能正向影响节能价值感知	拒绝
	H1f：不同诉求尺度对信息效果感知的影响存在显著差异，即与小尺度信息诉求相比，大尺度信息诉求更能正向影响信息效果感知	拒绝
H2：不同信息传播政策对行为的影响存在显著差异	H2a：不同诉求类型对节能型使用行为的影响存在显著差异，即与利他信息诉求相比，利己信息诉求更能正向影响节能型使用行为	谨慎接受
	H2b：不同诉求类型对节能型购买行为的影响存在显著差异，即与利他信息诉求相比，利己信息诉求更能正向影响节能型购买行为	拒绝
	H2c：不同诉求尺度对节能型使用行为的影响存在显著差异，即与小尺度信息诉求相比，大尺度信息诉求更能正向影响节能型使用行为	接受
	H2d：不同诉求尺度对节能型购买行为的影响存在显著差异，即与小尺度信息诉求相比，大尺度信息诉求更能正向影响节能型购买行为	拒绝
H3：态度在信息传播政策和行为间存在显著的中介作用	H3a-1：个体主观态度在信息诉求类型和行为间存在显著的中介作用	拒绝
	H3a-2：个体主观态度在信息诉求尺度和行为间存在显著的中介作用	接受
	H3b-1：节能价值感知在信息诉求类型和行为间存在显著的中介作用	拒绝
	H3b-2：节能价值感知在信息诉求尺度和行为间存在显著的中介作用	拒绝
	H3c-1：信息效果感知在信息诉求类型和行为间存在显著的中介作用	拒绝
	H3c-2：信息效果感知在信息诉求尺度和行为间存在显著的中介作用	拒绝
H4：个体情境特征对信息传播政策 - 反应变量路径存在显著的调节作用	H4a：性别对信息传播政策 - 反应变量路径存在显著的调节作用	部分接受
	H4b：年龄对信息传播政策 - 反应变量路径存在显著的调节作用	拒绝
	H4c：学历对信息传播政策 - 反应变量路径存在显著的调节作用	部分接受
	H4d：个人月收入对信息传播政策 - 反应变量路径存在显著的调节作用	部分接受
	H4e：家庭月平均用电量对信息传播政策 - 反应变量路径存在显著的调节作用	部分接受
	H4f：个体面子意识对信息传播政策 - 反应变量路径存在显著的调节作用	拒绝
	H4g：群体一致意识对信息传播政策 - 反应变量路径存在显著的调节作用	部分接受
	H4h：节能涉入度对信息传播政策 - 反应变量路径存在显著的调节作用	拒绝
	H4i：道家价值观对信息传播政策 - 反应变量路径存在显著的调节作用	拒绝
H5：诉求类型和诉求尺度间存在显著的交互作用	H5a：对小尺度诉求来说，不同诉求类型的效果差异不大；对于大尺度诉求来说，不同诉求类型的效果差异很大，即在大尺度诉求下，利己诉求相对利他诉求更能正向影响个体态度和行为	接受
	H5b：对利他诉求来说，不同诉求尺度的效果差异不大；对于利己诉求来说，不同诉求尺度的效果差异很大，即在利己诉求下，大尺度诉求相对小尺度诉求更能正向影响个体态度和行为	接受

本章研究的主要结论可以总结如下。

（1）信息传播政策对个体态度和行为的总体效应显著。①信息传播政策在整体上还是非常有效的。多数受访者对信息传播政策有积极的主观态度，能感知到节约能源对社会、对自身的价值，也相信信息传播能提高人们的节能意识，促进人们的节能行为。调查也发现，一些受访者虽然认为该信息有说服力，但他们未必喜欢该信息，该信息也未必能打动他们。一些受访者虽然认识到节约能源对社会的价值很高，但觉得节约能源对其自身的价值并不算高（他们对此不屑一顾）。这一现象值得研究者重视。②多数受访者能做到节能型使用和节能型购买行为。首先，一般意义上的受访者能多数做到或半数做到节能型使用行为。其次，相对于节能型使用行为来说，受访者更能做到节能型购买行为。在受访者看来，信息传播政策更有利于提高人们的意识（而非实际行为），进一步说，部分受访者虽然提高了能源节约意识，但他们的行为却未必会发生改变。最后，我们还发现了一个极有启发意义的结论，即受访者的节能行为还跟其自身利益相关，如果特定的节能型使用行为“触犯”了其个人利益，导致了其个人效用损失，那么受访者实施的可能性会大大降低。③多数受访者相对比较关注节能问题（即节能涉入度较高），内心崇尚清静平淡、简单朴实、顺其自然的道家价值观。当然，受访者的实际行为是否与问卷反映的完全一致，这还需要进一步检验。但一些受访者对节能问题、节能产品更关注，对节能信息还不是很关注，这可能会成为制约他们节能型购买或节能型使用行为的一个障碍。

（2）信息传播政策对不同特征个体的影响效应存在差异。①女性较男性能感知到更高的节能价值，对信息效果感知也更明显，也更倾向实行节能型使用行为。这可能由于女性对外界更敏感，或者更容易被外界信息所说服，同时也更懂得“算计过日子”，而男性的“慷慨失算”导致其不注重节约能源，且男性相对来说对于信息传播不甚敏感，也更不容易被外界信息说服。②年长者的个体主观态度更积极，节能价值感知更高，信息效果感知更显著，节能型使用也更多。这可能由于年龄较大的人相对更节约，而年轻人往往不知生活“艰难”，所以倾向不关注节约能源这些“小事”。③低学历者更认可信息传播政策（主观态度更积极），节能价值感知和信息效果感知也更高。一般人可能存在这样的偏见：低学历者不太会认可信息传播政策，信息传播政策对他们也不会产生显著的正面效果，相反更可能产生负面效果。我们的研究打破了这一偏见。笔者认为，高学历者更有主见，往往也更自负，不会因为外界信息传播而轻易改变自身想法。④信息传播对不同收入者的影响效应没有显著差异。笔者认为，由于购买节能型家电往往意味着更高的成本，所以低收入者也不会因为信息传播就增加节能型购买行为。同时，原本低收入者的节能型使用行为相对更显著，他们也不会因为信息传播而显著增加节能型使用行为。⑤原先相应节电的家庭受访者更可能实行节能型使用行为。这一方面可能由于其行为惯性，另一方面原本节电的受访者倾向认为其今后能源使用会更节约。高群体一致个体对信息传播政策的主观态度更积极，感知的节能价值更高，信息效果感知更好。低面子意识个体的节能型购买行为更显著，而高面子意识个体相对更加不会购买节能产品（这可能会让他们丢面子）。⑥信息传播政策对高节能涉入度、高道家价值观消费者的影响效应更佳，他们在个体主观态度、节能价值感知、信息效果感知、节能型使用行为、节能型购买行为这五个维度上都更为显著。信息传播政策对不同受访者的效应差异描述如表 5-33 所示。

表 5-33　不同情境特征个体的态度和行为差异描述

变量	差异描述
个体主观态度	35 周岁及以上年长者、低学历者、高群体一致、高节能涉入度、高道家价值观消费者对信息传播政策的主观态度更积极
节能价值感知	女性、35 周岁及以上年长者、低学历者、高群体一致、高节能涉入度、高道家价值观消费者的节能价值感知更高
信息效果感知	女性、35 周岁及以上年长者、低学历者、高群体一致、高节能涉入度、高道家价值观消费者的信息效果感知更高
节能型使用行为	女性、35 周岁及以上年长者、原先节电的家庭、高节能涉入度、高道家价值观消费者更可能实行节能型使用行为
节能型购买行为	低面子意识、高节能涉入度、高道家价值观消费者更可能实行节能型购买行为

（3）在信息传播政策中，诉求尺度比诉求类型更重要。进一步说，不同诉求类型对个体态度和行为的效应差异不显著，不同诉求尺度对个体态度和行为的效应差异却非常显著。①在 0.05 的显著性水平下，利他诉求组和利己诉求组在各态度变量和行为变量上都没有显著差异。可见，不同诉求类型对消费者态度和行为的影响没有显著差异。放宽到 0.1 的显著性水平下，利他诉求组和利己诉求组在节能型使用行为变量上存在显著差异，即利己诉求相对利他诉求更能促进消费者的节能型使用行为。②在 0.05 的显著性水平下，小尺度诉求组和大尺度诉求组在多变量上有显著差异（即在态度变量和行为变量中的至少一个变量上有显著差异）。经典市场营销理论的一个基本结论是，定价（报价）用小尺度（定价单位）往往会更有效。在企业市场营销的实践经验中，价格分割 / 拆分定价也是一种通常的心理策略，能造成买方心理上的价格便宜感。可见，本章

的研究结论（更大的诉求尺度更有效）与经典的产品营销逻辑完全相反。具体来看，大尺度诉求相对小尺度诉求更能促进消费者对信息传播形成积极的态度，也更能促进消费者的节能型使用行为。

（4）诉求类型和诉求尺度对个体态度和行为的交互效应显著。具体来说，在 0.05 的显著性水平下，诉求类型和诉求尺度对节能型使用行为存在显著的交互作用。在尺度小诉求下，不同类型诉求的效应差异不是很大（利他诉求略好于利己诉求，但统计上不显著）；但在尺度大诉求下，不同类型诉求的效应差异很大，且利己诉求显著好于利他诉求。从另一个角度说，在利他诉求下，不同尺度诉求的效应差异不明显（大尺度诉求好于小尺度诉求，但统计上不显著），但在利己诉求下，不同尺度诉求的效应差异很大，且大尺度诉求显著好于小尺度诉求（统计上非常显著）。这一结论有极强的启发意义。

（5）性别、学历、个人月收入、家庭平均用电量、群体一致这五个情境特征变量的调节作用显著。①对女性来说，利己诉求对个体主观态度的影响效应显著优于利他诉求；而对男性来说，不同诉求类型对个体主观态度的影响效应差异并不显著。同样，对女性来说，利己诉求对节能型使用行为的影响效应显著优于利他诉求；而对男性来说，不同诉求类型对节能型使用行为的影响效应差异并不显著。②对于高学历者来说，利己诉求对节能型使用行为的影响效应显著优于利他诉求；与之相对，对于低学历者来说，不同诉求类型对节能型使用行为的影响效应没有显著差异。③对中高收入者来说，不同诉求尺度对节能型购买行为的影响效应差异在统计上不显著；而对低收入者来说，大尺度诉求对节能型购买行为的影响效应显著优于小尺度诉求。对中高收入者来说，利己诉求对节能型使用行为的影响效应显著优于利他诉求；而对低收入者来说，不同诉求类型对节能型使用行为的影响效应差异不显著。④对高平均用电量受访者来说，利己诉求对节能价值感知的影响效应显著优于利他诉求；与之相对，对低平均用电量受访者来说，不同诉求类型对节能价值感知的影响效应差异并不显著。⑤对高群体一致者来说，不同诉求尺度对个体主观态度的影响效应差异在统计上不显著；而对低群体一致受访者来说，大尺度诉求对个体主观态度的影响效应显著优于小尺度诉求。对高群体一致受访者来说，不同诉求尺度对信息效果感知的影响效应没有显著差异；而对低群体一致受访者来说，大尺度诉求对信息效果感知的影响效应显著优于小尺度诉求。此外，年龄、节能涉入度、道家价值观等其他情境变量的调节效应都不显著。

（6）个体主观态度的中介效应得到部分验证。一方面，个体主观态度在信

息诉求尺度 - 节能型使用行为之间的中介效应显著。可见，消费者对绿色信息的心理感受和主观态度非常重要。进一步说，信息诉求尺度通过个体主观态度对节能型使用行为间接发挥作用（同时也对整体节能行为发挥作用）。同时，信息诉求尺度对行为的路径系数仍旧显著，这表明个体主观态度承担着部分中介的作用。另一方面，态度（包括个体主观态度、节能价值感知、信息效果感知三维度）在信息传播诉求类型 - 整体节能行为之间的中介效应没有得到验证。

二、重要政策启示

本章研究对相关部门制定和实施信息传播政策提供了重要借鉴和启示。具体包括以下几方面。

（1）优先采用大尺度诉求并结合利己诉求对消费者进行绿色信息传播。本研究显示，大尺度诉求相对小尺度诉求更能影响消费者的个体主观态度，也更能促进其节能型使用行为。因此，政府进行信息传播政策应优先选择大尺度诉求，以更好地影响消费者的态度和行为。而且，本研究显示，在小尺度诉求下，消费者心理上觉得收益很小，不同诉求类型对他们的影响效应差异不大；在大尺度诉求下，消费者心理上觉得收益较大，利己诉求对他们更有效。因此，对于大尺度诉求来说，还应该结合利己诉求进行传播，这样效果更好。

（2）绿色信息传播者要进行有效的市场细分，选择特定的目标市场重点实施。从整体上来看，无论在何种信息传播政策下，节能涉入度和道家价值观的不同都会使消费者购买行为和使用行为产生显著的差异，这一结论对信息传播政策的制定非常重要。笔者认为，从效率角度说，绿色信息传播可以优先针对高节能涉入度和高道家价值观消费者（因为信息传播政策对他们的传播效果更好），深度结合他们关注节能问题、节能产品和节能信息，以及崇尚自然，向往人与自然和谐的特征，对其进行相应的信息传播，以促使其产生购买和使用行为。从公平角度说，为了避免不同消费者群体间的“阶层分化”或“鸿沟扩大”现象，对低节能涉入度和低道家价值观消费者也应该加大信息传播力度，这样才能实现绿色信息传播效率和公平的动态平衡。

（3）对不同性别、收入的消费者宜采用不同的绿色信息传播政策。本研究显示，对女性来说，利己诉求对个体主观态度的影响效应显著优于利他诉求，同时利己诉求对节能型使用行为的影响效应显著优于利他诉求。因此，对女性应该采用利己诉求，这能产生更好的传播效果。另外，本研究还发现，对中高收入者来说，利己诉求对节能型使用行为的影响效应显著优于利他诉求；而对低收入者来说，大尺度诉求对节能型购买行为的影响效应显著优于小尺度诉求。因此，为了促进中高收入者的节能型使用行为，宜更多采用利己诉求；为了促进低收入者的节能型购买行为，宜更多采用大尺度诉求。

（4）通过影响个体主观态度这一中介变量促进消费者实行节能行为。一方面，个体主观态度对消费者节能型使用行为和节能型购买行为存在显著影响；另一方面，个体主观态度在信息诉求尺度 - 节能型使用行为路径之间承担着部分中介的作用。因此，信息传播者需要注意消费者对绿色信息的心理感受和主观态度，这对于促进其节能行为更重要。通过影响消费者对绿色信息传播的主观态度，增强消费者对绿色信息传播的兴趣和好感，这有利于更好地促进其实行节能型使用行为和整体节能行为。

第六章
经济激励政策对消费碳减排影响的实验研究：以回收环节为例

促进废旧产品或生活垃圾的循环回收对于消费碳减排意义重大。本章以生活垃圾的回收处理为例，通过对城市消费者的现场实验，分析经济激励政策（以垃圾按量收费为代表）对消费碳减排的影响效应。重点分析高强度经济激励和低强度经济激励政策的影响效应差异，以及个体情境特征变量的调节效应和态度变量的中介效应，以期为相关经济激励政策的制定和实施提供借鉴。同第四章、第五章类似，本章同样分为四部分。首先是文献回顾和假设模型，其次是实验设计和样本分析，再次是数据分析和结果发现，最后是研究结论和政策启示。

第一节　文献回顾和假设模型

一、相关文献回顾

通过经济激励政策促进废旧产品或生活垃圾的循环回收，这是实现消费碳减排的一个重要路径。其中，垃圾按量收费（pay-as-you-throw，PAYT）是极其重要的一项经济激励政策。垃圾按量收费也称单位定价（unit-based pricing/unit pricing）、可变收费（variable-rate pricing/variable fees），它是根据居民实际的垃圾排放量来确定收费额。它是基于垃圾处理的社会边际成本而向家庭征收费用（收费额等于垃圾处理的社会边际成本），从而实现有效率的资源配置。垃圾按量收费的具体方式一般有两种：按垃圾重量收费和按垃圾体积收费（王建明，2007）。按垃圾重量收费提供了清楚、持续的价格信号，但它需要昂贵的设备投资成本和自动化收费体系，初始成本较高，因此使用较少。按垃圾体积收费相对来说简便易行，得到了较普遍的应用。按垃圾体积收费的具体类型包括：垃圾按袋收费（pay-by-the-bag system/pricing garbage by the bag）、按垃圾桶（can）收费、通过标签（sticker/tag）收费等。

一些学者专门研究了垃圾按量收费对家庭垃圾减排和垃圾回收行为的影响。沃兹（Wertz，1976）研究了垃圾按量收费对垃圾排放量的影响。通过对旧金山市（已实行垃圾单位定价）和美国其他城市（没有实行该制度）垃圾平均排放量的比较，沃兹发现垃圾单位收费每提高 1% 能减少 0.15% 的垃圾排放（即垃圾单位收费的价格弹性为 -0.15）。与沃兹的研究类似，詹金斯（Jenkins，1993）分析了 14 个城市的垃圾排放数据后发现，对每袋 32 加仑[①]的垃圾征收 1 美元的费用能降低 15% 的垃圾排放，垃圾单位收费的价格弹性为 -0.12。富乐顿和肯纳曼（Fullerton and Kinnaman，1996）研究了美国弗吉尼亚州大学城夏洛茨维尔市（Charlottesville）垃圾单位定价（每袋定价 0.8 美元）后发现，75 户家庭排放的垃圾重量平均降低 14%，体积减小 37%，回收增加 16%。富乐顿和肯纳曼的研究表明，垃圾单位定价政策对垃圾排放的体积有实质性影响，但对垃圾排放的重量影响较小——由于按袋定价，每袋垃圾的重量大大增加了。因此，垃圾按重量收费会更有效。斯古马兹和弗里曼（Skumatz and Freeman，2006）的研究得出如下结论，垃圾按量收费大约降低 17% 的垃圾排放量。其中，1/3（约 6%）来自循环回收，1/3（约 5%）来自堆肥，1/3（约 6%）来自源头削减或垃圾预防。概括地说，垃圾按量收费的主要优点体现在两方面：①激励家庭根据垃圾排放的私人成本来调整其排放和回收行为，如减少垃圾排放，增加垃圾回收等。很多实证研究都支持这一点。沃兹（Wertz，1976）、詹金斯（Jenkins，1993）、富乐顿和肯纳曼（Fullerton and Kinnaman，1996）、斯古马兹和弗里曼（Skumatz and Freeman，2006）等的研究都发现垃圾按量收费减少了垃圾排放，增加了垃

---

① 1 加仑 =4.405 升。

圾回收。②激励家庭在消费时选择产生垃圾量更少的产品，如购买简化包装的产品、减少一次性产品的购买等，从而从源头减少垃圾量。

一些学者怀疑，垃圾按量收费是否具有长期的减量效果。张瑞久等（2005）指出，从日本13个城市垃圾按量收费的实施经验看，实施垃圾按量收费的前一年（试行期或宣传期），垃圾量迅速增长，实施垃圾按量收费的当年，垃圾减量化效果比较明显，但从第二年起，垃圾量又都有所回升。日本的经验表明，垃圾按量收费的减量效果并不具有可持续性。其原因可能有两方面：一者，垃圾按量收费的标准较低，相对居民收入的比重不大，对居民的经济激励作用相对有限。二者，居民的生活消费和垃圾抛扔习惯难以在短期内改变。一旦居民适应了垃圾按量收费政策后，又会恢复原来的生活消费和垃圾抛扔习惯，而不会过多考虑费用问题。可见，垃圾按量收费要维持长期的减量效果，至少有两个条件：一是要有足够的激励强度（即保持较高的收费标准），二是要通过宣传教育改变消费者的消费和抛扔习惯。进言之，垃圾按量收费政策的成功实施需要相关的配套措施。关于这一点，我们在后文着重讨论。

对垃圾按量收费的主要质疑在于，垃圾按量收费可能导致“非法倾倒”（illegal dumping）现象。富乐顿和肯纳曼（Fullerton and Kinnaman，1996）认为，当家庭仅有两种垃圾处置选择（要么垃圾排放，要么循环回收），那么对垃圾排放直接定价会刺激循环回收；但当非法倾倒是第三种选择，那么对垃圾排放直接定价会刺激非法倾倒。据富乐顿和肯纳曼（Fullerton and Kinnaman，1996）推算，实行垃圾单位定价后，弗吉尼亚州大学城夏洛茨维尔75户家庭产生的28%～43%垃圾削减量可能源自非法倾倒。詹金斯（Jenkins，1993）、米兰达等（Miranda et al.，1994）的研究也有类似的结果。在中国，根据笔者对武汉和杭州两市的大样本问卷调查，对于“实行垃圾按袋收费后，人们会偷偷倒垃圾而不付钱”这一题项，有70.3%的受访者“同意”或“大致同意”，仅有16.5%的受访者“不同意”或“不太同意”（王建明，2007）。这表明多数居民还是担心非法倾倒问题在一定程度上存在。

然而，也有很多学者研究发现，非法倾倒更多只是人们的担忧，而不是现实。雷绍夫斯基和斯通（Reschovcky and Stone，1994）对美国汤普金斯（Tompkins）县的调查发现，尽管有51%的受访者声称垃圾按量收费实施后非法倾倒增加，但实际上并未发现显著非法倾倒的证据。米兰达等（Miranda et al.，1994）也指出，很多社区的非法倾倒等负面问题微乎其微。斯古马兹和弗里曼（Skumatz and Freeman，2006）的研究表明，非法倾倒只在20%的社区存在，而且延续时间并不长（仅三个月或更短）。此外，很多学者强调，即便非法倾倒确实存在，也可以通过一些政策措施最大地减少其影响（王建明，2007，2008）。诸如出台积极、严格的垃圾乱扔法案，开展公共教育运动，设置免费投放（drop-off）日，对合理抛扔的垃圾（废旧产品）实施押金返还制度（deposit refund system，DRS）等，这些都有助于抑制非法倾倒。

20 世纪 90 年代以来，垃圾按量收费在经济发达国家受到越来越普遍的重视和应用，日益成为垃圾收费政策的趋势。美国、日本、欧洲、澳大利亚、韩国等国家或地区的很多城市都实施了垃圾按量收费。在美国，20 世纪 80 年代末期，仅有约 100 个社区实施了垃圾按量收费，1993 年这一数字增长到 1000 个，1997 年为 4150 个，2001 年为 5200 个。2006 年则有 7095 个社区采取了垃圾按量收费，占社区总数的 26.3%（Skumatz and Freeman，2006）。一些已经实施了垃圾按量收费社区的实践也证实了经济激励机制的有效性。以艾奥瓦州的迪比克（Dubugue）社区为例，该社区存在一个混合的桶 / 袋（标签）选择，为居民提供多重垃圾按量收费系统：一个 35 加仑的垃圾桶，每月收费 8.7 美元，增加一个垃圾桶每月收费 5 美元。居民也可以使用 50 加仑的垃圾桶，每月收费 10.7 美元，增加一个 50 加仑的垃圾桶每月收费 7 美元。居民还可以为其额外垃圾袋购买垃圾标签，每个垃圾标签 1.2 美元。此外，迪比克社区还提供自动化翻斗车，64 加仑的每月收费 18.5 美元，96 加仑的每月收费 27 美元。迪比克社区的垃圾按量收费获得了显著的垃圾回收增加和收集量削减效果。自 2002 年垃圾按量收费实施后，迪比克社区每月循环回收增加 30%，垃圾处理降低 28%（Skumatz and Freeman，2006）。

在中国台湾，台北市 2000 年 7 月 1 日起实施了“垃圾费随袋征收”政策。居民丢弃垃圾必须购买环保局规定的“专用垃圾袋”。专用垃圾袋售价内含垃圾费（故价格较一般垃圾袋高），按填充量不同分为六种规格。以标准容积 14 升的小型垃圾袋为例，售价为新台币 6.3 元 / 只（约合 0.2 美元或 1.6 元人民币）。居民必须将垃圾装在专用垃圾袋中，在指定的时间、地点交给垃圾车处理。否则，垃圾车拒收。实施政策之前的 1999 年，台北的家庭垃圾总量为每日 2970 吨。政策实施的当年下降为每日 1883 吨，垃圾总量减少了 36.6%。从垃圾按量收费政策的长期效果看，政策实施前的垃圾量为每人每日 1.12 千克，政策实施九年后的 2009 年垃圾量为 0.39 千克，减少了 65%；政策实施前资源回收率为 2.4%，2009 年提高为 45.0%。居民垃圾费负担也由 1999 年的每户每月 144 元新台币减至 2010 年的每户每月 37 元新台币，节约了 74.3%，切实享受到垃圾费负担减轻的好处。[①] 此外，城市周边的居民也大大减少了与垃圾掩埋场为邻之苦。

在中国大陆，根据笔者掌握的资料，尚未有城市正式对家庭实施垃圾按量收费。2014 年 1 月广州率先在六个小区（集团单位）试点生活垃圾按量收费，收费标准分为按桶计费和按袋计费两种方式。按桶计费时厨余垃圾不收费，其他垃圾 6 元或 12 元每桶，按袋计费时厨余垃圾 0.1 ～ 0.2 元，其他垃圾 0.2 ～ 0.5 元。[②] 香港、南京、北京等地也在酝酿着垃圾按量收费政策，这表明中国针对家庭的垃圾按量收费也提上了日程。但是，中国能否有效实行垃圾按量收费，还需要进一步调查分析和论证（由于中国在经济水平和文化特征等方面与发达国家存在较大的差异，我们不能就此武断地认定垃圾按量收费对中国绝对适用）。我们需要深入考察和测度中国消费者对垃圾按量收费的微观反应和垃圾按量收费的政策效应，这对于垃圾按量收费的有效实行起着关键的作用。但目前这方面的研究（尤其是实验研究）还比较缺乏。为此，本章通过现场实验试图考察垃圾按量收费政策的实际影响效应。

二、假设模型构建

根据前面的分析，本研究假设：①垃圾按量收费的不同激励强度对态度（包括个体主观态度、政策效果感知和政策风险感知三维度）的影响存在显著差异，即与低强度经济激励政策相比，高强度经济激励政策更能正向影响个体态度；②垃圾按量收费的不同激励强度对行为（包括终端减量行为、前端减量行为和非法倾倒行为三维度）的影响存在显著差异，即与低强度经济激励政策相比，高强度经济激励政策更能正向影响个体行为；③个体对经济激励政策的态度（包括个体主观态度、政策效果感知和政策风险感知三维度）在经济激励政策和行为（包括终端减量行为、前端减量行为和非法倾倒行为三维度）间存在显著的中介作用；④个体情境特征（如性别、年龄、学历、个人月收入、垃圾问题感知、垃圾分类收集、面子意识、群体一致意识）对经济激励政策 - 反应变量路径有显著的调节作用。在这些主要假设下，还有若干的子假设。本章研究的假设如表 6-1 所示。

---

① 商群 .2012-7-23. 垃圾费随袋征收，“台北经验”创造奇迹 . 南方周末，（第 8 版）.

② 广州垃圾按量收费政策的试点是否成功，目前还众说纷纭，尚没有完全定论。

表 6-1　本章研究的主要假设和子假设

假设	子假设
H1：不同激励强度对态度的影响存在显著差异，即与低强度经济激励政策相比，高强度经济激励政策更能正向影响个体态度	H1a：不同激励强度对个体主观态度的影响存在显著差异，即与低强度经济激励政策相比，高强度经济激励政策更能正向影响个体主观态度 H1b：不同激励强度对政策效果感知的影响存在显著差异，即与低强度经济激励政策相比，高强度经济激励政策更能正向影响政策效果感知 H1c：不同激励强度对政策风险感知的影响存在显著差异，即与低强度经济激励政策相比，高强度经济激励政策更能正向影响政策风险感知
H2：不同激励强度对行为的影响存在显著差异，即与低强度经济激励政策相比，高强度经济激励政策更能正向影响个体行为	H2a：不同激励强度对终端减量行为的影响存在显著差异，即与低强度经济激励政策相比，高强度经济激励政策更能正向影响终端减量行为 H2b：不同激励强度对前端减量行为的影响存在显著差异，即与低强度经济激励政策相比，高强度经济激励政策更能正向影响前端减量行为 H2c：不同激励强度对非法倾倒行为的影响存在显著差异，即与低强度经济激励政策相比，高强度经济激励政策更能正向影响非法倾倒行为
H3：态度在经济激励政策和行为间存在显著的中介作用	H3a：个体主观态度在经济激励政策和行为间存在显著的中介作用 H3b：政策效果感知在经济激励政策和行为间存在显著的中介作用 H3c：政策风险感知在经济激励政策和行为间存在显著的中介作用
H4：个体情境特征对经济激励政策 - 反应变量路径有显著的调节作用	H4a：性别对经济激励政策 - 反应变量路径有显著的调节作用 H4b：年龄对经济激励政策 - 反应变量路径有显著的调节作用 H4c：学历对经济激励政策 - 反应变量路径有显著的调节作用 H4d：个人月收入对经济激励政策 - 反应变量路径有显著的调节作用 H4e：垃圾问题感知对经济激励政策 - 反应变量路径有显著的调节作用 H4f：垃圾分类收集对经济激励政策 - 反应变量路径有显著的调节作用 H4g：个体面子意识对经济激励政策 - 反应变量路径有显著的调节作用 H4h：群体一致意识对经济激励政策 - 反应变量路径有显著的调节作用

本研究的假设模型如图 6-1 所示。其中，经济激励政策为实验操控变量（分为高强度经济激励和低强度经济激励两类），个体主观态度、政策效果感知、政策风险感知、终端减量行为、前端减量行为和非法倾倒行为为反应变量。个体主观态度、政策效果感知和政策风险感知为中间变量，称为个体对政策的态度（简称为态度）；终端减量行为、前端减量行为和非法倾倒行为为结果变量，称为个体实际的行为（简称为行为）。此外，性别、年龄、学历、个人月收入、垃圾问题感知、垃圾分类收集、面子意识、群体一致意识为个体情境特征变量。

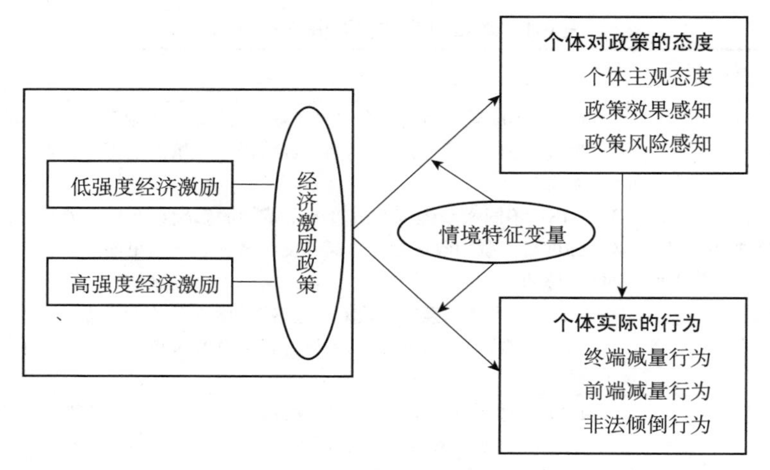

图 6-1　经济激励政策影响态度和行为的假设模型

第二节　实验设计和样本分析

一、实验材料设计

经济发达国家对垃圾按量收费政策的实证研究虽然有不少，但很多是对垃圾按量收费政策实施效果的调查（如通过对政策实施前后垃圾抛扔的实际数量进行测量以检验其效果），是一种实际效应研究。中国尚未正式实行垃圾按量收费政策，因此这些研究量表与方法我们不能直接采用。我们只能从调查家庭对垃圾按量收费政策的态度与反应入手，考察垃圾按量收费政策的预期效应。在经济发达国家，根据笔者查阅的文献资料，仅有富乐顿和肯纳曼（Fullerton and Kinnaman，1996）、伯特兰（Berglund，2003）等少数学者进行了类似的研究。

富乐顿和肯纳曼的问卷如表 6-2 所示，其问卷主要考察居民对垃圾按量收费政策的体验和感受（在其调查地区夏洛茨维尔市，已经实行了垃圾按量收费政策）。由于中国没有美国等经济发达国家普遍的“路边可回收物的回收”（curbside recyclables collection）等客观条件[①]，因此富乐顿和肯纳曼的调查问卷很多并不符合中国实际，但其问卷仍然对我们有一定的借鉴价值。

① 路边回收系统主要收集居民住宅区已分类的可回收垃圾。

表 6-2　富乐顿和肯纳曼的垃圾按量收费政策问卷

序号	调查问题	调查选项
1	假设城市面临更高的收集和处理你的垃圾成本，你是愿意增加财产税还是参与标签项目——就像夏洛茨维尔市目前正在执行的那样，支付更高的成本？	A. 标签；B. 财产税
2	美国其他城市已经通过了要求家庭每周回收某些材料，否则就会被罚款的立法。你是否宁愿这样的立法而不是标签项目？	A. 是；B. 否
3	购买和将标签贴在垃圾袋上给你带来了多大的不便？	A. 不很多；B. 有点；C. 很；D. 极其
4	把你的报纸、塑料、铝和锌放入绿色回收容器给你带来了多大的不便？	
5	你认为夏洛茨维尔市应该每周从家庭收集更多种类的可回收材料吗？	A. 是；B. 否
6	自从 7 月标签项目开始后，你是否观察到夏洛茨维尔市很大比例的垃圾非法抛扔现象？	A. 是，很多；B. 是，有些；C. 没有
7	你是否经历（遭受）过有人偷窃垃圾标签的问题？	A. 是；B. 否

伯格兰（Berglund，2003）的问卷是这样设计的：

瑞典一些市政府已经引入了一种新的系统以便为城市垃圾处理筹措资金。在这个系统下，家庭自己选择垃圾源头分类数量，当地政府对未分类的垃圾称重，家庭根据自己选择的未分类量为每千克的垃圾付费。这样，分类多的家庭相对分类少的家庭支付更少的总费用。你在多大程度同意下述关于这种基于重量收费系统的表述？

我认为这样的系统：

a. 好，因为它给了我分类的更大“自由”。也就是说，我可以选择我想要的分类数量，同时对剩余的垃圾付费处理。

b. 不好，因为我想自己选择分类，不想因为支付费用被“强迫”这样做。

c. 好，那些分类少的家庭以支付更高费用的形式被“惩罚”。

d. 好，因为它给了我更明显的分类激励。

e. 不好，因为它降低了我分类更多的激励。

f. 分类是一个公共义务，应该通过其他方式来鼓励分类，而不是经济“胡萝卜”。

伯格兰（Berglund，2003）对每个题项都采用五级量表制：4 同意，3 部分同意，2 部分不同意，1 不同意，0 无概念。伯格兰问卷的假设条件和中国很类似（都没有实行垃圾按量收费），但伯格兰仅仅考察了居民对垃圾按量收费的感知与态度，并没有涉及垃圾按量收费实施后居民可能的反应行为及垃圾按量收费的实际效应（如是否会偷偷倒垃圾？是否会减少倒垃圾的量？）。因此，我们在借鉴富乐顿和肯纳曼（Fullerton and Kinnaman，1996）、伯格兰（Berglund，2003）量表的基础上作了较大补充，以最终设计我们的问卷。

为了测量受访者对不同强度经济激励政策的效应是否存在差异，我们设计出垃圾按量收费的两个假设情境，如表 6-3 所示。其中，假设情境 I 为低强度经济激励政策情境，具体来说，家庭倒垃圾需购买专用垃圾袋，厨余垃圾每袋收费 0.4 元，其他垃圾每袋收费 0.8 元（可回收物和有害垃圾不收费）。假设情境 Ⅱ 为高强度经济激励政策情境，其收费标准在假设情境 I 基础上提高 50%，即厨余垃圾每袋收费 0.6 元，其他垃圾每袋收费 1.2 元（可回收物和有害垃圾不收费）。[①]

表 6-3　本研究的经济激励政策情境

假设情境	激励强度	经济激励政策情境
假设情境 I	低强度经济激励	为减少垃圾量，促进垃圾回收，相关部门拟实行垃圾按量收费政策，即根据每个家庭实际倒垃圾的量来收费。具体来说，家庭倒垃圾需购买专用垃圾袋，厨余垃圾每袋收费 0.4 元，其他垃圾每袋收费 0.8 元（可回收物和有害垃圾不收费）。其中，厨余垃圾：剩菜剩饭、菜梗菜叶、动物骨骼内脏、果壳瓜皮、残枝落叶等；可回收物：纸类、金属、玻璃、塑料制品、牛奶盒、饮料瓶等；有害垃圾：电池、灯管灯泡、过期药品、化妆品、废旧小家电、硒鼓等；其他垃圾：除上述之外的所有垃圾，包括塑料袋、受污染的纸张、卫生纸、尿片、卫生用品、一次性餐具、灰土等
假设情境 Ⅱ	高强度经济激励	为减少垃圾量，促进垃圾回收，相关部门拟实行垃圾按量收费政策，即根据每个家庭实际倒垃圾的量来收费。具体来说，家庭倒垃圾需购买专用垃圾袋，厨余垃圾每袋收费 0.6 元，其他垃圾每袋收费 1.2 元（可回收物和有害垃圾不收费）。其中，厨余垃圾：剩菜剩饭、菜梗菜叶、动物骨骼内脏、果壳瓜皮、残枝落叶等；可回收物：纸类、金属、玻璃、塑料制品、牛奶盒、饮料瓶等；有害垃圾：电池、灯管灯泡、过期药品、化妆品、废旧小家电、硒鼓等；其他垃圾：除上述之外的所有垃圾，包括塑料袋、受污染的纸张、卫生纸、尿片、卫生用品、一次性餐具、灰土等

为了测量受访者对不同强度经济激励政策的感知是否确实存在差异，以检验实验操控是否成功，我们设置了一道题项进行操控性检验，该题项为“该政策的收费标准（　）”，它有五个选项，即“很高、偏高、合适、偏低、很低”。

① 我们进行实验的城市为杭州市，根据杭州市的生活垃圾分类标准，生活垃圾分为厨余垃圾、可回收物、有害垃圾和其他垃圾四类。鉴于这一垃圾分类标准已经实施多年，在现实中得到消费者的普遍认可和接受，因此我们测试问卷里也将生活垃圾分为这四类；另外，收费仅仅针对厨余垃圾和其他垃圾，可回收物和有害垃圾不收费。这是因为可回收物本身具有较高经济价值，不需要收费；而有害垃圾对环境的潜在污染很大，为了促进有害垃圾的单独收集，一般也不宜收费。

接着我们对于上述垃圾按量收费政策列出具体测量题项，如表 6-4 所示。

表 6-4　垃圾按量收费政策实验的测量题项

类别	序号	测量题项	指标类型
态度变量	个体主观态度	A1 该政策很合理 A2 该政策很 必要 A3 我喜欢该政策	李克特五级量表：5. 同意，4. 大致同意，3. 一般，2. 不太同意，1. 不同意
	政策效果感知	B1 该政策会促进大多数人将可回收物分类投放 B2 该政策会促进大多数人将有害垃圾分类投放 B3 该政策会促进大多数人减少倒厨余垃圾的量 B4 该政策会促进大多数人减少倒其他垃圾的量	
	政策风险感知	R1 该政策实行后，大多数人会不按类投放垃圾（乱投放垃圾） R2 该政策实行后，大多数人会偷偷倒垃圾（而不付钱）	
行为变量	终端减量行为	C1 该政策实行后，我会将可回收物分类投放 C2 该政策实行后，我会将有害垃圾分类投放 C3 该政策实行后，我会减少倒厨余垃圾的量 C4 该政策实行后，我会减少倒其他垃圾的量	李克特五级量表：5. 符合，4. 大致符合，3. 一般，2. 不太符合，1. 不符合
	前端减量行为	D1 该政策实行后，我会尽量少购买过度包装产品 D2 该政策实行后，我会尽量少使用一次性产品 D3 该政策实行后，我会尽量重复利用或循环使用产品	
	非法倾倒行为	E1 该政策实行后，我会不按类投放垃圾（乱投放垃圾） E2 该政策实行后，我会偷偷倒垃圾 E3 该政策实行后，如果其他人不按类投放垃圾，我也会这样做 E4 该政策实行后，如果其他人偷偷倒垃圾，我也会这样做	
情境变量	垃圾问题感知	F1 当前垃圾泛滥问题非常严重 F2 如不控制，以后会没有地方处置垃圾 F3 垃圾泛滥导致的资源浪费非常严重	李克特五级量表：5. 同意，4. 大致同意，3. 一般，2. 不太同意，1. 不同意

其中，态度和行为共包括六个变量，分别为个体主观态度、政策效果感知、政策风险感知和终端减量行为、前端减量行为、非法倾倒行为。我们用 3 个题项测量受访者对垃圾按量收费的个体主观态度，用 4 个题项测量受访者的政策效果感知，用 2 个题项测量受访者的政策风险感知。这些题项都采用李克特五级量表制，得分代表消费者对该题项的同意程度（5. 同意，4. 大致同意，3. 一般，2. 不太同意，1. 不同意）。我们用 4 个题项测量终端减量行为，用 3 个题项测量前端减量行为，用 4 个题项测量非法倾倒行为（道德风险行为）。这些题项也都采用李克特五级量表制，得分代表该题项符合受访者实际的程度（5. 符合，

4. 大致符合，3. 一般，2. 不太符合，1. 不符合）。

在人口统计变量中，笔者设置了性别、年龄、学历、个人月收入这四个题项，如表 6-5 所示。其中，性别分为 2 类：A. 男；B. 女。年龄分为 5 类：A.24 周岁或以下；B.25 ～ 34 周岁；C.35 ～ 44 周岁；D.45 ～ 54 周岁；E.55 周岁或以上。学历分为 5 类：A. 初中或以下；B. 高中或中专；C. 高职或大专；D. 本科；E. 研究生或以上。个人月收入分为 5 类：A.2200 元以下；B.2201 ～ 4400 元；C.4401 ～ 6600 元；D.6601 ～ 8800 元；E.8801 元以上。

为了考察群体一致意识和面子意识的影响，我们在问卷里也设置了相应的变量，如表 6-5 所示。群体一致意识题项为“相对一般人来说，我的行为方式较易受周围人的影响”，面子意识题项为“相对一般人来说，我在日常生活中比较注重面子”。这两个题项采用两级量表（A. 是；B. 否），以便更有效地对受访者进行细分。

测试问卷里还有两个变量，分别为小区的垃圾分类收集和个体的垃圾问题感知。对于小区垃圾分类收集情境，我们设置了题项“我现居住的小区已实行垃圾分类收集”。这个题项采用两级量表（A. 是；B. 否），以便有效地对受访者进行细分。对于垃圾问题感知量表，我们借鉴了相关研究量表（Schwepker and Cornwell，1991），并作了相应调整。最终的量表有三个题项：“当前垃圾泛滥问题非常严重”“如不控制，以后会没有地方处置垃圾”“垃圾泛滥导致的资源浪费非常严重”。这三个题项采用李克特五级量表制，得分代表消费者对特定题项的同意程度，如表 6-4 所示。

表 6-5　个体情境特征变量的量表定义及其类型

调查题项	量表类型
性别	A. 男；B. 女
年龄	A.24 周岁或以下；B.25 ～ 34 周岁；C.35 ～ 44 周岁；D.45 ～ 54 周岁；E.55 周岁或以上
学历	A. 初中或以下；B. 高中或中专；C. 高职或大专；D. 本科；E. 研究生或以上
个人月收入	A.2200 元以下；B.2201 ～ 4400 元；C.4401 ～ 6600 元；D.6601 ～ 8800 元；E.8801 元以上
我现居住的小区已实行垃圾分类收集	A. 是；B. 否
相对一般人来说，我的行为较易受周围人的影响	A. 是；B. 否
相对一般人来说，我在生活消费中比较注重面子	A. 是；B. 否

测试问卷正式形成以前，我们对城市消费者进行了多次预测试，并对预测试结果进行分析，总结了被测试消费者的意见，对一些表述不清楚、难以理解、不好回答或有歧义的题项进行修正后才最终确定测试问卷。

二、样本回收情况

本次实验于 2014 年 7 月在杭州市展开，我们在杭州市的广场、公园、校园、小区等公共场所随机抽取样本参与实验。为了使样本更切合城市消费者的实际，我们抽样时尽量确保各层次都有一定比例（例如，男女比例大致平衡，各年龄层次都有一定比例，各学历层次都有一定比例，各收入层次都有一定比例）。根据杭州主城区六区（上城区、下城区、拱墅区、江干区、西湖区、滨江区）的人口分布情况，选择三十多个公共场所作为抽样点。具体执行现场实验的是浙江财经大学暑期社会调研项目组的 7 名研究生。正式实验前，笔者对参与现场实验的研究生进行了培训（具体内容参见第五章）。为了确保测试问卷回收和填答效果，我们向每位填写测试问卷的被试赠送了一份小礼品。最终一共获得问卷 1301 份。经一致性检验剔除 70 份无效问卷，获得有效问卷 1231 份，有效率为 94.62%（判别和剔除无效问卷的原则参见第四章）。实验问卷回收的详细信息（包括受访者的性别、年龄、学历、个人月收入等构成分布）如表 6-6 所示。

表 6-6　有效样本的构成分布

调查题项	分类指标	低强度经济激励组		高强度经济激励组		全部样本	
		频数	百分比 /%	频数	百分比 /%	频数	百分比 /%
性别	1. 男	306	50.2	295	47.6	601	48.9
	2. 女	303	49.8	325	52.4	628	51.1
年龄	1. 24 周岁或以下	210	34.5	223	36.0	433	35.3
	2. 25 ～ 34 周岁	225	36.9	256	41.4	481	39.2
	3. 35 ～ 44 周岁	104	17.1	82	13.2	186	15.1
	4. 45 ～ 54 周岁	43	7.1	40	6.5	83	6.8
	5. 55 周岁或以上	27	4.4	18	2.9	45	3.7
学历	1. 初中或以下	70	11.5	47	7.6	117	9.5
	2. 高中或中专	117	19.2	128	20.7	245	20.0
	3. 大专或高职	139	22.8	150	24.2	289	23.5
	4. 本科	244	40.1	250	40.4	494	40.2
	5. 研究生或以上	39	6.4	44	7.1	83	6.8

续表

调查题项	分类指标	低强度经济激励组		高强度经济激励组		全部样本	
		频数	百分比/%	频数	百分比/%	频数	百分比/%
个人月收入	1. 2200 元或以下	155	25.5	143	23.2	298	24.3
	2. 2201 ～ 4400 元	195	32.1	229	37.1	424	34.6
	3. 4401 ～ 6600 元	152	25.0	159	25.8	311	25.4
	4. 6601 ～ 8800 元	58	9.5	46	7.5	104	8.5
	5. 8801 元以上	48	7.9	40	6.5	88	7.2
垃圾分类收集	1. 是	285	46.9	290	47.0	575	46.9
	2. 否	323	53.1	327	53.0	650	53.1
群体一致意识	1. 是	255	41.9	231	37.4	486	39.7
	2. 否	353	58.1	386	62.6	739	60.3
面子意识	1. 是	219	36.0	207	33.5	426	34.8
	2. 否	389	64.0	410	66.5	799	65.2

三、样本信效度检验

下面对样本进行信度和效度检验，以对量表质量进行评估。信度分析结果显示，对于个体主观态度、政策效果感知、终端减量行为、前端减量行为、非法倾倒行为和垃圾问题感知这六个变量，克龙巴赫 α 系数都超过 0.7，有的还达到 0.9（只有政策风险感知项是个例外，这是因为该变量只有 2 题项），如表 6-7 所示。且删去任一题项，总体克龙巴赫 α 系数也无显著提高。此外，绝大多数题项与各变量的相关系数都在 0.6 以上，有的还达到或超过 0.8。可见，各解释变量的内部一致性、可靠性和稳定性比较好。

表 6-7 各变量量表及其克龙巴赫 α 系数

变量	题项	项已删除的刻度方差	校正的项总计相关性	删去该题项 α 系数的变化情况	克龙巴赫 α 系数
个体主观态度	A1 该政策很合理	5.696	0.793	0.876	0.904
	A2 该政策很必要	5.451	0.808	0.863	
	A3 我喜欢该政策	5.494	0.826	0.848	

续表

变量	题项	项已删除的刻度方差	校正的项总计相关性	删去该题项α系数的变化情况	克龙巴赫α系数
政策效果感知	B1 该政策会促进大多数人将可回收物分类投放	9.459	0.686	0.791	0.839
	B2 该政策会促进大多数人将有害垃圾分类投放	9.380	0.707	0.781	
	B3 该政策会促进大多数人减少倒厨余垃圾的量	9.326	0.681	0.793	
	B4 该政策会促进大多数人减少倒其他垃圾的量	10.066	0.615	0.821	
政策风险感知	R1 该政策实行后，大多数人会不按类投放垃圾（乱投放垃圾）	1.131	0.358	—	0.525
	R2 该政策实行后，大多数人会偷偷倒垃圾（而不付钱）	1.394	0.358	—	
终端减量行为	C1 该政策实行后，我会将可回收物分类投放	8.035	0.630	0.774	0.815
	C2 该政策实行后，我会将有害垃圾分类投放	8.076	0.611	0.781	
	C3 该政策实行后，我会减少倒厨余垃圾的量	6.560	0.685	0.745	
	C4 该政策实行后，我会减少倒其他垃圾的量	6.820	0.642	0.768	
前端减量行为	D1 该政策实行后，我会尽量少购买过度包装产品	3.564	0.673	0.770	0.825
	D2 该政策实行后，我会尽量少使用一次性产品	3.491	0.750	0.688	
	D3 该政策实行后，我会尽量重复利用或循环使用产品	4.112	0.629	0.810	
非法倾倒行为	E1 该政策实行后，我会不按类投放垃圾（乱投放垃圾）	10.465	0.616	0.880	0.874
	E2 该政策实行后，我会偷偷倒垃圾	9.447	0.759	0.827	
	E3 该政策实行后，如果其他人不按类投放垃圾，我也会这样做	8.927	0.750	0.830	
	E4 该政策实行后，如果其他人偷偷倒垃圾，我也会这样做	8.768	0.798	0.809	
垃圾问题感知	F1 当前垃圾泛滥问题非常严重	2.086	0.626	0.718	0.789
	F2 如不控制，以后会没有地方处置垃圾	1.758	0.657	0.688	
	F3 垃圾泛滥导致的资源浪费非常严重	2.147	0.615	0.730	

下面对内容效度和建构效度进行检验。先采用专家判断法检验内容效度。问卷正式形成以前，笔者先经过一轮与相关领域专家、代表性消费者的深度访谈，询问他们哪些因素对测量各变量重要，归纳得出原始问卷。此后，笔者对城市消费者进行了预测试（共获得 40 份样本），并对预测试结果进行分析，总

结了受访者的意见，对问卷进行了进一步修正和完善。总的来说，本问卷内容有一定的广度，且契合研究目标，内容效度较为理想。最后用因子分析法检验建构效度。从表 6-8 可以看出，态度和行为这两类变量的 KMO 检验统计量均接近或超过 0.8，两项的巴特利特球形检验显著性水平均为 0.000，因此，拒绝巴特利特球形检验零假设，可以认为本测试问卷及各组成部分建构效度良好。

表 6-8　KMO 检验和巴特利特球形检验

题项		态度变量	行为变量
KMO 检验		0.807	0.789
巴特利特特球形检验	χ^2 统计量	5705.874	7421.911
	自由度	36	55
	显著性水平	0.000	0.000

第三节　数据分析和结果发现

一、经济激励政策对态度和行为的总体效应

实施经济激励政策后，受访者对政策的个体主观态度、政策效果感知、政策风险感知和终端减量行为、前端减量行为、非法倾倒行为各题项的均值和标准差如图 6-2 所示。主观态度、效果感知两变量的均值分别为 3.32、3.50（即位于“大致同意”到“一般”之间）。这表明，多数受访者对经济激励政策还是基本认可，也认为经济激励政策能够产生促进垃圾分类回收和垃圾减量的积极效果。风险感知变量的均值为 3.55（即位于“大致同意”到“一般”之间）。这表明，多数受访者还是担心政策实施后会产生负面效果（消费者会不按类投放垃圾或者偷偷倒垃圾而不付钱）。终端减量行为、前端减量行为两变量的均值分别为 3.75、3.91（接近于“大致同意”），这表明经济激励政策会促进多数受访者实行终端或前端减量行为。与此同时，非法倾倒行为变量的均值为 2.35（位于“一般”到“不太同意”之间），这表明多数受访者表示他们自己不会乱投放垃圾或偷偷倒垃圾。换言之，垃圾按量收费政策的负面效应并没有想象中那么大。

表 6-9 为个体主观态度、政策效果感知、政策风险感知各题项的描述性统计分析表。表 6-10 为终端减量行为、前端减量行为、非法倾倒行为各题项的描述性统计分析表。

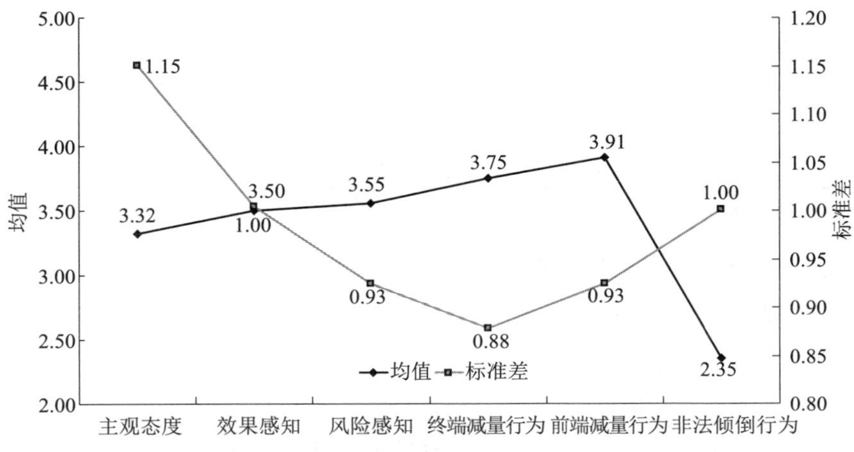

图 6-2　垃圾按量收费各题项的均值和标准差

表 6-9　个体对垃圾按量收费政策的总体态度

题项	A1	A2	A3	B1	B2	B3	B4	R1	R2
样本量	1231	1231	1231	1231	1231	1231	1231	1231	1231
均值	3.28	3.51	3.17	3.68	3.68	3.32	3.32	3.15	3.96
中位值	3.00	4.00	3.00	4.00	4.00	3.00	3.00	3.00	4.00
众数	4	5	3	5	5	3	4	3	5
标准差	1.237	1.278	1.252	1.225	1.216	1.256	1.191	1.181	1.063
同意 /%	18.0	28.5	18.1	31.4	31.4	22.2	18.4	15.4	38.7
大致同意 /%	29.5	24.7	21.2	29.8	29.1	23.8	28.5	23.6	31.7
一般 /%	25.8	25.0	33.1	22.2	22.9	27.1	28.4	30.0	19.1
不太同意 /%	15.9	12.3	14.9	8.6	9.2	17.5	16.3	22.7	7.8
不同意 /%	10.8	9.4	12.8	8.0	7.5	9.4	8.4	8.4	2.7
合计 /%	100.0	100.0	100.0	100.0	100.0	100.0	100.0	100.0	100.0

注：A1、A2、A3、B1、B2、B3、B4、R1、R2 各字母代表的题项内容见表 6-4

表 6-10　垃圾按量收费政策实行后的个体行为

题项	C1	C2	C3	C4	D1	D2	D3	E1	E2	E3	E4
样本量	1231	1231	1231	1231	1231	1231	1231	1231	1231	1231	1231
均值	4.05	4.12	3.40	3.43	3.80	3.93	4.00	2.26	2.22	2.54	2.39
中位值	4.00	4.00	3.00	3.00	4.00	4.00	4.00	2.00	2.00	2.00	2.00
众数	4	5	3	3	5	5	5	2	1	3	1
标准差	0.953	0.962	1.223	1.211	1.128	1.084	1.008	1.097	1.136	1.242	1.222
符合 /%	37.0	42.2	22.6	23.3	33.5	38.1	37.1	3.6	4.5	8.0	6.5
大致符合 /%	39.7	36.1	26.3	26.4	30.5	30.6	36.8	11.0	10.1	14.9	12.8
一般 /%	16.9	15.4	27.5	28.0	22.3	21.0	18.3	21.9	21.0	26.2	24.0

续表

题项	C1	C2	C3	C4	D1	D2	D3	E1	E2	E3	E4
不太符合 /%	4.0	4.0	15.3	14.5	9.3	6.8	4.8	34.7	32.2	25.0	26.2
不符合 /%	2.4	2.3	8.3	7.7	4.2	3.5	3.0	28.9	32.3	25.9	30.5
合计 /%	100.0	100.0	100.0	100.0	100.0	100.0	100.0	100.0	100.0	100.0	100.0

注：C1、C2、C3、C4、D1、D2、D3、E1、E2、E3、E4 各字母代表的题项内容见表 6-4

如表 6-9 所示，对于受访者的主观态度，题项 A2 的均值（3.51）显著高于题项 A1、A3，后两个题项的均值分别为 3.28、3.17。从受访者的回答看，受访者认同（即受访者选择“5 同意”和“4 大致同意”两个选项，下同）题项 A2 的比例有 53.1%[①]，不认同（即受访者选择“2 不太同意”和“1 不同意”两个选项，下同）题项 A2 的仅有 21.7%，另有 1/4 的受访者态度中立（即选择“一般”选项）。与此同时，受访者认同题项 A3 的比例为 39.3%，不认同的比例高达 27.7%，态度中立者达到 1/3。受访者认同题项 A1 的比例有 47.5%，不认同题项 A1 的有 26.7%，另有 1/4 的受访者态度中立。无论从均值看，还是从统计百分比看，受访者对题项 A2 的认同度都要显著高于题项 A1、A3。可见，一些受访者虽然认为垃圾按量收费很必要，但不一定喜欢该政策（他们把垃圾按量收费当成是对他们行为自由的约束，同时怕麻烦，还是更喜欢固定收费）。

对于政策效果感知，题项 B1、B2 的均值均为 3.68，题项 B3、B4 的均值均为 3.32，题项 B1、B2 的均值要显著高于题项 B3、B4。从受访者的回答看，受访者认同题项 B1、B2 的比例分别为 61.2%、60.4%，认同题项 B3、B4 的比例分别为 46.0%、47.0%。可见，受访者对题项 B1、B2 的认同度要显著高于题项 B3、B4。这表明，一些受访者认为该政策会促进人们将可回收物、有害垃圾分类回收，但未必能促进人们削减厨余垃圾和其他垃圾的量。

对于政策风险感知，题项 R2 的均值（3.96）要远远高于题项 R1（3.15）。从受访者的回答看，受访者认同题项 R2 的比例为 70.4%，不认同题项 R2 的比例只有约 1/10（10.5%），对题项 R2 持中立态度者有 19.1%；与此同时，受访者认同题项 R1 的比例只有 38.9%，不认同题项 R1 的比例高达 31.1%，对题项 R1 持中立态度的比例也有 30.0%。可见，在受访者看来，政策施行后人们偷偷倒垃圾而不付钱的比例要远远高于人们不按类投放垃圾的比例。

总的来说，不少受访者似乎并不支持垃圾按量收费，也不太相信垃圾按量

① 由于表格中的百分比数保留小数点后一位并进行了四舍五入，因此这里的百分比数与表格里的百分比合计数必然存在少量误差，这导致有时正文和表格里的数据不完全一致。后文不再一一指出。

收费能促进垃圾分类回收、削减垃圾量。当然，这并不能作为垃圾按量收费无效或不能实施的证据。因为很可能支持垃圾按量收费的受访者没有发表意见，而发表意见的往往是不支持垃圾按量收费的人。[①] 概括来说，部分受访者对垃圾按量收费政策态度不积极的主要原因有以下几方面：①实行垃圾按量收费后，受访者不会减少倒垃圾的量，因为垃圾“该倒掉的还得倒掉”，人们不会因省钱而减少倒垃圾的量；②实行垃圾按量收费后，人们会偷偷倒垃圾，即会产生垃圾非法倾倒现象；③实行垃圾按量收费会对受访者产生不便（这一点对于小家庭尤为明显），因为人们势必要等到垃圾袋装满才拿去倒掉，这必然会使垃圾在家里久放，从而带来卫生问题；④垃圾按量收费的管理有一定难度，一些受访者担心该政策的管理有难度，或者达不到理想效果。[②]

对于终端减量行为，题项 C1、C2 的均值分别为 4.05、4.12，题项 C3、C4 的均值分别为 3.40、3.43，题项 C1、C2 的均值要显著高于题项 C3、C4。从受访者的回答看，题项 C1、C2 符合或大致符合个体实际的比例分别为 76.8%、78.3%，题项 C3、C4 符合或大致符合个体实际的比例分别为 48.9%、49.7%。可见，受访者对题项 C1、C2 的践行度要显著高于题项 C3、C4。这一结果与前面政策效果感知项相类似。可见，实行该政策后，人们将可回收物、有害垃圾分类回收的比例会显著高于人们削减厨余垃圾和其他垃圾的比例。进一步说，有些受访者不会减少倒厨余垃圾和其他垃圾的量（因为他们认为自己生活固定下来，很难在这方面减量），但他们会增加可回收物、有害垃圾分类回收的比例。

对于前端减量行为，题项 D1、D2、D3 的均值分别为 3.80、3.93、4.00，

---

① 480 多年前马基雅维利曾指出：“必须记住，再也没有比着手采取新制度更困难的了，再也没有比此事的成败更加不确定，执行起来更加危险的了。这是因为革新者使所有那些在旧制度之下顺利的人都成为了敌人。即使也有一些人拥护革新，但他们是出于企图在革新中捞到自己的好处，所以在行动上也往往左右摇摆。这种左右摇摆的情况之所以存在，一部分由于这些人对于他们的对手怀有恐惧心理，因为他们的对手拥有有利于自身的法律；另一部分则是由于人类对新事物不轻易相信的心理所造成，即对于新的事物在没有取得牢靠的经验以前，他们是不会确实相信的”（参见马基雅维利 .2009. 君王论 . 武汉：武汉出版社：21-22）。虽然这里是针对君主制定国家大政方针政策而言的，但是马基雅维利的这一论断其实对于垃圾按量收费政策的实行也有一定的启发意义。

② 根据我们的调查，受访者的一些典型态度和意见如下：“现在不收费，垃圾真正分类的都不多，收费之后不会起到多大的作用，关键是培养意识和有关部门发动群众真正参与进来”“个人认为此政策属于很小的一点惩罚手段，不是有效的方法，对垃圾分类的作用不大”“小区已实行（垃圾分类收集），但绝大部分居民都没有遵守”“小区有张贴垃圾分类的告示，但居民大多没按照指示分类垃圾，应加强环保推广，此政策可操作性不强，尤其现在上班压力很大的年轻人大多嫌麻烦”“不同意该政策，可操作性太难”“初衷是好的，但我担心并不能解决问题而且必然会产生新的问题，这项政策有重新讨论的必要”“国民素质不够高”“政府应把资金花在企业上，让企业去管理或者给分类做得好的居民积分奖励”，等等。

呈现依次递增状态。从受访者的回答看，题项 D1、D2、D3 符合或大致符合个体实际的比例分别为 64.1%、68.7%、73.9%，同样呈依次递增状态，题项 D1、D2、D3 不符合或不太符合个体实际的比例分别为 13.5%、10.3%、7.8%，呈依次递减状态，且对题项 D1、D2、D3 一般（中立）的比例分别为 22.3%、21.0%、18.3%，也呈小幅递减状态。可见，实施该政策后，受访者最可能重复利用或循环使用产品，其次是少使用一次性产品，最后是少购买过度包装产品。据我们分析，重复利用或循环使用产品这一行为对个体来说，不会产生较大的效用损失。而少购买过度包装产品这一行为却对个体可能产生一定的效用损失，因为很多个体会出于爱美、面子、社交等心理动机而购买精美包装或过度包装的产品。

最后一个变量为非法倾倒行为。实行垃圾按量收费后，人们是否会偷偷倒垃圾？这是垃圾按量收费能否成功实施的关键。在设置的四个题项中，题项 E3 的均值最高（均值为 2.54），其次为 E4（均值为 2.39），最后为题项 E1、E2（其均值分别为 2.26、2.22）。从受访者的回答看，题项 E3 符合或大致符合个体实际的比例为 22.8%，题项 E4、E1、E2 符合或大致符合个体实际的比例分别为 19.3%、14.5%、14.5%，有递减的趋势。题项 E3 不符合或不太符合个体实际的比例为 50.9%，题项 E4、E1、E2 不符合或不太符合个体实际的比例分别为 56.7%、63.6%、64.5%，呈依次递增状态。可见，实施该政策后多数受访者（超过六成）不会不按类投放垃圾或偷偷倒垃圾，只有约 1/7 的受访者承认会不按类投放垃圾或偷偷倒垃圾。但是，一旦受访者发现其他人不按类投放垃圾或偷偷倒垃圾，他们中一些人也会被刺激这样做（这部分受访者约占总数的 1/5），以避免其他人“占小便宜”对自身产生的不公平。

二、不同情境特征个体的态度和行为差异

这里进一步分析经济激励政策对不同特征个体的效应是否存在差异，我们采用单因素方差分析主要考察性别、年龄、学历、个人月收入、垃圾分类收集、垃圾问题感知、群体一致意识、面子意识这八个情境特征变量。在这八个变量中，性别、垃圾分类收集、群体一致、面子意识这五个变量为两分类变量，年龄、学历、个人月收入三个变量为多分类变量（每个变量都有 5 个分类），考虑到类别太多计算起来太复杂，结果也难以解释，因此我们将这三个变量转化为两分类变量。年龄分为 34 周岁或以下（赋值为 1）和 35 周岁或以上（赋值为 2）

两类，学历分为高中、中专或以下（赋值为1）和大专、高职或以上（赋值为2）两类，个人月收入分为4400元或以下（赋值为1）和4401元或以上（赋值为2）两类。垃圾问题感知一共有三个题项，我们根据受访者回答的实际值和平均值将受访者分为两类：得分高于平均值者归入高垃圾问题感知组，这部分受访者有752个，占总数的61.1%；得分低于平均值者归入低垃圾问题感知组，这部分受访者有479个，占总数的38.9%。个体分组统计情况如表6-11所示。

表6-11　个体分组统计情况

变量	分类指标	低强度经济激励组		高强度经济激励组		全部样本	
		频数	百分比/%	频数	百分比/%	频数	百分比/%
性别	1. 男	306	50.2	295	47.6	601	48.9
	2. 女	303	49.8	325	52.4	628	51.1
年龄	1. 34周岁或以下	435	71.4	479	77.4	914	74.4
	2. 35周岁或以上	174	28.6	140	22.6	314	25.6
学历	1. 高中、中专或以下	187	30.7	175	28.3	362	29.5
	2. 大专、高职或以上	422	69.3	444	71.7	866	70.5
个人月收入	1. 4400元或以下	350	57.6	372	60.3	722	58.9
	2. 4401元或以上	258	42.4	245	39.7	503	41.1
垃圾分类收集	1. 是	285	46.9	290	47.0	575	46.9
	2. 否	323	53.1	327	53.0	650	53.1
群体一致意识	1. 是	255	41.9	231	37.4	486	39.7
	2. 否	353	58.1	386	62.6	739	60.3
面子意识	1. 是	219	36.0	207	33.5	426	34.8
	2. 否	389	64.0	410	66.5	799	65.2
垃圾问题感知	1. 低	249	40.9	230	37.0	479	38.9
	2. 高	360	59.1	392	63.0	752	61.1

从表6-12、表6-13可以看出，经济激励政策对不同人口统计特征个体的效应存在显著差异。对于性别，在0.05的显著性水平下，男女对政策效果感知、前端减量行为存在显著差异。均值分析显示，男性政策效果感知项得分的均值为3.44，女性政策效果感知项得分的均值为3.56。男性前端减量行为项得分的均值为3.84，女性前端减量行为项得分的均值为3.99。这表明，在经济激励政策刺激下，女性较男性更可能改变其购买行为，从而从源头削减垃圾产生量。这可能由于女性懂得“算计过日子”，而男性的“慷慨失算”导致其对于经济激励不甚敏感。

对于年龄，在0.05的显著性水平下，不同年龄受访者的个体主观态度、终端减量行为、非法倾倒行为存在显著差异（其中，终端减量行为的显著性水平为 0.056)。均值分析显示，34 周岁或以下受访者主观态度项得分的均值为 3.37，35 周岁或以上受访者主观态度项的得分均值为 3.18；34 周岁或以下受访者终端减量行为项得分的均值为 3.78，35 周岁或以上受访者终端减量行为项得分的均值为 3.67；34 周岁或以下受访者非法倾倒行为项得分的均值为 2.40，35 周岁或以上受访者主观态度项得分的均值为 2.21。可见，34 周岁或以下受访者对垃圾按量收费的主观态度更积极（更认可垃圾按量收费），在经济激励政策刺激下的终端减量行为也更多。35 周岁或以上受访者对垃圾按量收费的主观态度相对不太积极（即相对不太认可垃圾按量收费），在经济激励政策刺激下的终端减量行为也更少。这可能由于年龄越大的人越习惯于原来的生活方式，越喜欢“简单粗暴”的固定收费政策，也越不容易减少倒垃圾的量。[①] 另外，在经济激励政策刺激下，年轻人相对年长者的非法倾倒行为（包括不按类投放垃圾或偷偷倒垃圾）更显著，同时也更容易受其他人非法倾倒的影响而实行非法倾倒行为。这表明，年长者的道德意识、责任观念和自制能力更强，更不会偷偷倒垃圾，也不太容易受到其他人不合宜行为的影响。而年轻人的道德意识、责任意识和自制能力较弱，更可能产生非法倾倒行为，也更容易受其他人不合宜行为的影响而实行非法倾倒行为。

对于学历，在 0.05 的显著性水平下，不同学历受访者的政策效果感知、终端减量行为、非法倾倒行为存在显著差异。均值分析显示，高中、中专或以下受访者政策效果感知变量的均值为 3.65，大专、高职或以上受访者政策效果感知变量的均值为 3.43；高中、中专或以下受访者终端减量行为变量的均值为 3.86，大专、高职或以上受访者终端减量行为变量的均值为 3.70；高中、中专或以下受访者非法倾倒行为变量的均值为 2.21，大专、高职或以上受访者非法倾倒行为变量的均值为 2.41。可见，低学历者更认可垃圾按量收费能产生显著的垃圾减量效果，自身的减量行为更显著，非法倾倒行为也更少。一般人可能存在这样的偏见，低学历者不太会认可垃圾按量收费，垃圾按量收费实行对他们也不会产生显著的正面效果，更可能诱发负面效果。我们的研究打破了这一偏见。

对于个人月收入，在 0.1 的显著性水平下，垃圾按量收费政策对不同收入受访者的政策效果没有显著差异。一般认为，实行垃圾按量收费后，由于低收入者排放的垃圾量较高收入者少，从而需支付的费用也少，由此低收入者对垃圾

① 当然，这并不意味着实行垃圾按量收费后年长者倒垃圾的量一定会超过年轻者，因为很可能年长者倒垃圾量本来就比年轻人少。

按量收费的主观态度似乎应该更积极。但实际上，低收入者的负担能力相对高收入者弱，他们可能更担心垃圾按量收费会增加他们的实际负担，所以他们对垃圾按量收费的主观态度相对高收入者来说并没有显著变化。对于减量行为和非法倾倒行为，低收入者相对高收入者也没有显著差异。因此，担心低收入者更可能偷偷倒垃圾的想法其实是没有根据的。①

表 6-12　激励政策对不同人口变量个体的效应差异

反应变量	性别		年龄		学历		个人月收入	
	F 值	显著性水平	*F* 值	显著性水平	*F* 值	显著性水平	*F* 值	显著性水平
个体主观态度	2.849	0.092	6.320	0.012*	0.591	0.442	0.148	0.700
政策效果感知	4.401	0.036*	2.328	0.127	12.326	0.000***	0.804	0.370
政策风险感知	0.006	0.937	1.297	0.255	1.268	0.260	1.886	0.170
终端减量行为	0.476	0.490	3.660	0.056	8.813	0.003**	1.725	0.189
前端减量行为	6.752	0.009**	0.365	0.546	0.367	0.545	2.121	0.146
非法倾倒行为	2.217	0.137	8.944	0.003**	10.531	0.001***	0.928	0.336

小区是否实行垃圾分类收集这一情境变量是否对政策效应产生影响，我们也进行了分析。常理上一般认为，小区垃圾分类收集这一情境变量的影响有几类：一是由于小区实行过垃圾分类收集，消费者已经形成了垃圾分类收集习惯，对垃圾按量收费政策可能也会更支持、更接受；二是由于小区实行过垃圾分类收集，消费者已经能够准确对垃圾分类投放、分类收集，由此消费者的垃圾减量行为更普遍，分类和减量效果也更好；三是由于小区实行过垃圾分类收集，受访者的垃圾减量意识和道德意识也有所提高，由此非法倾倒行为更少，不会再偷偷倒垃圾。本研究的结果显示，在 0.05 的显著性水平下，小区是否实行垃圾分类收集这一情境变量对政策效应各维度均没有显著影响。本研究的结果并没有支持常理上的一般认识。据笔者分析，这可能有两方面原因：一是，根据我们的现场调查，很多小区实行的垃圾分类收集效果并不理想，实际上受访者并未有效地进行分类②，这导致小区实行垃圾分类收集与否对于受访者的态度和行为没有多少实质性影响；二是垃圾分类收集这一情境变量确实不影响垃圾按量收费政策，垃圾按量收费政策效应不取决于垃圾分类收集情境。

① 当然，由于本问卷测量的是个人月收入而非家庭人均月收入，因此，关于月收入对垃圾减量和非法倾倒行为的影响还需要进一步验证。

② 在我们的调查中，很多受访者表达了类似的观点："小区有张贴垃圾分类的告示，但居民大多没按照指示分类垃圾""小区已实行（垃圾分类收集），但绝大部分居民都没有遵守"。甚至于有些受访者对于本小区有没有实行垃圾分类收集都说不清楚（本来小区已经实行了垃圾分类收集，但由于分类效果不理想，其填写的是小区未实行垃圾分类收集）。

对于群体一致意识变量，一般认为，群体一致变量对受访者态度和行为的影响有：一是当周围消费者存在非法倾倒时，受访者受周围人影响（要与周围人保持一致）也可能偷偷倒垃圾、乱投放垃圾。反之，当周围消费者不存在非法倾倒时，受访者可能也不会偷偷倒垃圾、不会乱投放垃圾。二是当周围消费者实行前端减量行为时，受访者受周围人影响也会实行前端减量行为（重复利用产品、减少一次性产品使用）。反之亦有可能。三是当周围消费者实行终端减量行为时，受访者受周围人影响也会实行终端减量行为（如减少倒垃圾的量、将垃圾分类回收等）。当然反之亦有可能。本研究结果显示，在 0.05 的显著性水平下，不同组别受访者的政策风险感知、非法倾倒行为存在显著差异。均值分析显示，高群体一致受访者的政策风险感知变量均值为 3.63，低群体一致受访者的政策风险感知变量均值为 3.51。高群体一致受访者的非法倾倒行为变量均值为 2.59，低群体一致受访者的非法倾倒行为变量均值为 2.19。可见，对高群体一致个体来说，他们对垃圾按量收费政策的政策风险感知更显著，非法倾倒行为也更多（更容易受到他人不合宜行为的影响）。

对于面子意识变量，一般来说，面子意识的影响有三类：一是受访者因为面子不好意思偷偷倒垃圾、乱投放垃圾（被人看到会没有面子）；二是受访者因为面子不会实行终端减量行为，因为这样会没有面子；三是受访者因为面子不会实行前端减量行为，因为这样没有面子。本研究显示，在 0.05 的显著性水平下，不同面子意识受访者的非法倾倒行为存在显著差异。均值分析显示，高面子意识受访者非法倾倒行为变量的均值为 2.51，低面子意识受访者非法倾倒行为变量的均值为 2.26。可见，对高面子意识个体来说，其非法倾倒行为更显著。究竟这一结果是否符合现实，这有待进一步验证。

还有一个变量是个体对垃圾问题的感知或认识。结果显示，在 0.05 的显著性水平下，垃圾按量收费政策对不同感知个体的效果存在显著差异，且几乎在所有反应变量上均存在显著差异，如表 6-14 所示。简单地说，垃圾按量收费政策对高垃圾问题感知受访者的正面效应更显著，负面效应更少。

表 6-13 激励政策对不同情境特征个体的效应差异

反应变量	垃圾分类		群体一致		面子意识		垃圾问题感知	
	F 值	显著性水平	F 值	显著性水平	F 值	显著性水平	F 值	显著性水平
个体主观态度	1.215	0.271	0.326	0.568	0.786	0.375	62.660	0.000***
政策效果感知	0.056	0.813	0.691	0.406	0.415	0.520	39.363	0.000***
政策风险感知	0.910	0.340	4.809	0.029*	0.712	0.399	3.406	0.065

续表

反应变量	垃圾分类		群体一致		面子意识		垃圾问题感知	
	F 值	显著性水平	*F* 值	显著性水平	*F* 值	显著性水平	*F* 值	显著性水平
终端减量行为	0.386	0.535	0.548	0.459	0.789	0.375	51.518	0.000***
前端减量行为	0.662	0.416	0.642	0.423	0.904	0.342	65.013	0.000***
非法倾倒行为	0.350	0.554	46.742	0.000***	17.512	0.000***	13.152	0.000***

表 6-14　垃圾问题感知对政策效应的影响

反应变量	组别	样本量	均值	标准差	标准误	均值的 95% 置信区间	
						下限	上限
个体主观态度	低垃圾问题感知	479	3.00	1.08	0.05	2.90	3.10
	高垃圾问题感知	752	3.52	1.15	0.04	3.44	3.60
	合计	1231	3.32	1.15	0.03	3.25	3.38
政策效果感知	低垃圾问题感知	479	3.28	0.99	0.05	3.19	3.37
	高垃圾问题感知	752	3.64	0.99	0.04	3.57	3.71
	合计	1231	3.50	1.00	0.03	3.44	3.56
政策风险感知	低垃圾问题感知	479	3.49	0.89	0.04	3.41	3.57
	高垃圾问题感知	752	3.59	0.95	0.03	3.52	3.66
	合计	1231	3.55	0.93	0.03	3.50	3.61
终端减量行为	低垃圾问题感知	479	3.53	0.86	0.04	3.45	3.61
	高垃圾问题感知	752	3.89	0.86	0.03	3.83	3.95
	合计	1231	3.75	0.88	0.03	3.70	3.80
前端减量行为	低垃圾问题感知	479	3.65	0.95	0.04	3.57	3.74
	高垃圾问题感知	752	4.08	0.87	0.03	4.01	4.14
	合计	1231	3.91	0.93	0.03	3.86	3.96
非法倾倒行为	低垃圾问题感知	479	2.48	0.92	0.04	2.40	2.56
	高垃圾问题感知	752	2.27	1.04	0.04	2.19	2.34
	合计	1231	2.35	1.00	0.03	2.30	2.41

三、不同激励强度对态度和行为的效应差异

下面我们比较不同激励强度的经济激励政策是否存在效果差异。为了测量被试对不同收费标准的认知是否确实存在差异，我们先进行操控性检验。结果显示，低激励强度组在“该政策的收费标准”题项上的得分均值为 3.82，标准差为 0.680，高激励强度组在“该政策的收费标准”题项上的得分均值为 3.95，标准差为 0.729，方差分析的 *F* 值为 10.847，显著性水平为 0.001。可见，两组

被试对政策收费标准高低的认知存在显著差异（高激励强度组被试认为收费标准更高），本实验的操控有效。不同激励强度的分组描述如图 6-3 所示。可以大致看出，不同激励强度组在政策风险感知和终端减量行为上存在较明显的差异，在其他变量上的差异均不是很明显。

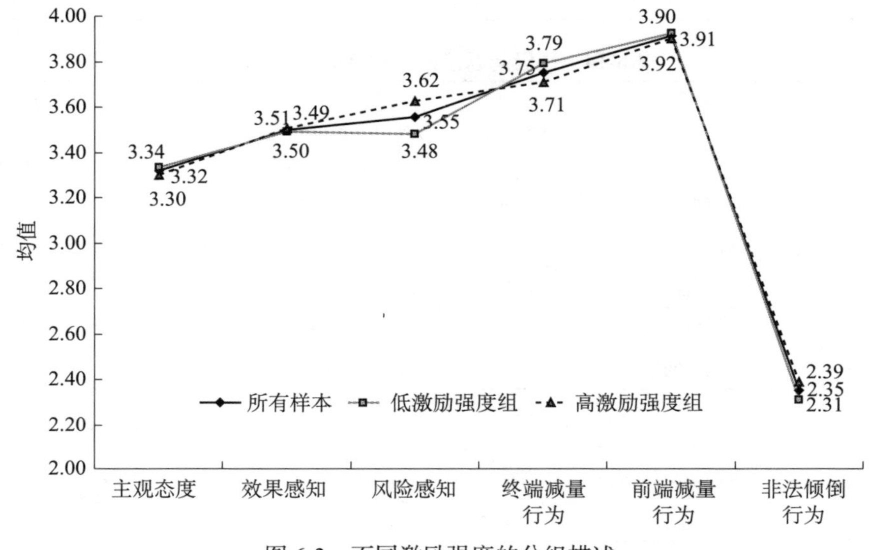

图 6-3　不同激励强度的分组描述

方差分析结果显示，在 0.05 的显著性水平下，高强度经济激励和低强度经济激励在个体主观态度、政策效果感知、终端减量行为、前端减量行为、非法倾倒行为变量上都没有显著差异。[①] 可见，垃圾按量收费政策的实际效应不会由于收费标准的高低而产生不同。唯一的例外是，高强度经济激励和低强度经济激励在政策风险感知变量上存在显著差异，如表 6-15 所示。这表明，高强度经济激励会导致被试对其他人的不合宜行为产生扩大的错误感知。但不同强度的经济激励政策对其自身的不合宜行为（不按类投放垃圾或偷偷倒垃圾）却没有显著差异。如何解释这一看似矛盾的现象？据推测，其原因可能在于：①一些受访者可能有爱面子心理，他们对自身的不合宜行为不愿诚实回答，因此他们自我报告其不会因为更高的收费标准而偷偷倒垃圾或不按类投放垃圾；②受访者对其周围人不合宜行为的感知或判断也可能有所扩大。一般来说，出于对负

① 放宽到 0.1 的显著性水平下，高强度经济激励和低强度经济激励在终端减量行为变量上存在显著差异。具体来说，低强度经济激励下被试的终端减量行为更显著，如表 6-15 所示。这一结论是否可靠还有待今后进一步验证。

面事件及其严重后果的担忧，人们对于某些负面事件的感知可能有所扩大。例如，当一个人读报时偶尔读到某地发生车祸事故的信息，那么其可能形成这样的印象：该地经常会发生车祸事故。但实际上该地也许只发生了少数几起车祸事故。一些类似的经验研究也证实了这一点。雷绍夫斯基和斯通（Reschovcky and Stone，1994）调查发现，尽管有 51% 的被调查者说按量收费实施后垃圾乱扔增加了，但实际上并未发现显著非法倾倒的证据。

表 6-15　不同激励强度的政策效果差异

变量类型	反应变量	分组	样本量	均值	标准差	*F* 值	显著性水平
态度变量	个体主观态度	低激励强度	609	3.34	1.12	0.257	0.612
		高激励强度	622	3.30	1.18		
		合计	1231	3.32	1.15		
	政策效果感知	低激励强度	609	3.49	1.01	0.045	0.831
		高激励强度	622	3.51	1.00		
		合计	1231	3.50	1.00		
	政策风险感知	低激励强度	609	3.48	0.93	7.439	0.006
		高激励强度	622	3.62	0.91		
		合计	1231	3.55	0.93		
行为变量	终端减量行为	低激励强度	609	3.79	0.86	2.714	0.100
		高激励强度	622	3.71	0.90		
		合计	1231	3.75	0.88		
	前端减量行为	低激励强度	609	3.92	0.91	0.164	0.685
		高激励强度	622	3.90	0.94		
		合计	1231	3.91	0.93		
	非法倾倒行为	低激励强度	609	2.31	1.00	1.844	0.175
		高激励强度	622	2.39	1.00		
		合计	1231	2.35	1.00		

四、个体情境特征变量的调节效应检验

下面我们基于一般线性模型，采用两因素方差分析模型（two-way ANOVA）分析各情境变量对经济激励政策效应的调节作用。结果显示，在 0.05 的显著性水平下，垃圾问题感知、年龄两变量对于经济激励政策效应存在显著的调节效应。在 0.1 的显著性水平下，面子意识、垃圾分类收集对于经济激励政策效应也

存在显著的调节效应。

在高垃圾问题感知组，不同强度经济激励对政策风险感知影响的差异不大；而在低垃圾问题感知组，不同强度经济激励对政策风险感知影响的差异很大，即高强度经济激励的政策风险感知更大，如表 6-16、表 6-17 所示。可见，一旦被试对垃圾问题有了深刻的认识，他们对政策风险的感知就不至于受经济激励强度的影响。与之相对，如果被试对垃圾问题的感知不深刻，那么他们倾向认为高激励强度会导致严重的垃圾非法倾倒风险。垃圾问题感知对经济激励政策效应的调节作用如图 6-4 所示。

表 6-16 垃圾问题感知、政策激励强度对风险感知影响的描述性结果

实验分组	垃圾问题感知	均值	标准差	样本量
低强度经济激励组	低垃圾问题感知	3.353	0.870	249
	高垃圾问题感知	3.569	0.965	360
	小计	3.481	0.933	609
高强度经济激励组	低垃圾问题感知	3.644	0.884	230
	高垃圾问题感知	3.614	0.931	392
	小计	3.625	0.913	622
总计	低垃圾问题感知	3.493	0.888	479
	高垃圾问题感知	3.592	0.947	752
	小计	3.554	0.925	1231

表 6-17 垃圾问题感知对政策激励强度－风险感知路径的调节效应检验结果

源	Ⅲ型平方和	自由度	均方	*F* 值	显著性水平
校正模型	13.334	3	4.445	5.246	0.001***
截距	14 684.358	1	14 684.358	17 330.933	0.000***
政策激励强度	8.154	1	8.154	9.624	0.002**
垃圾问题感知	2.529	1	2.529	2.984	0.084
政策激励强度 × 垃圾问题感知	4.419	1	4.419	5.216	0.023*

在 35 周岁或以上的被试组，不同强度经济激励对个体主观态度影响的差异很大，即低强度经济激励导致的个体主观态度更积极；而在 34 周岁或以下被试组，不同强度经济激励对个体主观态度影响的差异不大，如表 6-18、表 6-19 所示。可见，对于年长者来说，他们对高强度经济激励的主观态度更消极；但对于年轻人来说，他们对不同强度经济激励的个体主观态度没有差异。年龄对经济激励政策效应的调节作用如图 6-5 所示。

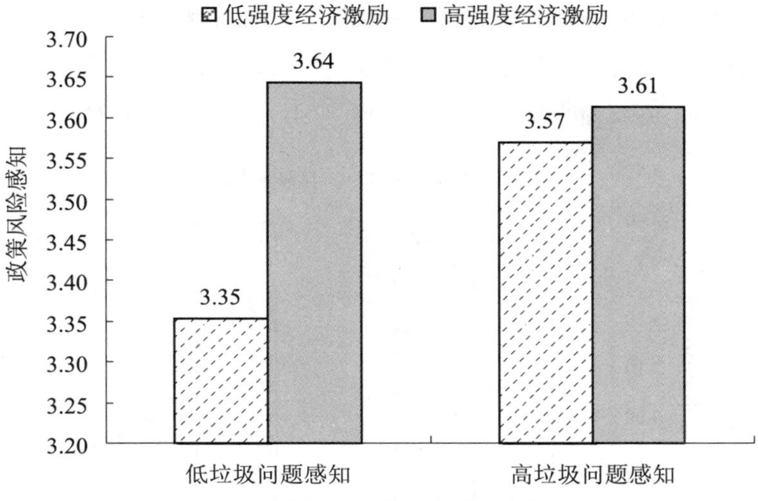

图 6-4　垃圾问题感知对经济激励政策效应的调节作用

表 6-18　年龄、政策类型对主观态度影响的描述性比较结果

实验分组	年龄	均值	标准差	样本量
低强度经济激励组	34 周岁或以下	3.349	1.066	435
	35 周岁或以上	3.301	1.259	174
	小计	3.336	1.124	609
高强度经济激励组	34 周岁或以下	3.389	1.138	479
	35 周岁或以上	3.033	1.261	140
	小计	3.309	1.175	619
总计	34 周岁或以下	3.370	1.104	914
	35 周岁或以上	3.182	1.265	314
	小计	3.322	1.150	1228

表 6-19　年龄对政策激励强度－主观态度路径的调节效应检验结果

源	Ⅲ型平方和	自由度	均方	*F* 值	显著性水平
校正模型	14.222	3	4.741	3.610	0.013*
截距	9891.521	1	9891.521	7532.196	0.000***
政策激励强度	3.005	1	3.005	2.288	0.131
年龄	9.463	1	9.463	7.206	0.007**
政策激励强度 × 年龄	5.456	1	5.456	4.154	0.042*

在相对不爱面子的被试组，不同强度经济激励对政策风险感知影响的差异

很大，即高激励强度导致的政策风险感知更大；而在相对爱面子的被试组，不同强度经济激励对政策风险感知影响的差异不大，如表 6-20、表 6-21 所示。面子对经济激励政策效应的调节作用如图 6-6 所示（显著性水平为 0.073）。

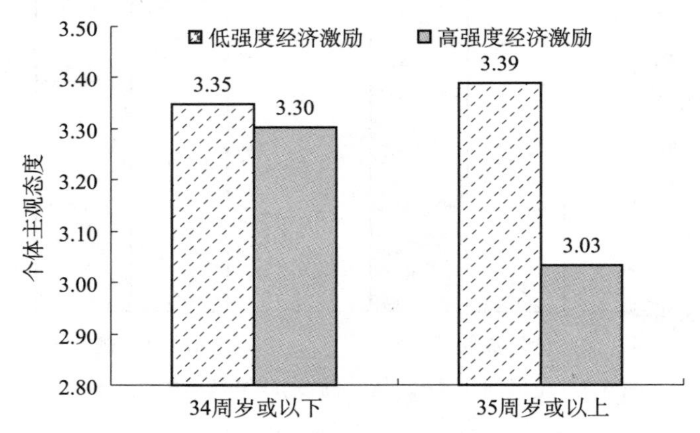

图 6-5　年龄对经济激励政策效应的调节作用

表 6-20　面子、政策激励强度对风险感知影响的描述性比较结果

实验分组	面子意识	均值	标准差	样本量
低强度经济激励组	爱面子组	3.518	0.941	219
	不爱面子组	3.463	0.929	389
	小计	3.483	0.933	608
高强度经济激励组	爱面子组	3.534	0.975	207
	不爱面子组	3.677	0.872	410
	小计	3.629	0.909	617
总计	爱面子组	3.526	0.956	426
	不爱面子组	3.573	0.906	799
	小计	3.556	0.924	1225

表 6-21　面子对政策激励强度－风险感知路径的调节效应检验结果

源	III 型平方和	自由度	均方	*F* 值	显著性水平
校正模型	9.784	3	3.261	3.850	0.009**
截距	13 979.639	1	13 979.639	16 502.611	0.000***
政策激励强度	3.661	1	3.661	4.322	0.038*
面子意识	0.531	1	0.531	0.627	0.429
政策激励强度 × 面子意识	2.736	1	2.736	3.230	0.073

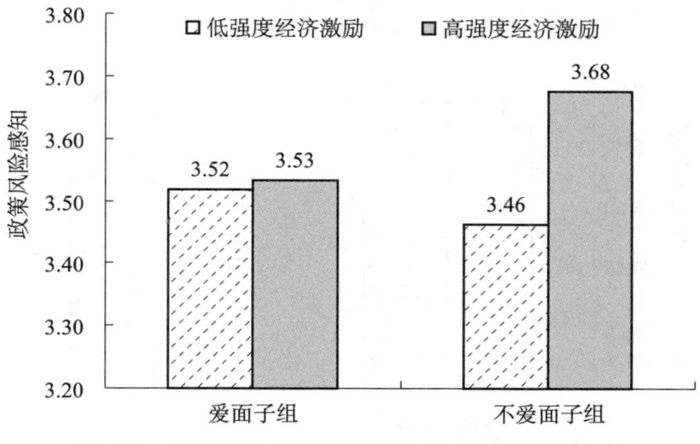

图 6-6　面子意识对经济激励政策效应的调节作用

在小区有垃圾分类收集的被试组，高强度经济激励导致的前端减量行为明显更多；而在小区没有垃圾分类收集的被试组，低强度经济激励导致的前端减量行为明显更多，如表 6-22、表 6-23 所示。小区垃圾分类收集情境对经济激励政策效应的调节作用如图 6-7 所示（显著性水平为 0.073）。

表 6-22　垃圾分类、政策激励强度对前端减量行为影响的描述性比较结果

实验分组	垃圾分类	均值	标准差	样本量
低强度经济激励组	小区有垃圾分类组	3.847	0.907	285
	小区无垃圾分类组	3.986	0.919	323
	小计	3.921	0.915	608
高强度经济激励组	小区有垃圾分类组	3.930	0.885	290
	小区无垃圾分类组	3.879	0.978	327
	小计	3.903	0.935	617
总计	小区有垃圾分类组	3.889	0.896	575
	小区无垃圾分类组	3.932	0.950	650
	小计	3.912	0.925	1225

表 6-23　垃圾分类对政策激励强度 - 前端减量行为路径的调节效应检验结果

源	Ⅲ型平方和	自由度	均方	*F* 值	显著性水平
校正模型	3.415	3	1.138	1.332	0.263
截距	18 658.827	1	18 658.827	21 826.797	0.000***
政策激励强度	0.043	1	0.043	0.050	0.822
垃圾分类情境	0.585	1	0.585	0.684	0.408
政策激励强度 × 垃圾分类情境	2.752	1	2.752	3.219	0.073

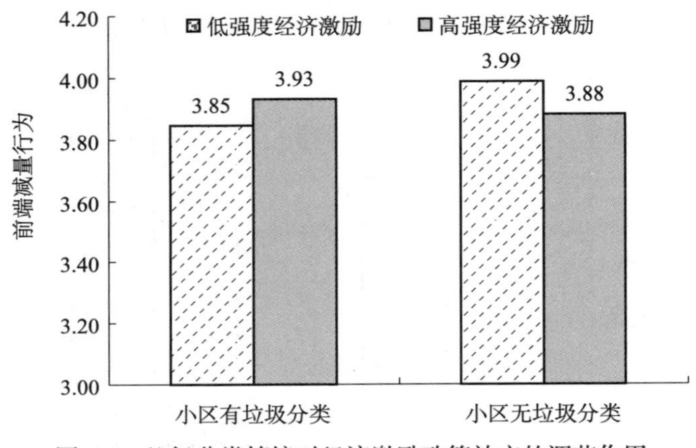

图 6-7　垃圾分类情境对经济激励政策效应的调节作用

五、个体态度变量的多重中介效应检验

本部分继续考察态度是否在经济激励强度 - 行为变量间存在中介效应。分析中介效应前，先采用相关分析初步考察行为变量和态度变量之间的依存关系。行为变量和态度变量的皮尔森相关系数矩阵如表 6-24 所示。可以看出，在 0.01 的显著性水平下，个体主观态度、政策效果感知、政策风险感知和终端减量行为、前端减量行为、非法倾倒行为各题项显著相关。从各态度变量与终端减量行为间的皮尔森相关系数看，政策效果感知最大（为 0.648），其次为个体主观态度，政策风险感知变量最小。具体来说，对垃圾按量收费的政策效果感知越明显、个体主观态度上越支持垃圾按量收费以及对垃圾按量收费的政策风险感知越少，那么个体的终端减量行为也越显著。政策效果感知、终端减量行为和前端减量行为呈显著正相关。与之相对，个体主观态度、政策效果感知、和非法倾倒行为呈显著负相关，政策风险感知和非法倾倒行为呈显著正相关。

表 6-24　态度变量和行为变量间相关系数矩阵

项目	个体主观态度	政策效果感知	政策风险感知	终端减量行为	前端减量行为	非法倾倒行为
均值	3.32	3.50	3.55	3.75	3.91	2.35
标准差	1.15	1.00	0.93	0.88	0.93	1.00
个体主观态度	1	—	—	—	—	—
政策效果感知	0.563**	1	—	—	—	—
政策风险感知	−0.172**	−0.097**	1	—	—	—

续表

项目	个体主观态度	政策效果感知	政策风险感知	终端减量行为	前端减量行为	非法倾倒行为
终端减量行为	0.546**	0.648**	−0.097**	1	—	—
前端减量行为	0.363**	0.435**	−0.004	0.558**	1	—
非法倾倒行为	−0.230**	−0.157**	0.315**	−0.247**	−0.172**	1

下面我们将经济激励强度这一分类变量转化为虚拟变量进行分析。分别以终端减量行为、前端减量行为、非法倾倒行为三个变量为因变量，经济激励强度这一变量为自变量进行回归分析（分析前，我们对各变量都进行了标准化处理），结果如表 6-25 所示。

表 6-25　经济激励政策对行为的影响

变量	模型一（因变量为终端减量行为）			模型二（因变量为前端减量行为）			模型三（因变量为非法倾倒行为）		
	标准化回归系数	*t* 值	显著性水平	标准化回归系数	*t* 值	显著性水平	标准化回归系数	*t* 值	显著性水平
常数项	—	0.000	1.000	—	0.000	1.000	—	0.000	1.000
经济激励强度	−0.047	−1.648	0.100	−0.012	−0.406	0.685	0.039	1.358	0.175
相关系数 *r*	—	0.047	—	—	0.012	—	—	0.039	—
判定系数 R^2	—	0.002	—	—	0.000	—	—	0.001	—
调整的 R^2	—	0.001	—	—	−0.001	—	—	0.001	—
F 值	—	2.714	—	—	0.164	—	—	1.844	—
显著性水平	—	0.100	—	—	0.685	—	—	0.175	—

可以看出，经济激励强度对行为的三维度均没有显著影响。由此可以认为，态度（包括个体主观态度、政策效果感知、政策风险感知三维度）在经济激励强度 - 行为变量间不存在中介效应。

第四节　研究结论和政策启示

一、主要研究结论

通过以上分析，我们对经济激励政策的影响效应（包括正面效应和负面效应、主效应、中介效应和调节效应、对态度的效应和对行为的效应）有了初步认识和了解，本章研究的假设检验结果汇总如表 6-26 所示。

表 6-26　本研究的主要假设和子假设检验结果

假设	子假设	检验结果
H1：不同激励强度对态度的影响存在显著差异，即与低强度经济激励相比，高强度经济激励更能正向影响个体态度	H1a：不同激励强度对个体主观态度的影响存在显著差异，即与低强度经济激励政策相比，高强度经济激励政策更能正向影响个体主观态度	拒绝
	H1b：不同激励强度对政策效果感知的影响存在显著差异，即与低强度经济激励政策相比，高强度经济激励政策更能正向影响政策效果感知	拒绝
	H1c：不同激励强度对政策风险感知的影响存在显著差异，即与低强度经济激励政策相比，高强度经济激励政策更能正向影响政策风险感知	接受
H2：不同激励强度对行为的影响存在显著差异，即与低强度经济激励相比，高强度经济激励更能正向影响个体行为	H2a：不同激励强度对终端减量行为的影响存在显著差异，即与低强度经济激励政策相比，高强度经济激励政策更能正向影响终端减量行为	拒绝
	H2b：不同激励强度对前端减量行为的影响存在显著差异，即与低强度经济激励政策相比，高强度经济激励政策更能正向影响前端减量行为	拒绝
	H2c：不同激励强度对非法倾倒行为的影响存在显著差异，即与低强度经济激励政策相比，高强度经济激励政策更能正向影响非法倾倒行为	拒绝
H3：态度在经济激励政策和行为间存在显著的中介作用	H3a：个体主观态度在经济激励政策和行为间存在显著的中介作用	拒绝
	H3b：政策效果感知在经济激励政策和行为间存在显著的中介作用	拒绝
	H3c：政策风险感知在经济激励政策和行为间存在显著的中介作用	拒绝
H4：个体情境特征对经济激励政策 - 反应变量路径有显著的调节作用	H4a：性别对经济激励政策 - 反应变量路径有显著的调节作用	拒绝
	H4b：年龄对经济激励政策 - 反应变量路径有显著的调节作用	接受
	H4c：学历对经济激励政策 - 反应变量路径有显著的调节作用	拒绝
	H4d：个人月收入对经济激励政策 - 反应变量路径有显著的调节作用	拒绝
	H4e：垃圾问题感知对经济激励政策 - 反应变量路径有显著的调节作用	接受
	H4f：垃圾分类收集对经济激励政策 - 反应变量路径有显著的调节作用	谨慎接受
	H4g：个体面子意识对经济激励政策 - 反应变量路径有显著的调节作用	谨慎接受
	H4h：群体一致意识对经济激励政策 - 反应变量路径有显著的调节作用	拒绝

本章研究的主要结论可以总结如下。

（1）经济激励政策对个体态度和行为的总体效应是积极的。调查结果显示，多数受访者对经济激励政策还是基本认可，也认为经济激励能够产生促进垃圾分类回收和垃圾减量的积极效果。与之相对应的是，多数受访者表示其自身不太会偷偷倒垃圾或者乱投放垃圾。换言之，垃圾按量收费政策的负面效应并没有想象中那么大。但同时，多数受访者担心政策实施后会产生负面效果（消费者不按类投放垃圾或者偷偷倒垃圾而不付钱）。从具体题项的分析结果看，有一些结论值得政策制定者和理论研究者关注：①一些受访者虽然认为垃圾按量收费很必要，但不一定喜欢该政策（他们把垃圾按量收费当成是对个体行为自由的约束，他们还是更喜欢固定收费政策）。②对于政策效果感知，一些受访者认为该政策会促进人们将可回收物、有害垃圾分类回收，但未必能促进人们削减厨余垃圾和其他垃圾的量。③对于政策风险感知，在受访者看来，该政策施行后，人们偷偷倒垃圾而不付钱的比例要远远高于人们不按类投放垃圾的比例。④对于终端减量行为，实行经济激励政策后，人们将可回收物、有害垃圾分类回收的比例会显著高于人们削减厨余垃圾和其他垃圾的比例。进一步说，有些受访者不会减少倒厨余垃圾和其他垃圾的量（因为他们认为自己生活固定下来，很难在这方面减量），但他们会增加可回收物、有害垃圾分类回收的比例。⑤对于前端减量行为，实施经济激励政策后，受访者最可能重复利用或循环使用产品，其次少使用一次性产品，最后少购买过度包装产品。⑥对非法倾倒行为，实施经济激励政策后多数受访者（超过六成）不会不按类投放垃圾或偷偷倒垃圾，只有约1/7的受访者承认会不按类投放垃圾或偷偷倒垃圾。但是，一旦受访者发现其他人不按类投放垃圾或偷偷倒垃圾，他们中一些人也会被刺激这样做（这部分受访者约占总数的1/5），以避免其他人“占小便宜”对自身产生的不公平。

（2）经济激励政策对不同情境特征个体的影响效应存在一定的差异。①相对男性来说，女性的政策效果感知、前端减量行为相对更积极。②34周岁或以下年轻人对垃圾按量收费的主观态度更积极（即更认可垃圾按量收费），在经济激励政策刺激下的终端减量行为也更多；35周岁或以上年长者对垃圾按量收费的主观态度相对不太积极，在经济激励政策刺激下的终端减量行为也更少。③低学历者更认可垃圾按量收费能产生显著的垃圾减量效果，自身的减量行为更显著，非法倾倒行为也更少。④高群体一致个体对垃圾按量收费的政策风险感知更显著，非法倾倒行为也更多。⑤高面子意识个体的非法倾倒行为更显著。⑥垃圾按量收费政策对不同垃圾问题感知个体的效果存在显著差异，且几乎在所有反应变量上均存在显著差异。即垃圾按量收费政策对高垃圾问题感知者的正面效果更好，负面效应更少。⑦垃圾按量收费政策对不同收入受访者的政策效果没有显著差异；小区是否实行垃圾分类收集这一情境变量对政策效应的各维度均没有显著影响。垃圾按量收费对不同受访者的效应差异描述如表6-27所示。

表 6-27　经济激励政策对不同情境特征个体的效应差异

序号	调查题项	差异描述
A	个体主观态度	年轻人、高垃圾问题感知的受访者对垃圾按量收费的主观态度更积极
B	政策效果感知	女性、低学历、高垃圾问题感知的受访者对垃圾按量收费的政策效果感知更好
R	政策风险感知	高群体一致受访者对政策风险的感知更大
C	终端减量行为	低学历、高垃圾问题感知受访者的终端减量行为更突出
D	前端减量行为	女性、高垃圾问题感知的受访者前端减量行为更突出
E	非法倾倒行为	年轻人、高学历、高群体一致、高面子意识和低垃圾问题感知的受访者更可能产生非法倾倒行为

（3）不同激励强度对个体态度和行为的效应差异不太显著。进一步地，高强度经济激励和低强度经济激励在个体主观态度、政策效果感知、终端减量行为、前端减量行为、非法倾倒行为变量上都没有显著差异。可见，垃圾按量收费的政策效应一般不会由于收费标准的高低而产生不同。唯一的例外是，高强度经济激励和低强度经济激励在政策风险感知变量上存在显著差异。这表明，高强度经济激励会导致被试对其他人的不合宜行为产生扩大的错误感知（但不同强度的经济激励政策对其自身的不合宜行为却没有显著差异）。

为什么不同强度经济激励对消费者态度和行为（除了政策风险感知项之外）没有显著差异？笔者认为，这可能有以下三个方面的原因：一是被试关注的焦点在于垃圾按量收费政策本身，而不是其收费标准高低。例如，很多人从整体上不赞成实行垃圾按量收费政策，而不仅是对收费标准太高有意见。二是本实验研究中的垃圾按量收费只是一种假设情境（并非实际收费）。被试填写的也不是其真实态度和行为，而是自我报告的态度和行为。实际上，很多被试对测试问卷的填写比较随意（我们在现场也发现了这一点，这也是问卷测试的一个主要缺陷）。可以预期，一旦被试面对真实的垃圾按量收费政策，那么不同的收费标准有可能会产生差异化的态度和行为。三是，本实验材料中，垃圾按量收费政策的收费标准差异看起来很小。虽然高强度经济激励相对低强度经济激励的收费标准提高了50%，但被试可能心理感觉上差异比较小。例如，0.6元的厨余垃圾收费标准相对0.4元仅仅提高了0.2元，1.2元的其他垃圾收费标准相对0.8元仅仅提高了0.4元，很多被试可能不屑一顾。这导致了不同收费标准的经济激励政策对被试态度和行为的影响差异并不显著。[①]

（4）垃圾问题感知、年龄两变量对于经济激励政策效果存在显著的调节效应（在0.05的显著性水平下）。①在高垃圾问题感知组，不同强度经济激励对政策风险感知影响的差异不大；而在低垃圾问题感知组，不同强度经济激励对政策风险感知影响的差异很大，即高强度经济激励导致的政策风险感知更大。②在35周岁或以上的被试组，不同强度经济激励对个体主观态度影响的差异很大，即低强度经济激励导致的个体主观态度更积极；而在34周岁或以下的被试组，不同强度经济激励对个体主观态度影响的差异不大。③放宽到0.1的显著性水平下，在相对不爱面子的被试组，不同强度经济激励对政策风险感知影响的差异很大，即高强度经济激励导致的政策风险感知更大；而在相对爱面子的被试组，不同强度经济激励对政策风险感知影响的差异不大。在小区有垃圾分类的被试组，高强度经济激励导致的垃圾减量行为明显更多；而在小区没有垃圾分类的被试组，低强度经济激励导致的垃圾减量行为明显更多。

此外，态度的多重中介效应显示，态度（包括个体主观态度、政策效果感知、政策风险感知三维度）在经济激励强度－行为变量间的中介效应没有得到验证。

二、重要政策启示

本章研究对中国垃圾按量收费政策的制定和实施提供了重要借鉴和启示。具体包括以下几方面。

（1）鉴于垃圾按量收费政策总体上能产生较好的正面效果，负面效果也不明显，垃圾按量收费可以在部分城市（或城区、社区）试行。特别是针对以年轻人、低学历者、高垃圾问题感知者为主的社区，因为垃圾按量收费政策对这些受众的政策效果更好，对这些社区实行垃圾按量收费政策可以产生更好的政策效果。当然，全面实施垃圾按量收费还需谨慎。这是因为，尽管大多数人表示他们自己不会非法倾倒垃圾，但消费者的态度与行为是否一致还有待进一步观察。实行垃圾按量收费是否能够在减少垃圾排放量的同时又不导致大范围的

---

① 可以预期，如果假设情境中采用更大的收费标准单位（例如，情境1中设定厨余垃圾每100袋收费40元，其他垃圾每100袋收费80元；情境2中设定厨余垃圾每100袋收费60元，其他垃圾每100袋收费120元。这两种情境与本研究的假设情境实际上是等价的），那么不同激励强度对居民态度和行为意愿的影响也许会产生显著的差异。

“非法倾倒”，这需要在实践中进一步检验。

（2）垃圾按量收费的经济激励强度不宜过大。本章研究显示，如果经济激励强度过大，这可能会使消费者对非法倾倒这一政策风险产生夸大化感知，从而进一步导致较大范围的非法倾倒现象。与之相对，低强度经济激励同样可以产生高强度经济激励的正面效应，且不会产生多少负面效应。从目前国内垃圾按量收费的试点实践看，其实际的收费标准也相对偏低。2013 年 12 月广州市在 6 个小区（集团单位）正式开展生活垃圾计量收费试点。[①] 居民家庭通过购买政府指定特制的、不同容积的专用垃圾袋实行垃圾按量收费。其中，厨余垃圾袋分大（7 升）、中（5 升）、小（3 升）三种规格进行计量收费，大袋每个 0.2 元、中袋每个 0.15 元、小袋每个 0.1 元，厨余垃圾以外的垃圾混入量不得超过 5%；有害垃圾单独排放、收集，不收费；其他垃圾袋分大（12 升）、中（7 升）、小（5 升）3 种，按照垃圾袋规格及价格进行计量收费，大袋每个 0.5 元、中袋每个 0.3 元、小袋每个 0.2 元。笔者认为，制定垃圾按量收费政策的收费标准可以借鉴广州的例子，经济激励强度不宜太大。

（3）实行垃圾按量收费前需要向消费者重点宣传垃圾问题的严峻形势。鉴于垃圾按量收费对高垃圾问题感知者的政策效果更好，使消费者认识到中国和当地所面临的垃圾污染和垃圾处理问题，这有助于减少垃圾按量收费政策的阻力，也有利于垃圾按量收费政策达到理想的效果。以杭州市为例，2014 年杭州市生活垃圾产生总量为 330.53 万吨，2006 ～ 2014 年杭州市区（包括萧山、余杭）生活垃圾年均增长率为 9.71%。2015 年 1 ～ 6 月，杭州市区生活垃圾清运处置量达 178 万吨，日均 9807 吨。与此同时，杭州自 2007 年起市区生活垃圾末端处理设施处理能力 8 年中零增长，但日均生活垃圾量绝对值却增加了 3886.84 吨，生活垃圾处理能力严重滞后。[②] 在杭州市区最大的垃圾填埋场——天子岭垃圾填埋场，2015 年 5 月 20 日的数据显示，当日共处理生活垃圾 4977.73 吨，比去年同期增长 0.61%，是设计处理能力 2671 吨 / 日的 1.86 倍，超过 4500 吨 / 日的填埋警戒红线。按现有速度，天子岭剩下的库容只够填埋 4 年。[③] 在这种情况下，杭州市各级政府机构（包括市、区县、街道等）需要向消费者告知本地垃圾处理和相应资源能源浪费的严峻形势，公布垃圾减量和垃圾回收

---

① 史小静 .2013-16-6. 广州启动垃圾计量收费 分按桶和按袋计费，试点期间暂不开罚 . 中国环境报，（第 5 版）.

② 何去非 .2015-8-27. 杭州垃圾前端减量同比仅下降 0.16%. 杭州日报，（第 A2 版）.

③ 顾春 .2015-6-5. 杭州垃圾处理新思路：晒垃圾指数 帮环境减负 . 人民日报，（第 13 版）.

的必要性和近期远期目标，而只有实施垃圾按量收费这一激励性政策才可能实现这一目标。[①]

（4）实行垃圾按量收费时，政策制定者应采取有效的教育、传播和沟通等政策营销（policy marketing）措施[②]，切实影响消费者对其他人行为的心理感知，避免消费者对其他人的行为形成扩大的错误感知。在我们看来，为了减少“非法倾倒”的可能倾向，一个关键控制措施是使消费者确信其周围的人不非法倾倒垃圾。这样才能形成每个人都确信其他人不会非法倾倒垃圾，从而每个人也都不会非法倾倒垃圾的“纳什均衡”。反之，如果某消费者认为其他人会非法倾倒垃圾（这种心理感知可能并不完全符合实际），那么他也有可能受到自身心理感知的影响而非法倾倒垃圾。

（5）政府在制定教育、传播和沟通等政策营销措施时，应有效地进行市场细分，选择特定的目标市场重点实施。这有助于实现以较低的政策成本获得较高的政策收益。例如，35 周岁或以上的年长者对垃圾按量收费的主观态度相对不太积极，低垃圾问题感知的受访者对垃圾按量收费的主观态度也相对不太积极，因此政府应着重对这部分消费者加强传播和沟通，切实影响其对垃圾按量收费的感知和态度；鉴于年轻人、高学历、高群体一致、高面子意识和低垃圾问题感知的受访者更可能产生非法倾倒行为，政府应重点针对这部分人加强宣传教育的力度，提高其道德意识、责任观念和自制能力，降低其非法倾倒的潜在可能性。

---

① 杭州市在这方面已经有很多有效的经验。例如，杭州市定期发布天子岭“垃圾指数”，9 项内容分别是垃圾处理指数、垃圾分类指数、环境指数、服务指数、垃圾文化指数、垃圾知识指数、清洁直运线路指数、参观指数、关注指数等，以提高大众的关注度，让更多人关注垃圾、促进垃圾源头减量、源头分类，同时也促使环境集团运营、管理数据公开透明，倒逼垃圾管理水平的提高——参见顾春 .2015-6-5. 杭州垃圾处理新思路：晒垃圾指数 帮环境减负 . 人民日报，(第 13 版)。

② 一般意义上的营销其实是“商业营销”，其对象是“企业的有形产品或无形服务”，营销的目的是“销售”商业产品或服务。这里的政策营销，其对象是“政府的公共政策”，营销的目的是“销售”公共政策。政策营销把公共政策看成一种特殊的产品，是营销概念扩大化后的产物。根据布尔玛（Buurma，2001），政策营销是公共部门利用营销的观念与活动使公共政策获得公众的接受和支持，是“顾客导向的政府”应用营销工具使其政策与居民需要相匹配。本研究中，政策营销是将营销理念运用到政策的实施过程中，以确保目标对象对政策正确理解和行为接受的过程。

第七章
推进消费碳减排的外部干预政策：基本构架和主要思路

本章在总结第三章理论分析和第四章、第五章、第六章实证检验的基础上提出推进消费碳减排的外部干预政策的基本构架和主要思路。[①] 第一节讨论推进消费碳减排的外部干预政策的基本构架，第二节讨论信息传播政策的主要思路，第三节论证经济激励政策的主要思路，第四节总结本书研究的不足之处，并对未来进一步研究领域进行展望。

第一节　外部干预政策的基本构架

一、消费碳减排的外部干预政策构架

为了对消费碳减排行为进行有效的引导和干预，我们需要首先刻画消费碳

① 需要说明的是，第四章、第五章、第六章分别从三个维度（购买环节、消费环节、回收环节）对特定的具体干预政策的影响效应进行深入的实验研究（我们不可能对所有干预政策的影响效应进行全面的实验研究），而第七章试图从整体上全面讨论推进消费碳减排的外部干预政策构架和思路（而不局限于第四章、第五章、第六章讨论过的具体干预政策）。

减排行为的特征。根据本书第一章的分析，消费碳减排行为可以分为购买购置行为、购买购置后行为两个维度。其中，购买购置后行为又可以细分为使用消费行为（使用削减、重复或循环使用、减量化使用等）、处理废弃行为（回收再利用、再循环等）两类。消费碳减排行为表现在消费者日常生活消费过程中的方方面面（表 7-1）。对个体来说，其实行消费碳减排行为可能会导致一些不利影响（不利的成本或损失）。[①] 概括来说，消费碳减排行为对个体的潜在不利影响包括以下四个方面：A. 损害个体经济利益，如购买新能源汽车、购买高效节能家电可能导致个体支付更高的经济成本；B. 违背物质主义或消费主义生活方式，如减少奢侈品、高档品消费可能与个体原有的物质主义或消费主义生活方式不相容；C. 与生活消费习惯冲突，如日常生活中尽量节约用水、节约用电会与个体原有的生活消费习惯冲突；D. 需要时间成本、精力成本，如回收废旧纸张、废旧饮料瓶等行为需要个体投入一定的时间精力成本，增加了个体生活中的“麻烦”。特定消费碳减排行为对个体的潜在不利影响如表 7-1 所示。

表 7-1　消费碳减排行为对个体的潜在影响

阶段	行为类型	对个体的潜在不利影响			
		A	B	C	D
购买购置过程	在条件允许的情况下，尽量购买新能源汽车或混合动力汽车。即便不得不购买传统汽车时，也尽量选择节油的汽车	√			
	尽量购买高效节能的家电产品（空调、冰箱等）和其他家庭用具（如燃气灶等）	√			
	尽量购买有低碳认证标志或其他环境标志（节油标志、节电标志、节气标志、节水标志等）的产品	√		√	
	尽量不购买过度包装、豪华包装的产品		√	√	
	只购买需要的产品，尽量减少不必要产品（如不必要的衣服、饰品等）的购买		√	√	
	在条件可能的情况下，尽量购买节能低碳住宅	√			
	尽量购买中小户型住宅，避免购买大户型住宅		√	√	
	装修尽量不追求豪华奢侈，实现简约装修		√	√	

① 当然，对社会来说，消费者实行消费碳减排行为能够带来积极的资源环境利益、经济利益和社会利益（如节约能源资源、削减碳排放、缓解气候变化），这一点毋庸置疑。

续表

阶段	行为类型	对个体的潜在不利影响			
		A	B	C	D
使用消费过程	尽量乘坐大众交通工具（公交）或骑车、步行出行，减少开车出行		√	√	√
	在公共和私人场所尽量节约用电。例如，离开房间时注意随手关灯，长时间不用电器时切掉电源等		√	√	√
	尽量节约使用天然气、瓶装液化气等能源		√	√	
	超市购物时尽量自己带购物袋，减少一次性塑料袋使用			√	√
	尽量避免使用一次性产品（如一次性水杯、一次性碗筷等）		√	√	√
	尽量节约使用纸张（如实行电子化办公或将纸张双面打印等）			√	√
	尽量重复利用水或一水多用		√	√	√
	夏天尽量以电扇代替空调（即少开空调、多用电扇）		√	√	
	夏天开空调时尽量把温度设定在26℃以上		√	√	
	生活中尽量避免奢侈浪费，追求简朴节约		√	√	
	尽量减少食物浪费		√	√	
处理废弃过程	尽量把空饮料瓶、酒瓶等容器积累起来回收（卖掉或送给别人回收）			√	√
	尽量把废旧报纸、纸张等积累起来回收（卖掉或送给别人回收）			√	√
	尽量将旧物送给别人或捐给灾区贫困者，实现再利用			√	√
	尽量把废旧玻璃等积累起来回收（卖掉或送给别人回收）			√	√
	尽量把废旧塑料等积累起来回收（卖掉或送给别人回收）			√	√
	尽量把废电池、废荧光灯管、水银温度计、废油漆、过期药品等有毒有害垃圾积累起来单独回收			√	√
	尽量把厨余垃圾收集起来单独循环回收或再利用			√	√

注：表中A表示“损害个体经济利益”，B代表“违背物质主义或消费主义生活方式”，C代表“与生活消费习惯冲突”，D表示“需要时间成本、精力成本”

可以看出，特定消费碳减排行为对个体的潜在不利影响不尽一致。例如，购买新能源汽车或混合动力汽车这类行为可能损害个体经济利益（A）；装修不追求豪华奢侈，实现简约装修这类行为可能违背物质主义或消费主义生活方式（B）；尽量节约用电、节约用水这类行为则可能与个体原有的生活消费习惯冲突（C），同时也需要个体投入时间成本、精力成本（D），但它并不会损害个体经济利益（A），一般也不违背个体原来的物质主义或消费主义生活方式（B）；将旧物送给别人或捐给灾区这类行为需要个体投入时间成本、精力成本（D）。大致来说，使用消费过程和处理废弃过程的消费碳减排行为往往与个体原有的生活消费习惯冲突（C），也需要个体投入时间成本、精力成本（D），但一般不会损害个体经济利益（A）。因此，行为的障碍相对较小。购买购置过程的消费碳减排行为则可能损害个体经济利益（A），同时还可能违背个体原来的物质主义或消费主义生活方式（B）。因此，行为的障碍相应也较大。

深入分析消费碳减排行为可以发现，有两个特征维度对于理解和区别不同类型的消费碳减排行为非常重要。这两个特征维度分别为行为频率和卷入程度。行为频率指行为是偶然性还是经常性发生。有些消费碳减排行为属于日常性、重复性、需长期持续的行为，行为频率非常高，乃至一天就发生数次甚至数十次，节约用电、节约用水等行为即属此类。还有些消费碳减排行为在个人生活中带有偶然性，行为频率非常低，如将旧物送给别人或捐给灾区等行为即属此类。卷入程度指个体被特定消费碳减排行为“吸引”进去的程度，它是特定消费碳减排行为与个体关系重要性的主观体验状态。对于高卷入度的消费碳减排行为来说，这些行为对个体利益的影响较大，个体行为决策需要遵循较复杂的信息收集、方案评估、方案选择等过程，如购买新能源汽车、购买节能住宅等行为即属此类。对低卷入度的消费碳减排行为来说，这些行为对个人利益的影响较小，往往属于简单决策行为、惯常性行为，如去超市自带购物袋等行为即属此类。根据行为频率和卷入程度的不同，可以将不同消费碳减排行为分为四个象限，如图 7-1 所示。

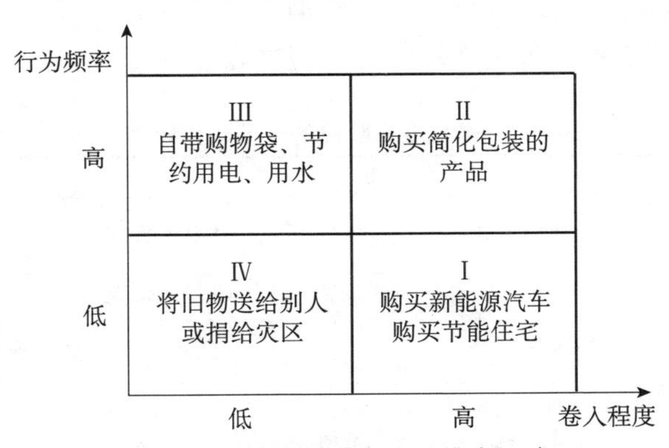

图 7-1　消费碳减排行为的维度矩阵

在第 I 象限，特定消费碳减排行为是低频率、高卷入度的行为，购买新能源汽车、购买节能住宅等消费碳减排行为即属此类。这类行为对个体利益影响很大，个体在决策时会进行复杂的选择评估。为了促进这类消费碳减排行为，往往需要通过经济激励机制改变个体的经济利益结构（如降低新能源汽车的购买成本和使用成本），或者通过信息传播影响个体的心理意识过程（如告知消费者新能源汽车的主要优点、利益）。

在第Ⅱ象限，特定消费碳减排行为是高频率、高卷入度的行为，购买简化包装产品等消费碳减排行为即属此类。这类行为不但对个体利益影响大，而且经常性发生，由此个体的行为决策还会受到习惯因素的左右。为了促进这类消费碳减排行为，除改变个体的经济利益结构、影响个体的心理意识过程以外，往往还需要长期的干预政策措施引导个体改变不良的生活消费习惯，树立良好的生活消费习惯。

在第Ⅲ象限，特定消费碳减排行为是高频率、低卷入度的行为，去超市自带购物袋、节约用电、节约用水等消费碳减排行为即属此类。为了促进这类消费碳减排行为，一方面需要通过长期的干预政策措施引导个体改变不良的生活消费习惯，树立良好的生活消费习惯；另一方面还需要使特定消费碳减排行为的实施尽可能地简单、便利、可行。

在第Ⅳ象限，特定消费碳减排行为是低频率、低卷入度的行为，将旧物送给别人或捐给灾区等消费碳减排行为即属此类。为了促进这类消费碳减排行为，最重要的是创造便利、可行的条件或途径，便于特定消费碳减排行为的实施。

当然，上述消费碳减排行为和外部干预政策的维度矩阵是一种简化分析，现实中的消费碳减排行为和外部干预政策要复杂得多。本书根据消费过程的三阶段（购买购置、使用消费和处理废弃阶段），同时根据外部干预政策的分类维度（信息传播政策和经济激励政策），将消费碳减排的外部干预政策构架总结为“两维度三阶段的干预政策矩阵构架”，如表 7-2 所示。

表 7-2　两维度三阶段的干预政策矩阵构架

<table>
<tr><th rowspan="2">项目</th><th colspan="4">信息传播政策</th><th colspan="2">经济激励政策</th></tr>
<tr><th>目标设置</th><th>诱导承诺</th><th>提供信息</th><th>结果反馈</th><th>正激励（奖励）</th><th>负激励（惩罚）</th></tr>
<tr><td rowspan="2">购买购置阶段</td><td>设定低碳产品的购买目标</td><td>公开或私下承诺购买低碳产品</td><td>提供低碳产品的信息标识</td><td>对购买特定低碳产品的碳足迹或碳排放进行反馈</td><td rowspan="2">对低碳产品的购买进行补贴</td><td rowspan="2">对特定高碳产品征税（征收环境税或污染产品税）
实行押金返还制度</td></tr>
<tr><td>设定高碳产品的抵制购买目标</td><td>公开或私下承诺抵制购买高碳产品</td><td>提供高碳产品的信息标识</td><td>对购买特定高碳产品的碳足迹或碳排放进行反馈</td></tr>
<tr><td rowspan="2">使用消费阶段</td><td>设定低碳产品使用或低碳消费的目标</td><td>公开或私下承诺使用低碳产品或低碳消费</td><td>提供低碳消费的信息标识</td><td>对特定低碳产品消费的碳足迹或碳排放进行反馈</td><td rowspan="2">降低低碳消费行为的经济成本</td><td rowspan="2">增加高碳消费行为的经济成本
实行押金返还制度</td></tr>
<tr><td>设定抵制高碳产品使用或高碳消费的目标</td><td>公开或私下承诺抵制使用高碳产品或高碳消费</td><td>提供高碳消费的信息标识</td><td>对特定高碳产品消费的碳足迹或碳排放进行反馈</td></tr>
</table>

续表

项目	信息传播政策				经济激励政策	
	目标设置	诱导承诺	提供信息	结果反馈	正激励（奖励）	负激励（惩罚）
处理废弃阶段	设定回收废旧产品的目标	公开或私下承诺回收处理废旧产品	提供特定回收行为的碳减排信息标识	对特定废旧产品回收的碳足迹或碳排放进行反馈	对废旧产品的回收、处理进行补贴；对特定废旧产品或包装实施押金返还制度	对生活垃圾实行计量收费对大件垃圾实行计件收费
	设定对不回收废旧产品行为进行抵制的目标	公开或私下承诺对不回收处理废旧产品行为进行抵制	提供未实行特定回收行为的碳排放信息标识	对特定废旧产品未回收的碳足迹或碳排放进行反馈		

其中，信息传播政策包括目标设置、诱导承诺、提供信息、结果反馈四类，经济激励政策包括正激励（奖励）和负激励（惩罚）两类。在信息传播政策和经济激励政策中，每一类干预政策下又存在若干具体的策略工具，行为变革的部分干预策略总结如表 7-3 所示。

表 7-3　行为变革的干预策略总结

编号	名称	说明
1	对策略因素的识别（identification of strategic factors）	在设置一项干预策略前，必须识别出最重要、最具有战略性的要素和需要变革的行为
2	对目标公众的识别（identification of target community）	如一个社区或者一个具体的能源使用者子团体
3	信息（information）	提供信息
4	承诺（commitment）	寻求并获得口头或书面的契约，承诺实行一个具体的环保习惯
5	材料或设备的提供（provision of materials or equipment）	提供材料或设备以更易于达到目标结果，如隔热材料
6	经济激励（financial incentives）	如对安装太阳能热水器给予补贴
7	家庭访问（home visits）	项目的工作人员家庭访问，以使其成为会员、提供信息或者寻求承诺
8	规范诉求（norm appeals）	目标行为得到高度的认同，或者成为社区的规范
9	反馈（feedback）	项目参与者个体或团体在达到项目目标的过程中，周期性地将其执行情况告知个体或团体
10	生动且个性化的演示（vivid personalized presentation）	对目标行为进行描述性说明时结合各个项目参与者的具体情况
11	克服具体的障碍（overcoming specific barriers）	选择并采用一种策略克服实现目标结果的障碍
12	大众媒体（mass media）	使用各种大众媒体促进一种目标行为或者以此达到一个设定的结果

续表

编号	名称	说明
13	个人接触（personal contact）	社区参与者和组织运动的工作人员参加一对一的接触，接触方式可以是见面或者电话
14	提示（prompts）	行为目标和视觉提示相关，这种提示用于促进这种行为
15	街区领导（block leaders）	地方社区领导经常性地促进目标行为

资料来源：www.toolsofchange.com，转引自 Rolls（2001）

为了有效地促进消费碳减排，必须针对特定的微观主体、特定的行为情境设计针对性、独特性、具体化、精细化的外部干预政策。从长期看，有效的外部干预政策不仅必然影响消费者的购买购置、使用消费和处理废弃决策，而且还必然影响企业的原材料选用（如增加再生材料的使用）、产品设计（如提高循环利用能力）和包装生产（如降低过度包装）等决策。且为了有效地实现消费碳减排，不同的外部干预政策往往必须整合配套。这是因为，任何一种外部干预政策的有效性都是相对的，都需要其他相关政策的支持、配合，也都必须和现有的文化背景、法律制度、经济水平、社会习俗等相适配。进一步说，不同的外部干预政策往往必须整合配套，这样才能更有效地实现消费碳减排。整合使用多种外部干预政策，形成一体化的外部干预政策体系必将成为消费碳减排干预政策的趋势。

二、消费碳减排的正式和非正式制度

制定外部干预政策还需要明确消费碳减排的制度设计问题。笔者认为，消费碳减排的制度设计包括正式制度和非正式制度两大类。正式制度是政府部门或其他相关机构明确制定的用于约束个体消费行为的一系列规则、制度、政策、规章、契约等，本书主要分为命令控制制度和经济激励制度两类。非正式制度则是规范、约束或限制个体消费行为的约定俗成的行为准则，是个体长期生活交往过程中逐渐形成，并得到社会普遍认可的非正式约束或非正式规则。非正式制度一般包括价值信念、风俗习惯、文化传统、道德伦理、意识形态等。本书将消费碳减排的非正式制度归纳为意识提升制度、信念培育制度、伦理约束制度、观念引导制度四类。

1.命令控制制度

命令控制制度，也称命令控制手段、行政手段、强制性制度等。它通过行政命令和法律法规等方式来规范微观消费者的行为。笔者认为，消费碳减排干预的命令控制制度包括如下要素：①明确界定消费者在消费过程中对生态环境和资源能源问题（特别是削减消费碳排放以应对气候变化）的“责任”。②定出消费者在消费过程中“选择空间”的边界，即规定消费者在消费过程中可以做什么（指令性约束），不可以做什么（禁令性约束）。③明确消费碳减排行为的“度量衡”规则，如有效地确定哪些行为属于低碳消费行为，哪些行为属于高碳消费行为；或者哪些消费者实行了低碳消费行为，哪些消费者实行了高碳消费行为。④硬化对违反上述制度的“惩罚”措施，即对上述规则的违反要付出的代价。关于命令控制制度或行政法规政策，发达国家的相关研究文献涉及不多。这可能由于发达国家理论界更崇尚市场机制、经济激励、信息传播等柔性干预手段的作用，不太强调行政命令、法律法规等刚性干预手段的作用。从目前中国的实际看，中国对于消费碳减排行为约束方面的法规条款还远不完善，甚至可以说消费者实际承担的消费碳减排义务很少。因此，需要明确、细化消费碳减排行为的相关立法内容，以有效地促进消费者在购买、使用、处理过程中实现消费碳减排。因此，健全相关的命令控制制度或行政法规政策不但有必要性，也有紧迫性。

2.经济激励制度

经济激励制度（incentive mechanism），也称为“基于市场”的政策（market-based policy）、价格型工具等。一定强度的经济激励对于促进家庭能源资源节约和消费碳减排是必要的。根据我们的深度访谈，以下一些政策关键词反复被受访者强调：“罚款”“奖励”“补贴”“激励”“增加费用”“提高价格”“刺激政策”，等等（王建明，2013）。可见，经济激励对于促进消费碳减排行为是非常必要的。但经济激励也存在局限性，它并非万能的，不是无条件地有效。一些学者研究发现，外部经济激励对于能源节约和消费碳减排只有短期的效应（Abrahamse et al.，2005）。一旦没有经济激励，那么家庭的消费碳减排努力也会消失。菲利普·津巴多和迈克尔·利佩（2007）亦认为，报酬并不能使亲环境行为内化成一个可以指引行为的强有力态度。如果为了报酬去做亲环境行为，那么人们就倾向于认为是报酬（外在因素）而非自己的态度（内在因素）引发了行为。一旦报酬停止，那么也不会再有相应的行为。可见，经济激励亦存在一定的局限，其对个体行为的影响还需要进一步评估。

在我们看来，经济激励是促进消费碳减排行为的必要条件，但不是充分条件。其原因主要有三个方面：一者，特定个体除了是一个经济人外，还是一个社会人和自我实现人（这也是本书的基本假设前提）。进一步说，微观个体的行为并不具有完全的经济弹性，而是受到习惯、惯性、心理、情绪、爱好等非经济因素（社会、心理、文化等因素）的影响。二者，对于个体来说，有时特定经济激励政策导致的经济利益变动对其效用函数的净影响并不大，还需要其他政策的配套才能更有效地促进其实行消费碳减排行为。三者，如果纯粹依赖经济激励政策，那可能会导致人们纯粹为了报酬（外部因素）去实行消费碳减排行为。一旦报酬停止，便不会再有相应的消费碳减排行为（因为消费者对消费碳减排的内在意识未能有效确立）。进一步说，个体的内部动机可能在一定程度上被外部动机所替代，导致“德西效应”（westerners effect）发生。[①]

现实中经济激励制度的具体形式非常丰富，包括[②]：①对购买特定高碳产品（如过度包装产品、不可降解包装产品或奢侈产品）建立征税制度，降低高碳产品的购买和消费，削减购买环节的消费碳排放；②对购买特定低碳产品（如达到特定节能环保标准特别是碳排放标准的产品）建立补贴制度，促进低碳产品的购买和消费；③通过非线性定价制度（如阶梯式定价、高峰负荷定价、峰谷定价、季节定价等），提高高碳消费、不可持续消费或过度消费的经济成本，降低产品消费过程中的碳排放；④对特定生活垃圾（废旧产品或废旧包装）的处理、回收建立补贴制度，以节约资源能源，同时降低产品回收处理过程中的碳排放；⑤对生活垃圾或其他废旧产品或大件垃圾处理实行垃圾按量收费，一方面这可以削减垃圾产生量，促进垃圾回收，另一方面这也有助于促进产品购买的源头削减；⑥对一些污染严重的产品或者回收价值大的废旧产品或包装容器实施押金返还制度，这同样可以节约资源能源，并降低产品回收处理过程中的碳排放。[③] 笔者认为，这些经济激励政策在当前已经非常重要、非常紧迫。不同经济激励政策的重要性、紧迫性总结如表 7-4 所示。[④]

---

① “德西效应”也称过度理由效应（over justification effect），它是指在某些情况下，当外在报酬（主要是奖励）和内在报酬兼得的时候，不但不会使个体的动机力量增强、积极性更高，反而会使其效果降低，变成是二者之差，由此外在报酬反而会抵消内在报酬的作用（戴维·迈尔斯，2006）。

② 这里的经济激励政策都是针对消费者（而不是生产者）的干预政策。一方面，本书主要讨论针对消费者（公众）的干预政策，不考虑针对生产者（企业）的干预政策（前文也提到这一点）；另一方面，消费碳排放的最终责任者是消费者（而不是生产者），针对消费者制定干预政策更合理、更公平，还可以有效避免区域间消费碳排放的责任转嫁问题（本书第二章详细分析了区域间消费碳排放的不平等和转嫁问题）。

③ 关于这些经济激励政策，本章第三节将详细论述，这里不再赘述。

④ 这里对于不同经济激励政策的重要性、紧迫性总结为课题组几位成员讨论的结果，尚未经过大样本检验（本章后面几个政策也是如此）。今后可以采用大样本调查或德尔菲法等更规范的方法分析各种政策的重要性、紧迫性。

表 7-4 推进消费碳减排的经济激励政策汇总

所处阶段	激励方向	经济激励政策内容	重要性	紧迫性
购买购置环节	负向激励	对购买特定高碳产品征收环境税或污染产品税，降低高碳产品的购买和消费	★★★★	★★★★
	正向激励	对购买特定低碳产品进行补贴，降低购买低碳产品的相对成本	★★★	★★★
使用消费环节	负向激励	通过非线性定价制度（如阶梯式定价、高峰负荷定价、峰谷定价、季节定价等），提高高碳消费、不可持续消费或过度消费的经济成本	★★★★★	★★★★★
处理废弃环节	负向激励	对生活垃圾或其他废旧产品或大件垃圾处理实行垃圾按量收费	★★	★★★
	正向激励	对特定生活垃圾（废旧产品或废旧包装）实施押金返还制度，降低废旧产品或包装的回收成本	★★★★	★★★★
	正向激励	对特定废旧产品的回收、处理进行补贴，降低废旧产品或包装材料的回收处理成本	★★	★★★

注：★数量越多表示相对越重要或越紧迫，★数量越少表示相对越不重要或越不紧迫，下同

需要指出的是，消费碳减排的经济激励政策可能会（短期）损害地方经济发展，各地方政府的实施积极性必然相对偏低。因此，中央政府应出台法规政策，明确要求各级部门或相关机构制定消费碳减排的经济激励政策。例如，明确水电气价格的阶梯式定价制度，建立低碳产品的价格补贴制度，完善废旧产品循环回收的补贴制度，对高碳产品确立碳税、污染产品税或其他环境税制度，等等。

3.意识提升制度

意识主要指感知、知识层面。提高消费者对消费碳减排的意识对于促进其实行消费碳减排行为具有基础性作用。建立消费碳减排的意识提升制度可以从两方面入手：①增加消费者对气候变化和可持续发展问题的认知和认识。首先，提高消费者对气候变化问题的敏感性。通过传播气候变化形势持续恶化、对社会危害急剧上升等严峻形势，告知消费者气候变化问题的存在及其严重危害。其次，提示气候变化问题与个体密切相关。尤其是使消费者认识到每个人都正在受到气候变化问题的实质性影响（没有人可以例外）。最后，时刻提醒消费者气候变化问题的存在。在生活的各个方面、各个领域对消费者时时提醒，防止消费者忘却问题或逃避问题。②普及消费者对消费碳减排的基本知识和行为指南。首先，要运用各种载体（电视、报纸、广播、网络、手机、户外媒体等），采取多种形式（如主题展览、参观考察、社区咨询、知识竞赛、有奖问答、课堂教育等）向消费者进行多方面的低碳基本知识传播。其次，普及消费碳减排知识应以微观、具

体、针对性的知识（尤其是消费过程中如何行动的知识和技能）为重点。例如，向消费者传播关于特定产品的碳排放量、低碳认证标志、可循环回收垃圾、环境友好型产品等方面的具体知识。特别对那些受教育程度较低的消费者，向他们普及消费碳减排方面的具体知识更有必要性、紧迫性。最后，对消费者进行消费碳减排知识的传播教育应该是一个动态持续、反复进行的过程（而不是一劳永逸的）。事实上，不断对消费者进行消费碳减排知识教育，这既有信息告知的作用，也有说服影响的作用，更有实时提醒和消费引导的作用。它有助于强化消费者的消费碳减排意识，时时提醒消费者在消费过程（包括购买和使用、处理）中注意产品消费的节约与环保问题，把消费碳减排行为变成“下意识”或“习惯”。

4.信念培育制度

信念是指消费者相信其消费碳减排行为能产生理想的效果。培育消费者对消费碳减排行为的信念关键在于提高其对个体行为效果的感知，这对于促进其长期持续实行消费碳减排行为具有非常重要的作用。培育消费者对消费碳减排行为的信念可以从以下三方面入手：①政策制定者应尽量避免助长消费者对气候变化问题无能为力的态度。在绿色信息传播中，一种通常的逻辑模式是采用恐怖诉求。例如，强调气候变化灾难即将来临、能源资源迅速耗竭、环境问题持续恶化等，以期通过这类恐怖诉求打动消费者，促使消费者迅速实行消费碳减排行为。事实上，如果这类恐怖诉求仅仅增加了消费者无能为力的感觉，而没能促进消费者产生立即行动以解决问题的信念，就不可能产生显著效果（Wiener and Doescher，1995）。它甚至还会产生意料之外的负面效果。因为它可能导致消费者对气候变化问题产生听天由命的看法和态度。因此，这类极端的恐怖诉求应合理、有限度地使用。②政策制定者应该向消费者传播这样的认知和信念：政策制定者会通过有效的制度安排确保绝大多数消费者行动起来实行消费碳减排行为。因此，削减碳排放、应对气候变化的社会目标必然会实现。③政策制定者应侧重于强调个体消费行为转变会促进社会环境目标的迅速实现（行为效果距离个体并不遥远）。政策制定者应使消费者认识到其消费行为与社会环境目标之间存在切实联系（如合理、节制的消费行为有助于缓解气候变化问题），且个体行为的效果并不遥远。显然，只有当消费者确信其个体行为与社会环境目标存在相关性且行为效果具有及时性时，消费者调整自身消费行为的可能性才会增大，才更可能转向消费碳减排行为。

5.伦理约束制度

消费碳减排的伦理约束制度是使消费者增强内在的责任意识和伦理观念，并使之成为一种道德规范，从而对其消费行为形成自我约束。目前，消费者对消费碳减排的责任意识、道德规范和伦理观念非常低下，具体表现在：一些消费者对削减消费碳排放、应对气候变化存在严重的“无责任”心理；很多消费者对削减碳排放、应对气候变化存在严重的“政府责任”（依赖政府）或“他人责任”（归咎他人、依赖他人）心理；相当多消费者对削减碳排放、应对气候变化存在严重的拖延责任、遗忘责任甚至逃避责任心理等（王建明，2012）。建立伦理约束制度要：①转变消费者的“无责任”心理，强调人类有责任削减碳排放、应对气候变化（提高消费者对其承担责任的敏感性）。[①] ②使消费者明确削减碳排放、应对气候变化并非仅仅是政府的责任、企业的责任或他人的责任，每个个体对削减碳排放、应对气候变化都有义不容辞的责任和义务。特别是要让消费者明确认识到，削减碳排放、应对气候变化是个体“应尽的责任和义务”，而不是个体对社会“额外的施舍和贡献”。③时刻提醒消费者承担削减消费碳排放的责任，且现在就要行动起来承担责任。这就要求对消费者进行长期的提示式教育和提醒式传播。通过转变消费者的“无责任”“政府责任”“他人责任”“责任逃避”等心理，使消费者（特别是年轻消费者）意识到自己对消费碳减排的责任，增强其社会责任感和伦理道德观。可以借助单位、学校、企业、街道、社区及各类环保组织，开展丰富多彩的实践体验活动，如环保主题教育、绿色摄影展览、低碳知识竞赛、环保参观访问、实地体验宣传等。通过各种渗透式、体验式、参与式的消费碳减排教育，对消费者建立消费碳减排的伦理约束制度。

6.观念引导制度

这里的观念是消费价值观，具体指消费者是偏向于“物质主义”（materialization），还是偏向于“减物质主义”（dematerialization）或“非物质主义”（immaterialization）的消费观念。目前，社会上充斥着物质主义的社会风气和消费观念。物质主义观念信奉唯物质化，追求奢侈、享受、过度、贪婪的物质占有和物质消费，它本质上反映了消费者纯粹以个人为中心和人控制自然、统治自然的消费价值观。持物质主义消费观念的人在追求物质主义生活（特别是物质的数量而非生活的质量）的过程中往往忽视了消费碳减排行为。与物质

---

① 一些消费者或许宁愿相信“低碳阴谋论”，认为低碳只是欧美发达国家借环保之名扼制发展中国家的一种手段。因此他们倾向认为人类没有责任削减碳排放、应对气候变化。

主义消费观念相对，减物质主义或非物质主义消费观念崇尚物质需求减量化、合理化的生活方式，注重通过非物质化的消费方式降低资源环境负担，它本质上反映了消费者能遵循“天人合一”、人与自然和谐相处的消费价值观。政策制定者应变革消费者以个人为中心的物质主义消费价值观，逐步转变为人与自然和谐、全面、协调、可持续发展的消费价值观，促使消费者从纯粹追求物质的数量升华为主要追求生活的质量，从对物质的追求转移到对非物质（如资源可持续利用问题、生活环境质量问题）的关注，最终在全社会形成以适度、节约、循环、保护为核心的减物质主义或非物质主义消费观念。①

为了建立消费碳减排的观念引导制度，政策制定者应重视形而上的“道”层面的政策顶层设计，通过汲取道家文化价值观的精华，包括清静平淡、简单朴实和顺其自然等，重视道家文化价值观对消费观念的构建。根据本书的实验研究结果，高道家价值观消费者不但更倾向于实行消费碳减排行为，而且绿色信息传播对高道家价值观消费者的传播效果也更好。因此，重视道家文化价值观对消费观念的构建实际上具有双重价值。从形而下的“术”层面来说，政策制定者要对电视、网络等各类媒体加强干预和引导，适度限制奢华、浪费、物欲、高碳生活方式的过度传播。目前消费者接触的电视、网络等媒体到处充斥着奢华、浪费、物欲、高碳的信息，导致消费者在从众心理（conformity）驱使下都跟着效仿。因此，政策制定者对各类媒体的信息传播（包括影视节目、专题节目、商业广告、娱乐节目等各类信息传播）应进行一定的管制，加大文明、节约、绿色、低碳消费方式的传播力度，对奢华时尚、比美潮流等过于宣扬物质主义观念的信息传播则进行适度的限制。②政策制定者还可以着重引导和变革

---

① 事实上，倡导合理、适度消费一直是党和国家的基本要求。远的不说，2015 年 10 月《中共中央关于制定国民经济和社会发展第十三个五年规划的建议》强调指出，“倡导合理消费，力戒奢侈浪费，制止奢靡之风。在生产、流通、仓储、消费各环节落实全面节约。管住公款消费，深入开展反过度包装、反食品浪费、反过度消费行动，推动形成勤俭节约的社会风尚”。2015 年 11 月 16 日，环境保护部发布《关于加快推动生活方式绿色化的实施意见》（环发〔2015〕135 号），明确了生活方式绿色化的主要目标。即“到 2020 年，生态文明价值理念在全社会得到推行，全民生活方式绿色化的理念明显加强，生活方式绿色化的政策法规体系初步建立，公众践行绿色生活的内在动力不断增强，社会绿色产品服务快捷便利，公众绿色生活方式的习惯基本养成，最终全社会实现生活方式和消费模式向勤俭节约、绿色低碳、文明健康的方向转变，形成人人、事事、时时崇尚生态文明的社会新风尚”。

② 笔者认为，政策制定者可以考虑对不良消费观念传播的时间、频度进行管制，限制不良消费观念信息的出现时间、出现媒体和出现频度（如不良消费观念信息不得在黄金时间出现，不得在主流媒体和主流版面出现）；政策制定者还可以考虑对媒体信息传播的内容进行管制。对过于宣扬物质主义观念的信息内容进行限制，或要求传播不良消费观念信息的媒体需向相关政府机构缴纳一定的惩罚性费用（这笔费用主要用于支持文明、节约、绿色、低碳等公益性新闻、公益性广告的传播），等等。

社会参照群体的消费观念，以此来引导和变革整个社会的消费观念。消费者的消费观念特别容易受各类影视明星、高收入、高阶层、社会名流、政府机构等参照群体示范效应的影响。因此，有必要对上述相关参照群体的消费行为加强舆论、道德、行政和法律监督，以此引导全社会的消费观念。①

在消费碳减排的正式制度设计中，命令控制制度是明确消费碳减排的法律、规章、政策、规则，它是消费碳减排的基础性制度，经济激励制度是完善消费碳减排的经济约束、奖励惩罚制度，是消费碳减排的关键性制度；在消费碳减排的非正式制度设计中，意识提升制度主要立足于感知知识层面，侧重于普及消费者对气候变化问题的感知认识和应对气候变化的知识技能。信念培育制度立足于效果信念层面，侧重于让消费者相信其个体行为有显著的社会效果（提高其行为效果感知）。伦理约束制度立足于责任伦理层面，侧重于培育消费者对消费碳减排的责任意识、伦理约束。观念引导制度立足于消费观念层面，侧重于使消费者树立减物质主义消费价值观，从而能长久地实现消费碳减排。这四个非正式制度环环相扣、逐层推进、缺一不可。消费碳减排的正式制度和非正式制度设计总结如图 7-2 所示。其中，正式制度主要依赖于后继干预政策（结构战略）的推进，非正式制度则主要依赖于信息传播政策（心理战略）的推进。我们将在本章第二节、第三节详细讨论信息传播政策和经济激励政策这两种主要的外部干预政策。

需要指出的是，正式制度和非正式制度是相互依存、不可分割的。一方面，正式制度的有效性并不是绝对的，任何一种正式制度都需要相关非正式制度的支持、配合，都必须和现有的文化背景、法律制度、经济水平、社会习俗相适配。另一方面，非正式制度通过改变消费者对特定行为的偏好、态度，形成消费者主动崇尚消费碳减排行为，是一种摩擦力更小、自发性更强、更持久的制度。但非正式制度缺乏强制力，这导致很多时候纯粹的道德教化和宣传教育往往成为空话。因此，非正式制度也需要正式制度的配套。

---

① 通过对媒体信息传播的引导，对影视明星、体育明星等公众人物的物质主义消费形成不屑、鄙视、高压的风气（而不是向往、追逐、攀比的风气）。一种可行的措施如下：政府部门或非营利机构定期举办“公众人物低碳、节约、环保、公益排行榜”，对注重低碳、节约、环保、公益的公众人物进行表彰、奖励（这里的表彰、奖励应该是实质性的，即能够实质性影响公众人物的事业发展，这样才会有显著效果），反之则进行曝光、批评，并在各类媒体、网络中广泛传播。2015 年 11 月环境保护部发布的《关于加快推动生活方式绿色化的实施意见》（环发〔2015〕135 号）也强调指出，要“曝光奢侈浪费等反面事例，让公众认识到绿色生活方式既是个人选择，也是法律义务，使公众严格执行法律规定的保护环境的权利和义务，形成守法光荣、违法可耻、节约光荣、浪费可耻的社会氛围”。

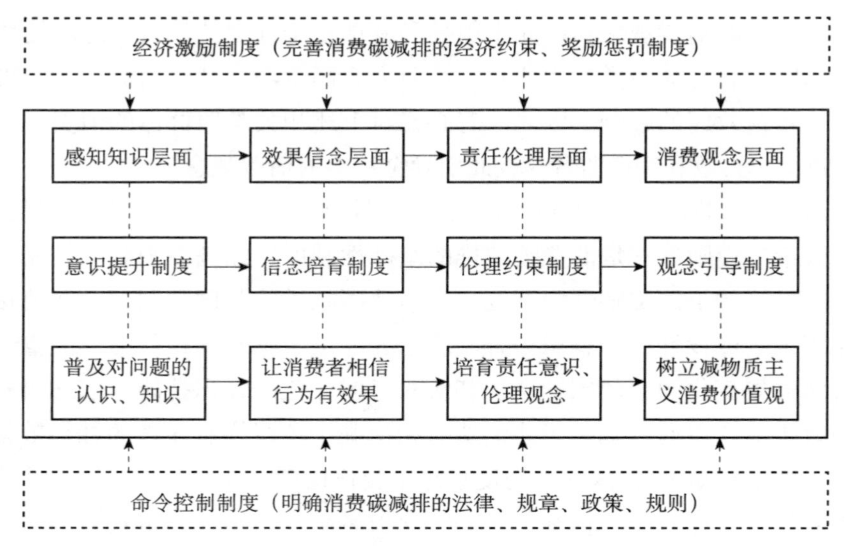

图 7-2　消费碳减排的正式制度和非正式制度设计

此外，本书研究还表明，中国社会文化情境（包括面子意识、道家价值观、集体主义价值观等）确实发挥着背景效应（context effects）。因此，政策制定者需要深广长远地影响社会文化情境以转变消费者行为模式（即政策应有深远性）。其中特别是面子意识，它是对中国人行为影响最大的一个文化背景变量。诚然，面子意识已经内化为多数中国人的价值体系和思维模式，转变面子意识确实不易。对此，政策制定者可以引导消费者淡化虚面子（如炫耀性消费、奢侈性消费、人情往来等），追求实面子（如内在能力、努力与成就、合适的角色表现等），这也有助于消费碳减排意识向消费碳减排行为的转化，从而实现消费碳减排行为的塑造。

第二节　信息传播政策的主要思路

一、明确信息传播政策的目标对象

绿色信息传播者在实施绿色信息传播的过程中，应有效地进行市场细分，选择特定的细分目标群体重点实施，这有助于降低政策实施的成本，提高政策实施的收益。根据本书的研究，笔者认为，以下几类目标对象群体需要重点关注：女性、低学历者、高绿色涉入度和高道家价值观者。①绿色信息传播对女性的影响效果更好。实施绿色信息传播后，女性较男性能感知到更高的节能价值，对信息效果感知也更高，也更可能实行节能型使用行为。男性相对来说对于信息传播不甚敏感，也更不容易被外界信息说服。因此，绿色信息传播者应重点针对女性加强绿色信息传播。②绿色信息传播对低学历者的影响效果更好。实施绿色信息传播后，低学历者更认可信息传播政策（主观态度更积极），对节能价值的感知也更高。一般人可能存在这样的偏见，低学历者不太认可信息传播政策，信息传播政策对他们不会产生显著的正面效果，相反更可能产生负面效果。我们的研究打破了这一偏见。笔者认为，高学历者更有主见，往往也更自负，不会因为外界信息传播而轻易改变自身想法。因此，绿色信息传播者需要重点针对低学历者加强绿色信息传播（事实上这部分人群的绿色信息也相对欠缺，也更有加强绿色信息传播的必要性）。③绿色信息传播对高绿色涉入度和高道家价值观消费者的影响效果更好。本书研究发现，实施信息传播后，原先相应节能的受访者更可能实行能源节约行为，高节能涉入度、高道家价值观消费者在主观态度、节能价值感知、信息效果感知、节能型使用行为、节能型购买行为上也更为显著。因此，对高绿色涉入度和高道家价值观消费者更需要加大绿色信息传播。

绿色信息传播者还应该重点针对学生和年轻人进行绿色信息传播。这是因为：①良好的消费习惯都是从小养成的。尤其对于幼儿园的小朋友来说，老师的环境教育在他们身上能产生很好的效果，甚至可以通过对小孩子的教育来影响家长和大人。我们提倡环境教育要从娃娃抓起也是基于这个原因。②对年轻人进行宣传教育的效果会比较好。由于长期生活习惯的原因，年长者的思维和行为趋向定型和稳定，改变其思想和行为较为困难，对年长者进行宣传教育的效果相对不太理想。而年轻人对于宣传教育没有“防弹衣效应”（即宣传教育的“魔弹”对年轻人的“穿透力”更强），从而对年轻人进行宣传教育的效果会比较好。③年轻人更少地从事消费碳减排行为。年轻人倾向不会关注节约能源这些“小事”，其节能行为往往相对较少。另外包括学生在内的年轻人是消费的现实或潜在主体，对年轻人进行传播也更有针对性和必要性。因此，绿色信息传播者应把年轻人和各类在校学生（包括幼儿园的小朋友）确立为重要的目标群体，着重对年轻人和各类在校学生加强消费碳减排行为的信息传播和教育引导。[①]

① 从发展心理学的视角看，今后我们还需要重视并研究个体的消费碳减排心理和行为如何随着年龄增长而动态变化，在此基础上针对不同年龄阶段设计出差异化、针对性的绿色信息传播政策，形成全消费生命周期的绿色信息传播体系。

这里需要指出的是，选择特定的细分群体（如女性、年轻人、低学历者、高绿色涉入度和高道家价值观者）重点实施绿色信息传播，这是从效率的角度来说的。从公平的角度来说，如果仅仅对这部分细分群体进行绿色信息传播，忽略了其他消费者群体，那么随着绿色信息的传播，两类消费者群体之间的行为分化或鸿沟会相对扩大，而不是相对缩小。即不同消费者群体间在消费碳减排意识和行为领域会出现“阶层分化”或“鸿沟扩大”现象。为了避免不同消费者群体间的“阶层分化”或“鸿沟扩大”现象，对其他消费者群体（或者说对整体消费者群体）也应该加大绿色信息传播的力度。这需要政策制定者灵活处理好效率和公平之间的关系，实现绿色信息传播效率和公平的动态平衡。

二、确定信息传播政策的具体内容

第一，绿色信息传播者应向消费者传播明确、具体、可操作的消费碳减排行为指南。目前的信息传播内容往往是抽象、一般、不可操作的。现有的代表性口号标语如表 7-5 左侧所示。

表 7-5　绿色信息传播的代表性口号标语

抽象的信息传播口号		具体的信息传播口号
节能低碳，科学发展		少开空调，多开电扇
享受低碳生活，不再被 OUT		多走楼梯、少乘电梯
节能降耗，利国利民		少坐汽车多行走，低碳健康我拥有
地球不是天然宝库，能源更需你我呵护		节能减排，双面用纸
推动节能减排，共享绿色生活		使用节水型淋浴喷头
低碳生活，让我们的生活更美好		使用节能低碳产品，倡导绿色消费
能源来自大自然，节能保护大自然	⇨	购买小排量汽车或混合动力汽车
大力开展节约降耗，努力建设节约型社会		绿色生活，从节约每一滴水、每一度电开始
低碳生活，从我做起		推广节水型用水器具和设备，提高用水效益
树木拥有绿色，地球才有脉搏		每周少开一天车
今天你低碳了吗？		每天少用两个塑料袋
温室效应我不要，低碳生活我拥抱		用完电器拔插头，减少待机能耗
低碳让地球解脱苦难		每天少冲一次厕所

可以看出，很多现有的口号标语往往过于抽象，如“今天你低碳了吗？”“低碳生活，从我做起”“节能低碳，科学发展”“推动节能减排，共享绿色生活”等。实际上，这些过于抽象的传播内容很难起到激励消费者实施消费碳减排行为的作用。久而久之，消费者对此类信息传播习以为常，甚至产生厌

烦心理。因此，绿色信息传播者必须制定更明确、具体、可操作的信息传播内容。例如，“购买小排量汽车或混合动力汽车”“用完电器拔插头，减少待机能耗”“少坐汽车多行走，低碳健康我拥有”“每天少冲一次厕所”“每天少用两个塑料袋”“多走楼梯、少乘电梯”“每周少开一天车”“少开空调，多开电扇”“多乘公交车，少用私家车”等等（如表7-5中右列所示）。类似上述这样具体、明确、可操作的传播内容对个体来说才更有意义，也更能激励消费者去实施具体的消费碳减排行为。

第二，绿色信息传播者应重视加强实践体验信息和适度恐怖信息的传播。一方面，根据相关实证研究，消费者参与各类节能环保的实践和体验会更有效地促进消费者提高环境意识、实行环保行为（中国环境意识项目办，2008）。因此，绿色信息传播者可以借助社区、企业、学校、单位及各种环保组织，开展形式多样的以节能低碳为主题的实践体验活动，如主题教育、摄影展览、知识竞赛、参观访问、现场体验等。通过各种体验式、渗透式的绿色信息传播，促使消费者转向消费碳减排行为。另一方面，绿色信息传播者应进行适度的恐怖诉求传播，以期打动消费者，促使其迅速行动起来。例如，通过生动画面或视频告诉消费者：如果再不采取低碳行动，那么气候变化的灾难一定会来临，每一个人都会深受其害。当然，对于这类恐怖诉求的信息传播内容应合理、有限度地使用，避免使消费者产生全盘崩溃、无力回天的心理。换言之，绿色信息传播不能以降低个体的行为效果感知为代价。且使用恐怖信息传播的同时，也应该使消费者确信只要其行动起来，问题是完全能够得到解决的。

第三，绿色信息传播者应注意个性化、定制化信息内容的传播。通过定制化传播和反馈可以更醒目地提示消费者的能源消费和碳排放情况，促进消费者在精准化信息传播和反馈中降低碳排放。很多实验研究都证实了个性化信息传播和反馈对于促进消费者降低能源消耗和碳排放的重要作用（Winett et al.，1979；Brandon and Lewis，1999）。相应地，我们也可以更多地利用个性化信息传播和反馈的方式。例如，在公用事业费账单上对消费者进行反馈提醒，提醒其本月消耗了多少水电气等公用产品，相应排放了多少碳，相对上月的消费量和碳排放量超出多少（即个人反馈）。在当前移动互联网和大数据时代，绿色信息传播者应该进一步基于移动互联网和大数据技术手段为各个消费者量身定制绿色信息内容。通过对消费者在社交网络、搜索引擎、电商平台、在线交易日志、二维码或条形码扫描等方方面面的“行为足迹”进行数据挖掘，可以快速、自动地对消费者特征进行描绘，分析出其小众化、个性化的消费行为特性，然后定制出智慧化、精准化、个性化的绿色信息内容。这是未来我们需要重点关注的绿色信息传播领域。

第四，绿色信息传播者应注意社会规范信息的传播。根据规范焦点理论，运用参照群体和社会规范的力量传播社会规范信息可以更好地促进消费碳减排。例如，绿色信息传播者可以向消费者传达其个体消费量和碳排放量相对本地区、本小区平均的消费量和碳排放量超出多少（即比较性反馈），超过部分需要植多少树才能补偿等。还可以对每月水电气消费量超过平均数 20% 的家庭用黄色提醒卡片（或黄色提醒字样）提示，超过 50% 的家庭用红色提醒卡片（或红色提醒字样）提示，超过 100% 以上的家庭用褐色提醒卡片（或褐色提醒字样）提示。

第五，绿色信息传播者应注重传播大尺度（大度量单位）的绿色信息，而不是小尺度（小度量单位）的绿色信息。消费者总是对大尺度（大度量单位）的绿色信息更敏感。本书的实验研究显示，大尺度诉求相对小尺度诉求更能促进消费者对信息传播形成积极的态度，也更能促进消费者的节能型使用行为（详见第五章）。因此，绿色信息传播者进行信息传播时更应该采用大尺度诉求，以影响消费者的绿色价值感知，促进他们的消费碳减排行为。例如，与其向消费者传达节约 1 度电可以给个体或社会带来的价值，不如消费者传达节约 10 度电、20 度电可以给个体或社会带来的价值。此外，对不同性别、收入的消费者宜采用不同的绿色信息内容。例如，对于女性来说，应该采用大尺度利己诉求，这能产生更好的传播效果；对中高收入者来说，应该采用小尺度利己诉求。

第六，绿色信息传播者在设计绿色信息时，应综合运用多种信息内容和表现形式。按信息内容和表现形式的不同，传播信息内容分为理性信息、情感信息和非言语信息三方面（菲利普·科特勒等，2006），如表 7-6 所示。绿色信息传播者综合运用这几种信息内容和表现形式，可以更好地提高传播的效果和效率。

表 7-6 绿色信息传播内容的分类

类型	信息内容和表现形式
理性绿色信息	集中传递数据与事实的绿色信息，如告知消费者当前的气候变化形势、能源消耗量与耗竭速度、垃圾日排放量、资源浪费状况、环境污染形势等
情感绿色信息	旨在诱发某种积极情感情绪（如愉快、激动、兴奋或自豪等）或消极情感情绪（如恐惧、内疚、罪恶或羞耻等）的感性绿色信息，这些情感情绪因素能激发期望的行为、抑制非期望的行为

续表

类型	信息内容和表现形式
非言语绿色信息	视觉、图片、形象、符号、代言人的形体语言，包括口语表达、面部表情、身体动作、眼神交流、空间距离、体型外表等非言语的绿色信息

资料来源：菲利普·科特勒等（2006），作者进行了汇总整理

根据本书的实验研究，理性诉求比感性诉求对个体主观态度、绿色价值感知和绿色购买意向这三个维度的传播效果都更好，利己诉求比利他诉求对个体主观态度、绿色价值感知和绿色购买意向的传播效果也更好（详见第四章）。因此，绿色信息传播者要更加重视对消费者传播理性、利己的绿色信息，特别是要传达出特定绿色产品所固有的属性给消费者自身带来的实际利益——“看得见和摸得着”的利益。尤其需要注意避免传播非常抽象、跟消费者本人利益无关的绿色信息（因为这类绿色信息的传播效果会比较差）。当然，这并不意味着情感绿色信息和非言语绿色信息并不重要。相反，理性绿色信息可以和情感绿色信息、非言语绿色信息配合使用，这样传播效果更好。另外，绿色信息传播从时间阶段来划分有四个阶段——认识扩散阶段、信念形成阶段、行为塑造阶段和价值观变革阶段（菲利普·科特勒等，2006），不同阶段传播的信息内容和表现形式也应该有所差异。例如，在认知扩散阶段，可以更多地采取理性信息诉求；在信念形成阶段，可以更多地采取情感信息诉求；在行为塑造阶段，可以更多地采取非言语信息诉求；在价值观变革阶段，则可以综合运用多种诉求方式。①

三、选择信息传播政策的渠道方式

信息传播政策的渠道非常多，绿色信息传播的传统渠道如表 7-7 所示。

表 7-7　绿色信息传播的传统渠道

类型	具体渠道和方式
广告	播放（电视、广播、互联网） 印刷（报纸、杂志） 直接邮寄（信件、函件、电子邮件） 票据和发票的背面广告
公共关系	电视和广播中的故事报道、报纸杂志里的文章、公共事件、社团关系

① 需要说明的是，特定传播阶段的信息内容和表现形式并非一成不变。政策制定者应该视具体情境选择最有效的传播信息内容和表现形式。

续表

类型	具体渠道和方式
印刷材料	小册子、新闻信、飞行物上的宣传、广告牌、目录
专门宣传物	服装：T 恤衫、球衣、帽子
信号灯和展示品	路标、信号标和广告牌、零售展品
私人性发布	面对面访谈、演示、演讲、电话 研讨会、小型会议和培训班、学习班
流行媒介	歌曲、电影脚本、电视节目、广播节目 喜剧书籍、喜剧漫画
户外活动	广告牌、公共汽车宣传牌、汽车车身、公共汽车站的展示、地铁、出租车、贺卡 洗手间、公用电话亭、机场广告牌和信号灯
专门活动	联欢会、发言会、会谈、展览、参观
实用性物品	信封、小册子、纸张、贴纸、日历、钥匙扣、手电、水瓶、垃圾袋、钢笔和铅笔、书签、手提袋、便笺纸

资料来源：菲利普·科特勒等（2006），作者进行了汇总整理

总体上说，绿色信息传播的传统渠道大致分为大众传播渠道、组织传播渠道和人际传播渠道三类。报纸、电视等大众传播渠道的传播范围广、速度快、影响力大，往往适合于整体消费者群体。人际传播渠道的反馈迅速、实时互动，易于被目标消费者接受，也利于传播者和目标消费者之间的情感交流，更适合于特定的细分消费者群体。组织传播渠道（组织所实施的信息传播活动，包括组织内部的信息传播和组织与外界的信息传播）的实施具有正式、权威、指令等特征。笔者认为，绿色信息传播者应结合使用大众传播渠道、组织传播渠道和人际传播渠道，特别应重视利用人际传播渠道（如人与人之间的直接、面对面的信息传播和情感交流）。

除上述传统媒体渠道之外，在当前移动互联网时代，还有一块特别重要的信息传播渠道——社会化媒体（social media）。安东尼•梅菲尔（Antony Mayfield）指出，社会化媒体是一种给予用户极大参与空间的新型在线媒体，具有参与、公开、交流、对话、社区化、连通性等特征，其最大特点是赋予每个人创造并传播内容的能力（阳翼，2015）。社会化媒体主要有社交网络、内容社区、论坛、博客、微博、微信、播客等形式，能够以多种多样的形式呈现文本、图像、视频等信息。笔者认为，绿色信息传播者应特别重视社会化媒体，绿色信息传播可以利用的社会化媒体渠道如表 7-8 所示。

表 7-8　绿色信息传播的社会化媒体渠道

序号	社会化媒体渠道	序号	社会化媒体渠道
（1）	社交网络	（10）	百科
（2）	商务社交网络	（11）	问答
（3）	社会化商务	（12）	社会化书签
（4）	电子商务	（13）	音乐 / 图片分享
（5）	签到 / 位置服务	（14）	博客 / 博客聚合
（6）	微博	（15）	视频分享
（7）	即时通讯	（16）	论坛 / 论坛聚合
（8）	RSS 订阅	（17）	社交游戏
（9）	消费点评		

资料来源：阳翼（2015），作者进行了汇总整理

绿色信息传播者选择渠道方式时还应注意以下几点。

首先，根据目标群体特点选择有效的信息传播渠道。例如，对于年轻人这一目标群体来说，其获取信息的途径相对较为广泛，除了报纸和电视这些普通传播渠道外，他们往往还通过网络（包括移动互联网）、手机、课堂、朋友、同学、同事等渠道获取信息。鉴于此，可以综合运用网络、手机、朋友、课堂、电视、报纸等多种传播渠道对年轻人加强信息传播。对老年人这一目标群体来说，鉴于其使用网络等新兴传播渠道较少，可以较多地选择传统传播渠道，如社区活动、宣传手册、广播电视等对老年人加强信息传播。

其次，根据特定情境特征选择合适的信息传播渠道。例如，为减少消费者对一次性塑料袋的使用，一种方式是在广播、电视、报纸等大众媒体上“高空轰炸”，呼吁消费者自带购物袋，减少一次性塑料袋的使用；另一种方式是有针对性地在特定消费场所（如超市、农贸市场、餐馆等）运用现场媒体（标语、横幅、传单、资料等）或利用环保志愿者进行信息传播，引导消费者在购买过程中减少一次性塑料袋的使用。显然，后一种方式会更有效。因为，前一种方式虽然告知消费者要实行消费碳减排行为，但消费者在实际消费过程中很可能又忽视或忘记了这一点。而后一种方式实现了消费现场的实时提醒，即属于接触点（contact point）传播，可以确保消费者在消费过程中注意并重视这些信息内容。

最后，要开发、利用海量的社会化媒体渠道。在当前移动互联网时代，时间越来越碎片化、渠道越来越分散化、方式越来越自主化，体验、社交、互动、娱乐、族群成为移动互联网时代信息传播的新特征，绿色信息传播者也要积极关注并利用移动互联网时代信息传播的新特征，改变绿色信息传播渠道的格局、

逻辑和模式。例如，在移动互联网时代，每一个电脑、手机终端都可以是绿色信息传播源，每一个消费者都可以是绿色信息传播者。如何有效地开发、利用海量的微博、微信、QQ 空间、网络社群等社会化媒体渠道，这是我们下一步需要重点研究的课题。

除传播渠道外，绿色信息传播的方式也非常重要。在新媒体环境、社会化媒体时代，传统的单向、正式、指令、枯燥乏味、我说你听的传播方式往往效果非常有限，绿色信息传播需要更多地使用互动、轻松、幽默、生活化、平民化的传播方式进行传播。笔者认为，绿色信息传播者可以采用可爱、卖萌、调皮等“萌思维”以提升传播效果。这里的“萌思维”主要指通过网络语、动漫、漫画、吉祥物、柔性行为等“萌宣传”“萌力量”进行绿色信息传播，达到软化自身形象，吸引受众粉丝关注、引发态度和行为变化。例如，绿色信息传播者可以借用甄嬛体、元芳体、凡客体、蓝精灵体、高晓松体、聚美优品体等方式发布绿色信息口号。贵州民族大学食堂包点店张贴了两张幽默且有趣的绿色信息提示：“亲，因暂不能使用一次性用品，元芳，你看怎么办？”“亲，不能使用一次性用品，本是极好的，倘若能自带餐具，是最好不过了，如此既环保又卫生，倒也不负上天的恩泽。”[①] 这两则绿色信息提示改变了过去古板生硬的语气，不仅让大家记忆深刻，而且让大家更乐意接受。又如，官微用拟人化的口吻发布绿色信息口号“啊……我受不了，雾霾君，滚蛋吧”“小草也会疼”。这样的绿色信息传播不再高高在上、让人敬而远之，而是更注重感性风格，更接地气，传播效果必然也更好。限于篇幅，类似的绿色信息传播方式我们不再赘述。总之，绿色信息传播者要积极关注移动互联网和新媒体时代受众（粉丝）的新需求、新动向和新特征，改变绿色信息传播方式的格局、逻辑和模式，这样才会达到更有效（而不是适得其反）的传播效果。

四、增强信息传播政策的强度力度

首先，绿色信息传播要积极主动、密集广泛地进行（即要达到一定的强度临界点）。绿色信息传播应该形成较大的声势，这样才能给消费者较强烈的震撼，深刻地影响消费者的意识和行为。根据接触点传播理论，消费者在日常生活或消费过程中涉及的任何情境、场合、产品、行为甚至人物都是信息接触点，

① 谭娟，田儒森，陈冠霖 .2015-11-19. 食堂大师傅 也搞元芳体 . 贵州都市报，（第 8 版）.

都应尽可能进行绿色信息传播（只要特定接触点能成为信息传播的载体）。例如，动画片对小朋友来说就是很好的一个接触点，动画片情节中或节目播放间隙就可以进行绿色信息传播；家庭主妇去农贸市场买菜时，整个农贸市场就是一个接触点，在农贸市场里就可以加入低碳横幅、摊位低碳提示等各种形式的绿色信息传播。

其次，绿色信息传播应该全面、多层次、全方位地进行。根据人们通常的理解，绿色信息传播就是挂一些标语横幅，或在电视上播放几则公益广告。其实这是对绿色信息传播的狭义理解，且纯粹依赖重复性的标语口号、公益广告，其传播效果也非常有限。笔者认为，消费碳减排的绿色信息传播是非常广泛的，包括低碳公益广告、低碳专题节目、低碳事迹报道、低碳人物评选、低碳公益活动、低碳主题教育、低碳知识竞赛、低碳人际传播、低碳现场横幅等各种形式。绿色信息传播者可以借助各种媒介、运用各种方式对可以触及的任何消费者进行全息、全面、全方位的绿色信息传播。

需要特别指出的是，根据“植入式广告”（product placement）理念和技术，可以将消费碳减排理念尽可能植入大多数电影、电视、新闻、广告、购物、游戏、娱乐甚至相亲节目中，还可以尽可能融入各类微电影、微语录、微游戏、微小说、微新闻等微节目中。在这些节目中植入文明、节约、绿色、低碳信息，让受众在无形中接受消费碳减排的理念，潜移默化地改变消费者的消费观念和消费习惯。以电影节目中消费碳减排信息的植入为例，可以通过场景植入（如电影背景中出现消费碳减排的横幅标语）、道具植入（如电影道具中的垃圾分类回收箱）、剧情植入（如电影情节中主角非常注意节约用电、十分关注垃圾分类回收）、台词植入（如电影台词中主角谈论节能低碳、垃圾分类回收问题）等各种形式植入消费碳减排的信息内容。

再次，绿色信息传播是长期的，应持续不断地进行渗透性传播。根据我们的深度访谈，很多受访者表示目前的绿色信息传播活动往往是阶段性、运动式、一阵风式的，这制约了绿色信息传播的效果。因此，绿色信息传播者应制定相关的经济激励、行政法规等措施，促进各级政府部门、相关机构长期、持续不断地进行绿色信息传播。鉴于绿色信息传播是长期进行的，在不同信息传播阶段侧重点可能有所不同：在认知扩散阶段，绿色信息传播的重点是提高消费者对气候变化问题的认识，普及消费碳减排行为的知识；在信念形成阶段，信息传播的重点是提高个体对其行为效果的感知，增强个体对其行为结果的信念；在行为塑造阶段，信息传播的重点是转变社会不良消费风气，降低行为成本，引导消费者改变行为，并进行强化形成习惯；在价值观变革阶段，信息传播的重点则是引导消费者将消费行为习惯上升为个体的价值观念，最终形成低碳的环境价值观和减物质主义的消费价值观。

最后，绿色信息传播的主体可以是各级政府机构、环保组织、学校社团、街道社区、社会组织等。政策制定者应制定相关的行政法规和经济激励措施，促进各级部门、各类组织甚至每个消费者都积极主动进行绿色信息传播。在当前移动互联网和大数据时代，政策制定者可以制定相应的经济、社会、道德、教育、营销等激励措施，鼓励每一个消费者在每天的生活消费中随时、随地、自主、自由、全方位地进行绿色信息传播。例如，通过积分兑换、信息红包等经济措施鼓励消费者随时随地在微信朋友圈、微博、个人空间、论坛贴吧等渠道传播绿色低碳的消费潮流、知识技能、乐活理念（LOHAS）等。[①] 这将会是一个极具价值、激动人心的绿色信息传播蓝海。

第三节　经济激励政策的主要思路

一、对特定低碳产品购买进行补贴

对低碳产品的购买进行补贴，可以降低消费者购买低碳产品的相对成本，从而促进低碳排放产品的推广和应用。以节能与新能源汽车为例，世界上一些主要发达国家（如美国、日本、英国、德国、法国、西班牙、荷兰、意大利、爱尔兰、葡萄牙、韩国等）都出台了新能源汽车推广的经济激励政策，如表 7-9 所示。

表 7-9　主要国家新能源汽车购置的经济激励政策

国家	政策类型	政策内容
美国	税收优惠	购买插电式混合动力车的车主，可以享受 7500 美元的税收抵扣
	以旧换新补贴	汽车折价退款机制，投入 10 亿美元，从 2009 年 7 月 1 日起，消费者所购新车的每加仑行驶里程数比起旧车提高 4 英里将补贴 3500 美元，提高 10 英里将补贴 4500 美元；追加 20 亿美元对淘汰高油耗车购买节能新车的消费者最高提供 4500 美元退税
	州政府补贴	美国大多数州政府，在联邦补贴的基础上对私人购买电动汽车提供额外财政资助（如加利福尼亚州一辆轻型纯电动车最多能获得 5000 美元补贴）

① 当然，对于其他公益性信息传播（如扶贫助残、抗击艾滋、禁烟限酒、拒绝毒品、消防安全等内容），也可以采用类似的激励方法。

续表

国家	政策类型	政策内容
日本	绿色税制	购买纯电动汽车、混合动力车、清洁柴油车等“下一代汽车”，可以享免多种赋税优惠；实施低排放车认定，消费者可根据所购车辆排放水平享受不同减税待遇
	购车补助	对于车龄超过13年旧车换购新车或直接购买环保车，给予一定的购车补助；电动汽车与同级别内燃机汽车售价差额的一半由政府补助
英国	购买补贴	2011年1月到2014年3月，给予购买符合条件的纯电动汽车、插电式混合动力车和氢燃料电池车的私人或团体消费者每车售价25%的补贴，最高为每辆车5000英镑；如果车主淘汰10年以上的旧车，并选择纯电动汽车或者混合动力汽车，还将获得政府2000欧元的补贴
	税收减免	纯电动汽车和二氧化碳排放量低于120克/千米的车辆，免征每年车船税；2010年4月1日起，商业用途的纯电动轿车和商用车免5年营业税
德国	使用优惠	纯电动车和低碳汽车，免收牌照税、养路费，夜间充电只收1/2的电费
	购买补贴	2012～2014年消费者购买电动车即可享受每辆车3000～5000欧元的环保补贴或税收优惠
	税收减免	2015年年底前注册的电动汽车和每公里二氧化碳排放低于50克的其他汽车10年内免征机动车税
	使用“特权”	争取在德国城镇允许电动汽车使用公交车道、甚至为电动车开辟专用车道；争取将来让电动汽车使用者享受专用停车位甚至免费停车
法国	购买补贴	对2012年前购买二氧化碳排放量低于60克/千米的超级环保车辆给予不超过车价20%的补贴，最高每辆5000欧元；对于二氧化碳排放量低于125克/千米的混合动力车，每辆补贴2000欧元
	新车置换金	车主在更换新车时，购买小排量更环保的新车可享受200～1000欧元的补贴；而购买大排量、污染严重的新车则需缴纳高达2600欧元购置税
西班牙	购买补贴	为消费者购买电动车每辆提供成本的15%～20%的补贴（最高6000欧元）
荷兰	税金减免	为电动汽车车主免除车辆购置税以及公路税，由此私家车主在5年内可以节省6000欧元税金，公务车可享受到高达19 000欧元的税金减免
意大利	购买补贴	消费者购买以电能、氢能、甲烷等为动力的环保类新型乘用车将获得1500欧元补贴，而购买以甲烷、氢能、天然气新能源为动力的轻型商用车将获得4000欧元补贴，并可在旧车报废基础上累加
爱尔兰	免购置税	消费者购买电动车无需支付任何购置税
葡萄牙	补贴税惠	电动车主将获得5000欧元补助，同时电动汽车将无须支付公路税
韩国	税收优惠	自2009年7月起至2012年年底，消费者购买混合动力车，将享受个人消费税、登记税、取得税、教育税等方面的减税优惠，每辆最多可节省330万韩元
中国	购买补贴（中央）	中央政府对私人购买新能源汽车试点给予补贴，其中对购买纯电动汽车的最高补贴6万元，对插电式混合动力车最高补贴5万元；对发动机排量1.6升及以下节能型汽车全国范围内每辆车补贴3000元
	地方补贴	试点城市地方财政在中央财政补贴基础上提供额外补贴（比如，上海市财政补贴为2000元/千瓦时，电动车最高补贴4万元，插电式最高补贴2万元）
	税收减免	2011～2020年，购买纯电动汽车、插电式混合动力汽车将免征车辆购置税；2011～2015年，购买中重度混合动力汽车减半征收车辆购置税、消费税和车船税

资料来源：叶楠（2013）

根据财政部、科技部、工业和信息化部、发展改革委2015年4月22日发布的《关于2016—2020年新能源汽车推广应用财政支持政策的通知》(财建〔2015〕134号),中国将在全国范围内开展新能源汽车推广应用工作,中央财政对购买新能源汽车给予补助,实行普惠制。具体的补助对象、产品和标准是:①补助对象是消费者。新能源汽车生产企业在销售新能源汽车产品时按照扣减补助后的价格与消费者进行结算,中央财政按程序将企业垫付的补助资金再拨付给生产企业。②补助产品是纳入“新能源汽车推广应用工程推荐车型目录”的纯电动汽车、插电式混合动力汽车和燃料电池汽车。③补助标准主要依据节能减排效果,并综合考虑生产成本、规模效应、技术进步等因素逐步退坡。2016～2020年各类新能源汽车补助标准见表7-10。其中,2017～2020年除燃料电池汽车外其他车型补助标准适当退坡,2017～2018年补助标准在2016年基础上下降20%,2019～2020年补助标准在2016年基础上下降40%。①

表7-10 中国对新能源汽车购置的经济激励政策

车辆类型	年度	纯电续驶里程 R(工况)			
		100千米≤R<150千米[a]	150千米≤R<250千米	R≥250千米	R≥50千米
纯电动乘用车	2015	3.15万元/辆	4.50万元/辆	5.40万元/辆	—
	2016	2.50万元/辆	4.50万元/辆	5.50万元/辆	
	2017～2018	2.00万元/辆	3.60万元/辆	4.40万元/辆	
	2019～2020	1.50万元/辆	2.70万元/辆	3.30万元/辆	
包括增程式在内的插电式混合动力乘用车	2015	—	—	—	3.15万元/辆
	2016				3.00万元/辆
	2017～2018				2.40万元/辆
	2019～2020				1.80万元/辆

注:a表示纯电动乘用车的续驶里程范围为80千米≤R<150千米。2016年开始,中国对补助范围内的新能源汽车产品技术要求做了新的规定,其中纯电动乘用车的续驶里程由大于等于80千米提升至100千米,同时在行驶速度方面,纯电动乘用车30分钟最高车速应不低于100千米/小时

资料来源:财政部、科技部、工业和信息化部、发展改革委《关于2016—2020年新能源汽车推广应用财政支持政策的通知》(财建〔2015〕134号)

笔者认为,低碳产品购买补贴的范围可以包括能效等级1级或2级以上的空调、冰箱、平板电视、洗衣机等高效节能产品,以及高效照明产品、节能与新能源汽车等领域。政府补贴的标准依据可以根据相应低碳产品(高效节能产品)与普通产品价差的一定比例确定。中国低碳产品(或低碳技术)补贴政策

① 财政部、科技部、工业和信息化部、发展改革委《关于2016—2020年新能源汽车推广应用财政支持政策的通知》(财建〔2015〕134号)。

可能的领域及其重要性、紧迫性总结如表 7-11 所示。

表 7-11　低碳产品或低碳技术的补贴政策

产品类别	具体产品	重要性	紧迫性
家用电器类	高效节能的空调、冰箱、洗衣机、热水器、平板电视、电磁炉、电饭煲、电风扇、微波炉、数字电视接收器、空气调节器、太阳能热水器等	★★★	★★★
照明器具类	高效节能的照明产品（单端荧光灯、自镇流荧光灯、高压钠灯、金属氯化物灯等）	★★	★★★
办公设备类	高效节能的计算机显示器、复印机、打印机、传真机、微型计算机等	★★	★★
出行交通类	节能与新能源汽车（太阳能汽车、甲醇汽车、电动汽车、混合动力汽车、小排量汽车等）	★★★★	★★★★
住宅居住类	节能住宅、建筑屋面隔热与防水技术、中央空调节能技术、太阳能双电互补高效蓄能电采暖系统、能源管理控制系统、中央空调智能管控系统	★★	★
生活消费类	节能鼓风燃气灶、高效节水型坐便器、高效节水食品清洗机、农村消费者应用太阳能与水源地源热泵系统、强热地暖中央空调系统	★	★

二、对特定高碳产品购买进行征税

对高碳排放产品征税（碳税，carbon tax）是削减购买购置环节碳减排的一条有效路径，也是理论界和实践部门经常提及的一项政策。这里，碳税是针对二氧化碳排放所征收的一种污染税，一般针对石油、天然气、煤炭等化石燃料产品，按其碳含量比重进行的征税，以实现减少化石燃料消费和二氧化碳排放。目前丹麦、荷兰、德国、意大利、英国、法国、新西兰、日本等国家实行了碳税政策，如表 7-12 所示。①

表 7-12　主要国家的碳排放税政策

国家	政策内容
美国	美国科罗拉多州的玻尔得市（Boulder）向所有的消费者——房屋所有者和商业组织征收本市的地方碳税。居民根据其用电度数来支付此项费用。税额规定如下：在电费账单基础上，每年向私人用户多收 16 美元，向机构用户多收 46 美元

① 2011 年澳大利亚开始实施碳税，但 2014 年 7 月 17 日澳大利亚废除了施行两年之久、备受争议的碳税，这使澳大利亚成为世界首个放弃碳排放征税的国家——参见吴力波 .2013-10-21. 澳大利亚碳税为何停摆（国际观察）. 国际金融报，（第 3 版）；佚名 .2014-7-24. 澳大利亚通过废除碳税法案 引发学界政界两方争议 . 中国环境报，（第 4 版）。

续表

国家	政策内容
加拿大	魁北克省对石油、天然和煤征税。此税的纳税对象是中间商——能源和石油公司，而不是消费者。但纳税企业还是可以——并且很可能通过提高能源收费价格将成本部分转嫁到消费者身上。在消费阶段征税比在生产阶段征税要容易得多。消费者会比较愿意每年支付额外的 16 美元碳税，但生产者往往都不愿意支付
北欧	丹麦、芬兰、荷兰、挪威、波兰和瑞典等北欧国家已经开始推行不同的碳税政策。瑞典在消费端征收此税，其国家碳税对私人用户征收全额碳税，而对工业用户减半征收，对公共事业机构则免征此税
欧盟	航空碳税：欧盟自 2012 年起将航空运输业纳入碳排放交易体系（Emission Trading cheme，ETS），即所有在欧盟境内起降的航班必须为飞行中排放的温室气体付费。2012 年 1 月 1 日，欧盟碳排放交易体系正式实施后又进一步规定，对拒不执行的航空公司将施以超出规定部分每吨 100 欧元的罚款以及欧盟境内禁飞的制裁措施。 航海碳税：2012 年 3 月 1 日，在“航空碳税”遭到中美俄等 26 国签署协议抵制后，欧盟委员会提出，2012 年 6 月份增加“航海碳税”，制定出全球航空和航海运输行业碳排放税的征收价格单

总体上说，碳税在其他国家的使用还并不算普遍。但差别化的环境税政策在发达国家应用非常普遍，许多发达国家都对一次性容器、塑料袋、电池（蓄电池或干电池）、杀虫剂、汽车轮胎等实施了污染产品税政策。① 以不可生物降解塑料袋为例，在爱尔兰，2002 年开始征收塑料袋税，每个塑料袋 15 欧分（约折合 1.5 元人民币）。爱尔兰的塑料袋征税取得了立竿见影的效果。根据爱尔兰环境部长迪克 • 罗奇的统计，塑料袋的人均年使用量从原来的 328 个下降为 21 个，降低了 93.6%，而且还给政府带来大约 7500 万欧元（折合 9868 万美元）的税收收益。2006 年，鉴于塑料袋人均年使用量又上升到 30 个，爱尔兰政府宣布从 2007 年起，塑料袋税从 15 欧分提高为 22 欧分（约折合 2.2 元人民币），以维持塑料袋税的激励效果。②

笔者认为，中国实施碳税需要考虑的因素还很多，目前一种较具现实性的做法是，可以针对特定高耗能产品、高污染产品、资源性产品和部分高档奢侈品征收差别化的环境税（或产品消费税、资源使用税、污染产品税等）。对未达到特定环保标准（如碳排放标准）的产品征收较高环境税，对于达到特定环保标准（如碳排放标准）的产品则实行税收返还或税收减免，且征收的税收设立专项基金，专用于节能环保低碳领域。这样间接降低消费碳

① 在发达国家，污染产品税往往被称为“预收处理费用”（advance disposal fee，ADF）。这是由于它是根据产品的最终处理成本收取的费用。

② 佚名 .2007-2-23. 塑料袋人均年消费 30 个爱尔兰宣布加税 . 都市快报，（第 7 版）.

减排行为的经济成本。[①] 中国可以考虑实行的消费税或污染产品税如表 7-13 所示。

表 7-13　产品消费税或污染产品税政策

产品类别	具体产品	重要性	紧迫性
高耗能产品	大排量汽车、游艇、娱乐性帆船、私人飞机、高档豪宅等	★★★	★★★★
资源性产品	木制一次性筷子、实木地板等	★★★	★★★
高污染产品	含磷洗涤剂、汞镉电池、臭氧耗损物质、部分包装材料、涂料、化肥、农药、一次性方便餐具等	★★★★	★★★★
高档奢侈品	贵重首饰、珠宝玉石、高尔夫球及球具、高档手表、高档皮包等	★★	★★

三、通过非线性定价减少能源浪费

对于很多能源资源产品（如电力、天然气、汽油、煤炭、水等）来说，单一、过低的从量价格往往不利于节约能源消费、削减消费碳排放。采用多种非线性定价机制（如阶梯式定价、高峰负荷定价、峰谷定价等）可以更有效地促进能源节约、实现消费碳减排。以城市管道天然气为例，目前杭州市民用天然气的终端销售价格为 2.40 元 / 米 ^{3}，且从 2004 年定价以来一直保持不变（即便 2004 年的天然气定价也并没有完全补偿实际成本）。与之相对的是，2004 年以来上游天然气的供应价格已经多次上调，目前杭州的进气价已经达到2.31元/米 ^{3}（这还尚未包括近 1 元 / 米 ^{3} 的管道天然气输配成本），天然气的终端销售价格和成本长期严重倒挂。这种过低的线性定价已成为制约天然气节约的重要因素，造成了天然气资源的过度消费和过度排放。为此，必须改变单一的线性价格体系，形成合理、有效的价格结构。例如，在合理核定消费者基本天然气用量的基础上实行阶梯式计量定价：对定量内的用气实行低价，超过基本用量的部分实行超量累进加价，以有效减少天然气浪费问题。对于电、汽油、水等其他能源资源，也可以采用类似的非线性定价机制，以更好地促进能源节约和消费碳减排。电、汽油、水等主要能源产品目前的定价政策和非线性定价政策思路如表 7-14 所示。

---

① 2006 年，中国开始对木制一次性筷子和实木地板征收产品消费税，税率为 5%。这是中国为数不多的具有碳减排意义的产品消费税实例。

表 7-14　主要能源产品的非线性定价政策思路

产品类别	目前的定价机制或政策	非线性定价政策思路	重要性	紧迫性
电力	很多地方实行了峰谷定价。以浙江省为例，不满1千伏的“一户一表”居民用户，月用电量50千瓦时及以下部分的电度电价0.538元/千瓦时，高峰电价0.568元/千瓦时，低谷电价0.288元/千瓦时；月用电量51～200千瓦时部分的电度电价0.568元/千瓦时，高峰电价0.598元/千瓦时，低谷电价0.318元/千瓦时；月用电量201千瓦时及以上部分的电度电价0.638元/千瓦时，高峰电价0.668元/千瓦时，低谷电价0.388元/千瓦时	实行并完善峰谷定价机制	★★★★	★★★
燃气	各城市定价，一般是单一的线性定价。如杭州市民用天然气的终端销售价格为2.40元/米^3	实行阶梯式定价机制	★★★	★★★
汽油	单一的线性定价。以浙江省为例，2015年8月26日90号汽油5.37元/升，93号汽油5.78元/升，97号汽油6.14元/升	实行阶梯式定价机制	★★	★★
水	各城市定价。以杭州市为例，其具体的阶梯式定价机制为，按年度用水量为计算周期，将居民家庭全年用水量划分为三档，水价分档递增。第一阶梯用水量为216米^3（含）以下，销售价格为每立方米2.90元；第二阶梯用水量在216～300立方米（含），销售价格为每立方米3.85元；第三阶梯用水量为300立方米以上，销售价格为每立方米6.70元	实行并完善阶梯式定价机制	★★★★★	★★★★★

以城市自来水为例，截至2015年5月中国36个大中城市中，北京、上海、广州、宁波、武汉、呼和浩特、合肥、厦门、贵阳、昆明、银川等21个城市推行了阶梯式水价（占比58.3%）。[①]东部部分城市消费者用水的阶梯式价格如表7-15所示。

表 7-15　部分城市消费者用水的阶梯式价格

城市		供水价格/（元/米^3）	污水处理费	水资源费	城市附加	到户水价/（元/米^3）
杭州	第一阶梯	1.90	1.00	—	—	2.90
	第二阶梯	2.85	1.00	—	—	3.85
	第三阶梯	5.70	1.00	—	—	6.70
南京	第一阶梯	1.42	1.42	0.20	0.06	3.10
	第二阶梯	2.13	1.42	0.20	0.06	3.81
	第三阶梯	2.84	1.42	0.20	0.06	4.52

① 金振东.2014-08-12. 杭州计划11月起实施阶梯水价. 今日早报，（第A0006版）.

续表

城市		供水价格 /（元 / 米³）	污水处理费	水资源费	城市附加	到户水价 /（元 / 米³）
广州	第一阶梯	1.98	0.90	—	—	2.88
	第二阶梯	2.97	1.20	—	—	4.17
	第三阶梯	3.96	1.50	—	—	5.46
福州	第一阶梯	1.64	0.85	0.06	—	2.55
	第二阶梯	2.49	0.85	0.06	—	3.40
	第三阶梯	3.34	0.85	0.06	—	4.25

注：有些城市水资源费包含在供水价格里，如杭州市供水价格中含水资源费 0.20 元 / 米³

更重要的是，凡是实施了阶梯式定价机制的城市，其节水效果都比较显著。例如，2006 年 8 月 1 日宁波市实行阶梯式水价，规定以三口之家为基准，将居民的生活用水价格分为 3 个等级。每月用水在 17 吨以内的，按 2.75 元 / 吨收费；18 ～ 30 吨为 4.43 元 / 吨，30 吨以上 5.9 元 / 吨。每增加一人，各级水量基数可相应增加 5 吨。阶梯式水价实施近四年后，宁波市区用水量比阶梯式水价实施前同期日平均节水 3 万吨左右，相当于一个普通家庭 150 年的用水量。宁波市每户月用水量 17 吨及以下的居民占总用水户的 90% 左右，居民每户每月平均节水 2%。与此相对的是，国家规定的南方大中城市人均用水量，每人每月 5.4 ～ 6.6 吨，三口之家 16.2 ～ 19.8 吨。可见，阶梯式水价实施的节水效果非常明显。而且，随着阶梯式水价的实施及相关配套工程的推进（如“一户一表”改造工程），居民的节水意识也越来越强。宁波市清泉热线 96390 客服人员反映，实施阶梯水价后，打电话咨询家庭节水方法和主动要求改造节水型卫生器具的居民越来越多。[①] 可见，城市自来水实行阶梯式定价不但具有重要性也具有可行性。

至于特定电、汽油、水等主要能源产品非线性定价政策的具体形式，需要具体行业具体分析，这里不再一一赘述。

四、对废旧产品回收处理进行补贴

对废旧产品的回收处理进行补贴，可以有效降低回收处理废旧产品或包装材料的成本，最终实现节约资源能源、降低消费碳排放。中国已经有很多这方面的成功案例。根据 2012 年 7 月 1 日正式实施的《废弃电器电子产品处理基金

① 魏光华，周文丹 .2010-1-22. 阶梯水价实施 4 年 宁波日均节水 3 万吨 . 钱江晚报,（第 6 版）.

征收使用管理办法》，电器生产厂家、进口电器的收货人或者其代理人应该履行义务缴纳相关的基金，其中电视 13 元 / 台、电冰箱 12 元 / 台、洗衣机 7 元 / 台、空调 7 元 / 台、微型计算机 10 元 / 台。这部分资金用于回收和处理废弃电器电子，对于这部分进入到补贴目录的企业和电子产品的拆解数量有一个定额的补贴，补贴的标准是电视机 85 元 / 台、洗衣机 35 元 / 台、电冰箱 80 元 / 台、房间空调器 35 元 / 台、微型计算机 85 元 / 台。据财政部和中国再生资源回收利用协会提供的数据，截至 2013 年 8 月，纳入基金补贴范围的 64 家处理企业向省级环保部门报送回收废弃电器电子产品 3600 多万台，完全拆解后节约的资源相当于节约 12 万吨标准煤、节水 2000 万立方米、减少固体废弃物排放 800 万吨、减少废气排放 50 万吨。[①] 上海在这方面也有成功的案例。上海市从 2000 年开始对重量 5 克的 PS 塑料餐盒按每只 3 分向生产餐盒企业征收回收处置费。回收处置费的支出包括：支付给餐盒处置企业的处置补贴，每只 0.5 分；给予管理、执行等有关单位的补贴，每只 0.5 分；支付回收系统工程中的运输成本，每只 0.5 分；支付参与捡拾回收餐盒的下岗职工、外地来沪打工族、家庭妇女等个人或其他企业的回收费用，每只 1.5 分。上海将征收处置费与补贴循环回收相结合，取得了显著的减量和循环效果。据统计，补贴政策实施后上海每天使用发泡塑料餐具 120 万只，回收 80 万只以上，回收率在 70% 以上，年回收量达到 3 亿只。在 4 年多时间里，上海市已累计回收一次性塑料餐盒近 12 亿只，折合 7373 吨，再造塑料粒子 3687 吨，全部成为生产硬塑料产品的原料。[②]

总的来说，对废旧产品（特别是回收价值大的废旧产品）的回收处理进行补贴有利于节约资源、降低碳排放，应该在更广泛的领域（如废旧家电、废旧电脑、废旧手机、废旧汽车车身、废旧轮胎等）推广应用。

五、对生活垃圾实施押金返还制度

对特定生活垃圾（或废旧产品、废旧包装）实施押金返还制度，可以降低消费者回收生活垃圾的成本，从而实现消费碳减排。押金返还制度是个体在购买潜在污染性产品时支付一定的押金，当个体返还废旧产品或包装容器时获得押金返还的一种激励性政策。它在效果上类似于在消费时对污染性产品征税（实现源头削减），废旧产品或包装容器回收时又进行补贴（确保循环利用）。如

① 王耀翠 .2013-11-19. 首批补贴下拨 废旧家电回收渐入正轨 . 中国高新技术产业导报，（第 2 版）.

② 孙小静 .2005-11-4. 上海："三分钱"治理"白色污染". 人民日报，（第 6 版）.

果废旧产品或包装容器被个体扔掉，就只能由其自己承担费用。押金返还制度能够确保以最低的成本来促进资源回收、减少环境污染，无论是通过源头削减途径还是通过循环利用途径来实现（王建明，2007）。

押金返还制度在美国等发达国家受到了普遍欢迎和赞誉（王建明，2007，2008）。现在的问题是，押金返还制度到底可以在哪些领域范围实施？在我们看来，适用范围取决于特定领域押金返还制度实施的收益和成本的比较。为了进一步讨论押金返还制度适用的范围，我们根据生活垃圾抛扔的社会边际成本（对环境的损害成本）和循环回收的社会边际收益（回收的经济价值），将生活垃圾分为四个象限，如图 7-3 所示。

		社会边际收益	
		低	高
社会边际成本	低	I 灰砖、煤灰、陶瓷等	II 纸包装、玻璃瓶等
	高	III 废电池、杀虫剂瓶等	IV PET饮料瓶等

图 7-3　生活垃圾的分类维度矩阵

在第Ⅰ象限，生活垃圾抛扔的社会边际成本较低，同时循环回收的社会边际收益也不高。典型的垃圾成分为灰砖、煤灰、陶瓷等，它们对环境的污染较小，循环回收的价值相对也不大。在第Ⅱ象限，生活垃圾抛扔的社会边际成本较低，但生活垃圾循环回收的社会边际收益较高。典型的垃圾成分为纸质包装、玻璃瓶等，这些生活垃圾对环境的污染较小，同时循环回收的价值却很大。在第Ⅲ象限，生活垃圾抛扔的社会边际成本较高，但循环回收的社会边际收益不高。典型的垃圾成分为废电池、杀虫剂容器、各类化学试剂瓶等有毒或危险垃圾。这些生活垃圾对环境的潜在威胁很大，同时循环回收的价值却不高，甚至没有价值。在第Ⅳ象限，生活垃圾抛扔的社会边际成本较高，同时循环回收的社会边际收益也很高。典型的垃圾成分为 PET 饮料瓶，它对环境的潜在威胁很大，同时循环回收的价值也很高。

根据生活垃圾的分类维度矩阵，我们可以确定押金返还制度实施的范围与领域：首先，押金返还制度针对社会边际成本较高同时循环收益较高的垃圾（如 PET 饮料瓶等），即针对第Ⅳ象限的生活垃圾实施；其次，针对第Ⅲ、第Ⅱ

象限。第Ⅰ象限的生活垃圾由于对环境的污染较小，循环回收的价值也不大，没有必要实施押金返还制度。当然，对于第Ⅳ、第Ⅱ象限的生活垃圾，循环回收市场有时可以有效率地自由运转，如城市拾荒者在经济利益刺激下自发的回收。对第Ⅲ象限，循环回收市场不能有效率地自由运转。因为家庭和厂商循环回收主要出于经济动机，当生活垃圾具有较高的循环回收价值，且足以弥补其回收处理成本时，生活垃圾可以得到自发的循环回收。而当生活垃圾循环回收价值较低或没有价值时，生活垃圾便被抛弃。因此，考虑到第Ⅳ、第Ⅱ象限的生活垃圾回收率可能已经比较高，我们应首先考虑针对第Ⅲ象限的生活垃圾或包装容器实施押金返还制度。

综上，押金返还制度优先适用的领域为一些环境污染严重的产品或者资源回收价值大的产品（如空饮料容器、杀虫剂容器、铅酸电池、废电池、废医疗药品、废汽车车身、废旧轮胎、废旧包装物、废电子产品、废旧家具等），以有效地促进资源回收、减少环境污染，最终降低碳排放。

六、有条件城市试行垃圾按量收费

理论分析和经验研究均表明，垃圾按量收费具有显著的垃圾减量效果，它通过对垃圾直接定价产生有效率的个体行为。正因为如此，垃圾按量收费在经济发达国家得到越来越普遍的应用，日益成为垃圾收费政策的趋势（王建明，2008）。对中国来说，从长期看，垃圾按量收费是减少城市生活垃圾、削减消费碳排放的一个有效途径。根据本书的实验研究，垃圾按量收费政策总体上能产生较好的正面效果，负面效果也不显著，是一个切实可行的选择（详见第六章）。因此，垃圾按量收费可以在部分城市（或城区、社区）试行。特别是可以针对以年轻人、高垃圾问题感知者为主的社区，因为垃圾按量收费政策对这些人群的政策效果更好，对这些社区实行垃圾按量收费政策可以产生更好的政策效果。进一步来说，鉴于垃圾按量收费对高垃圾问题感知者的政策效果更好，实行垃圾按量收费前需要向消费者重点宣传垃圾问题的严峻形势，使消费者认识到中国和当地所面临的垃圾污染和垃圾处理问题，这有助于减少垃圾按量收费政策的阻力，也有利于垃圾按量收费达到理想的政策效果。

需要指出的是，实行垃圾按量收费时：①垃圾按量收费的经济激励强度不宜过大。这是因为，低强度经济激励同样可以产生高强度经济激励的正面效应，且不会产生显著的非法倾倒效应（详见第六章）。②为了减少“非法倾倒”的可能倾向，政策制定者应采取有效的教育、传播和沟通等政策营销措施，切实影响消费者对其他人行为的心理感知，避免消费者对其他人的不合宜行为形成扩大的错误感知。反之，如果某消费者认为其他人会非法倾倒垃圾（这种心理感知可能并不完全符合实际），那么他也有可能受到自身心理感知的影响而非法倾倒垃圾。③政策制定者应有效地进行市场细分，选择特定的目标市场重点进行信息传播。例如，着重对年长者、低垃圾问题感知的消费者加强传播沟通，切实影响其对垃圾按量收费的感知和态度；针对年轻人、高学历、高群体一致、高面子意识和低垃圾问题感知的消费者加强宣传教育，提高其道德意识、责任观念和自制能力，降低其非法倾倒的潜在可能性。

垃圾按量收费还可以渐进地实施。例如，采用介于垃圾固定收费和垃圾按量收费之间的中间方式，针对城区、街道、社区等较大的微观主体运用垃圾按量收费的思想。中国已有这方面的实践。2006年，杭州市对各城区实施垃圾按量收费，并制定了削减垃圾量的激励性政策（王建明，2007）。各城区根据垃圾量向垃圾处理场（厂）支付相应的处置费用，超出部分按市场价支付处理费用。对城区、街道、社区等较大的微观主体实施垃圾按量收费，这一方面可以部分地实现垃圾按量收费的效果，另一方面可以避免针对家庭实施的管理成本（包括非法倾倒成本），而且还为实施彻底的垃圾按量收费（即针对家庭实施）提供了良好过渡。此外，垃圾按量收费还可以针对某些垃圾专门实施，尤其对于环境损害成本较高，循环回收价值较低，市场自发力量不足以确保其回收的大件垃圾。

第四节　研究不足和未来研究展望

一、主要研究不足

本书通过实验研究方法测量了外部干预政策对消费碳减排的影响效应，这对于政府制定外部干预政策推进消费碳减排提供了科学的决策分析依据和绩效评估借鉴。本书的研究不足有以下两方面：一是，本书的实验研究主要基于自我报告的问卷测试。尽管自我报告的问卷测试方法是目前学术界和实践部门的通行做法，但不可否认它可能导致研究结果与真实世界间存在一定的偏离。在自我报告的问卷测试中，被试填写的内容不是其真实态度和行为，而是口头态度和行为，很多被试填写也比较随意，这些缺陷导致如今问卷测试效果受到一定的质疑。在移动互联网和大数据时代，今后会更多地对真实的购买、消费和回收行为数据进行分析，这将有助于我们得到更为科学的研究结果。二是，本书的实验研究主要关注了两类外部干预政策——信息传播政策和经济激励政策，且我们在进行现场实验设计时不可能考虑所有的信息传播政策和经济激励政策情境。以经济激励政策为例，我们实际上主要研究了高强度经济激励政策和低强度经济激励政策的消费碳减排效果差异，没有对其他更多的经济激励政策（如现金激励和非现金激励、个人激励和群体激励等）进行研究。这些都有待在未来的进一步研究中进行完善。

二、未来研究展望

目前国内外关于消费碳减排的外部干预政策研究还非常少见，本书研究作为一个探索也存在一些不足。在我们看来，未来进一步研究领域可能有以下几个方面。

（1）干预政策组合及其对消费碳减排行为的影响效应研究。前文已经提到，任何一种干预政策的有效性都是相对的，都需要其他相关干预政策的支持、配合，不同干预政策之间往往需要整合、协调，综合运用多种干预政策，形成一体化的干预政策组合会得到越来越多的关注。在这种政策趋势下，不同干预政策之间的界限日趋模糊化，甚至有时我们很难绝对地界定某种政策或区分不同的政策，且很多政策本身就是组合型或变异型政策。进一步说，不同干预政策之间如何整合协调以最大限度地发挥政策“合力”，某一政策组合是否相对于单个政策或其他政策组合更有效，这些都需要立足跨学科背景（经济学、消费者行为学、心理学、社会学、教育学等）进行深入的理论论证和实验研究。

（2）定制化、精准化干预政策的设计及其对消费碳减排行为的影响效应研究。传统的外部干预政策大多属于大众化干预，而不是精准化、定制化或个性化干预。本书研究的干预政策其实也属于一般化、大众化干预政策。这些干预政策更多地属于“宏”视角的干预，而不是“微”视角的干预。在移动互联网和大数据时代，个体能源消费和消费碳排放行为日趋个性化、独特化、差异化，传统的大众化、公共化、集中化干预政策越来越不能适应互联网和大数据时代要求。笔者认为，即便传统的大众化干预还能产生一定的效果，也不会是最合适、最有效的干预方案。因此，设计定制化、精准化、情境化的干预政策以更好地实现最佳干预效果，这是消费者能源节约和消费碳减排行为的机制和政策领域一个亟须解决的理论和现实课题。

（3）中国社会文化情境对消费碳减排行为的影响作用及其机理研究。本书研究表明，中国社会文化情境（包括面子意识、传统道家价值观、集体主义价值观等）确实发挥着背景效应。事实上，个体在长期深远、潜移默化的社会文化熏陶下，其自我概念、认知情绪、目标动机等心理过程会发生迁移，心理上会自觉认同、遵循中国社会文化情境的价值观系统、规范系统、信念系统（如注重保全面子、避免失去面子、强调和睦关系、避免特立独行等），即个体发生了“内化”。但是关于中国社会文化情境对消费碳减排行为的影响作用及其作用机理，本书的理论研究和实验研究只是初步的，未来仍有待进一步地深入研究。

参考文献

宝贡敏，赵卓嘉 . 2009. 面子需要概念的维度划分与测量——一项探索性研究 . 浙江大学学报（人文社会科学版），（2）：82-90.

保罗 • 贝尔，托马斯 • 格林，杰弗瑞 • 费希尔，等 . 2009. 环境心理学 . 朱建军，吴建平，等译 . 北京：中国人民大学出版社 .

曹荣湘 . 2010. 全球大变暖：气候经济、政治与伦理 . 北京：社会科学文献出版社 .

陈凯，李华晶 . 2012. 低碳消费行为影响因素及干预策略分析 . 中国科技论坛，（9）：42-47.

陈凯，赵占波 . 2015. 绿色消费态度 - 行为差距的二阶段分析及研究展望 . 经济与管理，（1）：19-24.

陈利顺 .2009. 城市居民能源消费行为研究 . 大连：大连理工大学博士学位论文 .

陈晓春，谭娟，陈文婕 . 2009-4-21. 论低碳消费方式 . 光明日报（理论版），（第 10 版）.

陈晓萍，徐淑英，樊景立 . 2012. 组织与管理研究的实证方法 .2 版 . 北京：北京大学出版社 .

陈雪慧 . 2009-12-19. 今天你排了多少碳. 厦门商报，（第 6 版）.

成中英 . 2006. 脸面观念及其儒学根源 // 翟学伟 . 中国社会心理学评论（第二辑）. 北京：社会科学文献出版社：34-48.

戴维 • 迈尔斯 . 2006. 社会心理学 . 侯玉波，乐国安，张智勇译 . 北京：人民邮电出版社 .

戴鑫 . 2010. 绿色广告传播策略与管理 . 北京：科学出版社 .

丹尼尔 • 史普博 . 1999. 管制与市场 . 余晖，何帆，钱家骏，等译 . 上海：格致出版社，上海三联书店，上海人民出版社 .

杜圣普 . 2006. 绿色产品概念的认知测度和绿色营销策略建议 . 北京：首都经济贸易大学硕士学位论文 .

杜伟强，曹花蕊 . 2013. 基于自身短期与社会长远利益两难选择的绿色消费机制 . 心理科学进展，(5)：775-784.

樊纲，苏铭，曹静 . 2010. 最终消费与碳减排责任的经济学分析. 经济研究，(3)：4-14.

樊杰，李平星，梁育填 . 2010. 个人终端消费导向的碳足迹研究框架——支撑我国环境外交的碳排放研究新思路 . 地球科学进展，(1)：61-68.

方杰，温忠麟，张敏强，等 . 2014. 基于结构方程模型的多重中介效应分析 . 心理科学，(3)：735-741.

菲利普・津巴多，迈克尔・利佩 . 2007. 态度改变与社会影响 . 邓羽译 . 北京：人民邮电出版社 .

菲利普・科特勒，加里・阿姆斯特朗 . 2015. 市场营销：原理与实践（第16版）. 楼尊译 . 北京：中国人民大学出版社 .

菲利普・科特勒，内德・罗伯托，南希・李 . 2006. 社会营销——提高生活质量的方法 . 俞利军译 . 北京：中央编译出版社 .

冯蕊，朱坦，陈胜男，等 . 2011. 天津市居民生活消费 CO_2 排放估算分析 . 中国环境科学，(1)：163-169.

凤振华，邹乐乐，魏一鸣 . 2010. 中国居民生活与 CO_2 排放关系研究 . 中国能源，(3)：37-40.

葛全胜，方修琦 . 2011. 中国碳排放的历史与现状. 北京：气象出版社 .

龚继红，孙剑 . 2012. 绿色购买行为中的绿色信息影响效应的实证研究——基于武汉、济南和成都三市 538 份问卷调查 . 华中农业大学学报（社会科学版），(4)：11-16.

郭琪 . 2008. 公众节能行为的经济分析及政策引导研究 . 北京：经济科学出版社 .

国务院发展研究中心课题组 . 2009. 全球温室气体减排：理论框架和解决方案 . 经济研究，(3)：4-13.

何孟修 . 2009. 理性与感性绿色广告诉求之广告效果研究——以绿色生活形态为干扰变数 . 新北：淡江大学硕士学位论文 .

贺爱忠，李韬武，盖延涛 . 2011. 城市居民低碳利益关注和低碳责任意识对低碳消费的影响——基于多群组结构方程模型的东、中、西部差异分析 . 中国软科学，(8)：185-192.

胡维平，曾晓洋 . 2008. 绿色广告研究述评 . 外国经济与管理，(10)：52-58.

胡小爱，王建明 . 2014. 面子意识对公众资源节约行为的影响机制：一个探索性理论模型 . 重庆文理学院学报（社会科学版），(3)：85-90.

黄芳，江可申 . 2013. 我国居民生活消费碳排放的动态特征及影响因素分析 . 系统工程，(1)：52-60.

黄光国，胡先缙 . 2004. 人情与面子——中国人的权力游戏 . 北京：中国人民大学出版社 .

黄敏 . 2012. 中国消费碳排放的测度及影响因素研究 . 财贸经济，(3)：129-135.

江霞 . 2014. 绿色诉求方式对购买意愿的影响研究——时间距离、企业承诺、奖励的调节作

用 . 广州：暨南大学硕士学位论文 .
姜彩芬 . 2009. 面子与消费 . 北京：社会科学文献出版社 .
金美花 . 2013. 我国消费者购买氢能汽车行为意图影响因素研究 . 杭州：杭州电子科技大学硕士学位论文 .
经济合作与发展组织 . 1996. 环境管理中的经济手段 . 张世秋，李彬译 . 北京：中国环境科学出版社 .
劳可夫，王露露 . 2015. 中国传统文化价值观对环保行为的影响——基于消费者绿色产品购买行为 . 上海财经大学学报，（2）：64-75.
黎建新，刘洪深，宋明菁 . 2014. 绿色产品与广告诉求匹配效应的理论分析与实证检验 . 财经理论与实践，（1）：127-131.
李东进，吴波，武瑞娟 . 2009. 中国消费者购买意向模型——对 Fishbein 合理行为模型的修正 . 管理世界，（1）：121-130.
李慧明，刘倩，左晓利 . 2008. 困境与期待：基于生态文明的消费模式转型研究述评与思考 . 中国人口・资源与环境，（4）：114-120.
李玉洁 . 2015. 我国城市公众低碳意识和行动分析——基于全国 2000 个样本数据 . 调研世界，（3）：22-25.
林伯强，刘希颖 . 2010. 中国城市化阶段的碳减排：影响因素和减排策略 . 经济研究，（8）：66-78.
林美吟 . 2009. 利他、利己绿色广告诉求之广告效果研究——以绿色生活形态为干扰变数 . 新北：淡江大学硕士学位论文 .
林子锟 . 2009. 不同广告诉求方式下产品享乐性和功能性属性对顾客购买意向的影响研究 . 成都：西南财经大学硕士学位论文 .
刘翠平 . 2014. 绿色广告诉求对消费者购买意向的影响研究 . 杭州：浙江财经大学硕士学位论文 .
刘兰翠 . 2006. 我国二氧化碳减排问题的政策建模与实证研究 . 合肥：中国科学技术大学博士学位论文 .
刘贤伟，吴建平 . 2013. 大学生环境价值观与亲环境行为：环境关心的中介作用 . 心理与行为研究，（6）：780-785.
刘宇伟 . 2010. 可持续消费行为的分类、模型及信息诉求 . 消费经济，（5）：83-86.
刘芝玲 . 2014. 认知风格与广告诉求方式对购买决策的影响 . 长沙：湖南师范大学硕士学位论文 .
卢泰宏，周懿瑾 . 2015. 消费者行为学：中国消费者透视 .2 版 . 北京：中国人民大学出版社 .

陆歆弘 . 2010. 我国城市人居环境改善与能源消费关系研究 . 中国人口 • 资源与环境，（4）：23-28.

陆益龙 . 2015. 水环境问题、环保态度与居民的行动策略——2010CGSS 数据的分析 . 山东社会科学，（1）：70-76.

陆莹莹，赵旭 . 2008. 家庭能源消费研究述评 . 水电能源科学，（1）：187-191.

马瑞婧 . 2011. 中国城市消费者绿色消费行为的影响因素研究 . 北京：中国社会科学出版社 .

马向阳，徐富明，吴修良，等 . 2012. 说服效应的理论模型、影响因素与应对策略 . 心理科学进展，（5）：735-744.

宁德煌，林凌超，张劲梅 . 2014. 主题与感性诉求对公益广告效果影响的眼动研究 . 学术探索，（4）：75-79.

任素慧 . 2010. 理性与感性绿色广告诉求之广告效果研究——以环境知识为干扰变数 . 新北：淡江大学硕士学位论文 .

任小波，曲建升，张志强 . 2007. 气候变化影响及其适应的经济学评估——英国“斯特恩报告”关键内容解读 . 地球科学进展，（7）：754-759.

沈满洪，陈凯旋，魏楚，等 . 2007. 资源节约型社会的经济学分析 . 北京：中国环境科学出版社 .

沈满洪，程华，陆根尧，等 . 2012. 生态文明建设与区域经济协调发展战略研究 . 北京：科学出版社 .

沈晓骅 . 2015. 消费碳排放区域不平等的测度及影响因素分解研究 . 杭州：浙江财经大学硕士学位论文 .

施卓敏，范丽洁，叶锦锋 . 2012. 中国人的脸面观及其对消费者解读奢侈品广告的影响研究 . 南开管理评论，（1）：151-160.

石洪景 . 2015. 城市居民低碳消费行为及影响因素研究——以福建省福州市为例 . 资源科学，（2）：308-317.

司林胜 . 2002. 对我国消费者绿色消费观念和行为的实证研究 . 消费经济，（5）：39-42.

宋大峰，高淑贵 . 2007. 环境保护行为的机制与路径 . 农业推广学报（22）：225-251.

宋敏 . 2010. 中国绿色城市建设研究——基于家庭碳排放的测算分析 . 中国矿业大学学报（社会科学版），（4）：45-56.

宋明菁 . 2011. 绿色产品与广告诉求方式匹配效应的实验研究 . 长沙：长沙理工大学硕士学位论文 .

宋玉书 . 2015. 生态文明传播：公益广告的着力点和主攻点 . 中国地质大学学报（社会科学版），（3）：66-72.

苏淞，孙川，陈荣 . 2013. 文化价值观、消费者感知价值和购买决策风格：基于中国城市化差异的比较研究 . 南开管理评论，（1）：102-109.

孙剑，李锦锦，杨晓茹 . 2015. 消费者为何言行不一：绿色消费行为阻碍因素探究 . 华中农业大学学报（社会科学版），（5）：72-81.

孙瑾，张红霞 . 2015. 服务业中绿色广告主张对消费者决策的影响——基于归因理论的视角 . 当代财经，（3）：67-78.

孙岩 . 2006. 居民环境行为及其影响因素研究 . 大连：大连理工大学博士学位论文 .

孙岩，刘富俊 . 2013. 城市居民能源购买行为影响因素的实证研究 . 生态经济，（10）：65-68.

孙耀武 . 2011. 培育我国低碳消费方式的思考 . 前沿，（1）：124-128.

孙中伟，黄时进 . 2015. "中产"更环保吗？城市居民的低碳行为及态度——以上海市黄浦区为例 . 人口与发展，（3）：37-44.

唐国战 . 2010. 低碳绿色消费方式的哲学思考 . 河南师范大学学报（哲学社会科学版），（4）：72-74.

托马斯·思德纳 . 2005. 环境与自然资源管理的政策工具 . 张蔚文，黄祖辉译 . 上海：上海三联书店，上海人民出版社 .

万后芬 . 2006. 绿色营销 .2 版 . 北京：高等教育出版社 .

汪兴东，景奉杰 . 2012. 城市居民低碳购买行为模型研究——基于五个城市的调研数据 . 中国人口·资源与环境，（2）：47-55.

王凤，阴丹 .2010. 公众环境行为改变与环境政策的影响——一个实证研究 . 经济管理，（12）：158-164.

王怀明 . 1999. 理性广告和情感广告对消费者品牌态度的影响 . 心理科学进展，（1）：56-59.

王建明 . 2007. 城市固体废弃物管制政策的理论与实证研究——组织反应、管制效应与政策营销 . 北京：经济管理出版社 .

王建明 . 2008. 垃圾按量收费政策效应的实证研究 . 中国人口·资源与环境，（2）：187-192.

王建明 . 2010. 公众资源节约与环境保护消费行为测度——外部表现、内在动因和分类维度 . 中国人口·资源与环境，（6）：141-147.

王建明 . 2011. 可持续消费的基本理论问题研究——内涵界定、目标定位和机制设计 . 浙江社会科学，（12）：1-9.

王建明 . 2012. 公众低碳消费行为影响机制和干预路径整合模型 . 北京：中国社会科学出版社 .

王建明 . 2013a. 公众资源节约与循环回收行为的内在机理研究：模型构建、实证检验和管制政策 . 北京：中国环境出版社 .

王建明 . 2013b. 资源节约意识对资源节约行为的影响——中国文化背景下一个交互效应和调

节效应模型 . 管理世界，（8）：77-90.

王建明，贺爱忠 . 2011. 消费者低碳消费行为的心理归因和政策干预路径——一个基于扎根理论的探索性研究 . 南开管理评论，（4）：80-91.

王建明，王俊豪 . 2011. 公众低碳消费模式的影响因素模型与政府管制政策——基于扎根理论的一个探索性研究 . 管理世界，（4）：58-68.

王建明，吴龙昌 . 2015. 亲环境行为研究中情感的类别、维度及其作用机理 . 心理科学进展，（12）：2153-2166.

王建明，郑冉冉 . 2011. 心理意识因素影响消费者生态文明行为的路径和机理 . 管理学报，（7）：1027-1035.

王婧婧 . 2014. 环境态度和广告诉求对绿色产品广告心理效果的影响研究 . 长沙：湖南大学硕士学位论文 .

王俊豪 . 2001. 政府管制经济学导论：基本理论及其在政府管制实践中的应用 . 北京：商务印书馆 .

王莉丽 . 2005. 绿媒体：中国环保传播研究 . 北京：清华大学出版社 .

王轶楠，杨中芳 . 2005. 中西方面子研究综述 . 心理科学，（2）：398-401.

威廉 · 鲍莫尔，华莱士 · 奥茨 . 2003. 环境经济理论与政策设计 . 严旭阳译 . 北京：经济科学出版社 .

韦庆旺，孙健敏 . 2013. 对环保行为的心理学解读——规范焦点理论述评 . 心理科学进展，（4）：751-760.

温忠麟，叶宝娟 . 2014a. 有调节的中介模型检验方法：竞争还是替补 . 心理学报，（5）：714-726.

温忠麟，叶宝娟 . 2014b. 中介效应分析：方法和模型发展 . 心理科学进展，（5）：731-745.

温忠麟，刘红云，侯杰泰 . 2012. 调节效应与中介效应分析 . 北京：教育科学出版社 .

吴波 . 2014a. 道德认同与绿色消费——环保自我担当的中介作用 . 天津：南开大学博士学位论文 .

吴波 . 2014b. 绿色消费研究评述 . 经济管理，（11）：178-189.

吴开亚，王文秀，张浩，等 . 2013. 上海市居民消费的间接碳排放及影响因素分析 . 华东经济管理，（1）：1-7.

吴淑玉 . 2010. 利他、利己绿色广告诉求之广告效果研究——以环境知识为干扰变数 . 新北：淡江大学硕士学位论文 .

邢冀. 2009. 中国低碳之路怎么走？环境经济，（8）：33-37.

熊小明，黄静，郭昱琅 . 2015."利他"还是"利己"？绿色产品的诉求方式对消费者购买意

愿的影响研究 . 生态经济，（6）：103-107.

徐国伟 . 2010. 低碳消费行为研究综述 . 北京师范大学学报（社会科学版），（5）：135-140.

谢来辉. 2009. 碳锁定、“解锁”与低碳经济之路. 开放导报，（5）：8-14.

亚当 • 斯密 . 1997. 道德情操论 . 蒋自强，钦北愚，朱钟棣，等译 . 北京：商务印书馆 .

闫云凤，赵忠秀 . 2014. 消费碳排放与碳溢出效应：G7、BRIC 和其他国家的比较 . 国际贸易问题，（1）：99-107.

阳翼 . 2015. 数字营销 . 北京：中国人民大学出版社 .

杨波 . 2012. 郑州市居民对低碳商品的认知状况和消费意愿影响因素分析——基于居民调查数据的实证研究 . 经济经纬，（1）：122-126.

杨亮 . 2014. 基于消费水平的家庭碳排放谱研究 . 上海：华东师范大学博士学位论文 .

杨晓燕，周懿瑾 . 2006. 绿色价值：顾客感知价值的新维度 . 中国工业经济，（7）：110-116.

杨选梅，葛幼松，曾红鹰 . 2010. 基于个体消费行为的家庭碳排放研究 . 中国人口 • 资源与环境，（5）：35-40.

杨智，董学兵 . 2010. 价值观对绿色消费行为的影响研究 . 华东经济管理，（10）：131-134.

杨智，邢雪娜 . 2009. 可持续消费行为影响因素质化研究 . 经济管理，（6）：100-105.

姚建平 . 2009. 论家庭能源消费行为研究 . 能源研究与利用，（4）：7-12.

姚亮，刘晶茹，王如松，等 . 2013. 基于多区域投入产出（MRIO）的中国区域居民消费碳足迹分析 . 环境科学学报，（7）：2050-2058.

叶宝娟，温忠麟 . 2013. 有中介的调节模型检验方法：甄别和整合 . 心理学报，（9）：1050-1060.

叶红，潘玲阳，陈峰，等 . 2010. 城市家庭能耗直接碳排放影响因素——以厦门岛区为例 . 生态学报，（14）：3802-3811.

叶楠 . 2013. 调节聚焦与心理距离对新能源汽车采用的交互影响：信息框架的视角 . 徐州：中国矿业大学博士学位论文 .

仪根红 . 2010. 面子目标的启动对消费者购买行为的影响研究 . 上海：华东理工大学硕士学位论文 .

尹博 . 2007. 健康行为改变的跨理论模型 . 中国心理卫生杂志，（3）：194-199.

尹向飞 . 2011 人口、消费、年龄结构与产业结构对湖南碳排放的影响及其演进分析——基于 STIRPAT 模型 . 西北人口，（2）：65-69.

于伟 . 2009. 消费者绿色消费行为形成机理分析——基于群体压力和环境认知的视角 . 消费经济，（4）：75-77.

于洋 . 2013. 大数据与可持续能源消费 . 能源，（9）：54-55.

俞海山 . 2015. 低碳消费论 . 北京：中国环境出版社 .

曾国安 . 2007. 论消费管制的含义、分类及其必要性 . 消费经济，(4)：66-70.

张超 . 2010. 碳排放、家庭与城市发展 . 产经评论，(4)：41-54.

张露，帅传敏，刘洋 . 2013. 消费者绿色消费行为的心理归因及干预策略分析——基于计划行为理论与情境实验数据的实证研究 . 中国地质大学学报（社会科学版），(5)：50-54.

张梦霞 . 2005. 绿色购买行为的道家价值观因素分析——概念界定、度量、建模和营销策略建议 . 经济管理，(4)：34-41.

张咪咪，陈天祥 . 2010. 我国居民生活完全碳排放的测算及影响因素分析 // 中国科学技术协会学会学术部 . 经济发展方式转变与自主创新——十二届中国科学技术协会年会（第一卷）. 福州：74-75.

张萍，丁倩倩 . 2015. 我国城乡居民的环境行为及其影响因素探究——基于 2010 年中国综合社会调查数据的分析 . 南京工业大学学报（社会科学版），(3)：88-96.

张瑞久，孟峭，逄辰生，等 . 2005. 国外城市生活垃圾处理收费研究 . 中国城市环境卫生，(3)：31-39.

张新宁，包景岭，王敏达 . 2012a. 构建可持续消费政策框架研究 . 生态经济，(1)：41-43.

张新宁，王敏达，包景岭 . 2012b. 政策工具视角下的公众绿色消费行为影响机制研究 . 河北工业大学学报，(6)：111-117.

张馨，牛叔文，赵春升，等 . 2011. 中国城市化进程中的居民家庭能源消费及碳排放研究 . 中国软科学，(9)：65-75.

中国环境意识项目办 . 2008. 2007 年全国公众环境意识调查报告 . 世界环境，(7)：72-77.

周慧，邢剑炜 . 2012. 中国与欧盟居民消费的隐含碳排放比较研究 . 统计与决策，(17)：80-83.

朱勤. 2011. 中国人口、消费与碳排放研究. 上海：复旦大学出版社 .

朱勤，彭希哲，陆志明，等 . 2010. 人口与消费对碳排放影响的分析模型与实证 . 中国人口・资源与环境，(2)：98-102.

朱勤，彭希哲，吴开亚 . 2012. 基于结构分解的居民消费品载能碳排放变动分析 . 数量经济技术经济研究，(1)：65-77.

朱瑞玲 . 1987. 中国人的社会互动：试论面子的运作 . 中国社会学刊，(11)：23-25.

Abraham C，Michie S.2008.A taxonomy of behavior change techniques used in interventions.Health Psychology，27 (3)：379-387.

Abrahamse W，Steg L，Vlek C，et al.2005.A review of intervention studies aimed at household energy conservation.Journal of Environmental Psychology，25 (3)：273-291.

Abrahamse W，Steg L，Vlek C，et al.2007.The effect of tailored information，goal setting，tailored feedback on household energy use，energy-related behaviors，and behavioral antecedents.Journal of Environmental Psychology，27（4）：265-276.

Ajzen I.1991.The theory of planned behavior.Organizational Behavior and Human Decision Processes，50（2）：179-211.

Allen D，Janda K.2006.The effects of household characteristics and energy use consciousness on the effectiveness of real-time energy use feedback：A pilot study，Proceedings of the ACEEE Summer Study on Energy Efficiency in Buildings. CA：Asilomar.

Alniacik U，Yilmaz C.2012.The effectiveness of green advertising：Influences of claim specificity，product's environmental relevance and consumers' pro-environmental orientation.The Amfiteatru Economic Journal，31（14）：207-222.

Andreasen A R.1995.Marketing Social Change：Changing Behavior to Promote Health Social Development and the Environment.San Francisco：Jossey-Bass，Inc.

Azevedo I M L，Morgan M G，Lave L.2011.Residential and regional electricity consumption in the US and EU：How much will higher prices reduce CO_2 emissions.The Electricity Journal，24（1）：21-29.

Bamberg S.2003.How does environmental concern influence specific environmentally related behaviors? A new answer to an old question.Journal of Environmental Psychology，23（1）：21-32.

Bamberg S，Schmidt P.2003.Incentives，morality，or habit? Predicting students' car use for university routes with the models of Ajzen，Schwartz，and Triandis.Environment and Behavior，35（2）：264-285.

Bandura A.1977.Social Learning Theory.New York：Prentice-Hall.

Banerjee S，Gulas C S，Iyer E.1995.Shades of green：A multidimensional analysis of environmental advertising.Journal of Advertising，24（2）：21-31.

Barr S，Gilg A W，Ford N.2005.The household energy gap：Examining the divide between habitual- and purchase-related conservation behaviours.Energy Policy，33（11）：1425-1444.

Becke L J.1978.Joint effect of feedback and goal setting on performance：A field study of residential energy conservation.Journal of Applied Psychology，63（4）：428-433.

Bekker M J，Cumming T D，Osborne N K，et al.2010.Encouraging electricity savings in a university residential hall through a combination of feedback，visual prompts，and incentives. Journal of Applied Behavior Analysis，43（2）：327-331.

Berger I E，Corbin R M.1992.Perceived consumer effectiveness and faith in others as moderators of environmentally responsible behaviors.Journal of Public Policy and Marketing，11（2）：79-88.

Berglund C.2003.Economic efficiency in waste management and recycling，Department of Business Administration and Social sciences. http://epubl.ltu.se/1402-1544/2003/01/LTU-DT-0301-SE.pdf [2003-01-30].

Besley J C，Shanahan J.2005.Media attention and exposure in relation to support for agricultural biotechnology.Science Communication，26（4）：347-367.

Bin S，Dowlatabadi H.2005.Consumer lifestyle approach to US energy use and the related CO_2 emissions.Energy Policy，33（2）：197-208.

Bittle R G，Valesano R M，Thaler G M.1979a.The effects of daily feedback on residential electricity usage as a function of usage level and type of feedback information.Journal of Environmental Systems，9（3）：275-287.

Bittle R G，Valesano R M，Thaler G M.1979b.The effects of daily cost feedback on residential electricity consumption.Behavior Modification，3（2）：187-202.

Brandon G，Lewis A.1999.Reducing household energy consumption：A qualitative and quantitative field of study.Journal of Environmental Psychology，19（11）：75-85.

Buurma H.2001.Public policy marketing：Marketing exchange in the public sector.European Journal of Marketing，35（11/12）：1287-1302.

Berglund C. 2003. Economic efficiency in waste management and recycling，Department of Business Administration and Social sciences. http://epubl.ltu.se/1402-1544/2003/01/LTU-DT-0301-SE.pdf [2003-01-30]

Carlson L，Grove S J，Kangun N.1993.A content analysis of environmental advertising claims：A matrix method approach.Journal of Advertising，22（3）：27-39.

Carlson L，Grove S J，Laczniak R N，et al.1996.Does environmental advertising reflect integrated marketing communications? An empirical investigation.Journal of Business Research，37（2）：225-232.

Carman J M.1992.Theories of altruism and behaviour modification campaigns.Journal of Macromarketing，12（1）：5-18.

Chaiken S，Liberman A，Eagly A H.1989.Heuristic and systematic processing within and beyond the persuasion context//Uleman J S，Bargh J A.Unintended Thought.New York：Guilford Press：212-252.

Chakrabarti S，Sarkhel P.2003.Economics of Solid Waste Management：A Survey of Existing Literature.Kolkata：Economic Research Unit，Indian Statistical Institute.

Chan R Y K.1999.Environmental attitudes and behavior of consumers in China：Survey findings and implications.Journal of International Consumer Marketing，11（4）：25-52.

Chan R Y K.2000.The effectiveness of environmental advertising：The role of claim type and the source country green image.International Journal of Advertising，19（2）：49-75.

Chan R Y K.2004.Consumer responses to environmental advertising in China.Marketing Intelligence and Planning，22（4）：427-437.

Chan R Y K.2001.Determinants of Chinese consumers' green purchase behavior.Psychology and Marketing，18（4）：389-413.

Chan R Y K，Lau L B Y.2000.Antecedents of green purchases：A survey in China.Journal of Consumer Marketing，17（4）：338-357.

Chan R Y K，Yam E.1995.Green movement in a newly industrializing area：A survey on the attitudes and behavior of Hong Kong citizens.Journal of Community and Applied Social Psychology，5（4）：273-284.

Cialdini R B，Reno R R，Kallgren C A.1990.A focus theory of normative conduct：Recycling the concept of norms to reduce littering in public places.Journal of Personality and Social Psychology，58（6）：1015-1026.

Cohen G L，Sherman D K.2014.The psychology of change：Self-affirmation and social psychological intervention.Annual Review of Psychology，65：333-371.

Cook S W, Berrenberg J L.1981.Approaches to encouraging conservation behavior：A review and conceptual framework.Journal of Social Issues，37（2）：73-107.

Curtis F A，Law B，Deman A，et al.1984.Energy conservation and land use planning：A Canadian perspective.Energy Research，8（4）：369-374.

Dasgupta S，Laplante B，Wang H，et al.2002.Confronting the environmental Kuznets curve. Journal of Economic Perspectives，16（1）：147-168.

Davis J J.1993.Strategies for environmental advertising.Journal of Consumer Marketing，10（2）：19-36.

de Young R K，Duncan A，Frank J，et al.1993.Promoting source reduction behavior：The role of motivational information.Environment and Behavior，25（1）：70-85.

D' Souza C，Taghian M.2005.Green advertising effects on attitude and choice of advertising themes.Asia Pacific Journal of Marketing and Logistics，17（3）：51-66.

Dwyer W O，Leeming F C，Cobern M K，et al.1993.Critical review of behavioral interventions to preserve the environment：Research since 1980.Environment and Behavior，25（5）：275.

Egmond C，Bruel R.2007.Nothing is as Practical as a Good Theory-Analysis of Theories and a Tool for Developing Interventions to Influence Energy-related Behaviour.SenterNovem.

Ellen P S，Wiener J L，Cobb-Walgren C.1991.The role of perceived consumer effectiveness in motivating environmentally conscious behaviors.Journal of Public Policy and Marketing，10（2）：102-117.

Eveland W P，Scheufele D A.2000.Connecting news media use with gaps in knowledge and participation.Political Communication，17（3）：215-237.

Fine S H. 1990. Social Marketing. Boston: Allyn and Bacon, Inc.

Fisher J，Irvine K.2010-5-21.Reducing household energy use and carbon emissions：The potential for promoting significant and durable changes through group participation. Proceedings of Conference：IESD PhD Conference：Energy and Sustainable Development Institute of Energy and Sustainable Development.Queens Building，De Montfort University，Leicester，UK.

Fuchs D A，Lorek S.2005.Sustainable consumption governance：A history of promises and failures. Journal of Consumer Policy，28（3）：261-288.

Fullerton D，Kinnaman T.1996.Household response to pricing garbage by the bag.American Economic Review，86（4）：971-984.

Fulton D C，Manfred M J，Lipscomb J.1996.Wildlife value orientations：A conceptual and measurement approach.Human Dimensions of Wildlife：An International Journal，1（2）：24-47.

Gardner G T，Stern P C.2002.Environmental Problems and Human Behavior.2nd ed. Boston：Pearson Custom Publishing.

Geller E S.1981.Evaluating energy conservation programs：is verbal report enough.Journal of Consumer Research，8（3）：331-335.

Geller E S.2002.The challenge of increasing pro-environmental behavior//Bechtel R G，Churchman A.Handbook of Environmental Psychology.New York：Wiley：259-263.

Geller E S，Winett R A，Everett P B.1982.Preserving the Environment：New Strategies for Behavior Change.New York：Pergamon Press.

Gonzales M H，Aronson E，Costanzo M A.1988.Using social cognition and persuasion to promote energy conservation：A quasi-experiment.Journal of Applied Social Psychology，18（12）：1049-1066.

Green L W，Kreuter M W.1999.Health Promotion Planning：An Educational and Ecological Approach.3rd ed.Mountain View：Mayfield Publishing Company.

Griskevicius V，Tybur J M，Bergh B V.2010.Going green to be seen：Status，reputation，and conspicuous conservation.Journal of Personality and Social Psychology，98（3）：392-404.

Grϕnhϕj A, Thϕgersen J.2011. Feedback on household electricity consumption：Learning and social influence processes.International Journal of Consumer Studies，35（2）：138-145.

Hartmann P，Ibáñez V A，Sainz F J F. 2005. Green branding effects on attitude：Functional versus emotional positioning strategies.Marketing Intelligence and Planning，23（1）：9-29.

Hayes S C，Cone J D.1977.Reducing residential electrical energy use：Payments，information，and feedback.Journal of Applied Behavior Analysis，10（3）：424-435.

Hayes S C，Cone J D.1981.Reduction of residential consumption of electricity through simple monthly feedback.Journal of Applied Behavior Analysts，14（1）：81-88.

Haytko D L，Matulich E.2008.Green advertising and environmentally responsible consumer behaviors：Linkages examined.Journal of Management and Marketing Research，30（1）：1-11.

Heberlein T A.1975.Conservation information：The energy crisis and electricity consumption in an apartment complex.Energy Systems and Policy，1（2）：105-117.

Heberlein T A，Warriner G K.1983.The influence of price and attitude on shifting residential electricity consumption from on-to-off-peak periods.Journal of Economic Psychology，4（1-2）：107-130.

Hines J M，Hungerford H R，Tomera A N.1987.Analysis and synthesis of research on responsible environmental behavior.Journal of Environmental Education，18（2）：1-8.

Hirst E，Grady S.1982-1983.Evaluation of a Wisconsin utility home energy audit program.Journal of Environmental Systems，12（4）：303-320.

Holbert R L，Kwak N，Shah D V.2003.Environmental concern，patterns of television viewing，and pro-environmental behaviors：Integrating models of media consumption and effects.Journal of Broadcasting and Electronic Media，47（2）：177-196.

Homer P M，Kahle L R.1988.A structural equation test of the value-attitude-behavior hierarchy. Journal of Personality and Social Psychology，54（4）：638-646.

Hutton R B，Mauser G A，Filiatrault P，et al.1986.Effects of cost-related feedback on consumer knowledge and consumption behavior：A field experimental approach.Journal of Consumer Research，13（3）：327-336.

Hutton R B，McNeill D L.1981.The value of incentives in stimulating energy conservation.Journal of Consumer Research，8（3）：291-298.

IPCC.2007.Climate Change 2007，Impacts，Adaptation and Vulnerability Contribution of Working Group II to the Fourth Assessment Report of the Intergovernmental Panel on Climate Change. Cambridge：Cambridge University Press.

Iyer E，Banerjee B.1992.Anatomy of green advertising.Advances in Consumer Research，20（3）：494-501.

Jackson T. 2005. Motivating sustainable consumption：A review of evidence on consumer behavior and behavioral change. http://www.sd-research.org.uk/wp-content/uploads/motivatingscfinal_000.pdf [2015-10-13].

Jenkins R R.1993.The Economics of Solid Waste Reduction：The Impact of User Fees.Cheltenham：Edward Engar.

Jensen T D.1986.Comparison processes in energy conservation feedback effects//Lutz R J.NA-Advances in Consumer Research.Provo：Association for Consumer Research，13：486-491.

Kahn M E，Kotchen M J.2010.Environmental Concern and the Business Cycle：The Chilling Effect of Recession.Cambridge：NBER Working Paper.

Kantola S J，Syme G J，Campbell N A.1984.Cognitive dissonance and energy conservation.Journal of Applied Psychology，69（3）：416-421.

Kareklas I.2012.The role of regulatory focus and self-view in "green" advertising message framing. Journal of Advertising，41（4）：25-39.

Kareklas I.2014.Judgment is not color blind：The impact of automatic color preference on product and advertising preferences.Journal of Consumer Psychology，24（1）：87-95.

Kareklas I，Carlson J R，Muehling D.2014. "I eat organic for my benefit and yours"：Egoistic and altruistic considerations for purchasing organic food and their implications for advertising strategists.Journal of Advertising，43（1）：18-32.

Katzev R D，Johnson T R.1983.A social psychological analysis of residential electricity consumption：The impact of minimal justification techniques.Journal of Economic Psychology，3（3-4）：267-284.

Katzev R D，Johnson T R.1984.Comparing the effects of monetary incentives and foot-in-the-door strategies in promoting residential electricity conservation.Journal of Applied Social Psychology，14（1）：12-27.

Kinnaman T C，Fullerton D.1999.The economics of residential solid waste management.National Bureau of Economic Research Working paper 7326.http：//wwwnberorg/ w7326 [2015-11-13].

Kotler P, Roberto N, Lee N.2002.Social Marketing: Improving the Quality of Life.2nd ed.Thousand Oaks: Sage Publications.

Kronrod A, Grinstein A, Wathieu L.2012.Go green! Should environmental messages be so assertive.Journal of Marketing, 76(1): 95-102.

Krugman H E.1965.The impact of television advertising: Learning without involvement.Public Opinion Quarterly, 29(Fall): 349-356.

Lam J C.1998.Climatic and economic influences on residential electricity consumption.Energy Conversion and Management, 39(7): 623-629.

Laport E R, Nath R.1976.Role of performance goals in prose learning.Journal of Educational Psychology, 68(3): 260-264.

Laroche M, Bergeron J, Barbaro-Forleo G.2001.Targeting consumers who are willing to pay more for environmentally friendly products.Journal of Consumer Marketing, 18(6): 503-520.

Laskey H A, Fox R J, Crask M R.1995. The relationship between advertising message strategy and television commercial effectiveness.Journal of Advertising Research, 35(2): 31-39.

Ling Y L.1997.Effect of collectivist orientation and ecological attitude on actual environmental commitment.Journal of International Consumer Marketing, 9(4): 31-53.

Locke E A, Bryan J F.1968.Goal-setting as a determinant of the effect of knowledge of score on performance.The American Journal of Psychology, 81(3): 398-406.

Locke E A, Latham G P.1990.A Theory of Goal Setting & Task Performance.Englewood Cliffs: Prentice Hall.

Lokhorst A M, Werner C M, Staats H, et al. 2011. Commitment and behavior change: A meta-analysis and critical review of commitment-making strategies in environmental research. Environment and Behavior, 45(1): 3-34.

Lord K R. 1994. Motivating recycling behavior: A quasiexperimental investigation of message and source strategies. Psychology and Marketing, 11(4): 341-358.

Luyben P D.1982.Prompting thermostat setting behavior: Public response to a presidential appeal for conservation.Environment and Behavior, 14(1): 113-128.

Leon I G de, Fuqua R W. 1995. The effects of public commitment and group feedback on curbside recycling. Environment and Behavior, 27(2): 233-250.

Maan S, Merkus B, Ham J, et al.2011.Making it not too obvious: The effect of ambient light feedback on space heating energy consumption.Energy Efficiency, 4(2): 175-183.

Mattila A S.1999.Do emotional appeals work for services? International Journal of Service Industry

Management，10（3）：292-306.

McCalley L T，Midden C J H.2002.Energy conservation through product-integrated feedback：The roles of goal-setting and social orientation.Journal of Economic Psychology，23（5）：589-604.

McCalley L T，Peter W V，Midden C J H.2011.Consumer response to product-integrated energy feedback：Behavior，goal level shifts，and energy conservation.Environment and Behavior，43（4）：525-545.

McCarthy J A，Shrum L J.1994.The recycling of solid wastes—Personal values，value orientations and attitudes about recycling as antecedents of recycling behaviour.Journal of Business Research，30（1）：53-62.

McClelland L，Canter R J.1981.Psychological research on energy conservation：Context，approaches，and methods//Baum A，Singer J.Advances in Environmental Psychology：Energy Conservation，Psychological Perspectives (Vol.3).Hillsdale：Lawrence Erlbaum Associates，Inc：1-25.

McClelland L，Cook S W.1980.Promoting energy conservation in master-metered apartments through group financial incentives.Journal of Applied Social Psychology，10（1）：20-31.

McDougall G H G，Claxton J D，Ritchie J R B，et al.1981.Consumer energy research：A review. Journal of Consumer Research，8（3）：343-354.

McDougall G H G，Claxton J D，Ritchie J R.1982. Residential home audits：An empirical analysis of the ENEVERSAVE program.Journal of Environmental Systems，12（3）：265-278.

McMakin A H，Malone E L，Lundgren R E.2002.Motivating residents to conserve energy without financial incentives.Environment and Behavior，34（6）：848-864.

Midden C J H，Meter J F，Weenig M H，et al.1983.Using feedback，reinforcement and information to reduce energy consumption in households：A field-experiment.Journal of Economic Psychology，3（1）：65-86.

Minton A P，Rose R L.1997.The effects of environmental concern on environmentally friendly consumer behavior：An exploratory study.Journal of Business Research，40（1）：37-48.

Miranda M L，Everett J W，Blume D，et al.1994.Market-based incentives and residential municipal solid waste.Journal of Policy Analysis and Management，13（4）：681-698.

Mostafa M M.2007.A hierarchical analysis of the green consciousness of the Egyptian consumer. Psychology and Marketing，24（5）：445-473.

Munro G D，Ditto P H.1997.Biased assimilation，attitude polarization，and affect in reactions to stereotype-relevant scientific information.Personality and Social Psychology Bulletin，23（6）：

636-653.

Nishio C.2010.Environmental communication aimed at household energy conservation//Sumi A，Fukushi K，Hiramatsu A.Mitigation and Adaptation Strategies for Global Change.Berlin：Springer Netherlands：215-231.

Nolan J M，Schultz P W，Cialdini R B，et al.2008.Normative social influence is underdetected. Personality and Social Psychology Bulletin，34（7）：913-923.

Nordlund A M，Garvill J.2002.Value structures behind pro-environmental behavior.Environment and Behavior，34（6）：740-756.

Nordlund A M，Garvill J.2003.Effects of values，problem awareness，and personal norm on willingness to reduce personal car use.Journal of Environmental Psychology，23（4）：339-347.

Nyborg K，Howarth R B，Brekke K A.2006.Green consumers and public policy：On socially contingent moral motivation.Resource and Energy Economics，28（4）：351-366.

Obermiller C.1995.The baby is sick/the baby is well：A test of environmental communication appeals.Journal of Advertising，24（2）：55-70.

O' Guinn T C，Shrum L J.1997.The role of television in the construction of consumer reality. Journal of Consumer Research，23（4）：278-294.

Olsen M E.1981.Consumers' attitudes toward energy conservation：A confirmatory factor analysis. Journal of Social Issues，37（2）：108-131.

Pallak M S，Cook D A，Sullivan J J.1980.Commitment and energy conservation.Applied Social Psychology Annual，1（1）：235-253.

Pallak M S，Cummings N.1976.Commitment and voluntary energy conservation.Personality and Social Psychology Bulletin，2（1）：27-31.

Palmer M H，Lloyd M E，Lloyd K E.1977.An experimental analysis of electricity conservation procedures.Journal of Applied Behavior Analysis，10（4）：665-671.

Pardini A U，Katzev R D.1983. The effect of strength of commitment on newspaper recycling. Journal of Environmental Systems，13（3）：245-254.

Parnell R，Larsen O P.2005.Informing the development of domestic energy efficiency initiatives：An everyday householder-centered framework.Environment and Behavior，37（6）：787-807.

Peattie K.1992.Green Marketing.London：Pitman Longman Group.

Peloza J，White K，Shang J.2013.Good and guilt-free：The role of self-accountability in influencing preferences for products with ethical attributes.Journal of Marketing，77（1）：104-119.

Petty R E，Cacioppo J T，Heesacker M.1981.Effects of rhetorical questions on persuasion：A cognitive response analysis.Journal of Personality and Social Psychology，40（3）：432-440.

Petty R E，Cacioppo J T，Schumann D.1983.Central and peripheral routes to advertising effectiveness：The moderating role of involvement.Journal of Consumer Research，10（2）：135-146.

Pierro A，Mannetti L，Kruglanski A W.2004.Relevance override：On the reduced impact of "cues" under high-motivation conditions of persuasion studies.Journal of Personality and Social Psychology，86（2）：251-264.

Poortinga W，Steg L，Vlek C.2004.Values，environmental concern，and environmental behavior：A study into household energy use.Environment and Behavior，36（1）：70-93.

Poortinga W，Steg L，Vlek C，et al.2003.Household preferences for energy-saving measures：A conjoint analysis.Journal of Economic Psychology，24（1）：49-64.

Press M，Arnould E J.2009.Constraints on sustainable energy consumption：Market system and public policy challenges and opportunities.Journal of Public Policy and Marketing，28（1）：102-113.

Prothero A，Dobscha S，Freund J.2011.Sustainable consumption：Opportunities for consumer research and public policy.Journal of Public Policy and Marketing，30（1）：31-38.

Reschovcky J D，Stone S E.1994.Incentives to encourage household waste recycling：Paying for what you throw away.Journal of Policy Analysis and Management，13（1）：120-139.

Rolls J M.2001.A Review of Strategies Promoting Energy Related Behavior Change，Energy Efficiency：Barriers and Strategies for SA.ISES 2001 Solar World Congress.

Sardianou E.2007.Estimating energy conservation patterns of Greek households.Energy Policy，35（7）：3778-3791.

Schipper L，Barlett S，Hawk D，et al.1989.Linking life-styles and energy use：A matter of time. Annual Review of Energy，14（1）：273-320.

Schuhwerk M E，Lefkoff-Hagius R.1995.Green or non-green? Does type of appeal matter when advertising a green product.Journal of Advertising，24（2）：45-54.

Schultz P W，Nolan J M，Cialdini R B，et al.2007.The constructive，destructive，and reconstructive power of social norms.Psychological Science，18（5）：429-434.

Schwepker C H Jr.，Cornwell T B. 1991. An examination of ecologically concerned consumers and their intention to purchase ecologically packaged products. Journal of Public Policy and Marketing，10(2)：77-101.

Seijts G H, Latham G P. 2000. The construct of goal commitmert Measurement and relationships with task performance//Goffin R D，Helmes E.Problems and Solutions in Human Assessment. New York：Kluwer Academic：315-332.

Seligman C，Darley J M.1976.Feedback as a means of decreasing residential energy consumption. Journal of Applied Psychology，62（4）：363-368.

Seligman C，Becker L，Darley J.1981.Encouraging residential energy conservation through feedback//Baum A，Singer J.Advances in Environmental Psychology：Energy Conservation，Psychological Perspectives.Hillsdale：Lawrence Erlbaum Associates，Inc.

Seligman C，Kriss M，Darley J M，et al.1979.Predicting summer energy consumption from homeowners' attitudes.Journal of Applied Social Psychology，9（1）：70-90.

Sexton R J，Johnson N B，Konakayama A.1987.Consumer response to continuous-display electricity-use monitors in a time-of-use pricing experiment.Journal of Consumer Research，14（1）：55-62.

Skumatz L，Freeman D.2006.Pay as you throw（PAYT）in the US：2006 update and analyses.http：//wwwepagov/payt/pdf/sera06pdf［2015-12-13］.

Slavin R E，Wodanski J S，Blackburn B L.1981.A group contingency for electricity conservation in master-metered apartments.Journal of Applied Behavior Analysis，14（3）：357-363.

Spears N，Singh S N.2004.Measuring attitude toward the brand and purchase intentions.Journal of Current Issues and Research in Advertising，26（2）：53-66.

Staats H，Harland P，Wilke H A M.2004.Effecting durable change：A team approach to improve environmental behavior in the household.Environment and Behavior，36（3）：341-367.

Staats H J，Wit A P，Midden C Y H.1996.Communicating the greenhouse effect to the public：Evaluation of a mass media campaign from a social dilemma perspective.Journal of Environmental Management，46（2）：189-203.

Stavins R N. 2000. Market-based environmental policies//Portney P R，Stavins R N. Public Policies for Environmental Protection. 2nd ed. Washington D C: Resources for the Future.

Steele C M.1988.The psychology of self-affirmation：Sustaining the integrity of the self//Berkowitz L.Advances in Experimental Social Psychology.San Diego：Academic Press：261-302.

Steg L.2008.Promoting household energy conservation.Energy Policy，36（12）：4449-4453.

Stern N.2007.The Economics of Climate Change：The Stern Review.Cambridge：Cambridge University Press.

Stern P C.1992.What psychology knows about energy conservation.American Psychologist，47

（10）：1224-1232.

Stern P C.2000.Toward a coherent theory of environmentally significant behavior.Journal of Social Issues，56（3）：407-424.

Straughan R D，Roberts J A．1999．Environmental segmentation alternatives: A look at green consumer behavior in the new millennium．Journal of Consumer Marketing，16（6）：558-575.

Sears D O，Freedman J L，Peplau L A．1985．Social Psychology(5th ed).Englewood Cliffs，NJ：Prentice Hall.

Thompson S C，Stoutemyer K.1991.Water use as a commons dilemma：The effects of education that focuses on long-term consequences and individual action.Environment and Behavior，23（3）：314-333.

Tichenor P J，Donohue G A，Olien C N.1970.Mass media flow and differential growth in knowledge.Public Opinion Quarterly，34（2）：159-170.

Thøgersen J，Ölander F．2002．Human values and the emergence of a sustainable consumption pattern：A panel study．Journal of Economic Psychology，23（5）：605-630.

UK Energy White Paper.2003.Our energy future—Creating a low carbon economy.http：// webarchivenationalarchivesgovuk［2015-11-28］.

van Houwelingen J H，van Raaij W F.1989.The effect of goal-setting and daily electronic feedback on in-home energy use.Journal of Consumer Research，16（1）：98-105.

Vlieger L D，Hudders L，Verleye G.2012.The Impact of Green Appeals on Credibility：A Mixed-method Approach.Research in Advertising，11th International Conference，Proceedings, Stockholin, Sweden.

Völlink T, Meertens R. 2010.The effect of a prepayment meter on residential gas consumption. Journal of Applied Social Psychology，40（10）：2556-2573.

Wagner E R，Hansen E N.2002.Methodology for evaluating green advertising of forest products in the United States：A content analysis.Forest Products Journal，52（4）：217-231.

Wang J M，Yam R C M，Tang E P Y.2013.Ecologically conscious behavior of urban Chinese consumers：The implications to public policy in China.Journal of Environmental Planning and Management，56（7）：982-1001.

Wang T H，Katze R D.1990.Group commitment and resource conservation：Two field experiments on promoting recycling.Journal of Applied Social Psychology，20（4）：265-275.

Wertz K L.1976.Economic factors influencing household's production of refuse.Journal of Environmental Economics and Management，2（4）：263-272.

White K，Peloza J.2009.Self-benefit versus other-benefit marketing appeals：Their effectiveness in generating charitable support.Journal of Marketing，73（4）：109-124.

Wiener J L，Doescher T A.1995.Green marketing and selling brotherhood//Polonsky M J，Mintu-Wimsatt A T.Environmental Marketing：Strategies，Practice，Theory，and Research.New York：The Haworth Press：313-330.

Winett R A，Kagel J H，Battalio R C，et al.1978.Effects of monetary rebates，feedback，and information on residential electricity conservation.Journal of Applied Psychology，63（1）：73-80.

Winett R A，Love S Q，Kidd C.1982.Effectiveness of an energy specialist and extension agents in promoting summer energy conservation by home visits.Journal of Environmental Systems，12（1）：61-70.

Winett R A，Neale M S，Grier H C.1979.Effects of self-monitoring and feedback on residential electricity consumption.Journal of Applied Behavior Analysis，12（2）：173-184.

Winett R A，Leckliter I N，Chinn D E，et al.1985.Effects of television modeling on residential energy conservation.Journal of Applied Behavior Analysis，18（1）：33-44.

Winkler R C，Winett R A.1982.Behavioral interventions in resource conservation：A systems approach based on behavioral economics.American Psychologist，37（4）：421-435.

Zhu B.2013.The impact of green advertising on consumer purchase intention of green products. World Review of Business Research，3（3）：72-80.

附　录

实验一的刺激材料和测试问卷

社会调研问卷（A）

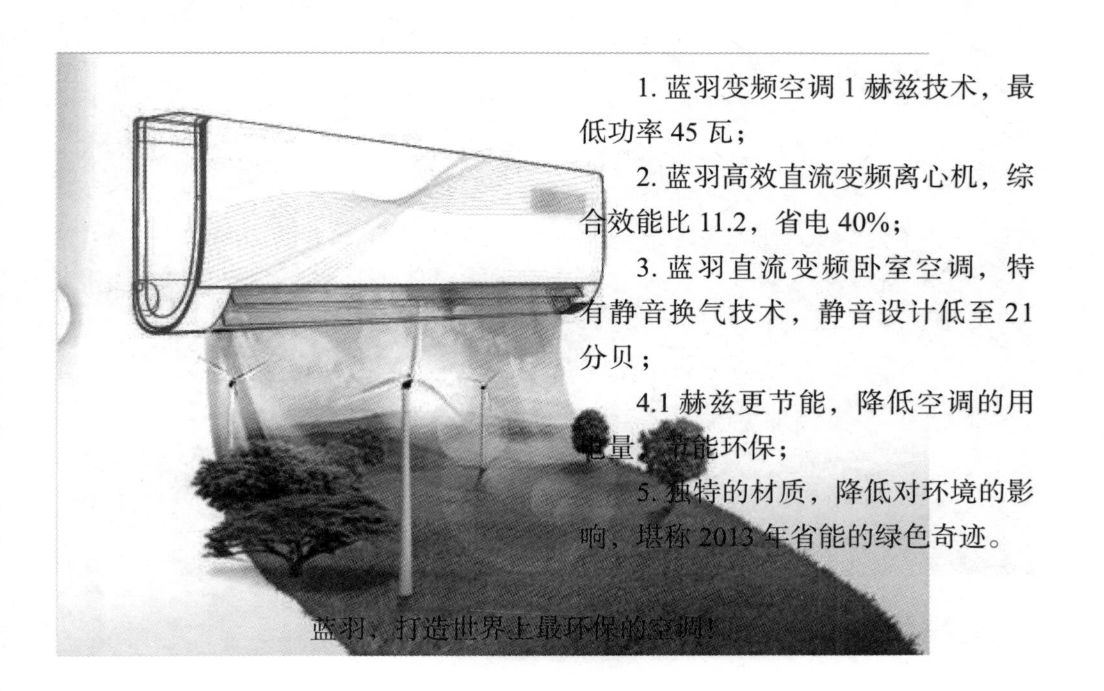

社会调研问卷（B）

打造舒适愉悦的工作、生活和购物空间
您和家人共享舒适环境。蓝羽与您一起守护
地球，节能减排，净化空气，综合效能比
高，关爱自己，关爱他人，爱护地球，共享
幸福和谐生活，享受家的温馨，更让宝宝健
康成长！
温暖
舒心
幸福
和谐
让您深刻体味家的感觉！
舒适

社会调研问卷（C）

全球气候变化使人类面临着巨大的环境危机，为了应对气候变化，减少环境污染，我们必须行动起来。购买蓝羽系列空调，为社会节能减排做出贡献！蓝羽空调，先进的技术能更好地实现节能减排的目标，净化空气省电先行，每节约1度（1千瓦时）电，会减少污染排放0.272千克碳粉尘、0.997千克二氧化碳（CO_2）、0.03千克二氧化硫（SO_2）、0.015千克氮氧化物（NO_x），这就相当于种植2~3棵树所起的作用，使用蓝羽空调以净化空气，创造清新环境！保护环境，爱护地球，选择使用蓝羽空调，为他人为社会创造良好的生存环境贡献自己的一份力量。
伸出友爱之手，与蓝羽一起，
携手节能减排，共建和谐社会，为绿色为环保共同努力！

社会调研问卷（D）

全球气候变化使人类面临着巨大的环境危机，为了应对气候变化，减少环境污染，我们必须行动起来。购买蓝羽空调，比一般空调省电40%，假设每节省1度电您将节省1元钱，每天节省1~2度电，平均一年将要节省300~600度电，将会为您节省500元左右，日积月累，也会给家庭带来可观的经济利益，让您轻松省钱做环保！蓝羽空调的奇特环保功能，让您切实感受身心舒适的氛围！另外，购买蓝羽空调还可赠送每位消费者价值相当的精美礼品一份！
蓝羽空调，省钱、健康又环保，
您的明智选择！

前测操控性检验

尊敬的受访者：

您好！首先感谢您抽空并协助本实验的进行，我是浙江财经大学的研究人员，正在进行一项研究。这是一份学术研究的问卷，每个问项题目并没有标准答案，您依自己真实的看法与主观感受来作答即可，您提供的个人资料绝不对外公开，仅作为学术研究之用，敬请您安心作答。再次衷心地感谢您的参与！

请您看完上述四则广告后，通过阅读下面方框内的信息，然后依据自己对广告的看法来作答。

绿色信息诉求的方式和操控情境：

本研究所采用的理性绿色诉求广告主要强调产品环保节能的功能以及减少对环境的破坏程度，来满足消费者对其产品所需的环保功能性需求。本研究所采用的感性绿色诉求广告主要是基于对环境的承诺，试图营造出令人感动的情境，其中情境包含了情感，来影响消费者的情感态度和购买意向。

通过上述广告设计，您觉得：

项目	非常同意	大致同意	一般	不太同意	很不同意
（1）A 能代表理性绿色诉求广告	5	4	3	2	1
（2）B 能代表感性绿色诉求广告	5	4	3	2	1

本研究所采用的利他绿色广告诉求主要是在广告中强调从事环保行为时，考虑给他人带来的福利，展示出自己的消费行为会保护环境使得地球更绿化更美好，而不会特别考虑自己的物质利益。本研究所采用的利他绿色广告诉求在广告中强调从事环保行为时，考虑自己的成本与物质利益，很少甚至几乎不会考虑到他人的利益。

通过上述广告设计，您觉得：

项目	非常同意	大致同意	一般	不太同意	很不同意
（1）C 能代表利他绿色诉求广告	5	4	3	2	1
（2）D 能代表利己绿色诉求广告	5	4	3	2	1

实验测试问卷

第一部分：请您看完 A、B、C、D 广告后，来回答此部分的问题。

看完 A、B、C、D 广告后，我觉得这则绿色广告给我的感觉是：

项目	非常同意	大致同意	一般	不太同意	很不同意
(1) 该绿色广告提供的信息十分丰富	5	4	3	2	1
(2) 这则绿色广告令人印象深刻	5	4	3	2	1
(3) 这则绿色广告很有吸引力	5	4	3	2	1
(4) 我喜欢这则绿色广告	5	4	3	2	1
(5) 这则绿色广告很有说服力	5	4	3	2	1

看完 A、B、C、D 广告后，在这则绿色广告中所描述的产品使人认为：

项目	非常同意	大致同意	一般	不太同意	很不同意
(1) 该产品是绿色环保的产品	5	4	3	2	1
(2) 选择该产品有助于改善生态环境	5	4	3	2	1
(3) 选择该产品会减少对环境的污染	5	4	3	2	1
(4) 该产品有利于刺激消费者提高环保意识	5	4	3	2	1

看完 A、B、C、D 广告后，我觉得：

项目	非常同意	大致同意	一般	不太同意	很不同意
(1) 我想要购买该产品	5	4	3	2	1
(2) 购买该广告中的产品是很明智的选择	5	4	3	2	1
(3) 该绿色广告会促使我决定购买该产品	5	4	3	2	1

第二部分：本部分是想了解您的环保情况以及在环保问题上的价值观，答案无所谓对与错，请根据您的真实情况，回答以下问题。

看完 A、B、C、D 广告后，我觉得这则绿色广告给我的感觉是：

项目	非常同意	大致同意	一般	不太同意	很不同意
(1) 我对绿色广告的信息很关注	5	4	3	2	1
(2) 我对环境问题很关注	5	4	3	2	1
(3) 我对市场上新流行的绿色产品很关注	5	4	3	2	1
(4) 我对与绿色产品相关的活动很关注	5	4	3	2	1

项目	非常同意	大致同意	一般	不太同意	很不同意
（1）我崇尚自然	5	4	3	2	1
（2）我崇尚简单朴实的生活	5	4	3	2	1
（3）我崇尚顺其自然的生活	5	4	3	2	1
（4）理想的生活场所是那里的风景和气氛就如同一幅山水画	5	4	3	2	1
（5）如果事物以其本来的节奏变化，万物和谐就会自然实现	5	4	3	2	1

第三部分：个人资料

（1）性别	A. 男		B. 女		
（2）年龄	A.20 周岁或以下	B.21 ～ 30 周岁	C.31 ～ 40 周岁	D.41 ～ 50 周岁	E.51 周岁或以上
（3）学历	A. 大专或以下		B. 本科		C. 硕士或以上
（4）婚姻状况	A. 未婚		B. 已婚		
（5）平均月个人可支配收入	A.1000 元以下		B.1001 ～ 2000 元		C.2001 ～ 3000 元
	D.3001 ～ 4000 元		E.4001 ～ 5000 元		F.5001 元以上

本问卷到此结束，请检查是否有漏答之处。再次感谢您对本次调研的热心支持！

实验二的刺激材料和测试问卷

社会调研问卷（A）

尊敬的女士 / 先生：

您好！我们是浙江财经大学社会调研项目组的研究人员，正在做一项关于省情、民情的社会调研。本调研是完全匿名的，结果仅作为课题研究之用，敬请您放心作答。

为感谢您的参与，我们将赠送您一份小礼品！

祝您生活愉快！

浙江财经大学项目组

请您先阅读下面这则信息材料，然后回答下面的问题。

> 据统计，每节约 1 度电相当于减少 0.997 千克二氧化碳、0.272 千克碳粉尘、0.03 千克二氧化硫、0.015 千克氮氧化物等污染物排放，同时节约 0.4 千克标准煤。日积月累，节约用电可以为全社会节能减排做出很大贡献！
>
> 让我们行动起来，节约每一度电，为社会节能减排做贡献！

看完该信息后，您的感受如何？请在最符合您的答案序号上画“○”。

0.1 该信息主要表达了节约用电（　　）	A. 对社会的好处	B. 对自身的好处

看完该信息后，您的看法如何？请在最符合您的答案序号上画“○”。

项目	同意	大致同意	一般	不太同意	不同意
1.1 该信息有说服力	5	4	3	2	1
1.2 该信息打动了我	5	4	3	2	1
1.3 我会记住该信息	5	4	3	2	1
1.4 我很喜欢该信息	5	4	3	2	1
2.1 节约用电对社会很有益	5	4	3	2	1
2.2 节约用电对自身很有益	5	4	3	2	1
2.3 节约用电对每个人都有益	5	4	3	2	1
2.4 该信息会提高人们的节电意识	5	4	3	2	1
2.5 该信息会促进人们节约用电	5	4	3	2	1
2.6 该信息会提高我的节电意识	5	4	3	2	1
2.7 该信息会促进我节约用电	5	4	3	2	1

看完该信息后，您的行为如何？请在最符合您的答案序号上画“○”。

项目	完全做到	多数做到	半数做到	少数做到	不能做到
3.1 今后离开房间时我会随手关灯	5	4	3	2	1
3.2 今后不用电器时我会切掉电源以减少待机耗电	5	4	3	2	1
3.3 今后较低楼层时我会步行上下楼，不乘电梯	5	4	3	2	1
3.4 今后夏天或冬天时我会减少空调使用	5	4	3	2	1
3.5 今后我会尽量购买节能灯具	5	4	3	2	1
3.6 今后我会尽量购买节能家电	5	4	3	2	1
3.7 今后购买家电时我会考虑其是否有节能标志或能效标识	5	4	3	2	1
3.8 今后我愿为节能产品支付更高价格	5	4	3	2	1

下面是关于您观念的题项，请在最符合您的答案序号上画“○”。

项目	同意	大致同意	一般	不太同意	不同意
4.1 我对节能问题很关注	5	4	3	2	1
4.2 我对节能信息很关注	5	4	3	2	1
4.3 我对节能产品很关注	5	4	3	2	1
4.4 我崇尚清静平淡的生活	5	4	3	2	1
4.5 我崇尚简单朴实的生活	5	4	3	2	1
4.6 我崇尚顺其自然的生活	5	4	3	2	1

最后是您的个人信息，请在符合您的答案序号上画“○”。

5.1 性别	A. 男		B. 女		
5.2 年龄	A.24 周岁或以下	B.25 ～ 34 周岁	C.35 ～ 44 周岁	D.45 ～ 54 周岁	E.55 周岁或以上
5.3 学历	A. 初中或以下	B. 高中或中专	C. 大专或高职	D. 本科	E. 研究生或以上
5.4 个人月收入	A.2200 元或以下	B.2201 ～ 4400 元	C.4401 ～ 6600 元	D.6601 ～ 8800 元	E.8801 元或以上
5.5 我家月平均用电量（ ）170 度（约 90 元电费）	A. 大大超出	B. 小幅超出	C. 大致等于	D. 小幅低于	E. 大大低于
5.6 相对一般人来说，我的行为较易受周围人的影响	A. 是		B. 否		
5.7 相对一般人来说，我在生活消费中比较注重面子	A. 是		B. 否		

本问卷到此结束，请检查是否有漏答之处。再次感谢您对本次调研的热心支持！

社会调研问卷（B）

尊敬的女士 / 先生：

您好！我们是浙江财经大学社会调研项目组的研究人员，正在做一项关于省情、民情的社会调研。本调研是完全匿名的，结果仅作为课题研究之用，敬请您放心作答。

为感谢您的参与，我们将赠送您一份小礼品！

祝您生活愉快！

浙江财经大学项目组

请您先阅读下面这则信息材料，然后回答下面的问题。

据统计，每节约 1 度电相当于节省 0.538 元，它可使 25 瓦灯泡亮 40 小时，电冰箱运行 1 天，电风扇运转 20 小时，烧开 8 千克水，电动自行车跑 80 千米。日积月累，节约用电就能轻松省钱，为个人或家庭积累财富！ 让我们行动起来，节约每一度电，在轻松省钱中积累财富！

看完该信息后，您的感受如何？请在最符合您的答案序号上画“○”。

0.1 该信息主要表达了节约用电（ ）	A. 对社会的好处	B. 对自身的好处

看完该信息后，您的看法如何？请在最符合您的答案序号上画“○”。

项目	同意	大致同意	一般	不太同意	不同意
1.1 该信息有说服力	5	4	3	2	1
1.2 该信息打动了我	5	4	3	2	1
1.3 我会记住该信息	5	4	3	2	1
1.4 我很喜欢该信息	5	4	3	2	1
2.1 节约用电对社会很有益	5	4	3	2	1
2.2 节约用电对自身很有益	5	4	3	2	1
2.3 节约用电对每个人都有益	5	4	3	2	1
2.4 该信息会提高人们的节电意识	5	4	3	2	1
2.5 该信息会促进人们节约用电	5	4	3	2	1
2.6 该信息会提高我的节电意识	5	4	3	2	1
2.7 该信息会促进我节约用电	5	4	3	2	1

看完该信息后，您的行为如何？请在最符合您的答案序号上画“○”。

项目	完全做到	多数做到	半数做到	少数做到	不能做到
3.1 今后离开房间时我会随手关灯	5	4	3	2	1
3.2 今后不用电器时我会切掉电源以减少待机耗电	5	4	3	2	1
3.3 今后较低楼层时我会步行上下楼，不乘电梯	5	4	3	2	1
3.4 今后夏天或冬天时我会减少空调使用	5	4	3	2	1
3.5 今后我会尽量购买节能灯具	5	4	3	2	1
3.6 今后我会尽量购买节能家电	5	4	3	2	1
3.7 今后购买家电时我会考虑其是否有节能标志或能效标识	5	4	3	2	1
3.8 今后我愿为节能产品支付更高价格	5	4	3	2	1

下面是关于您观念的题项，请在最符合您的答案序号上画“○”。

项目	同意	大致同意	一般	不太同意	不同意
4.1 我对节能问题很关注	5	4	3	2	1
4.2 我对节能信息很关注	5	4	3	2	1
4.3 我对节能产品很关注	5	4	3	2	1
4.4 我崇尚清静平淡的生活	5	4	3	2	1
4.5 我崇尚简单朴实的生活	5	4	3	2	1
4.6 我崇尚顺其自然的生活	5	4	3	2	1

最后是您的个人信息，请在符合您的答案序号上画“○”。

5.1 性别	A. 男		B. 女		
5.2 年龄	A.24 周岁或以下	B.25 ～ 34 周岁	C.35 ～ 44 周岁	D.45 ～ 54 周岁	E.55 周岁或以上
5.3 学历	A. 初中或以下	B. 高中或中专	C. 大专或高职	D. 本科	E. 研究生或以上
5.4 个人月收入	A.2200 元或以下	B.2201 ～ 4400 元	C.4401 ～ 6600 元	D.6601 ～ 8800 元	E.8801 元或以上
5.5 我家月平均用电量（ ）170 度（约 90 元电费）	A. 大大超出	B. 小幅超出	C. 大致等于	D. 小幅低于	E. 大大低于
5.6 相对一般人来说，我的行为较易受周围人的影响	A. 是		B. 否		
5.7 相对一般人来说，我在生活消费中比较注重面子	A. 是		B. 否		

本问卷到此结束，请检查是否有漏答之处。再次感谢您对本次调研的热心支持！

社会调研问卷（C）

尊敬的女士 / 先生：

您好！我们是浙江财经大学社会调研项目组的研究人员，正在做一项关于省情、民情的社会调研。本调研是完全匿名的，结果仅作为课题研究之用，敬请您放心作答。

为感谢您的参与，我们将赠送您一份小礼品！

祝您生活愉快！

浙江财经大学项目组

请您先阅读下面这则信息材料，然后回答下面的问题。

> 据统计，每节约 10 度电相当于减少 9.97 千克二氧化碳、2.72 千克碳粉尘、0.3 千克二氧化硫、0.15 千克氮氧化物等污染物排放，同时节约 4 千克标准煤。日积月累，节约用电可以为全社会节能减排做出很大贡献！
>
> 让我们行动起来，节约每一度电，为社会节能减排做贡献！

看完该信息后，您的感受如何？请在最符合您的答案序号上画“○”。

0.1 该信息主要表达了节约用电（ ）	A. 对社会的好处	B. 对自身的好处

看完该信息后，您的看法如何？请在最符合您的答案序号上画“○”。

项目	同意	大致同意	一般	不太同意	不同意
1.1 该信息有说服力	5	4	3	2	1
1.2 该信息打动了我	5	4	3	2	1
1.3 我会记住该信息	5	4	3	2	1
1.4 我很喜欢该信息	5	4	3	2	1
2.1 节约用电对社会很有益	5	4	3	2	1
2.2 节约用电对自身很有益	5	4	3	2	1
2.3 节约用电对每个人都有益	5	4	3	2	1
2.4 该信息会提高人们的节电意识	5	4	3	2	1
2.5 该信息会促进人们节约用电	5	4	3	2	1
2.6 该信息会提高我的节电意识	5	4	3	2	1
2.7 该信息会促进我节约用电	5	4	3	2	1

看完该信息后，您的行为如何？请在最符合您的答案序号上画“○”。

项目	完全做到	多数做到	半数做到	少数做到	不能做到
3.1 今后离开房间时我会随手关灯	5	4	3	2	1
3.2 今后不用电器时我会切掉电源以减少待机耗电	5	4	3	2	1
3.3 今后较低楼层时我会步行上下楼，不乘电梯	5	4	3	2	1
3.4 今后夏天或冬天时我会减少空调使用	5	4	3	2	1
3.5 今后我会尽量购买节能灯具	5	4	3	2	1
3.6 今后我会尽量购买节能家电	5	4	3	2	1
3.7 今后购买家电时我会考虑其是否有节能标志或能效标识	5	4	3	2	1
3.8 今后我愿为节能产品支付更高价格	5	4	3	2	1

下面是关于您观念的题项，请在最符合您的答案序号上画“○”。

项目	同意	大致同意	一般	不太同意	不同意
4.1 我对节能问题很关注	5	4	3	2	1
4.2 我对节能信息很关注	5	4	3	2	1
4.3 我对节能产品很关注	5	4	3	2	1
4.4 我崇尚清静平淡的生活	5	4	3	2	1
4.5 我崇尚简单朴实的生活	5	4	3	2	1
4.6 我崇尚顺其自然的生活	5	4	3	2	1

最后是您的个人信息，请在符合您的答案序号上画“○”。

5.1 性别	A. 男		B. 女		
5.2 年龄	A.24 周岁或以下	B.25 ～ 34 周岁	C.35 ～ 44 周岁	D.45 ～ 54 周岁	E.55 周岁或以上
5.3 学历	A. 初中或以下	B. 高中或中专	C. 大专或高职	D. 本科	E. 研究生或以上
5.4 个人月收入	A.2200 元或以下	B.2201 ～ 4400 元	C.4401 ～ 6600 元	D.6601 ～ 8800 元	E.8801 元或以上
5.5 我家月平均用电量（ ）170 度（约 90 元电费）	A. 大大超出	B. 小幅超出	C. 大致等于	D. 小幅低于	E. 大大低于
5.6 相对一般人来说，我的行为较易受周围人的影响	A. 是		B. 否		
5.7 相对一般人来说，我在生活消费中比较注重面子	A. 是		B. 否		

本问卷到此结束，请检查是否有漏答之处。再次感谢您对本次调研的热心支持！

社会调研问卷（D）

尊敬的女士 / 先生：

您好！我们是浙江财经大学社会调研项目组的研究人员，正在做一项关于省情、民情的社会调研。本调研是完全匿名的，结果仅作为课题研究之用，敬请您放心作答。

为感谢您的参与，我们将赠送您一份小礼品！

祝您生活愉快！

浙江 财经大学项目组

请您先阅读下面这则信息材料，然后回答下面的问题。

> 据统计，每节约 10 度电相当于节省 5.38 元，它可使 25 瓦灯泡亮 400 小时，电冰箱运行 10 天，电风扇运转 200 小时，烧开 80 千克水，电动自行车跑 800 千米。日积月累，节约用电就能轻松省钱，为个人或家庭积累财富！
>
> 让我们行动起来，节约每一度电，在轻松省钱中积累财富！

看完该信息后，您的感受如何？请在最符合您的答案序号上画“○”。

0.1 该信息主要表达了节约用电（ ）	A. 对社会的好处	B. 对自身的好处

看完该信息后，您的看法如何？请在最符合您的答案序号上画“○”。

项目	同意	大致同意	一般	不太同意	不同意
1.1 该信息有说服力	5	4	3	2	1
1.2 该信息打动了我	5	4	3	2	1
1.3 我会记住该信息	5	4	3	2	1
1.4 我很喜欢该信息	5	4	3	2	1
2.1 节约用电对社会很有益	5	4	3	2	1
2.2 节约用电对自身很有益	5	4	3	2	1
2.3 节约用电对每个人都有益	5	4	3	2	1
2.4 该信息会提高人们的节电意识	5	4	3	2	1
2.5 该信息会促进人们节约用电	5	4	3	2	1
2.6 该信息会提高我的节电意识	5	4	3	2	1
2.7 该信息会促进我节约用电	5	4	3	2	1

看完该信息后，您的行为如何？请在最符合您的答案序号上画“○”。

项目	完全做到	多数做到	半数做到	少数做到	不能做到
3.1 今后离开房间时我会随手关灯	5	4	3	2	1
3.2 今后不用电器时我会切掉电源以减少待机耗电	5	4	3	2	1
3.3 今后较低楼层时我会步行上下楼，不乘电梯	5	4	3	2	1
3.4 今后夏天或冬天时我会减少空调使用	5	4	3	2	1
3.5 今后我会尽量购买节能灯具	5	4	3	2	1
3.6 今后我会尽量购买节能家电	5	4	3	2	1
3.7 今后购买家电时我会考虑其是否有节能标志或能效标识	5	4	3	2	1
3.8 今后我愿为节能产品支付更高价格	5	4	3	2	1

下面是关于您观念的题项，请在最符合您的答案序号上画“○”。

项目	同意	大致同意	一般	不太同意	不同意
4.1 我对节能问题很关注	5	4	3	2	1
4.2 我对节能信息很关注	5	4	3	2	1
4.3 我对节能产品很关注	5	4	3	2	1
4.4 我崇尚清静平淡的生活	5	4	3	2	1
4.5 我崇尚简单朴实的生活	5	4	3	2	1
4.6 我崇尚顺其自然的生活	5	4	3	2	1

最后是您的个人信息，请在符合您的答案序号上画“○”。

5.1 性别	A. 男		B. 女		
5.2 年龄	A.24 周岁或以下	B.25 ～ 34 周岁	C.35 ～ 44 周岁	D.45 ～ 54 周岁	E.55 周岁或以上
5.3 学历	A. 初中或以下	B. 高中或中专	C. 大专或高职	D. 本科	E. 研究生或以上
5.4 个人月收入	A.2200 元或以下	B.2201 ～ 4400 元	C.4401 ～ 6600 元	D.6601 ～ 8800 元	E.8801 元或以上
5.5 我家月平均用电量（ ）170 度（约 90 元电费）	A. 大大超出	B. 小幅超出	C. 大致等于	D. 小幅低于	E. 大大低于
5.6 相对一般人来说，我的行为较易受周围人的影响	A. 是		B. 否		
5.7 相对一般人来说，我在生活消费中比较注重面子	A. 是		B. 否		

本问卷到此结束，请检查是否有漏答之处。再次感谢您对本次调研的热心支持！

实验三的刺激材料和测试问卷

社会调研问卷（A）

尊敬的女士 / 先生：

您好！我们是浙江财经大学社会调研项目组的研究人员，正在做一项关于省情、民情的社会调研。本调研是完全匿名的，结果仅作为课题研究之用，敬请您安心作答。

为感谢您的参与，我们将赠送您一份小礼品！

祝您生活愉快！

浙江财经大学项目组

请您先阅读下面这则假设材料，然后回答下面的问题。

为减少垃圾量，促进垃圾回收，相关部门拟实行垃圾按量收费政策，即根据每个家庭实际倒垃圾的量来收费。具体来说，家庭倒垃圾需购买专用垃圾袋，厨余垃圾每袋收费 0.4 元，其他垃圾每袋收费 0.8 元（可回收物和有害垃圾不收费）。其中，

厨余垃圾：剩菜剩饭、菜梗菜叶、动物骨骼内脏、果壳瓜皮、残枝落叶等；

可回收物：纸类、金属、玻璃、塑料制品、牛奶盒、饮料瓶等；

有害垃圾：电池、灯管灯泡、过期药品、化妆品、废旧小家电、硒鼓等；

其他垃圾：除上述之外的所有垃圾，包括塑料袋、受污染的纸张、卫生纸、尿片、卫生用品、一次性餐具、灰土等。

对于上述垃圾按量收费政策：

0.1 该政策的收费标准	很高	偏高	合适	偏低	很低

首先是关于您看法的题项，请在最适合您的答案序号上画“○”。

项目	同意	大致同意	一般	不太同意	不同意
1.1 该政策很合理	5	4	3	2	1
1.2 该政策很必要	5	4	3	2	1
1.3 我喜欢该政策	5	4	3	2	1
2.1 该政策会促进大多数人将可回收物分类投放	5	4	3	2	1
2.2 该政策会促进大多数人将有害垃圾分类投放	5	4	3	2	1
2.3 该政策会促进大多数人减少倒厨余垃圾的量	5	4	3	2	1

续表

项目	同意	大致同意	一般	不太同意	不同意
2.4 该政策会促进大多数人减少倒其他垃圾的量	5	4	3	2	1
2.5 该政策实行后，大多数人会不按类投放垃圾（乱投放垃圾）	5	4	3	2	1
2.6 该政策实行后，大多数人会偷偷倒垃圾（而不付钱）	5	4	3	2	1

其次是关于您行为的题项，请在最适合您的答案序号上画“○”。

项目	符合	大致符合	一般	不太符合	不符合
3.1 该政策实行后，我会将可回收物分类投放	5	4	3	2	1
3.2 该政策实行后，我会将有害垃圾分类投放	5	4	3	2	1
3.3 该政策实行后，我会减少倒厨余垃圾的量	5	4	3	2	1
3.4 该政策实行后，我会减少倒其他垃圾的量	5	4	3	2	1
4.1 该政策实行后，我会尽量少购买过度包装产品	5	4	3	2	1
4.2 该政策实行后，我会尽量少使用一次性产品	5	4	3	2	1
4.3 该政策实行后，我会尽量重复利用或循环使用产品	5	4	3	2	1
5.1 该政策实行后，我会不按类投放垃圾（乱投放垃圾）	5	4	3	2	1
5.2 该政策实行后，我会偷偷倒垃圾	5	4	3	2	1
5.3 该政策实行后，如果其他人不按类投放垃圾，我也会这样做	5	4	3	2	1
5.4 该政策实行后，如果其他人偷偷倒垃圾，我也会这样做	5	4	3	2	1

下面是关于您观念的题项，请在最适合您的答案序号上画“○”。

项目	同意	大致同意	一般	不太同意	不同意
6.1 当前垃圾泛滥问题非常严重	5	4	3	2	1
6.2 如不控制，以后会没有地方处置垃圾	5	4	3	2	1
6.3 垃圾泛滥导致的资源浪费非常严重	5	4	3	2	1

最后是您的个人信息，请在符合您的答案序号上画“○”。

7.1 性别	A. 男		B. 女		
7.2 年龄	A.24 周岁或以下	B.25 ～ 34 周岁	C.35 ～ 44 周岁	D.45 ～ 54 周岁	E.55 周岁或以上
7.3 学历	A. 初中或以下	B. 高中或中专	C. 大专或高职	D. 本科	E. 研究生或以上
7.4 个人月收入	A.2200 元或以下	B.2201 ～ 4400 元	C.4401 ～ 6600 元	D.6601 ～ 8800 元	E.8801 元或以上
7.5 我现居住的小区已实行垃圾分类收集	A. 是		B. 否		
7.6 相对一般人来说，我的行为较易受周围人的影响	A. 是		B. 否		
7.7 相对一般人来说，我在生活消费中比较注重面子	A. 是		B. 否		

本问卷到此结束，请检查是否有漏答之处。再次感谢您对本次调研的热心支持！

社会调研问卷（B）

尊敬的女士 / 先生：

您好！我们是浙江财经大学社会调研项目组的研究人员，正在做一项关于省情、民情的社会调研。本调研是完全匿名的，结果仅作为课题研究之用，敬请您安心作答。

为感谢您的参与，我们将赠送您一份小礼品！

祝您生活愉快！

浙江财经大学项目组

请您先阅读下面这则假设材料，然后回答下面的问题。

为减少垃圾量，促进垃圾回收，相关部门拟实行垃圾按量收费政策，即根据每个家庭实际倒垃圾的量来收费。具体来说，家庭倒垃圾需购买专用垃圾袋，厨余垃圾每袋收费 0.6 元，其他垃圾每袋收费 1.2 元（可回收物和有害垃圾不收费）。其中，

厨余垃圾：剩菜剩饭、菜梗菜叶、动物骨骼内脏、果壳瓜皮、残枝落叶等；

可回收物：纸类、金属、玻璃、塑料制品、牛奶盒、饮料瓶等；

有害垃圾：电池、灯管灯泡、过期药品、化妆品、废旧小家电、硒鼓等；

其他垃圾：除上述之外的所有垃圾，包括塑料袋、受污染的纸张、卫生纸、尿片、卫生用品、一次性餐具、灰土等。

对于上述垃圾按量收费政策：

0.1 该政策的收费标准	很高	偏高	合适	偏低	很低

首先是关于您看法的题项，请在最适合您的答案序号上画“○”。

项目	同意	大致同意	一般	不太同意	不同意
1.1 该政策很合理	5	4	3	2	1
1.2 该政策很必要	5	4	3	2	1
1.3 我喜欢该政策	5	4	3	2	1
2.1 该政策会促进大多数人将可回收物分类投放	5	4	3	2	1
2.2 该政策会促进大多数人将有害垃圾分类投放	5	4	3	2	1
2.3 该政策会促进大多数人减少倒厨余垃圾的量	5	4	3	2	1
2.4 该政策会促进大多数人减少倒其他垃圾的量	5	4	3	2	1
2.5 该政策实行后，大多数人会不按类投放垃圾（乱投放垃圾）	5	4	3	2	1
2.6 该政策实行后，大多数人会偷偷倒垃圾（而不付钱）	5	4	3	2	1

其次是关于您行为的题项，请在最适合您的答案序号上画“○”。

项目	符合	大致符合	一般	不太符合	不符合
3.1 该政策实行后，我会将可回收物分类投放	5	4	3	2	1
3.2 该政策实行后，我会将有害垃圾分类投放	5	4	3	2	1
3.3 该政策实行后，我会减少倒厨余垃圾的量	5	4	3	2	1
3.4 该政策实行后，我会减少倒其他垃圾的量	5	4	3	2	1
4.1 该政策实行后，我会尽量少购买过度包装产品	5	4	3	2	1
4.2 该政策实行后，我会尽量少使用一次性产品	5	4	3	2	1
4.3 该政策实行后，我会尽量重复利用或循环使用产品	5	4	3	2	1
5.1 该政策实行后，我会不按类投放垃圾（乱投放垃圾）	5	4	3	2	1
5.2 该政策实行后，我会偷偷倒垃圾	5	4	3	2	1
5.3 该政策实行后，如果其他人不按类投放垃圾，我也会这样做	5	4	3	2	1

续表

项目	符合	大致符合	一般	不太符合	不符合
5.4 该政策实行后，如果其他人偷偷倒垃圾，我也会这样做	5	4	3	2	1

下面是关于您观念的题项，请在最适合您的答案序号上画“○”。

项目	同意	大致同意	一般	不太同意	不同意
6.1 当前垃圾泛滥问题非常严重	5	4	3	2	1
6.2 如不控制，以后会没有地方处置垃圾	5	4	3	2	1
6.3 垃圾泛滥导致的资源浪费非常严重	5	4	3	2	1

最后是您的个人信息，请在符合您的答案序号上画“○”。

7.1 性别	A. 男		B. 女		
7.2 年龄	A.24 周岁或以下	B.25 ～ 34 周岁	C.35 ～ 44 周岁	D.45 ～ 54 周岁	E.55 周岁或以上
7.3 学历	A. 初中或以下	B. 高中或中专	C. 大专或高职	D. 本科	E. 研究生或以上
7.4 个人月收入	A.2200 元或以下	B.2201 ～ 4400 元	C.4401 ～ 6600 元	D.6601 ～ 8800 元	E.8801 元或以上
7.5 我现居住的小区已实行垃圾分类收集	A. 是		B. 否		
7.6 相对一般人来说，我的行为较易受周围人的影响	A. 是		B. 否		
7.7 相对一般人来说，我在生活消费中比较注重面子	A. 是		B. 否		

本问卷到此结束，请检查是否有漏答之处。再次感谢您对本次调研的热心支持！

后　记

本书是国家自然科学基金青年项目“外部干预政策对公众消费碳减排的影响效应和作用机理”（71203192）和浙江省自然科学基金项目“诉求内容、诉求方式对能源节约行为影响的实验研究——主效应、交互效应和调节效应检验”（Y15G030053）的最终研究成果，同时本书也获得“浙江财经大学杰出中青年教师资助计划”（B类）的资助。

2004～2007年攻读博士学位期间，我就开始关注消费碳减排的外部干预政策问题。我的博士学位论文曾对城市生活垃圾管制政策问题进行了专门研究，这实际上属于消费者处理废弃阶段的消费碳减排问题。此后，我对消费碳减排行为及其影响因素、干预政策一直保持着浓厚的研究兴趣，先后承担了若干项国家级、省部级项目，在《环境规划与管理》(*Journal of Environmental Planning and Management*，SSCI)、《管理世界》、《南开管理评论》、《管理科学》、《中国工业经济》、《经济学家》、《中国人口•资源与环境》、《心理科学进展》等学术期刊发表了几十篇论文，也出版了几部专著。本书是在上述研究基础上对消费碳减排的外部干预政策进行的深化研究，试图为“推动生活方式绿色化”的政策实践提供理论支撑和实验证据，也试图从消费视角践行“绿水青山就是金山银山”的政策理念。

本项目组成员有杨雪锋教授、司言武教授、李云雁博士、高伟娜博士、吴翼泽老师、丁杨鑫老师等，他们为本项目的完成做了不少工作。研究生沈晓骅参与了本书第二章的资料收集、分析整理和初稿撰写工作，刘翠平参与了本书第四章的实验设计、现场实验和数据分析工作，吴龙昌、王丛丛、王秋欢等参与了本书部分章节的资料收集、整理和校对工作，胡榕、黄金印、李增喜、戚瀚英、乐军、汪鲸、李冬梅等参与了本书的现场实验和测试调研，万海啸、赵青芳等参与了书稿校对，在此一并对他们表示感谢。

在当前日趋丰富多彩、奢华喧嚣、自我表现的社会，能够默默地进行学术研究真有些“不合时宜”，特别“不合时宜”的是本书还倡导绿色消费、减量消费甚至反消费（这些可以认为是道家文化价值观的核心理念）。我将本着“静默如初”之心一如既往地向前走。在本书写作过程中，妻子胡小爱给了我很多帮助、鼓励和支持，也参与了资料整理和文稿校对工作。本书的撰写过程正值我两个女儿王一默和王一静的成长，期间我父母和妻子承担了主要的抚育工作，使两个女儿得以健康快乐地成长，也使我可以将更多精力投入到本书的写作中。本书也算是我向他们的一个汇报。

最后，由于消费碳减排的外部干预政策研究是一个相对前沿的领域，可直接借鉴的研究文献还并不多见。本书完成时间也较仓促，加上我知识和能力欠缺，书中难免存在一些不足和疏漏之处，恳请各位专家学者、老师同学批评指正。

王建明

2015 年 12 月 10 日于杭州